航天器轨迹优化
理论、方法及应用

唐国金　罗亚中　雍恩米　著

国防科学技术大学学术著作出版资助专项经费资助

科学出版社
北　京

内 容 简 介

本书是飞行器设计领域的一本专著，全书以运载火箭发射、航天器再入、航天器轨道机动为应用背景，从轨迹最优化基本理论、最优控制数值方法、航天领域的各种轨迹优化问题求解等方面着手，系统阐述了航天器轨迹优化的理论、方法、应用和软件等，其主要内容包括：①航天器轨迹优化研究进展；②轨迹最优控制理论；③轨迹优化问题参数化方法；④轨迹优化常用数值优化算法；⑤运载火箭发射轨道设计优化；⑥航天器再入轨迹设计优化；⑦航天器空间脉冲和有限推力最优轨道机动；⑧航天器轨迹优化软件。

本书内容丰富翔实，具有较强的前沿性和实用性，可作为高等院校飞行器设计及相关专业研究生和本科高年级学生的参考教材，也可供从事航天任务设计的研究人员和工程设计人员参考使用。

图书在版编目(CIP)数据

航天器轨迹优化理论、方法及应用/唐国金，罗亚中，雍恩米著. —北京：科学出版社，2011
ISBN 978-7-03-032642-3

Ⅰ.①航… Ⅱ.①唐…②罗…③雍… Ⅲ.①航天器轨道-轨道力学 Ⅳ.①V412.4

中国版本图书馆 CIP 数据核字(2011)第 220228 号

责任编辑：王志欣　陈　婕　潘继敏 / 责任校对：何艳萍
责任印制：吴兆东 / 封面设计：耕者设计工作室

科学出版社出版
北京东黄城根北街 16 号
邮政编码：100717
http://www.sciencep.com
北京厚诚则铭印刷科技有限公司印刷
科学出版社发行　各地新华书店经销
*
2012 年 1 月第　一　版　开本：720×1000 1/16
2024 年 9 月第六次印刷　印张：19 1/2
字数：378 000

定价：158.00 元

(如有印装质量问题，我社负责调换)

前　言

航天器轨迹优化是贯穿航天器全寿命周期的重要问题，其研究解决对于提高航天器设计性能指标包括减少起飞质量或增大有效载荷质量等，延长航天器在轨运行寿命，增大执行任务能力等，具有重要的实践价值。同时，航天器轨迹优化是涉及飞行力学、最优控制理论、非线性规划、仿真技术等的交叉学科分支。人类探索太空领域的范围不断扩大，从而带来了更具挑战性的航天器轨迹优化问题，促使相关学科不断发展新的理论和方法。正因为如此，自 20 世纪 50 年代以来，航天器轨迹优化一直是航天器总体设计及控制领域最重要的理论研究课题之一，也是工程优化领域发展最为蓬勃的分支之一，国内外众多学者在该领域已取得了丰硕的成果。

作者在航天器轨迹优化领域的研究工作起自 21 世纪初，近 10 年来先后完成了运载火箭轨迹优化、航天器再入轨迹优化、交会对接飞行任务规划、深空探测任务分析等相关科研项目。本书是作者在对所取得的成果和国内外航天器轨迹优化领域研究进展总结的基础上撰写的。本书力图从轨迹最优化基本理论、最优控制数值方法、航天领域的各种轨迹优化问题求解等方面较为系统地对航天器轨迹优化技术进行阐述。

全书共分 9 章，主要阐述轨迹优化的理论、方法与应用。第 1 章阐述航天器轨迹优化问题的分类和研究发展历程；第 2 章阐述轨迹最优化的经典数学理论，包括变分法、极小值原理和数学规划理论等；第 3 章总结了用于处理航天器轨迹优化问题的参数化方法，主要是如何将轨迹动态优化问题转换为静态优化问题的处理方法；第 4 章给出了求解航天器轨迹优化问题的常用优化算法模型，包括两点边值问题求解算法、非线性规划算法、约束处理算法、智能优化算法及多目标优化算法等；第5～8 章，分别给出了运载火箭上升段轨迹优化、航天器再入轨迹优化和空间最优轨道机动三类典型轨迹优化问题的若干典型求解方法，其中轨道最优机动以脉冲机动和有限推力机动为区分各安排一章；第 9 章概述国外典型的航天器轨迹优化软件及作者开发的相关软件。本书由唐国金制定编写提纲，第 1 章由唐国金撰写，第 4、5、7～9 章由罗亚中撰写，第 2、3、6 章由雍恩米撰写。全书由唐国金统稿和审校。

本书参阅了国内外众多学者的研究成果。初稿得到了清华大学李俊峰教授和西安卫星测控中心李恒年研究员的审阅。此外,国防科技大学航天与材料工程学院的王华、彭祺擘、沈红新、张进、牛智勇参与了部分章节内容的编写。在此一并向他们表示感谢。

本书的研究工作得到了国家自然科学基金项目(10902121)的支持,出版得到了国防科学技术大学学术著作出版资助专项经费的资助,在此深表谢意。

由于作者水平有限,书中难免有不妥之处,敬请读者批评指正。

作　者

2011 年 9 月于长沙

目　　录

前言
第 1 章　绪论 …… 1
1.1　航天器轨迹优化的研究背景与意义 …… 1
1.2　航天器轨迹优化问题分类 …… 2
1.3　航天器轨迹优化的发展历程 …… 3
1.3.1　20 世纪 50 年代前后的最优控制理论 …… 4
1.3.2　20 世纪 60 年代发展兴起的间接法 …… 5
1.3.3　20 世纪 70 年代以来的直接法 …… 7
1.3.4　20 世纪 90 年代以来的智能优化算法 …… 11
1.4　本书的目的和内容安排 …… 13
参考文献 …… 14
第 2 章　轨迹最优化基础理论 …… 17
2.1　最优控制问题的数学描述 …… 17
2.2　变分法 …… 18
2.2.1　泛函极值与变分 …… 18
2.2.2　泛函极值的必要条件 …… 21
2.2.3　最优控制问题的变分法 …… 24
2.3　极小值原理 …… 26
2.3.1　极小值原理的基本形式 …… 26
2.3.2　具有轨线约束的最优控制问题 …… 28
2.4　数学规划基本理论 …… 31
2.4.1　无约束极值理论 …… 31
2.4.2　等式约束极值问题的经典拉格朗日理论 …… 32
2.4.3　不等式约束极值问题的库恩-塔克(Kuhn-Tucker)理论 …… 33
参考文献 …… 35
第 3 章　轨迹优化参数化方法 …… 37
3.1　基于极小值原理的间接法 …… 37
3.1.1　间接法的参数化方法 …… 37
3.1.2　间接法的特点 …… 38
3.1.3　间接法的若干典型应用 …… 38

3.2 传统的直接法……39
3.2.1 传统直接法的参数化方法……39
3.2.2 传统直接法的特点……43
3.2.3 传统直接法的若干典型应用……43
3.3 伪谱法……43
3.3.1 伪谱法的参数化方法……44
3.3.2 伪谱法的特点……49
3.3.3 伪谱法的若干典型应用……49
3.4 其他方法……50
3.4.1 动态逆方法……50
3.4.2 动态规划方法……51
3.4.3 滚动时域优化……52
3.4.4 快速探索随机树法……53
3.4.5 轨迹优化方法的其他相关问题……54
参考文献……55
第4章 轨迹优化数值优化算法……58
4.1 航天器轨迹优化中的优化算法研究概述……58
4.1.1 航天器轨迹优化中的经典优化算法……58
4.1.2 航天器轨迹优化中的智能优化算法……59
4.2 两点边值问题的求解方法……60
4.2.1 两点边值问题的打靶法……61
4.2.2 共轭梯度法……61
4.2.3 两点边值问题的非线性优化……62
4.3 经典非线性规划算法……62
4.3.1 无约束直接优化算法……62
4.3.2 无约束间接优化算法……63
4.3.3 约束处理算法……63
4.4 序列二次规划算法……67
4.4.1 概述……67
4.4.2 算法原理与步骤……68
4.4.3 软件……71
4.5 智能优化算法……71
4.5.1 遗传算法……71
4.5.2 模拟退火算法……73
4.5.3 微粒群算法……76

4.5.4 差分进化算法 …… 77
4.5.5 蚁群算法 …… 78
4.6 多目标优化算法 …… 79
4.6.1 多目标优化问题 …… 79
4.6.2 多目标问题求解方法分类 …… 80
4.6.3 传统的多目标优化算法 …… 82
4.6.4 多目标进化算法 …… 82
4.6.5 物理规划方法 …… 88
参考文献 …… 92
第 5 章 运载火箭发射轨道设计优化 …… 101
5.1 运载火箭发射轨道设计优化研究进展 …… 101
5.1.1 国外研究进展 …… 101
5.1.2 国内研究进展 …… 102
5.2 发射轨道设计优化基本模型 …… 103
5.2.1 运载火箭发射轨道动力学模型 …… 103
5.2.2 运载火箭发射轨道优化问题 …… 104
5.2.3 发射轨道程序角参数化方法 …… 105
5.2.4 目标轨道入轨条件计算 …… 106
5.3 地球同步轨道发射轨道设计 …… 107
5.3.1 发射过程 …… 107
5.3.2 停泊轨道的选择与进入停泊轨道的条件 …… 108
5.3.3 GTO 的选择与进入 GTO 的条件 …… 108
5.3.4 俯仰角程序的选择 …… 109
5.4 基于分解策略的 GTO 发射轨道优化 …… 110
5.4.1 研究内容 …… 110
5.4.2 参数化处理及分析计算模型 …… 110
5.4.3 两级规划模型 …… 111
5.4.4 发射轨道的分解优化模型 …… 112
5.4.5 优化策略设计 …… 114
5.4.6 GTO 发射轨道优化结果分析 …… 115
5.5 LEO 和 SSO 发射轨道优化策略 …… 119
5.5.1 LEO 发射轨道优化策略 …… 120
5.5.2 SSO 发射轨道优化策略 …… 120
5.6 最小起飞质量两级优化 …… 121
5.6.1 最小起飞质量优化策略 …… 121

5.6.2 最小起飞质量两级规划模型 …… 122
5.6.3 结果分析 …… 124
参考文献 …… 126
第 6 章 航天器再入轨迹设计优化 …… 129
6.1 再入轨迹设计优化研究进展 …… 129
6.1.1 传统航天器再入轨迹设计 …… 129
6.1.2 机动再入飞行器轨迹优化 …… 129
6.2 传统再入航天器轨迹设计优化 …… 131
6.2.1 弹道-升力式再入轨迹设计 …… 131
6.2.2 升力式再入轨迹设计 …… 133
6.3 基于平面运动模型的滑翔式再入轨迹优化 …… 135
6.3.1 轨迹优化问题描述 …… 136
6.3.2 轨迹优化算例与结果分析 …… 138
6.3.3 基于轨迹优化的最优攻角设计 …… 142
6.4 基于空间运动模型的滑翔式再入轨迹优化 …… 144
6.4.1 轨迹优化问题描述 …… 145
6.4.2 轨迹优化策略与求解器 …… 149
6.4.3 轨迹优化算例与结果分析 …… 150
6.5 基于空间运动模型的滑翔式再入轨迹在线生成 …… 156
6.5.1 轨迹在线生成问题描述 …… 157
6.5.2 再入走廊的确定 …… 158
6.5.3 纵向参考轨迹的在线规划 …… 159
6.5.4 三自由度轨迹的在线生成 …… 161
6.5.5 轨迹在线生成算例与结果分析 …… 163
参考文献 …… 164
第 7 章 空间最优脉冲轨道机动 …… 167
7.1 空间最优轨道机动问题 …… 167
7.1.1 基本数学模型 …… 167
7.1.2 轨道机动问题的分类 …… 168
7.1.3 不同推力模型及设计变量 …… 169
7.2 最优脉冲轨道机动研究概述 …… 170
7.2.1 间接方法 …… 171
7.2.2 直接方法 …… 172
7.3 最优脉冲轨道机动基本理论和算法 …… 173
7.3.1 主矢量理论及算法 …… 173

7.3.2 Lambert 算法 …… 178
7.4 最优脉冲轨道转移典型算法 …… 187
7.4.1 典型最优轨道转移结论 …… 187
7.4.2 基于 Lambert 算法的最优多脉冲转移 …… 188
7.4.3 基于 Gauss 伪谱法的多脉冲最优转移 …… 190
7.5 最优脉冲轨道交会典型算法 …… 195
7.5.1 基于主矢量理论的最优脉冲线性交会 …… 195
7.5.2 最优多脉冲非线性交会的规划模型 …… 199
7.5.3 基于主矢量理论和进化算法的交互式求解方法 …… 201
7.6 深空探测引力辅助最优脉冲机动优化 …… 211
7.6.1 引力辅助机动分析模型 …… 211
7.6.2 多脉冲机动优化模型 …… 212
7.6.3 算例分析 …… 215
7.7 小行星探测多脉冲交会轨道多目标优化 …… 217
7.7.1 小行星探测深空转移轨道机动问题 …… 218
7.7.2 多目标优化模型与算法 …… 219
7.7.3 算例分析 …… 220
参考文献 …… 223
第 8 章　空间有限推力最优轨道机动 …… 228
8.1 有限推力最优轨道机动研究概述 …… 228
8.1.1 间接方法 …… 228
8.1.2 直接方法 …… 230
8.1.3 其他方法 …… 231
8.2 固定推力地球轨道转移问题 …… 231
8.2.1 两点边值问题 …… 232
8.2.2 边值条件分析 …… 233
8.2.3 算例分析 …… 235
8.3 小推力火星探测最优轨道转移问题 …… 236
8.3.1 小推力星际轨道转移问题 …… 237
8.3.2 最短时间轨道转移的间接算法 …… 238
8.3.3 基于模拟退火算法的直接优化方法 …… 240
8.4 有限推力最优线性交会问题 …… 242
8.4.1 C-W 交会动力学模型 …… 242
8.4.2 连续推力最优线性交会 …… 243
8.4.3 固定推力最优线性交会 …… 248

8.5 小推力最优非线性交会问题 …… 252
8.5.1 小推力轨道动力学模型 …… 252
8.5.2 小推力最优交会的典型间接法 …… 256
8.5.3 小推力最优交会的直接法性能分析 …… 258
8.6 月面最优着陆问题 …… 266
8.6.1 月面最优定点着陆问题描述 …… 266
8.6.2 优化策略 …… 270
8.6.3 算例分析 …… 271
参考文献 …… 273
第9章 航天器轨迹优化软件 …… 279
9.1 概述 …… 279
9.2 美国典型轨迹优化软件 …… 281
9.2.1 POST和GTS …… 281
9.2.2 OTIS …… 281
9.2.3 SOCS …… 282
9.2.4 DIDO …… 282
9.3 欧洲典型轨迹优化软件 …… 282
9.3.1 ASTOS …… 282
9.3.2 其他轨迹优化软件 …… 285
9.4 著者开发的轨迹优化软件 …… 286
9.4.1 运载火箭轨迹优化软件 …… 286
9.4.2 空间交会路径规划软件 …… 288
9.4.3 优化算法与最优控制软件(SOAOC) …… 294
参考文献 …… 297

第1章 绪　　论

本章阐述航天器轨迹优化的研究背景与意义、航天器轨迹优化问题的分类、航天器轨迹优化的发展历程以及本书的内容安排。

1.1 航天器轨迹优化的研究背景与意义

优化技术是一种以数学为基础，用于求解各种工程问题优化解的应用技术。作为一个重要的科学分支，兴起于20世纪三四十年代的现代优化理论在诸多工程领域得到迅速应用和推广，受到人们的广泛重视。航天器设计优化研究是众多设计优化研究领域中最为活跃的一个，随着生产力的发展和科技进步而不断丰富发展，形成了一个庞大的研究领域。几十年来，众多学者在这一领域取得了丰硕的研究成果。航天器设计优化领域涉及轨迹优化、构型设计优化、气动外形设计优化、推进系统设计优化和多学科设计优化等。

航天器(如各类航天运载器、空间飞行器和再入飞行器等)的飞行轨迹优化对航天器的设计有着十分重要的意义及实际工程价值，是贯穿航天器全寿命周期的重要问题。

在方案论证与设计阶段，飞行任务分析与设计是总体设计的一个基本环节，是开展航天器各分系统设计的必要前提。由于任何涉及航天器的总体优化都离不开经过优化的轨迹的检验，因此航天器的总体设计在很大程度上依赖于轨迹优化。轨迹优化从来都被作为总体优化的一个重要组成部分，航天器性能优化往往就是指轨迹优化。基于轨迹优化，通过航天器总体设计，可以最佳地动态与静态的组合与航天器的各子系统匹配，以达到最小起飞质量或最大有效载荷，或最大可靠性等性能指标，这对提高航天任务及航天器设计性能具有显著意义。

在飞行任务运营阶段，航天器设计状态基本已定，轨迹优化是提高航天任务及航天器性能为数不多的途径，在某种程度上也是唯一途径。通过轨迹优化，设计出性能更好的飞行轨迹，进行在轨控制实现，能够减少航天器在轨运行的燃料消耗，延长在轨寿命(大多数航天任务的重要评价指标)，增大执行任务能力(如交会对接试验任务时增加交会任务次数，深空探测时飞越更多的小行星等)，或获得满足特定任务要求的最优性能指标(如交会时间最短、碰撞概率最小，对地观测弧度最大等)。

航天器轨迹优化是优化理论在航天器设计领域最早的应用之一。航天器轨迹优化随着人类探索太空领域的不断扩大和数字计算机技术的不断发展而发展进步。人类探索太空领域的不断扩大,带来了一系列具有挑战性的技术问题,轨迹优化设计问题即是其中的一个。而计算机的发展又给解决这些问题的新方法的产生提供了条件。航天器轨迹优化问题实质上是最优控制问题,早期求解最优控制问题的理论方法是变分法。在一些问题中,当状态变量和控制变量受到不等式约束时,就不便于用变分法求解。与新的技术要求,特别是空间技术的发展相适应,自20世纪50年代中期以来,逐渐形成了庞特里亚金的极小值原理和贝尔曼的动态规划法,为最优控制问题的解决奠定了基础。70年代以来,随着空间任务的复杂化,航天器任务设计(包括轨迹优化)面临着更大的技术挑战,随着计算机水平的高速发展,带动了以直接打靶法、配点法和伪谱法(pseudospectral method,PM)等各类最优控制数值方法和非线性规划算法的发展。因此,航天器轨迹优化研究也带动了最优控制理论、非线性规划算法等其他领域的发展。

1.2 航天器轨迹优化问题分类

航天器轨迹优化的研究内容很多,迪克曼斯(1988)将其分为13类典型问题;南英等(1996)将其归纳为4类问题,并提出了13类典型的性能指标;陈小前(2001)对其进行了进一步补充完善。本书讨论的对象主要是各类航天器包括运载火箭(弹道导弹)、卫星、载人飞船和星际探测航天器的轨迹优化问题。

参考上述论述,本书将航天器轨迹优化问题分为4类,对每一类问题给出较常用的性能指标和问题形式描述。

(1) 上升轨迹优化,包括各种类型的航天运载器,如一次性运载火箭、航天飞机和可重复使用运载器的最优上升轨迹,以及各类弹道导弹的程序飞行段轨迹优化。上升段轨迹优化最常用的性能指标是有效载荷质量最大或燃料消耗质量最小。上升段飞行时间较短,轨迹优化问题通常为有限推力形式。

(2) 返回(再入)轨迹优化,包括传统返回式航天器如航天飞机轨道器、载人飞船、返回式卫星等的再入轨迹优化,以及机动再入飞行器如机动弹头、高超声速演示验证飞行器系列、高速临近空间飞行器等的再入轨迹优化。返回(再入)轨迹优化通常具有一系列优化性能指标,如总吸热量最小、最大末速度、最大航程和飞行器热防护系统质量最小等。返回(再入)段通常历时较短,因此轨迹优化问题主要为有限推力形式。

(3) 空间最优轨道机动,包括仅利用发动机推力的空间轨道机动如空间拦截、空间轨道转移、空间交会等,采用空气动力辅助变轨的空间轨道机动,利用行星引力辅助变轨轨道机动问题等。空间轨道机动问题按照发动机的作用形式,可划分为脉冲和有限推力两类问题,小推力问题作为有限推力问题中的一类特殊形式常作为一类单独问题来研究。最常用的性能指标是燃料消耗质量最小或等价的速度增量最小，其次是飞行时间最短，此外还有一些其他性能指标如交会问题中的轨迹安全性指标等(唐国金等，2008)。

(4) 航天器包含飞行轨迹的一体化设计优化，主要包括构型参数(加注量等)/飞行轨迹一体化设计、发动机总体/飞行轨迹一体化设计、气动外形/飞行轨迹一体化设计、多学科设计优化中的轨迹优化内容等。航天器包含飞行轨迹的一体化设计主要是针对各类型运载系统，其次是再入航天器，而针对空间机动航天器的较少。最常用的性能指标是航天器初始质量最小或有效载荷质量最大等。

本书主要研究前三类问题。其中，运载火箭发射轨迹优化和航天器再入轨迹优化分别安排一章的内容进行介绍，在运载火箭发射轨迹优化这一章中简单给出运载火箭轨迹/总体参数一体化设计方法。空间轨道机动问题分为脉冲和有限推力两类问题，将安排两章内容进行介绍。

1.3 航天器轨迹优化的发展历程

航天器轨迹优化涉及飞行力学、现代控制理论、非线性规划、空气动力学、近代数理统计、仿真技术和计算机技术等多门学科，是航天动力学与控制领域最重要的研究课题之一。

20世纪50年代前后的最优控制理论的不断发展，为航天器轨迹优化研究奠定了理论基础，其中变分法、极小值原理和动态规划是这一时期最优控制理论最具代表性的成果。早在20世纪50年代末，前苏联就开始了基于早期最优控制理论的火箭发射轨道优化问题研究，并出版了《火箭最佳运动状态》一书。该书研究了火箭运动最少燃料消耗规律，并设计了在等高飞行条件下的火箭发动机推力的最优方案。

20世纪60年代后，在轨迹优化技术领域，基于变分法和极小值原理的轨迹优化方法——间接法不断发展成熟。当时前苏联和西方一些军事发达国家为了军事发展和星际航行的需要，开展了军事争霸和星际空间领域的争夺战。在这样的背景需求下，很多学者开展了大量的最优冲量变轨、气动力辅助变轨和星际航行轨道设计等最优控制问题的研究，同时也促进了间接法的不断发展。

得益于商业计算机的普及、现代控制理论和计算技术的迅速发展，自20世纪70年代以来，航天器轨迹优化方法的另一个大的分支——直接法开始被该领域的研究工作者普遍采用。相对于间接法和其他最优控制求解方法，直接法具有初估值敏感度低、不需要推导一阶最优性条件、收敛性好、易于程序化等优点。经过几十年的发展，直接法已经成为目前分支种类最多、应用最为广泛和效果较好的一类最优控制数值求解方法，应用于航天器轨迹优化领域的各个方面。

20世纪90年代后，智能优化算法为轨迹优化领域中优化算法的相关技术注入了新的"血液",如遗传算法(genetic algorithm,GA)、模拟退化(simulated annealing,SA)算法和多目标遗传算法等智能优化算法为寻找轨迹优化的全局最优解提供了有效途径。

航天器的轨迹优化方法在不同的时期不断发展,但并非后一时期的新方法就能完全取代相对早期的方法,它们互相补充且不断完善,共同构成了航天器轨迹优化理论与方法体系。

1.3.1 20 世纪 50 年代前后的最优控制理论

最优控制理论的发展经历了相当长的一段时期,其先期工作应当追溯到维纳等人奠基的控制论。1948 年,维纳发表的题为"控制论——关于动物和机器中控制与通讯的科学"的论文,第一次科学地提出了信息、反馈和控制的概念,为最优控制理论的诞生和发展奠定了基础。1954 年,钱学森所著的《工程控制论》面世,直接促进了最优控制理论的形成和发展。20 世纪 50 年代,一系列的最优控制理论已经形成,其中最具代表性的三大成果分别是:变分法、极小值原理和动态规划。

变分法是研究泛函极值的数学分支,其基本问题是求泛函极值及相应极值函数。一些简单的最优控制问题可由变分法求解,如古典等周问题、最速降线问题等。虽然古典等周问题等可用变分法求解的问题很早就产生了,但变分法作为一门数学分支,真正发端于 17 世纪末、18 世纪初由最速降线问题所引发的一系列挑战。18 世纪 30 年代左右,著名数学家欧拉(Euler)开始了在变分法领域的研究。1744 年,欧拉对其研究成果进行了系统总结和改进,撰写并出版了数学史上第一本变分法专著——《求某种具有极大或极小性质的曲线或解最广义的等周问题的技巧》(简称《技巧》)(Goldstine,1980)。《技巧》一书是变分法发展史上的一座里程碑,为变分法作为一门新的数学分支奠定了基础。由于欧拉的几何与分析相结合的方法比较复杂,且存在诸多缺陷或不足,10 余年后,年轻的拉格朗日(Lagrange)又用纯分析的变分法——δ 方法,对欧拉的方法进行了改造和变革。拉格朗日的方法是一种纯分析方法,通过引进新的符号 δ 及其运算规则,使整个过程简洁、完美,由此创立了一般意义上的变分法,该变分演算方法成为了古典变分法的标准算法。从 19 世纪上半叶到 20 世纪初,诸多数学家沿着更为严格的数学方向对变分法的理论不断发展和完善,使古典变分法日趋成熟。

然而古典变分理论只能解决一些简单的最优控制问题,即便像探空火箭垂直上升这样一个简单的问题用变分法求解,也必须作大量的假设(袁亚湘等,1997)。当控制域不是开集时,变分法的推演过程会遇到障碍。此外,变分法还要求哈密顿函数存在对控制变量的连续偏导数,某些实际问题这一条件难以满足。为了克服经典变分法的局限性,得到适用范围更广的必要条件,20 世纪 50 年代初,前苏联数学家庞特里亚金等提出了极小值原理,在不久后给出了严格证明,并于 1958 年在爱丁堡国际数学会议上首次宣读(Pontryagin et al.,1962)。极小值原理发展了经典变分原理,成为处理闭集性约束变分问题的强有力工具。庞特里亚金创立的极小值原理是经典最优控制理论的重要组成部分,也是控制理论发展史上的一个里程碑,是解决最优控制问题的一种最普遍而有效的方法。同时,庞特里亚金在他的著作中已经把最优控制理论初步形成了一个完整的体系。由于该原理放宽了求解问题的前提条件,许多古典变分法和动态规划无法解决的工程技术问题得到了解决。

20世纪50年代初期,为了解决生产部门和空间技术发展中一系列多阶段决策过程的最优化问题,美国数学家贝尔曼等提出了动态规划方法,从而创立了一个新的重要学科——动态规划(Bellman,1957)。多阶段决策问题实质上是一类离散系统的控制问题,50多年来,动态规划获取了迅速发展,不仅在理论上和方法上都获得了新进展,而且还得到了广泛应用。该方法可以解决如生成过程中的决策、控制工程等多个领域的问题。它和极小值原理一样,还可以解决控制变量受约束的最优控制问题,而且这两种方法存在某种内在联系。动态规划方法建立在贝尔曼所提出的“最优性原理”基础上。该原理归结为一组基本的递推关系式使过程连续最优转移,把一个多级决策过程转化为多个单级决策问题,从而使问题更简单。动态规划对于研究最优控制理论的重要性在于(刘骏跃,2000):

(1) 可以得出离散时间系统的理论最优结果;

(2) 可以得出离散时间系统最优解的迭代算法;

(3) 动态规划的连续形式可以给出它与古典变分法的联系,在一定条件下,也可以给出它与极小值原理的联系。

正是由于上述特点,三种解决最优控制问题的基本方法在一定条件下得以沟通。总之,变分法、极小值原理和动态规划构成了这一时期最优控制理论的基本内容和常用方法。

1.3.2 20世纪60年代发展兴起的间接法

随着最优控制理论的形成与完善,在此基础上的轨迹优化方法也不断发展,其中,20世纪60年代发展兴起的间接法被广泛用于航天器轨迹优化问题的求解。

间接法是基于庞特里亚金极小值原理和经典变分法的拉格朗日乘子法求解最优控制问题的方法,其理论基础又以极小值原理为核心。基于间接法求解轨迹优化问题时,首先根据极小值原理推导最优控制的一阶必要条件,将最优控制变量表示成状态变量和协态变量的函数,从而将轨迹优化问题转换为两点边值问题,当存在内点约束或状态变量不等式约束时,则转换为多点边值问题。求解该边值问题,即可获得相应的最优控制变量和最优轨迹。由于该方法不对性能指标函数直接寻优,故称为间接法。

由于描述航天器运动的非线性运动常微分方程组比较复杂,轨迹优化问题常常涉及的气动力和大气参数具有严重非线性且包含大量的表格函数,以及对控制变量和状态变量通常施加各种类型的约束,从而导致了间接法得到的两点或多点边值问题的求解十分困难,除了一些简单的问题,一般难以得到解析解,只能用数值积分方法求得轨迹优化问题的数值解。

根据对协态微分方程的处理方法不同,求解两点边值问题的算法可以分为两类:第一类包括多重打靶法、临近极值法、牛顿-拉弗森法和拟牛顿法等,这些方法通常要猜测协态变量的初值,正向积分协态微分方程;另一类包括共轭梯度法、变尺度法和微分动态规划法等,这类方法首先确定协态变量的终值,然后反向积分协态微分方程。在这些方法中,打靶法或临近极值法具有计算思路明确、应用方便和编程简单等优点。使用打靶法时,选择合适的策略,充分利用前几步迭代的结果来调整新的初始值,使迭代解快速收敛到最优解是极为重要的。牛顿-拉弗森法是最常用的求解两点边值问题的策略和算法。因为两点边值问题的求解过程需要计算雅可比(Jacobi)矩阵,矩阵中的元素不是解析函数形式,而牛顿-拉弗森法恰不需要提供解析形式的雅可比矩阵,所以适用于两点边值问题的求解。

间接法的最大优点是获得的解的精度高且满足最优性一阶条件。然而,间接法也有几个典型的不足,包括推导最优性条件的困难、收敛半径小、路径约束问题的切换结构知识难以获得和协态变量初值猜测困难等。具体而言,随着系统的复杂化,两点边值问题的数值解对没有物理意义的协态变量的初值的猜测变得十分敏感,随机选择的初始值求得的解通常难以满足另一边界条件,只有在对解的预先估计比较准确的情况下,算法才有可能收敛。对于不需要进行协态变量初值猜测的共轭梯度等算法,要求在整个过程内给出较为精确的控制量变化的初始猜测,这对没有先验知识的系统来说,也是比较困难的。

对此,用间接法寻优的工作者作了许多努力(Bauer et al.,1984;Bets et al.,1984;Zondervan et al.,1984;Martell et al.,1995;Thorne et al.,1996;Yan et al.,1999)来得到协态变量的初值估计,例如,采用遗传算法等智能算法来估计初值,或是尽量建立协态变量与状态变量的关系,通过状态变量的初值来估计无物理意义的协态变量初值,但其应用都有一定的局限性。

间接法的应用往往要经过较复杂的公式推导,这对用户来说使用并不方便,且不易形成较为通用的软件。一些成熟的轨迹优化软件如 POST(program to optimize simulated trajectories)(Brauer et al.,1977),允许采用不同的坐标系统,不同的推进、重力场、气动模型,进行问题构造,但要推导出所有不同组合和模型的最优性的必要条件是一件工作量非常大的事情,从而导致间接法具有较差的适应性。利用自动差分技术可在一定程度上解决这一问题,软件 ADIFOR(Bischof et al.,1992)和 OCCAL(Schopf et al.,1993)代表了这方面的有益尝试。

1.3.3 20世纪70年代以来的直接法

直接法的基本思想是将连续最优控制问题离散化并转换为参数优化问题，再通过优化算法对性能指标直接寻优。

直接法的出现比间接法大约早一个世纪，但早期受计算工具的限制发展缓慢，直到商业计算机的普及，在近几十年内才有了较快的发展。一方面，20世纪70年代初期，航天工业快速发展的巨大需求促成了直接法的提出和逐步完善；另一方面，即使是在60年代后期发展的较为成熟的间接法依然存在着对初值高度敏感、复杂约束下求解困难等问题，因此，通过优化算法直接对性能指标寻优的直接法逐渐得到了轨迹优化领域研究者的重视。

1. 直接法的基本内容

根据直接法的基本思路可知，其求解过程涵盖了两个基本内容：如何将最优控制问题转换为非线性规划问题和如何求解变换后的非线性规划问题，即离散并参数化问题和优化求解问题。

1）离散并参数化问题

直接法求解最优控制问题的第一步是对问题进行离散并参数化。非线性规划所能求解的问题为：优化变量为有限个静态参数，目标函数和约束函数为优化参数的非线性函数。而连续最优控制问题的优化对象包括如控制变量函数的过程函数，该问题是无限维空间内的优化问题，因此，用非线性规划求解最优控制问题，首先需要对问题进行离散并参数化。

2）优化求解问题

将最优控制问题离散并参数化，转换为非线性规划问题后，需要选用适当的非线性规划算法进行求解。常见的求解非线性规划问题的算法有：罚函数法、序列二次规划算法（sequential quadratic programming，SQP）、内点法和信赖域法，其中以序列二次规划算法在最优控制求解领域应用最为广泛。同时，非线性规划算法伴随着计算机的飞速发展也在不断进步。

除了传统的数值算法，通过模拟一些自然和物理优化的原理，以随机搜索和统计物理学为基础的若干新型算法也获得了关注，如遗传算法、模拟退火算法等都先后应用于航天器轨迹优化，这些算法在改善全局收敛性方面有一定的成效，将在后面的章节具体介绍。

2. 直接法的分类与方法概述

直接法分类一般是依据对最优控制问题离散并参数化方法的不同而划分的。

对轨迹优化问题而言,根据描述航天器运动的控制变量和状态变量的离散化方法的不同,直接法可以分为以下三个大类(图 1.3.1):①仅离散控制变量的方法,其中包括直接打靶法、多重打靶法,这类方法也被称为显式积分方法,因为仅有控制变量被离散,描述航天器运动轨迹的状态变量需要根据参数化的控制变量对运动方程进行数值积分获得;②同时离散控制变量和状态变量的方法,其中包括配点法和伪谱法,其描述航天器运动轨迹的控制变量和状态变量都是通过多项式逼近,这类方法也被称为隐式积分法;③仅离散状态变量的方法,这类方法以动态逆方法和微分包含法为代表,其中动态逆方法也被称为轨迹优化的微分方法。

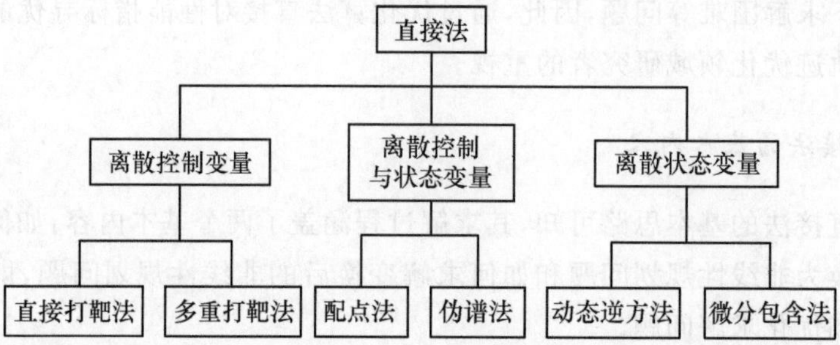

图 1.3.1　直接法的分类

对上述几类直接法中的各种方法分别简要介绍如下。

1) 直接打靶法与多重打靶法

直接打靶法的基本思路是仅将控制变量在整个时间区间上离散并参数化,通过显式数值积分获得状态变量,从而进一步求出目标函数,将最优控制问题转换为非线性规划,通过对目标函数寻优确定控制变量离散后的待求参数。

直接打靶法思路明确,实现简单。Boeing 公司开发的最优轨迹求解软件 POST 是代表直接法的著名软件。POST 直接打靶法于 20 世纪 70 年代提出,易于实现,至今仍广泛应用。

由于直接打靶法中数值积分区间为单区间,当时间间隔较大时,积分精度会降低,另外,若增加分段节点的个数,又会使运算量变得非常庞大。因此,对于数学模型比较简单、积分时间较短的最优控制问题而言,直接打靶法的离散化方法是可行的,而对于较为复杂的轨迹优化问题则往往无能为力。采用多段积分技术的多重直接打靶法是一种对直接打靶法较为简单而有效的改进。多重打靶法是将时间区间分段,利用参数化方法,在各段逼近控制值,借鉴两点边值问题中的多重打靶技术,在节点处实施打靶,并提出匹配原则,最后选择适当的静态优化方法求出参数向量,近似逼近最优控制。

多重打靶法并不是严格的仅离散控制变量的方法,它将节点处的状态变量也作为设计变量,虽然可以经过降阶处理减少变量数目,但处理手段中的线性化使二次规划问题在很大程度上偏离原来的模型。

2）配点法

配点法又称多项式匹配法，该方法首先将时间区间分段，应用特定多项式逼近每一分段的控制变量和状态变量，并且使用配点（collocation）技术将微分方程转化为等式约束条件，采用节点上的控制量、状态变量值作为设计变量，将原轨迹优化问题即转为非线性规划问题。

配点法属于一种隐式积分法。隐式积分法最早由 Balakrishnan 提出，之后很多学者对其进行了大量研究改进（Balakrishnan，1968）。1981～1986 年，Hargraves 对这类方法展开了一系列研究，系统地归纳了配点法的原理和实施步骤，其最终成果为著名的轨迹优化程序 OTIS（optimal trajectories by implicit simulation）（Hargraves，1982；Hargraves et al.，1987）。目前，对配点法的研究主要围绕状态变量的插值方法和所用的数值积分方法展开，不同配点法的差别也主要源于所选取的多项式的类型和项数、插值方法和数值积分方法。例如，OTIS 应用了三次多项式插值和 Simpson 积分法，波音公司的 Betts 开发的 SOCS 软件则采用了 Hermite 插值和 Simpson 积分法（Betts et al.，1997）。

配点法所得到的非线性规划问题的优化变量维数远高于直接打靶法，但以此为代价，降低了目标函数的病态程度，提高了收敛性和精度。国外很多学者应用了这种方法并得到很好的计算结果。转化后的非线性规划问题具有大量设计变量和约束条件，一般的静态优化方法难以获得满意的结果，为此，国外研制了专用于求解这种大型稀疏问题的序列二次规划算法程序。配点法成功的一个关键在于多项式逼近的程度，为此，Herman（1995）研究了基于 Gauss-Lobat 定律的高精度配点法。

3）伪谱法

伪谱法采用全局插值多项式的有限基在一系列离散点上近似状态变量和控制变量，通过对多项式求导来近似动力学方程中的状态变量对时间的导数，且在一系列配点上满足动力学方程右函数的约束，从而将微分方程约束转换为代数约束。伪谱法的基本原理是通过上述数值近似方法，将连续最优控制问题转换为参数优化问题来求解，且一般为一个非线性规划问题。

从 1998 年开始，美国海军研究生院的学者 Fahroo 等对由 Vlassenbroeck 和 Elnagar 引入最优控制领域的伪谱方法进行了大量的研究和完善。研究表明，伪谱法对求解最优控制问题具有较低的初值敏感度和良好的收敛性。随着应用领域的成功拓展和多种新型伪谱法的提出，伪谱法逐渐成为最优控制数值求解方法中最为活跃的分支。

依据所选择的配点、节点位置以及插值基函数的不同，伪谱法又包括 Chebyshev 伪谱法、Legendre 伪谱法（Legendre pseudospectral method，LPM）、Gauss 伪谱法（Gauss pseudospectral method，GPM）和 Radau 伪谱法（Radau pseudospectral method,RPM)等几种常见类型。伪谱法最大优点是对数值迭代的初始值敏感性低以及具有较好的收敛性。配点法是在划分时间区间的每一段用多项式近似动力学方程的状态和控制变量,而伪谱法是采用全局插值多项式为基函数,近似整个时间历程的状态和控制变量,因此,一些文献将直接配点法称为局部(local)方法,而将伪谱法则称为全局(global)方法。最近关于伪谱法的大量研究表明,伪谱法相对于配点法具有参数较少和计算精度较高等优势。

4) 动态逆方法

动态逆方法的基本思想是,根据轨迹优化问题的特点,设定参数化的期望轨迹形式,如含待求系数的三次多项式,然后利用动态逆变换求出期望的轨迹对应的控制变量,最后利用非线性规划求解最优输出轨迹便可得到相应的最优控制。

动态逆方法早期主要应用于非线性控制系统设计问题,如飞行控制系统设计,其实质是用非线性逆和非线性函数对消被控对象的非线性,然后在变换后的伪线性系统基础上进行控制器设计。Lu(1993)首次将动态逆方法拓展应用到航天飞机上升段的轨迹优化问题中,考虑了燃料消耗最少,并且在考虑扰动的情况下,实现精确入轨。

基于动态逆的轨迹优化通过动态逆变换,不直接优化设计控制变量,而是通过优化期望的输出来获得最优控制变量。因此,该方法的优点是,相对传统直接法求解轨迹最优化问题可以缓解参数敏感问题。由于基于动态逆的轨迹优化可以直接有效地"规划"轨迹,故该方法常用于与地形跟踪相关的最优控制问题。

5) 微分包含法

微分包含法的基本思路是,应用微分几何的微分包含(differential inclusion)来表示由一个动力学系统(微分方程组描述)的状态变量导数所构成的一个可达集,并将状态速率约束在一个可行的速端图空间。微分包含法的显著特征是仅对状态变量进行离散,通过对状态变量的变化率的限制将受限控制变量消去。

20 世纪 90 年代初,作为对配点法的一种改进,微分包含法被引入最优控制求解领域(Seywald,1994;Conway et al.,1998)。微分包含法是另一种基于隐式积分原理的离散化方法。相对于配点法,由微分包含法转换得到的非线性规划问题的变量数目较少。通常状况下,使用微分包含法求解速度更快,更有利于航天器轨迹优化的在线实现。但很多情况下获得显式的微分包含形式并不容易,这时可以使用隐式方法。

6) 其他方法

当然,随着技术的进步,轨迹优化方法也在不断发展,一些改进方法或新方法还不能纳入上述传统类型中。

综合利用间接法和直接法的混合法在 20 世纪 80 年代后得到发展,混合法一般是在间接法的基础上,将两点边值问题转化为针对协态变量初值等未知量的参数优化问题，从而降低数值计算对初值的敏感性。此外，混合法在本质上并未脱离庞特里亚金极小值原理的框架，且不必作类似直接法的离散化处理，故解的最优性和连续性可以得到保证，较早的研究如 Zondervan 等(1984)、Ilgen(1987)等就混合法在有限推力变轨中的应用进行了研究，取得了不错的效果。

一些不同的轨迹优化方法还包括快速探索随机树(rapidly-exploring random trees，RRT)法(Lavalle，1998)、滚动时域优化方法(Bellingham et al.，2002)等，本书的第3章将对各类型轨迹优化的参数化方法进行详细阐述。

1.3.4 20世纪90年代以来的智能优化算法

自20世纪80年代以来，一些新颖的优化算法，如进化算法、模拟退火、禁忌搜索、微粒群算法(particle swarm optimization，PSO)、人工免疫系统和蚁群算法(ant colony algorithm，ACA)等，通过模拟或揭示某些自然现象或过程而得到发展。其思想和内容涉及数学、物理学、生物进化、人工智能、神经科学和统计力学等方面，为解决复杂问题提供了新的思路和手段，在众多领域都有成功的应用。由于此类算法构造的直观性和自然机理，通常称其为智能优化算法或者仿生优化算法等(王凌，2001；雷德明等，2009)。在众多智能算法中，以进化算法的应用最为广泛和成功，这类算法主要包括遗传算法、进化规划和进化策略等。在实际应用中，人们往往以进化算法统称各种智能优化算法。

相对于包括序列二次规划算法等的经典优化算法，智能优化算法最显著的优势是具有更好的全局收敛性。通常航天器轨迹优化问题是一个复杂非凸优化问题，经典算法求解中的初始点敏感性、局部收敛性一直是困扰该领域研究人员的问题。正因为如此，遗传算法等智能优化算法在其他领域的成功应用迅速吸引了轨迹优化研究人员的兴趣。自20世纪90年代中期以来，基于智能优化算法的航天器轨迹优化作为轨迹优化研究的一个新的研究热点，得到了迅猛发展。

Hajela(1999，2002)综述了国际上智能优化算法在飞行器设计优化中的应用；陈刚等(2006)综述了遗传算法在航天器轨迹优化中的应用；唐国金等(2008)综述了智能优化算法在最优交会中的应用；杨希祥等(2009)综述了智能优化算法在飞行器优化设计中的应用。本书的第4章将详细评述各类型智能优化算法在航天器轨迹优化中的应用，本节在此仅给出各个算法研究中早期的一些代表性工作。

在所有智能优化算法中，遗传算法的应用最为广泛和成功。遗传算法本质是一种静态参数优化方法，不能直接求解以泛函形式描述的最优控制问题，因此相对于其他领域，遗传算法在最优控制方面的应用要相对晚一些。Krishnakumar 等(1992)报道了遗传算法应用于控制系统设计优化。遗传算法在航天器轨迹优化中的应用，较早的报道在20世纪90年代中期左右，Gage 等(1995)利用遗传算法求解了星际脉冲轨迹优化问题，Rauwolf 等(1996)采用遗传算法研究了小推力轨道转移问题。此后,利用遗传算法求解航天器轨迹优化问题的文献陆续多了起来,并关注改进的遗传算法在轨迹优化中的应用。

此外,智能优化算法的典型代表还包括模拟退火算法、微粒群算法、蚁群算法和差分进化(differential evolution,DE)算法等,这些算法在航天器轨迹优化中均得到了一定应用。有关模拟退火算法应用于轨迹优化设计中较早的报道见文献 Lu 等(1994)。Tekinalp 等(2000)将模拟退火算法应用到导弹弹道优化和多学科设计优化中,随后,Tekinalp 等(2004)又更进一步深入探讨了若干优化技术,包括最优估计函数和约束处理方法等。微粒群算法、蚁群算法和差分进化算法等在航天器轨迹优化中的应用多在最近 5 年。

此外,进化算法的一类重要发展分支是多目标进化算法(multiobjective evolutionary algorithm,MOEA)。相对于传统的以加权方法为代表的多目标优化方法,多目标进化算法为求解获得多目标优化问题(multiobjective optimization problem,MOOP)的 Pareto 最优解集提供了非常有效的手段,是新近 10 多年来工程优化和进化算法研究领域最为活跃的热点,例如在进化计算的权威期刊 *IEEE Transactions on Evolutionary Computation* 自 1997 年创刊至 2007 年年底发表的文章中,被 SCI 引用次数最多的两篇文章都是关于多目标进化算法的研究成果(Zitzler et al.,1999;Deb et al.,2002)的。

航天器轨迹优化是多目标进化算法较早得到应用的领域之一。Deb(2002)在其专著中给出了多目标进化算法应用于工程优化的 4 个例子,其中一个就是求解多目标小推力深空转移问题,是由 Coverston-Caroll 等(2000)完成的。

虽然智能优化算法在轨迹优化中得到了广泛应用,表现出了一定的优势,但是也存在着明显缺点,进化算法需要大量的计算成本。由于轨迹优化通常是事前任务规划,可以通过提高计算机性能或者分布式计算来解决计算耗时长的问题。另外一个更为明显的缺点是,难以生成高精度可行解。由于轨迹优化问题本质上是一个两点边值问题,优化问题有着苛刻的等式约束,智能优化算法通常需要借助罚函数法处理约束,数学上已经严格证明罚函数法对约束的处理并非是十分有效的,因此通过智能优化算法得到的解精度有限,只能作为初始参考解。虽然智能优化算法可以胜任高维优化问题,但对于通过直接法处理后的轨迹优化问题,特别是有限推力轨迹优化问题的成百上千优化变量,智能优化算法还是显得无能为力(很少有这方面的报道),此时有效的算法还是具有严格数学理论基础的大规模非线性规划算法。这就是时至今日,在轨迹优化领域,序列二次规划算法仍占据着统治地位的原因。但是对于优化变量数目较少,并且解的可行性可通过 Lambert 算法在迭代过程中保证的脉冲优化问题,智能优化算法不失为一个更好的选择。因此,在全球轨迹优化大赛中,各类型智能优化算法得到了成功应用,广泛应用于初始脉冲轨道的设计优化(李俊峰等,2010)。

根据最优化领域的NFL(No Free Lunch)定理(Wolpert et al.,1997),没有绝对更好的优化算法,只有相对较好的优化算法。智能优化算法相对于经典优化算法,只是在某些方面具有一定的优势。目前,关于智能优化算法应用的一个公认看法是,智能优化算法是一个比较好的初始解产生工具,因此结合经典算法和智能优化算法优点的构造混合算法是目前所广泛采用的研究思路(Conway,2010)。

1.4　本书的目的和内容安排

本书是以著者所完成的运载火箭轨迹优化、航天器再入轨迹优化、交会对接任务规划、深空探测任务分析等相关科研成果为基础撰写的航天器轨迹优化理论、方法及应用的研究专著,系统地阐述了航天器轨迹优化的基本理论、算法和应用等内容。本书力求系统性,从理论、方法、应用与软件系统4个方面论述航天器轨迹优化,对航天器轨迹优化发展历史和相关研究进展做了系统评述;又力求先进性,给出了著者在该领域的最新研究成果;同时面向实际工程应用,尽可能总结了在实际工程应用中的经验和方法,介绍了应用于工程任务的各类型轨迹优化软件。全书安排9章,主要内容包括:

第1章阐述航天器轨迹优化的研究背景与意义,给出航天器轨迹优化问题的分类,从4个阶段论述了航天器轨迹优化的发展历程。

第2章阐述航天器轨迹优化的经典数学理论,包括变分法、极小值原理等。

第3章给出用于处理航天器轨迹优化问题的数值方法,主要是如何将轨迹由动态优化问题转换为静态优化问题的处理方法,包括直接打靶法、配点法和伪谱法的基本原理、步骤及应用情况等。

第4章给出用于求解航天器轨迹优化问题的常用优化算法模型,包括两点边值问题求解算法、非线性规划算法、约束处理算法和智能优化算法,以及多目标优化算法等。

第5～8章主要给出三类典型轨迹优化问题的常用优化方法。

第5章主要针对运载火箭上升段轨迹设计优化问题,概述该领域的研究进展,给出地球同步转移轨道、太阳同步轨道等目标轨道的发射轨道设计优化方法。

第6章主要针对航天器再入轨迹优化问题,阐述再入轨迹优化的研究进展,给出传统航天器再入轨迹、滑翔式再入轨迹等的典型优化方法。

第7章和第8章分别从脉冲、有限推力两种形式,阐述空间轨道机动问题的求解方法,给出包括轨道转移、轨道交会、小推力转移、深空探测引力辅助轨道机动、多目标轨道机动等问题的典型求解方法。

第9章概述国内外开发的航天器轨迹优化软件,包括美国的POST、欧洲开发的ASTOS等及著者所在的科研小组开发的运载火箭轨迹优化软件、空间交会路径规划软件和优化算法与最优控制软件等。

参考文献

陈刚,万自明,徐敏,等.2006.遗传算法在航天器轨迹优化中的应用[J].弹道学报,18(1):1-5.

陈小前.2001.飞行器总体优化设计理论与应用研究[D].长沙:国防科技大学.

迪克曼斯.1988.飞行轨迹优化及数值计算方法[R].李春锦,译.GF69748.北京:北京航空学院.

雷德明,严新平.2009.多目标智能优化算法及其应用[M].北京:科学出版社.

李俊峰,祝开建.2010.2005—2009国际深空轨迹优化竞赛综述[J].力学与实践,32(4):130-137.

刘骏跃.2000.最优控制理论的现状与发展[J].机电工程,17(5):4-6.

南英,陈士橹,严辉.1996.航天器轨迹优化的通用数值方法[J].飞行力学,14(3):20-26.

唐国金,罗亚中,张进.2008.空间交会对接任务规划[M].北京:科学出版社.

王凌.2001.智能优化算法及其应用[M].北京:清华大学出版社.

杨希祥,李晓斌,肖飞,等.2009.智能优化算法及其在飞行器优化设计领域的应用综述[J].宇航学报,30(6):2051-2061.

袁亚湘,孙文瑜.1997.最优化理论与方法[M].北京:科学出版社.

周明,孙树栋.1999.遗传算法原理及应用[M].北京:国防工业出版社.

Bauer T,Bets J,Hallman W,et al. 1984. Solving the optimal control problem using a nonlinear programming technique part 2: Optimal shuttle ascent trajectories[C]. AIAA Paper 84-2038.

Balakrishnan A V. 1968. On a new computing method in optimal control[J]. SIAM Journal on Control,6:149-173.

Bellingham J,Richards A,How J. 2002. Receding horizon control of autonomous aerial vehicles[C]. American Controls Conference,Anchorage,AK,USA.

Bellman R E. 1957. Dynamic Programming[M]. Princeton:Princeton University Press.

Bets J,Bauer T,Hufman W,et al. 1984. Solving the optimal control problem using a nonlinear programming technique part 1:General formulation[C]. AIAA Paper 84-2037.

Betts J T,Huffman W P. 1997. Sparse optimal control software:SOCS[R]. Mathematics and Engineering Analysis Library,Rept. No. MEA-LR-085,Boeing Information and Support Services,Seattle,WA.

Bischof C,Carle A,Corliss G,et al. 1992. ADIFOR:Generating derivative codes from fortran programs [J]. Scientic Programming,1:11-29.

Brauer G L,Cornick D E,Stevenson R. 1977. Capabilities and applications of the program to optimize simulated trajectories(POST)[R]. NACA CR-2770.

Conway B A. 2010. A brief survey of methods available for numerical optimization of spacecraft trajectories[C]. IAC-10-C1. 2. 1,61st International Astronautical Congress,Prague,CZ.

Conway B A,Larson K M. 1998. Collocation versus differential inclusion in direct optimization [J]. Journal of Guidance,Control,and Dynamics,21(5):203-212.

Coverston-Caroll V, Hartmann J W, Mason W J. 2000. Optimal multi-objective low-thrust spacecraft trajectories [J]. Computer Methods in Applied Mechanics and Engineering, 186(2): 387-402.

Deb K. 2002. Multi-Objective Optimization Using Evolutionary Algorithms [M]. Chichester: John Wiley & Sons.

Deb K, Pratap A, Agarwal S, et al. 2002. A fast and elitist multi-objective genetic algorithm: NSGA-Ⅱ [J]. IEEE Transaction on Evolutionary Computation, 6(2): 182-197.

Gage P J, Braun R D, Kroo I M. 1995. Interplanetary trajectory optimization using a genetic algorithm [J]. Journal of Astronautical Sciences, 43(1): 59-75.

Goldstine H H. 1980. A History of the Calculus of Variations from the 17th through the 19th Century[M]. Berlin, New York: Springer-Verlag.

Hajela P. 1999. Non-gradient methods in multidiscipline design optimization-status and potential [J]. Journal of Aircraft, 36(1): 255-265.

Hajela P. 2002. Soft computing in multidisciplinary aerospace design-new directions for research [J]. Progress in Aerospace Sciences, 38(1): 1-21.

Hargraves C R. 1982. Numerical computation of optimal atmospheric trajectories involving staged vehicles [C]. AIAA Paper 82-0360.

Hargraves C R, Paris S W. 1987. Direct trajectory optimization using nonlinear programming and collocation [J]. Journal of Guidance, Control, and Dynamics, 10(4): 338-342.

Herman A L. 1995. Improved collocation methods with application to direct trajectory optimization [D]. Dept. of Aeronautical and Astronautical Engineering, Univ. of Illinois at Urbana-Champaign, IL.

Ilgen M R. 1987. Hybrid method for computing optimal low thrust OTV trajectories [J]. Advances in the Astronautical Sciences, 87(2): 941-958.

Krishnakumar K, Goldberg D E. 1992. Control system optimization using genetic algorithm[J]. Journal of Guidance Control and Dynamics, 15(3): 735-740.

Lavalle S M. 1998. Rapidly-exploring random trees: A new tool for path planning [R]. TR98-11, Computer Science Dept., Iowa State University, Ames, IA, USA.

Lu P. 1993. Inverse dynamics approach to trajectory optimization for an aerospace plane [J]. Journal of Guidance, Control and Dynamics, 16(4): 726-732.

Lu P, Khan M A. 1994. Nonsmooth trajectory optimization: An approach using continuous simulated annealing [J]. Journal of Guidance, Control and Dynamic, 17(4): 685-691.

Martell C A, Lawton J A. 1995. Adjoint variable solutions via an auxiliary optimization problem [J]. Journal of Guidance, Control and Dynamics, 18(6): 1267-1272.

Mayne D, Rawling J, Rao C, et al. 1987. Constrained model predictive control: Stability and optimality [J]. Automatica, 36(6): 789-814.

Pontryagin L S, Boltyanskii V, Gamkrelidze R, et al. 1962. Mathematical Theory of Optimal Processes[M]. New York: Wiley-Interscience.

Rauwolf G A, Coverstone-Carroll V L. 1996. Near-optimal low-thrust orbit transfers generated by a genetic algorithm [J]. Journal of Spacecraft and Rockets, 33(6): 859-862.

Schopf R, Deulfhard P. 1993. OCCAL: A mixed symbolic-numeric optimal control CALculator// Bulirsch R, Kraft D. Control Applications of Optimization [C]. Basel, Switzerland: Birkhäuser Verlag.

Seywald H. 1994. Trajectory optimization based on differential inclusion [J]. Journal of Guidance, Control, and Dynamics, 17(3): 480-487.

Tekinalp O, Bingol M. 2004. Simulated annealing for missile optimization: Developing method and formulation techniques [J]. Journal of Guidance Control and Dynamics, 27(4): 616-626.

Tekinalp O, Utalya S. 2000. Simulated annealing for missile trajectory planning and multidisplinary missile design optimization [C]. AIAA Paper 2000-0684.

Thorne J D, Hall C D. 1996. Approximate initial Lagrange costates for continuous-thrust spacecraft [J]. Journal of Guidance, Control, and Dynamics, 19(2): 283-288.

Wolpert D H, Macready W G. 1997. No free lunch theorems for optimization [J]. IEEE Tansaction on Evolutionary Computation, 1(1): 67-82.

Yan H, Wu H Y. 1999. Initial adjoint variable guess technique and its application in optimal orbital transfer [J]. Journal of Guidance, Control, and Dynamics, 22(3): 490-492.

Zitzler E, Thiele L. 1999. Multi-objective evolutionary algorithms: A comparative case study and the strength Pareto approach [J]. IEEE Transaction on Evolutionary Computation, 3(4): 257-271.

Zondervan K P, Wood L J, Caughey T K. 1984. Optimal low-thrust, three-burn orbit transfers with large plane changes [J]. Journal of the Astronautical Sciences, 32(3): 407-427.

第 2 章　轨迹最优化基础理论

航天器轨迹优化是要寻找一条使某性能指标最优并满足路径约束的飞行轨迹,经典最优控制理论和现代数学规划理论是各种轨迹优化问题求解方法的理论基础。

虽然最优控制问题就其本质来说是一个变分学的问题,然而经典变分学理论只能解决控制作用不受限制的情况。在 20 世纪 50 年代,迅猛发展的空间技术从工程要求上刺激了最优控制理论的发展。在这一时期,庞特里亚金创立的“极小值原理”和贝尔曼创立的“动态规划”理论成为了最优控制理论的两大柱石。“极小值原理”是轨迹优化方法的主要理论基础,同时,在此基础上发展起来的间接法广泛应用于空间最优交会、拦截和大气层内最优飞行轨迹等问题的求解。

在对连续时间系统的最优控制问题进行数值求解时,如果利用极小值原理所表达的最优性条件作为求解依据,最终将转换为数学规划问题。现代数学规划理论是数值求解参数化最优控制问题的基础。

本章系统介绍轨迹最优化的理论基础,其中,2.1 节给出最优控制问题的一般数学描述;2.2～2.4 节依次介绍变分法、极小值原理及数学规划的基本理论知识。

2.1　最优控制问题的数学描述

航天器轨迹优化问题可以通过最优控制的数学描述来统一表达。最优控制问题可以描述为,对于一个给定的受控系统,寻找这样的控制函数,使得在其作用下,系统从一个状态转移到设计者希望的另一个状态,且使系统的某种性能指标最好。

描述最优控制问题的基本因素包括被控系统状态变量 $\boldsymbol{X}(t)\in\mathbb{R}^n$、控制变量 $\boldsymbol{U}(t)\in\mathbb{R}^m$、系统状态方程

$$\dot{\boldsymbol{X}}=\boldsymbol{f}(\boldsymbol{X}(t),\boldsymbol{U}(t),t) \tag{2.1.1}$$

以及对某个控制过程及其结果作出评价的衡量尺度或标准,即性能指标。最具一般性的性能指标为 Bolza 型性能指标,用泛函的形式表述为

$$J=\Phi(\boldsymbol{X}(t_0),t_0,\boldsymbol{X}(t_\mathrm{f}),t_\mathrm{f})+\int_{t_0}^{t_\mathrm{f}}L(\boldsymbol{X}(t),\boldsymbol{U}(t),t)\mathrm{d}t \tag{2.1.2}$$

式中,$t\in\mathbb{R}$ 通常表示时间;t_0 和 t_f 分别表示初始时刻和终端时刻。

数值求解最优控制 $\boldsymbol{U}(t)$需要将其参数化,即将 $\boldsymbol{U}(t)$表示为 $\boldsymbol{U}(\boldsymbol{p},t)$,其中 $\boldsymbol{p}$ 为待求参数。早期求解最优控制问题的方法中,一般以参数化的最优控制变量 $\boldsymbol{U}(\boldsymbol{p},t)$

为设计变量。近年来出现的一些新方法，需要同时以参数化的最优控制变量和状态变量 $\boldsymbol{X}(t)$ 为设计变量，因此，为了更具一般性，将最优控制问题描述为：寻找参数化控制变量 $\boldsymbol{U}(\boldsymbol{p},t)$ 或控制变量-状态变量函数组 $\{\boldsymbol{U}(\boldsymbol{p},t),\boldsymbol{X}(\boldsymbol{p},t)\}$，确定参数 $\boldsymbol{p}$，以及初、末时刻 $\{t_0,t_f\}$（若初、末时刻未知），使得式(2.1.2)描述的性能指标最小，且状态变量满足状态方程约束式(2.1.1)、边界条件

$$\phi(\boldsymbol{X}(t_0),t_0,\boldsymbol{X}(t_f),t_f)=0 \tag{2.1.3}$$

及等式和(或)不等式约束

$$\boldsymbol{g}(\boldsymbol{X}(t),\boldsymbol{U}(t),t)\leqslant 0 \tag{2.1.4}$$

同时控制变量应满足控制约束，即 $\boldsymbol{U}\in U=\{\boldsymbol{U}\in\mathbb{R}^m:\boldsymbol{U}_L\leqslant\boldsymbol{U}\leqslant\boldsymbol{U}_R\}$，其中 $\boldsymbol{U}_L$、$\boldsymbol{U}_R$ 分别为控制变量的下边界和上边界。式(2.1.1)～式(2.1.4)中，函数 $\boldsymbol{f},\Phi,L,\phi,\boldsymbol{g}$ 的定义分别为

$$\boldsymbol{f}:\mathbb{R}^n\times\mathbb{R}^m\times\mathbb{R}\rightarrow\mathbb{R}^n$$
$$\Phi:\mathbb{R}^n\times\mathbb{R}\times\mathbb{R}^n\times\mathbb{R}\rightarrow\mathbb{R}$$
$$L:\mathbb{R}^n\times\mathbb{R}^m\times\mathbb{R}\rightarrow\mathbb{R}$$
$$\phi:\mathbb{R}^n\times\mathbb{R}\times\mathbb{R}^n\times\mathbb{R}\rightarrow\mathbb{R}^q$$
$$\boldsymbol{g}:\mathbb{R}^n\times\mathbb{R}^m\times\mathbb{R}\rightarrow\mathbb{R}^p$$

在航天器轨迹最优化问题中，上述最优控制问题的系统状态方程为飞行器运动方程，控制变量一般为推力控制变量或气动力控制变量，约束条件和性能指标与飞行任务相关，由飞行器系统要求确定。

2.2　变　分　法

最优控制问题实质上就是在状态方程及可能的(终端或过程)约束下求解性能指标泛函的极值问题。许多实际问题都可以转换为含有约束条件的泛函极值问题。变分法是研究泛函极值问题的数学方法。尽管经典变分法有其局限性，但其中一些基本概念有利于更充分地理解最优控制问题的本质。

变分法产生于17世纪末期，是研究积分型泛函极值的方法。两个著名的利用变分法求解的问题分别是“最速降线问题”和“表面积最小的旋转曲面问题”。在变分法产生初期，变分法相当一部分知识和许多做法都与可微函数的极值理论具有相同的形式，但这些做法没有构成变分法的基本内容。变分法的基本内容依赖于积分型泛函特性，它表现为可把积分型泛函的驻点解释成欧拉方程的某个边值问题的解(孙振绮等，1987)。本节介绍变分法及其在最优控制问题中的应用。

2.2.1　泛函极值与变分

泛函是矢量空间上的实函数，具体定义(吕显瑞等，2008)如下：

定义 2.2.1　设 Ω 为某一类函数的集合，对于集合中每一个函数 $\boldsymbol{X}(t)$，均有一个实数 J 与之对应，则称 J 是依赖于 $\boldsymbol{X}(t)$ 的泛函，记做 $J(\boldsymbol{X}(t))$。Ω 称为 J 的允许函数集合，$\boldsymbol{X}(t)$ 称为宗量。

最优控制问题的积分型性能指标为一泛函，即

$$J(\boldsymbol{X}(t)) = \int_{t_0}^{t_1} F(t, \boldsymbol{X}(t), \dot{\boldsymbol{X}}(t))\mathrm{d}t \tag{2.2.1}$$

其中 $\boldsymbol{X}(t)=(x_1(t),\cdots,x_n(t))$，该泛函实际上是将 $D\{[t_0,t_1],\mathbb{R}^n\}$ 变换到 $\mathbb{R}$。

1. 泛函的连续性

讨论最简单的积分型泛函的变分，这个概念与函数微分的概念相似。

在研究函数的极值问题中，微分与导数起着重要的作用，函数可微的前提条件要求函数必须连续。同样，在研究泛函极值问题时，也要求泛函 $J(\boldsymbol{x}(t))$ 具有连续性。泛函的连续性，粗略地说，即若泛函 $J(\boldsymbol{x}(t))$ 的自变元 $\boldsymbol{x}=\boldsymbol{x}(t)$ 产生微小变化，泛函 $J(\boldsymbol{x}(t))$ 也微小变化，则称泛函在 $\boldsymbol{x}=\boldsymbol{x}(t)$ 处是连续的。

为定义泛函的连续性，首先给出矢量之间距离的定义。

定义 2.2.2　设函数 $\boldsymbol{X}(t),\boldsymbol{Y}(t)\in\Omega$，定义它们之间的距离为

$$d_k(\boldsymbol{X}(t),\boldsymbol{Y}(t)) = \max\{\sup|\boldsymbol{X}(t)-\boldsymbol{Y}(t)|,\cdots,\sup|\boldsymbol{X}^{(k)}(t)-\boldsymbol{Y}^{(k)}(t)|\},$$
$$k=0,1,2,\cdots$$

其中

$$\boldsymbol{X}(t)=(x_1(t),\cdots,x_n(t))^{\mathrm{T}},\quad \boldsymbol{Y}(t)=(y_1(t),\cdots,y_n(t))^{\mathrm{T}}$$

$$|\boldsymbol{X}(t)-\boldsymbol{Y}(t)| = \left(\sum_{i=1}^{n}|x_i(t)-y_i(t)|^2\right)^{\frac{1}{2}}$$

$$\vdots$$

$$|\boldsymbol{X}^{(k)}(t)-\boldsymbol{Y}^{(k)}(t)| = \left(\sum_{i=1}^{n}|x_i^{(k)}(t)-y_i^{(k)}(t)|^2\right)^{\frac{1}{2}}$$

根据上述距离的定义可知，距离 d_k 可以描述两个函数的接近程度，$d_0<\varepsilon$ 表示两个函数坐标之间接近到某种程度，$d_1<\varepsilon$ 表示两个函数不仅函数坐标接近，而且其一阶导数也接近，$d_k<\varepsilon$ 表示两个函数具有 k 阶接近度。在此基础上，可进一步定义泛函的连续性。

定义 2.2.3　设 J 是定义在 Ω 上的泛函，如果对于任意给定的 $\varepsilon>0$，都存在 $\delta>0$，使得当 $d_k(\boldsymbol{X}(t),\boldsymbol{X}_0(t))<\delta$，$\boldsymbol{X}(t),\boldsymbol{X}_0(t)\in\Omega$ 时，就有

$$|J(\boldsymbol{X}(t))-J(\boldsymbol{X}_0(t))|<\varepsilon \tag{2.2.2}$$

则称泛函 J 在 $\boldsymbol{X}_0(t)$ 处是 k 阶接近的连续泛函。

2. 泛函的极值

在定义泛函的极值前，先给出曲线邻域的概念。我们称所有与 $\boldsymbol{X}_0(t)\in\Omega$ 的 k 阶距离小于 δ 的曲线全体为曲线 $\boldsymbol{X}_0(t)$ 的 k 阶 δ 邻域，用 $N_k(\boldsymbol{X}_0(t),\delta)$ 表示，即

$$N_k(\boldsymbol{X}_0(t),\delta)=\{\boldsymbol{X}(t):d_k(\boldsymbol{X}(t),\boldsymbol{X}_0(t))<\delta\} \tag{2.2.3}$$

定义 2.2.4　设 $J(\boldsymbol{X}(t))$是定义在 Ω 上的泛函，有 $\boldsymbol{X}_0(t)\in\Omega$，若对于任意一个 $\boldsymbol{X}(t)\in\Omega$ 都有 $J(\boldsymbol{X}_0(t))\leqslant J(\boldsymbol{X}(t))$，那么称 $J(\boldsymbol{X}_0(t))$为泛函 $J(\boldsymbol{X}(t))$的**绝对极小值**。设 $N_0(\boldsymbol{X}_0,\delta)$是 $X_0(t)$的零阶 δ 邻域，$X(t)$为 N_0 内任意一条曲线，若有 $J(\boldsymbol{X}_0(t))\leqslant J(\boldsymbol{X}(t))$，就称泛函 $J(\boldsymbol{X}(t))$在 $\boldsymbol{X}=\boldsymbol{X}_0(t)$处达到了**强相对极小值**。设 $N_1(\boldsymbol{X}_0,\delta)$是 $X_0(t)$的一阶 δ 邻域，$X(t)$为 N_1 内任意一条曲线，若有 $J(\boldsymbol{X}_0(t))\leqslant J(\boldsymbol{X}(t))$，就称泛函 $J(\boldsymbol{X}(t))$在 $\boldsymbol{X}=\boldsymbol{X}_0(t)$处达到了**弱相对极小值**。

根据函数距离和邻域的定义可知，若泛函 $J(\boldsymbol{X}_0(t))$为 $J(\boldsymbol{X}(t))$的强相对极值，则它必为弱相对极值，反之不一定成立。类似地，可定义绝对极大值、强相对极大值和弱相对极大值。

3. 泛函的变分

研究泛函极值时，变分起着与函数微分或导数类似的作用，以至于把求解泛函的极大或极小值问题称为变分问题，求解泛函极值的方法称为变分法。

如同函数的微分是函数增量的线性主部一样，泛函的变分是泛函增量的线性主部。

把两个宗量之差记为 $\delta\boldsymbol{X}=\boldsymbol{X}_1(t)-\boldsymbol{X}(t)$，则泛函的增量为

$$\Delta J=J(\boldsymbol{X}_1(t))-J(\boldsymbol{X}(t))=J(\boldsymbol{X}+\delta\boldsymbol{X})-J(\boldsymbol{X}) \tag{2.2.4}$$

定义在 Ω 上的连续泛函 $J(\boldsymbol{X}(t))$，如果对任何常数 α,β 都有

$$J(\alpha\boldsymbol{X}(t)+\beta\boldsymbol{Y}(t))=\alpha J(\boldsymbol{X}(t))+\beta J(\boldsymbol{Y}(t)),\quad \forall\,\boldsymbol{X}(t),\boldsymbol{Y}(t)\in\Omega \tag{2.2.5}$$

则称 $L(\boldsymbol{X}(t))$是 Ω 上的线性泛函。

定义 2.2.5　设 J 是定义在 Ω 上的连续泛函，若存在关于 $\delta\boldsymbol{X}$ 的线性泛函 $L(\boldsymbol{X},\delta\boldsymbol{X})$，使得泛函 $J(\boldsymbol{X}(t))$的增量可以表示为

$$\begin{aligned}\Delta J&=J(\boldsymbol{X}(t)+\delta\boldsymbol{X}(t))-J(\boldsymbol{X}(t))\\&=L(\boldsymbol{X},\delta\boldsymbol{X})+r(\boldsymbol{X},\delta\boldsymbol{X})\cdot\max|\delta\boldsymbol{X}|\end{aligned} \tag{2.2.6}$$

且 $L(\boldsymbol{X},\delta\boldsymbol{X})$右边第一项是 $\delta\boldsymbol{X}(t)$的线性连续泛函，$r(\boldsymbol{X},\delta\boldsymbol{X})$是 $\max|\delta\boldsymbol{X}|$的高阶无穷小。那么，第一项即为泛函的**变分**，并记为

$$\delta J=L(\boldsymbol{X}(t),\delta\boldsymbol{X}(t)) \tag{2.2.7}$$

根据变分的定义知，泛函的变分即从矢量空间到欧式空间 $\mathbb{R}$ 的一个线性变换。当泛函具有变分时，即其增量 ΔJ 可用式(2.2.6)表达时，则称泛函是可微的。

引理 2.2.1　泛函 $J(\boldsymbol{X}(t))$的变分可以表示为对参数 α 的导数的形式，即

$$\delta J=\frac{\partial}{\partial\alpha}J(\boldsymbol{X}(t)+\alpha\,\delta\boldsymbol{X}(t))\bigg|_{\alpha=0} \tag{2.2.8}$$

证明　若泛函 $J(\boldsymbol{X}(t))$的变分存在，则其增量可表示为

$$\Delta J=L(\boldsymbol{X},\alpha\boldsymbol{X})+r(\boldsymbol{X},\alpha\,\delta\boldsymbol{X})\cdot\max|\alpha\,\delta\boldsymbol{X}| \tag{2.2.9}$$

由于 $L(\boldsymbol{X},\alpha\delta\boldsymbol{X})$ 是关于 $\alpha\delta\boldsymbol{X}$ 的线性连续泛函，因此有

$$L(\boldsymbol{X}(t),\alpha\delta\boldsymbol{X}(t)) = \alpha L(\boldsymbol{X}(t),\delta\boldsymbol{X}(t)) \tag{2.2.10}$$

又根据变分的定义有，$r(\boldsymbol{X},\alpha\delta\boldsymbol{X})$ 是关于 $\alpha\delta\boldsymbol{X}$ 的高阶无穷小，因此有

$$\lim_{\alpha\to 0}\frac{r(\boldsymbol{X},\alpha\delta\boldsymbol{X})\cdot\max|\alpha\delta\boldsymbol{X}|}{\alpha} = \lim_{\alpha\to 0}\frac{\max|\alpha\delta\boldsymbol{X}|}{\alpha\delta\boldsymbol{X}}r(\boldsymbol{X},\alpha\delta\boldsymbol{X})\delta\boldsymbol{X} = 0 \tag{2.2.11}$$

所以有

$$\begin{aligned}\frac{\partial}{\partial\alpha}J(\boldsymbol{X}(t)+\alpha\delta\boldsymbol{X}(t)) &= \lim_{\alpha\to 0}\frac{J(\boldsymbol{X}+\alpha\delta\boldsymbol{X})-J(\boldsymbol{X})}{\alpha}\\ &= \lim_{\alpha\to 0}\frac{L(\boldsymbol{X},\alpha\delta\boldsymbol{X})+r(\boldsymbol{X},\alpha\delta\boldsymbol{X})\cdot\max|\alpha\delta\boldsymbol{X}|}{\alpha}\\ &= \lim_{\alpha\to 0}\frac{\alpha L(\boldsymbol{X},\delta\boldsymbol{X})+r(\boldsymbol{X},\alpha\delta\boldsymbol{X})\cdot\max|\alpha\delta\boldsymbol{X}|}{\alpha}\\ &= L(\boldsymbol{X},\delta\boldsymbol{X})\\ &= \delta J(\boldsymbol{X})\end{aligned}$$

根据该引理，可以利用函数的微分法则，方便地计算泛函的变分，还可进一步得到泛函极值与泛函变分的关系：若可微泛函 $J(\boldsymbol{X}(t))$ 在 $\boldsymbol{X}_0(t)$ 上达到极值，则在 $\boldsymbol{X}=\boldsymbol{X}_0(t)$ 处有

$$\delta J(\boldsymbol{X}_0(t)) = 0 \tag{2.2.12}$$

即泛函取极值的曲线上，泛函的变分等于零。

证明　对于任意给定的 $\delta\boldsymbol{X}$ 来说，$J(\boldsymbol{X}_0+\alpha\delta\boldsymbol{X})$ 是实变量 α 的函数，$J(\boldsymbol{X}(t))$ 在 $\boldsymbol{X}_0(t)$ 上达到极值，即 $J(\boldsymbol{X}_0+\alpha\delta\boldsymbol{X})$ 在 $\alpha=0$ 达到极值，所以在 $\alpha=0$ 时，$J(\boldsymbol{X}_0+\alpha\delta\boldsymbol{X})$ 导数为零，即

$$\left.\frac{\partial}{\partial\alpha}J(\boldsymbol{X}_0+\alpha\delta\boldsymbol{X})\right|_{\alpha=0} = 0 \tag{2.2.13}$$

由引理可知式(2.2.13)左边等于泛函 $J(\boldsymbol{X}(t))$ 在 $\boldsymbol{X}_0(t)$ 处的变分，从而式(2.2.12)得证。

2.2.2　泛函极值的必要条件

拉格朗日型性能指标泛函，即

$$J(\boldsymbol{X}) = \int_{t_0}^{t_f}F(t,\boldsymbol{X}(t),\dot{\boldsymbol{X}}(t))\mathrm{d}t \tag{2.2.14}$$

的极值问题是古典变分学的三个基本问题之一，其他两个基本问题(波尔扎和迈耶问题)都可以转换为拉格朗日问题。一般的实际变分问题，经过数学变换后，都可化为古典变分学三个基本问题，因此，研究三种基本问题中任何一种都具有普遍意义(解学书，1986)。

1. 固定端点变分问题

本节讨论拉格朗日型性能指标泛函式(2.2.14)的极值必要条件，其中 $F(t,\boldsymbol{X}(t),\dot{\boldsymbol{X}}(t))$ 定义在 $\mathbb{R}^n$ 上，对 $t,\boldsymbol{X},\dot{\boldsymbol{X}}$ 均有二阶连续偏导数。假定现在考虑的是两端点固定的问题，即容许曲线满足如下边界条件：

$$\boldsymbol{X}(t_0)=\boldsymbol{X}_0,\quad \boldsymbol{X}(t_f)=\boldsymbol{X}_f \tag{2.2.15}$$

设 $\boldsymbol{X}^*(t)$ 为一极值曲线，现用

$$\boldsymbol{X}(t)=\boldsymbol{X}^*(t)+\alpha\boldsymbol{\eta}(t),\quad 0\leqslant\alpha\leqslant 1 \tag{2.2.16}$$

表示极值曲线领域内的允许曲线，其中 $\boldsymbol{\eta}(t)=\delta\boldsymbol{X}(t)$，且 $\boldsymbol{\eta}(t)$ 具有连续导数并满足条件

$$\boldsymbol{\eta}(t_0)=\boldsymbol{\eta}(t_f)=0 \tag{2.2.17}$$

根据变分的导数等于导数变分的性质有

$$\dot{\boldsymbol{X}}(t)=\dot{\boldsymbol{X}}^*(t)+\alpha\dot{\boldsymbol{\eta}}(t) \tag{2.2.18}$$

此时性能指标

$$J(\boldsymbol{X})=\int_{t_0}^{t_f}F(t,\boldsymbol{X}^*(t)+\alpha\boldsymbol{\eta}(t),\dot{\boldsymbol{X}}^*(t)+\alpha\dot{\boldsymbol{\eta}}(t))\mathrm{d}t \tag{2.2.19}$$

其中，$\boldsymbol{X}^*(t)$ 为极值曲线，$\boldsymbol{\eta}(t)$ 为满足条件的任意选定函数，因此可将性能指标函数 J 看作实数 α 的函数 $J(\alpha)$。式(2.2.19)在 $\boldsymbol{X}(t)=\boldsymbol{X}^*(t)$ 时取极值，等价于 $J(\boldsymbol{X}^*+\alpha\boldsymbol{\eta})$ 在 $\alpha=0$ 处取极值，因此有

$$\left.\frac{\partial J(\alpha)}{\partial\alpha}\right|_{\alpha=0}=0 \tag{2.2.20}$$

即

$$\begin{aligned}
&\left.\frac{\partial}{\partial\alpha}\int_{t_0}^{t_f}F(t,\boldsymbol{X}^*(t)+\alpha\boldsymbol{\eta}(t),\dot{\boldsymbol{X}}^*(t)+\alpha\dot{\boldsymbol{\eta}}(t))\mathrm{d}t\right|_{\alpha=0}\\
&=\int_{t_0}^{t_f}\left.\frac{\partial}{\partial\alpha}F(t,\boldsymbol{X}^*(t)+\alpha\boldsymbol{\eta}(t),\dot{\boldsymbol{X}}^*(t)+\alpha\dot{\boldsymbol{\eta}}(t))\right|_{\alpha=0}\mathrm{d}t\\
&=\int_{t_0}^{t_f}\left[\frac{\partial F(t,\boldsymbol{X}^*,\dot{\boldsymbol{X}}^*)}{\partial\boldsymbol{X}}\boldsymbol{\eta}(t)+\frac{\partial F(t,\boldsymbol{X}^*,\dot{\boldsymbol{X}}^*)}{\partial\dot{\boldsymbol{X}}}\dot{\boldsymbol{\eta}}(t)\right]\mathrm{d}t\\
&=\int_{t_0}^{t_f}\frac{\partial F(t,\boldsymbol{X}^*,\dot{\boldsymbol{X}}^*)}{\partial\boldsymbol{X}}\boldsymbol{\eta}(t)\mathrm{d}t+\int_{t_0}^{t_f}\frac{\partial F(t,\boldsymbol{X}^*,\dot{\boldsymbol{X}}^*)}{\partial\dot{\boldsymbol{X}}}\dot{\boldsymbol{\eta}}(t)\mathrm{d}t\\
&=\int_{t_0}^{t_f}\frac{\partial F(t,\boldsymbol{X}^*,\dot{\boldsymbol{X}}^*)}{\partial\boldsymbol{X}}\boldsymbol{\eta}(t)\mathrm{d}t+\left.\frac{\partial F}{\partial\dot{\boldsymbol{X}}}\boldsymbol{\eta}(t)\right|_{t_0}^{t_f}-\int_{t_0}^{t_f}\frac{\mathrm{d}}{\mathrm{d}t}\left(\frac{\partial F}{\partial\dot{\boldsymbol{X}}}\right)\mathrm{d}t\\
&=0
\end{aligned} \tag{2.2.21}$$

将 $\boldsymbol{\eta}(t_0)=\boldsymbol{\eta}(t_f)=0$ 代入式(2.2.21)可得

$$\int_{t_0}^{t_f}\left[\frac{\partial F}{\partial\boldsymbol{X}}-\frac{\mathrm{d}}{\mathrm{d}t}\left(\frac{\partial F}{\partial\dot{\boldsymbol{X}}}\right)\right]\boldsymbol{\eta}(t)\mathrm{d}t=0 \tag{2.2.22}$$

因为 $\boldsymbol{\eta}(t)$ 的任意性，且 $\left[\dfrac{\partial F}{\partial \boldsymbol{X}}-\dfrac{\mathrm{d}}{\mathrm{d}t}\left(\dfrac{\partial F}{\partial \dot{\boldsymbol{X}}}\right)\right]$ 为连续函数，由变分学的基本引理（孙振绮等，1987）可得

$$\frac{\partial F}{\partial \boldsymbol{X}}-\frac{\mathrm{d}}{\mathrm{d}t}\left(\frac{\partial F}{\partial \dot{\boldsymbol{X}}}\right)=0 \tag{2.2.23}$$

将式(2.2.23)第二项展开，可得

$$F_{\boldsymbol{X}}-F_{\dot{\boldsymbol{X}}_t}-\dot{\boldsymbol{X}}F_{\dot{\boldsymbol{X}}\boldsymbol{X}}-\ddot{\boldsymbol{X}}F_{\dot{\boldsymbol{X}}\dot{\boldsymbol{X}}}=0 \tag{2.2.24}$$

式(2.2.23)或式(2.2.24)被称为欧拉方程，这就是泛函极值的必要条件，即 $\boldsymbol{X}^*(t)$ 为极值轨线的必要条件是满足欧拉方程。

2. 可变端点的变分问题

仍讨论拉格朗日型性能指标，将前述泛函极值问题中终端时刻固定改为终端可变，即 t_{f} 未知，其他条件不变。根据相同的思路，可以得到泛函极值的必要条件。证明过程这里不再叙述，有兴趣的读者可以参考文献（程国采，1999），所得结果分以下两种情况。

1) 终端状态达到给定的超曲面 $\boldsymbol{G}(t_{\mathrm{f}})$ 上的一点的情况

泛函极值必要条件为

$$\begin{cases}\dfrac{\partial F}{\partial \boldsymbol{X}}-\dfrac{\mathrm{d}}{\mathrm{d}t}\left(\dfrac{\partial F}{\partial \dot{\boldsymbol{X}}}\right)=0\\ \left\{\dfrac{\partial F}{\partial \dot{\boldsymbol{X}}}[\dot{\boldsymbol{G}}(t)-\dot{\boldsymbol{X}}(t)]+F\right\}\Bigg|_{t=t_{\mathrm{f}}}=0\end{cases} \tag{2.2.25}$$

其中，第一式为欧拉方程；第二式是极值轨线应满足的终端条件，通常被称为“横截条件”。

2) 终端状态自由的情况

此时，泛函极值条件的欧拉方程不变，横截条件为

$$\begin{cases}\left.\left(F-\dfrac{\partial F}{\partial \dot{\boldsymbol{X}}}\dot{\boldsymbol{X}}\right)\right|_{t=t_{\mathrm{f}}}=0\\ \left.\dfrac{\partial F}{\partial \dot{\boldsymbol{X}}}\right|_{t=t_{\mathrm{f}}}=0\end{cases} \tag{2.2.26}$$

3. 具有等式约束的变分问题

最简单的最优控制问题实质上是求解在状态方程约束下，性能指标泛函的极值问题，许多实际问题也可化为含有约束条件的泛函极值问题。

这里考虑性能指标式(2.2.14)中 $\boldsymbol{X}(t)$（$\boldsymbol{X}(t)=(t,x_1(t),x_2(t),\cdots,x_n(t))^{\mathrm{T}}$）满足约束条件

$$\boldsymbol{\varphi}(t,\boldsymbol{X},\dot{\boldsymbol{X}})=0 \tag{2.2.27}$$

时泛函的极值问题，其中

$$\boldsymbol{\varphi}(t,\boldsymbol{X},\dot{\boldsymbol{X}})=(\varphi_1(t,x_1,x_2,\cdots,x_n),\cdots,\varphi_m(t,x_1,x_2,\cdots,x_n)),\quad m<n \tag{2.2.28}$$

为求解该条件极值问题，引入拉格朗日乘子

$$\boldsymbol{\lambda}=(\lambda_1,\lambda_2,\cdots,\lambda_m)^{\mathrm{T}} \tag{2.2.29}$$

将有约束的极值问题转换为无约束问题，即构造一个新的泛函

$$\begin{aligned}\tilde{J}(\boldsymbol{X},\boldsymbol{\lambda})&=\int_{t_0}^{t_f}[F(t,\boldsymbol{X}(t),\dot{\boldsymbol{X}}(t))+\boldsymbol{\lambda}^{\mathrm{T}}(t)\varphi(t,\boldsymbol{X}(t),\dot{\boldsymbol{X}}(t))]\mathrm{d}t\\&=\int_{t_0}^{t_f}\tilde{F}(t,\boldsymbol{X}(t),\dot{\boldsymbol{X}}(t))\mathrm{d}t\end{aligned} \tag{2.2.30}$$

根据无约束问题的泛函极值必要条件知，此时的最优轨线应满足欧拉方程

$$\frac{\partial\tilde{F}}{\partial\boldsymbol{X}}-\frac{\mathrm{d}}{\mathrm{d}t}\left(\frac{\partial\tilde{F}}{\partial\dot{\boldsymbol{X}}}\right)=0 \tag{2.2.31}$$

对终端时刻不固定的问题，还应满足式(2.2.25)对应的横截条件，即

$$\left\{\frac{\partial\tilde{F}}{\partial\dot{\boldsymbol{X}}}[\dot{\boldsymbol{G}}(t)-\dot{\boldsymbol{X}}(t)]+\tilde{F}\right\}\bigg|_{t=t_f}=0 \tag{2.2.32}$$

由欧拉方程、约束条件和横截条件可解出泛函的条件极值问题的极值曲线 $\boldsymbol{X}^*(t)$和拉格朗日乘子函数 $\boldsymbol{\lambda}(t)$（乘子函数又被称为辅助函数或伴随函数）。

2.2.3 最优控制问题的变分法

变分法是选择一条极值曲线，使性能指标泛函取极值。最优控制问题实质上就是在状态方程约束下求性能指标泛函的极值问题，当控制变量不受限制，性能指标中的被积函数和状态方程右函数满足一定光滑性要求时，该问题就可用变分法求解。求解时可以直接套用 2.2.2 节的公式，但对于最优控制问题中特定的状态方程约束、目标集的等式约束以及性能指标泛函，从变分学的基本原理出发，重复推证过程，直接得出适用于最优控制问题的结论，会使结论更清楚，更加便于应用。

考虑自由终端问题的变分方法。该最优控制问题可以看成泛函

$$J(\boldsymbol{U},\boldsymbol{X})=\Phi(\boldsymbol{X}(t_f),t_f)+\int_{t_0}^{t_f}L(\boldsymbol{X},\boldsymbol{U},t)\mathrm{d}t \tag{2.2.33}$$

满足约束式(2.1.1)的条件极值问题，可用拉格朗日乘子法推导其极值必要条件，即考虑新的泛函

$$\begin{aligned}J_1(\boldsymbol{U},\boldsymbol{X},\boldsymbol{\lambda})=&\Phi(\boldsymbol{X}(t_f),t_f)\\&+\int_{t_0}^{t_f}[L(\boldsymbol{X}(t),\boldsymbol{U}(t),t)\mathrm{d}t+\boldsymbol{\lambda}^{\mathrm{T}}(\boldsymbol{f}(\boldsymbol{X}(t),\boldsymbol{U}(t),t)-\dot{\boldsymbol{X}}(t))]\mathrm{d}t\end{aligned} \tag{2.2.34}$$

其中 $\boldsymbol{\lambda}=(\lambda_1,\lambda_2,\cdots,\lambda_m)^{\mathrm{T}}$ 为拉格朗日乘子。记

$$H(\boldsymbol{X},\boldsymbol{U},\boldsymbol{\lambda},t)=L(\boldsymbol{X},\boldsymbol{U},t)+\boldsymbol{\lambda}^{\mathrm{T}}\boldsymbol{f}(\boldsymbol{X},\boldsymbol{U},t) \tag{2.2.35}$$

为哈密顿函数，于是有

$$J_1(\boldsymbol{U},\boldsymbol{X},\lambda)=\Phi(\boldsymbol{X}(t_f),t_f)+\int_{t_0}^{t_f}[H(\boldsymbol{X}(t),\boldsymbol{U}(t),\boldsymbol{\lambda}(t),t)\mathrm{d}t-\boldsymbol{\lambda}^{\mathrm{T}}(t)\dot{\boldsymbol{X}}(t)]\mathrm{d}t \tag{2.2.36}$$

设 J_1 在点$(\boldsymbol{X},\boldsymbol{U},\boldsymbol{\lambda})$处取得极值，根据泛函在极值处变分为零的性质和分步积分的公式有

$$\begin{aligned}
\delta J_1 &= \delta\boldsymbol{X}^{\mathrm{T}}(t_f)\Phi_{\boldsymbol{X}}(\boldsymbol{X}(t_f),t_f) \\
&\quad+\int_{t_0}^{t_f}[\delta\boldsymbol{X}^{\mathrm{T}}H_{\boldsymbol{X}}+\delta\boldsymbol{U}^{\mathrm{T}}H_{U}+\delta\boldsymbol{\lambda}^{\mathrm{T}}(H_{\lambda}-\dot{\boldsymbol{X}})-\delta\dot{\boldsymbol{X}}^{\mathrm{T}}\boldsymbol{\lambda}]\mathrm{d}t \\
&= \delta\boldsymbol{X}^{\mathrm{T}}(t_f)\Phi_{\boldsymbol{X}}(\boldsymbol{X}(t_f),t_f)-\delta\boldsymbol{X}^{\mathrm{T}}\boldsymbol{\lambda}\Big|_{t_0}^{t_f} \\
&\quad+\int_{t_0}^{t_f}[\delta\boldsymbol{X}^{\mathrm{T}}H_{\boldsymbol{X}}+\delta\boldsymbol{U}^{\mathrm{T}}H_{U}+\delta\boldsymbol{\lambda}^{\mathrm{T}}(H_{\lambda}-\dot{\boldsymbol{X}})-\delta\boldsymbol{X}^{\mathrm{T}}\dot{\boldsymbol{\lambda}}]\mathrm{d}t \\
&= \delta\boldsymbol{X}^{\mathrm{T}}(t_f)[\Phi_{\boldsymbol{X}}(\boldsymbol{X}(t_f),t_f)-\boldsymbol{\lambda}(t_f)] \\
&\quad+\int_{t_0}^{t_f}[\delta\boldsymbol{X}^{\mathrm{T}}(H_{\boldsymbol{X}}+\dot{\boldsymbol{\lambda}})+\delta\boldsymbol{U}^{\mathrm{T}}H_{U}+\delta\boldsymbol{\lambda}^{\mathrm{T}}(H_{\lambda}-\dot{\boldsymbol{X}})]\mathrm{d}t \\
&= 0
\end{aligned} \tag{2.2.37}$$

再根据 $\delta\boldsymbol{X}$、$\delta\boldsymbol{U}$、$\delta\boldsymbol{\lambda}$ 的任意性得到

$$\begin{cases}
\dot{\boldsymbol{X}}=H_{\lambda}(\boldsymbol{X},\boldsymbol{U},\boldsymbol{\lambda},t) \\
H_{U}(\boldsymbol{X},\boldsymbol{U},\boldsymbol{\lambda},t)=0 \\
\dot{\boldsymbol{\lambda}}=-H_{\boldsymbol{X}}(\boldsymbol{X},\boldsymbol{U},\boldsymbol{\lambda},t) \\
\boldsymbol{\lambda}(t_f)=\Phi_{\boldsymbol{X}}(\boldsymbol{X}(t_f),t_f)
\end{cases} \tag{2.2.38}$$

式(2.2.38)为泛函 J_1 取极值$(\boldsymbol{X}(t),\boldsymbol{U}(t),\boldsymbol{\lambda}(t))$应满足的必要条件，也是该问题的最优控制 $\boldsymbol{U}(t)$满足的必要条件。

从而，求 2.1 节描述的一般最优控制问题可采取如下步骤：

(1) 写出哈密顿函数 $H(\boldsymbol{X},\boldsymbol{U},\boldsymbol{\lambda},t)$。

(2) 根据$\dfrac{\partial H}{\partial \boldsymbol{U}}=0$ 解出最优控制变量 $\boldsymbol{U}=\boldsymbol{U}(\boldsymbol{X},\boldsymbol{\lambda},t)$的表达式。

(3) 将 $\boldsymbol{U}=\boldsymbol{U}(\boldsymbol{X},\boldsymbol{\lambda},t)$代入状态方程和协态方程，与状态 $\boldsymbol{X}(t)$的初始条件和 $\boldsymbol{\lambda}(t)$满足的末值条件一起，构成一个一阶常微分方程组两点边值问题，求解该问题可得最优轨线 $\boldsymbol{X}^*(t)$和对应的协态变量 $\boldsymbol{\lambda}^*(t)$。

(4) 把 $\boldsymbol{X}^*(t)$和 $\boldsymbol{\lambda}^*(t)$代入最优控制变量表达式 $\boldsymbol{U}=\boldsymbol{U}(\boldsymbol{X},\boldsymbol{\lambda},t)$，得到 $\boldsymbol{U}^*=\boldsymbol{U}^*(\boldsymbol{X}^*(t),\boldsymbol{\lambda}^*(t),t)$。

(5) 判断泛函 $J(\boldsymbol{U},\boldsymbol{X})$是否在最优轨线和控制处取得极值。

2.3 极小值原理

前面一节讨论了变分法及在最优控制问题求解中的应用，而变分法求解时对最优问题有特定的要求：

(1) 性能指标中的被积函数 L 以及状态方程右函数 $\boldsymbol{f}(\boldsymbol{X}(t),\boldsymbol{U}(t),t)$ 是充分可微的，同时 $\dfrac{\partial L}{\partial \boldsymbol{U}}$ 要有定义。

(2) 控制变量 $\boldsymbol{U}\in\mathbb{R}^m$ 的允许控制集为整个 m 维空间 $\mathbb{R}^m$ 或 $\mathbb{R}^m$ 中的开集。

而许多实际最优控制问题中，控制函数 $\boldsymbol{U}(t)$ 的允许集合为 $\mathbb{R}^m$ 中的闭集，性能指标中的被积函数对控制函数 $\boldsymbol{U}(t)$ 也不可微，例如燃料消耗最少这类最优控制问题的性能指标为 $J=\int_{t_0}^{t_f}|\boldsymbol{U}(t)|\,\mathrm{d}t$，此时就无法采用变分法求解该类最优控制问题。为解决该问题，20 世纪 50 年代末前苏联学者庞特里亚金在古典变分法的基础上发展了一种方法，即极小值原理（通常也称为极大值原理）。极小值原理的一个显著特点是它求出的结果易于建立最优控制系统的普遍结构形式，它不仅适用于处理带有开集性约束条件的最优控制问题，同时也适用于处理带闭集性约束的最优控制问题。

庞特里亚金在其专著中用很大的篇幅对极小值原理作了严格的证明，其中包括一系列引理和定理，涉及包括拓扑学在内的很多数学问题（程国采，1999；吕显瑞等，2008）。本节从应用的角度，对几种基本形式进行梳理，而略去证明过程。

2.3.1 极小值原理的基本形式

这里给出极小值原理的基本形式。

给定系统方程

$$\dot{\boldsymbol{X}}(t)=\boldsymbol{f}(\boldsymbol{X}(t),\boldsymbol{U}(t),t) \tag{2.3.1}$$

以及初始条件

$$\boldsymbol{X}(t_0)=\boldsymbol{X}_0 \tag{2.3.2}$$

其中初始时刻 t_0 固定，状态矢量 $\boldsymbol{X}(t)\in\mathbb{R}^n$ 且是分段光滑函数，控制矢量 $\boldsymbol{U}(t)$ 是分段连续函数，$\boldsymbol{U}(t)$ 属于 $\mathbb{R}^m$ 中的有界闭集 Ω。

状态变量的目标集具有几种不同形式，横截条件也因此不同，用 S 表示目标集，用 T 表示末端时刻所属的集合，且末端时刻可为自由或固定，即 T 是 (t_0,t_f) 的子集或为某一固定时刻，不同目标集的形式为：

(1) 末端固定，即 $S=T\times\{\boldsymbol{X}_f\}^n$，其中 $\boldsymbol{X}_f$ 为 $\mathbb{R}^n$ 中的一个固定元素，此时性能指标只为积分型。

(2) 末端自由，即 $S=T\times\mathbb{R}^n$。

(3) 末端受约束，即 $S=\{\boldsymbol{N}(\boldsymbol{X}(t_f),t_f)=0,t\}$，其中 $\boldsymbol{N}(\boldsymbol{X}(t_f),t_f)$ 是 q 维连续可微函数，且 $q\leqslant n$。

最优控制问题要求在允许控制集合 Ω 中寻找最优控制函数 $\boldsymbol{U}^*(t)$ 及终端时刻(若 t_f 未知)，使性能指标泛函

$$J(\boldsymbol{U},\boldsymbol{X})=\Phi(\boldsymbol{X}(t_f),t_f)+\int_{t_0}^{t_f}L(\boldsymbol{X}(t),\boldsymbol{U}(t),t(t))\mathrm{d}t \tag{2.3.3}$$

达到极小值且使状态变量到达目标集 S。

引入哈密顿函数：

$$\begin{aligned}&H(\boldsymbol{X}(t),\boldsymbol{U}(t),\boldsymbol{\lambda}(t),t)\\&=L(\boldsymbol{X}(t),\boldsymbol{U}(t),\boldsymbol{\lambda}(t),t)+\boldsymbol{\lambda}^{\mathrm{T}}(t)\boldsymbol{f}(\boldsymbol{X}(t),\boldsymbol{U}(t),t)\end{aligned} \tag{2.3.4}$$

其中 $\boldsymbol{\lambda}(t)\in\mathbb{R}^n$，称为状态变量 $\boldsymbol{X}(t)$ 的伴随矢量或协态矢量。$\boldsymbol{U}^*(t)$ 是最优控制的必要条件是：存在一个非零矢量函数 $\boldsymbol{\lambda}^*(t)$，$t\in[t_0,t_f]$，使得 $\boldsymbol{U}^*(t)$，$\boldsymbol{X}^*(t)$，$\boldsymbol{\lambda}^*(t)$，$t_f^*$ 满足条件：

(1) 哈密顿方程组

$$\dot{\boldsymbol{X}}^*(t)=\frac{\partial H(\boldsymbol{X}^*(t),\boldsymbol{U}^*(t),\boldsymbol{\lambda}^*(t),t)}{\partial\boldsymbol{\lambda}} \tag{2.3.5}$$

$$\dot{\boldsymbol{\lambda}}^*=-\frac{\partial H(\boldsymbol{X}^*(t),\boldsymbol{U}^*(t),\boldsymbol{\lambda}^*(t),t)}{\partial\boldsymbol{X}} \tag{2.3.6}$$

(2) $$H(\boldsymbol{X}^*(t),\boldsymbol{U}^*(t),\boldsymbol{\lambda}^*(t),t)=\min_{\boldsymbol{U}\in\Omega}H(\boldsymbol{X}^*(t),\boldsymbol{U}^*(t),\boldsymbol{\lambda}^*(t),t) \tag{2.3.7}$$

(3) 初始条件

$$\boldsymbol{X}(t_0)=\boldsymbol{X}_0 \tag{2.3.8}$$

(4) 终端横截条件

$$\begin{cases}\boldsymbol{\lambda}^*(t_f^*)\text{ 未知} & \text{(当末端固定时)}\\ \boldsymbol{\lambda}^*(t_f^*)=\dfrac{\partial}{\partial\boldsymbol{X}}\Phi(\boldsymbol{X}^*(t_f^*),t_f^*) & \text{(当末端自由时)}\\ \boldsymbol{\lambda}^*(t_f^*)=\left\{\dfrac{\partial\Phi}{\partial\boldsymbol{X}}+\dfrac{\partial\boldsymbol{N}^{\mathrm{T}}}{\partial\boldsymbol{X}}\boldsymbol{v}\right\}\Bigg|_{t=t_f} & \text{(当末端受约束时)}\end{cases} \tag{2.3.9}$$

式中，$\boldsymbol{v}\in\mathbb{R}^q$ 为未知的拉格朗日乘子。

(5) 当终端有约束时，还应满足约束条件

$$\boldsymbol{N}(\boldsymbol{X}(t_f),t_f)=0 \tag{2.3.10}$$

$$\left\{H+\frac{\partial\Phi}{\partial t_f}+\frac{\partial\boldsymbol{N}^{\mathrm{T}}}{\partial t_f}\boldsymbol{v}\right\}\Bigg|_{t=t_f^*}=0 \tag{2.3.11}$$

(6) 如果哈密顿函数不显含 t 且终端时间固定，则

$$H(\boldsymbol{X}^*(t),\boldsymbol{U}^*(t),\boldsymbol{\lambda}^*(t),t)=\text{常数} \tag{2.3.12}$$

如果哈密顿函数、终端价值函数 Φ 和约束函数 $\boldsymbol{N}$ 都不显含 t，且终端时刻未定，则

$$H(\boldsymbol{X}^*(t),\boldsymbol{U}^*(t),\boldsymbol{\lambda}^*(t),t)=0 \tag{2.3.13}$$

2.3.2 具有轨线约束的最优控制问题

2.3.1节讨论了庞特里亚金极小值原理的基本形式，其中对有约束的问题只考虑了有端点约束的情况。而实际的最优控制问题往往对状态变量和控制变量都有过程或内点约束，即约束施加于轨线中间一些点或整个轨线上。本节进一步讨论这类有轨线约束的问题，即如何将这类问题转换为已有方法的可以求解的形式。

本小节讨论的最优控制问题的基本描述同2.3.1节，只是增加了下面几种约束条件。

1) 对控制变量函数有等式约束

设控制变量等式约束为

$$C(\boldsymbol{U}(t),t)=0 \tag{2.3.14}$$

其中，控制变量 $\boldsymbol{U}$ 为 m 维矢量函数，C 为一标量函数，且当控制变量的维数 $m\geqslant 2$ 时，该最优控制问题才有意义，否则控制变量可由该约束条件完全确定。处理该约束最优控制问题的一种方法是引入拉格朗日乘子 μ，构造增广哈密顿函数

$$H=L+\boldsymbol{\lambda}^{\mathrm{T}}\boldsymbol{f}+\mu C \tag{2.3.15}$$

如果 $\dfrac{\partial H}{\partial \boldsymbol{U}}$ 存在，则最优控制必要条件为

$$\frac{\partial H}{\partial \boldsymbol{U}}=\frac{\partial L}{\partial \boldsymbol{U}}+\boldsymbol{\lambda}^{\mathrm{T}}\frac{\partial \boldsymbol{f}}{\partial \boldsymbol{U}}+\mu\frac{\partial C}{\partial \boldsymbol{U}}=0 \tag{2.3.16}$$

式(2.3.16)连同式(2.3.14)代表确定具有 m 个分量的向量 $\boldsymbol{U}(t)$ 和标量函数 $\mu(t)$ 的 $m+1$ 个条件。

如果 $\dfrac{\partial H}{\partial \boldsymbol{U}}$ 不存在，则仍按庞特里亚金极小值原理方法求最优控制。

2) 对状态变量和控制变量函数有等式约束

设等式约束为

$$\boldsymbol{C}(\boldsymbol{X},\boldsymbol{U},t)=0 \tag{2.3.17}$$

其中，控制变量 $\boldsymbol{U}$ 为 m 维矢量函数，$\boldsymbol{C}$ 为 l 维矢量函数，且 $l<m$，$\boldsymbol{C}_U\neq 0$。与前面处理方法类似，引入拉格朗日乘子 $\boldsymbol{\mu}(\boldsymbol{\mu}\in\mathbb{R}^l)$，得增广哈密顿函数

$$H=L+\boldsymbol{\lambda}^{\mathrm{T}}\boldsymbol{f}+\boldsymbol{\mu}^{\mathrm{T}}\boldsymbol{C} \tag{2.3.18}$$

如果 $\dfrac{\partial H}{\partial \boldsymbol{U}}$ 存在，则最优控制必要条件为

$$\frac{\partial H}{\partial \boldsymbol{U}}=\frac{\partial L}{\partial \boldsymbol{U}}+\boldsymbol{\lambda}^{\mathrm{T}}\frac{\partial \boldsymbol{f}}{\partial \boldsymbol{U}}+\boldsymbol{\mu}^{\mathrm{T}}\frac{\partial \boldsymbol{C}}{\partial \boldsymbol{U}}=0 \tag{2.3.19}$$

如果 $\dfrac{\partial H}{\partial \boldsymbol{U}}$ 不存在，则利用极小值原理。

对上述两种情况，伴随矢量(协态矢量)满足的方程需作如下变化：

$$\dot{\boldsymbol{\lambda}}^{\mathrm{T}} = -\frac{\partial H}{\partial \boldsymbol{X}} = -\frac{\partial L}{\partial \boldsymbol{X}} - \boldsymbol{\lambda}^{\mathrm{T}} \frac{\partial \boldsymbol{f}}{\partial \boldsymbol{X}} - \boldsymbol{\mu}^{\mathrm{T}} \frac{\partial \boldsymbol{C}}{\partial \boldsymbol{X}} \tag{2.3.20}$$

其余方程保持不变。

3) 对状态变量的等式约束

如果约束函数和控制变量没有显式关系，考虑这样一种约束

$$S(\boldsymbol{X},t) = 0, \quad t_0 \leqslant t \leqslant t_{\mathrm{f}} \tag{2.3.21}$$

则其沿轨线的导数必为零，即

$$\frac{\mathrm{d}S}{\mathrm{d}t} = \frac{\partial S}{\partial t} + \frac{\partial S}{\partial \boldsymbol{X}}\dot{\boldsymbol{X}} = \frac{\partial S}{\partial t} + \frac{\partial S}{\partial \boldsymbol{X}}\boldsymbol{f}(\boldsymbol{X},\boldsymbol{U},t) = 0 \tag{2.3.22}$$

如果式(2.3.22)与控制 $\boldsymbol{U}$ 有显式依存关系，则式(2.3.22)起着形如式(2.3.17)的控制变量约束的作用。但此时必须利用式(2.3.21)消去 $\boldsymbol{X}$ 的一个分量，而用其余的$(n-1)$个分量来表示，或是把式(2.3.21)作为 $t=t_0$(或 $t=t_{\mathrm{f}}$)时的边界条件添加进去(约束(2.3.21)也能直接结合进入哈密顿函数中，结果产生的必要条件和这里导出的虽然顺序不同，但却是等价的)。

如果式(2.3.22)不显含控制 $\boldsymbol{U}$，可再取一次导数，并将 $\dot{\boldsymbol{X}}=\boldsymbol{f}(\boldsymbol{X},\boldsymbol{U},t)$代入，重复进行，直至出现对控制 $\boldsymbol{U}$ 的显式依赖关系为止。设此情况出现在第 q 次，则称为 q 阶状态变量等式约束，即

$$S^{(q)}(\boldsymbol{X},\boldsymbol{U},t) = 0, \quad \text{此处 } S^{(q)} \stackrel{\text{def}}{=} \frac{\mathrm{d}^q S}{\mathrm{d}t^q} \tag{2.3.23}$$

此外，必须利用 q 个关系式

$$\begin{bmatrix} S(\boldsymbol{X},t) \\ S^{(1)}(\boldsymbol{X},t) \\ \vdots \\ S^{(q)}(\boldsymbol{X},t) \end{bmatrix} = 0 \tag{2.3.24}$$

消去 $\boldsymbol{X}$ 的 q 个分量，而用其余的$(n-q)$个分量表示，或是把式(2.3.24)作为 $t=t_0$(或 $t=t_{\mathrm{f}}$)时的一组边界条件添加进去。

4) 对控制变量的不等式约束

设控制变量函数不等式约束

$$C(\boldsymbol{U}(t),t) \leqslant 0 \tag{2.3.25}$$

与含控制变量等式约束问题的处理方法类似，引入拉格拉日乘子 μ，构造增广拉格朗日函数

$$H = L + \boldsymbol{\lambda}^{\mathrm{T}}\boldsymbol{f} + \mu C \tag{2.3.26}$$

如果$\dfrac{\partial H}{\partial \boldsymbol{U}}$存在，则最优控制必要条件为

$$\frac{\partial H}{\partial \boldsymbol{U}}=\frac{\partial L}{\partial \boldsymbol{U}}+\boldsymbol{\lambda}^{\mathrm{T}}\frac{\partial \boldsymbol{f}}{\partial \boldsymbol{U}}+\mu\frac{\partial C}{\partial \boldsymbol{U}}=0 \tag{2.3.27}$$

这与式(2.3.16)是相同的,但增加了附加条件

$$\mu\begin{cases}>0, & C=0\\ \equiv 0, & C<0\end{cases} \tag{2.3.28}$$

可以看出,当 $C<0$ 时为不约束状态,$C=0$ 时为边界约束。在解一个特定问题时,约束和非约束弧段必须分段连接使之全部满足必要条件。在约束和非约束弧段的连接点上,控制 $\boldsymbol{U}$ 可能是连续的,也可能是不连续的,对不连续的情况,称此点为一个隅角。

5) 对控制和状态变量函数的不等式约束

设约束为

$$C(\boldsymbol{X},\boldsymbol{U},t)\leqslant 0 \tag{2.3.29}$$

采用与上一问题类似的处理方法,令增广哈密顿函数为

$$H=L+\boldsymbol{\lambda}^{\mathrm{T}}\boldsymbol{f}+\mu C \tag{2.3.30}$$

其中

$$\mu\begin{cases}>0, & C=0\\ \equiv 0, & C<0\end{cases}$$

而协态方程变为

$$\dot{\boldsymbol{\lambda}}^{\mathrm{T}}=-H_{\boldsymbol{X}}\equiv\begin{cases}-L_{\boldsymbol{X}}-\boldsymbol{\lambda}^{\mathrm{T}}\boldsymbol{f}_{\boldsymbol{X}}-\mu C_{\boldsymbol{X}}, & C=0\\ -L_{\boldsymbol{X}}-\boldsymbol{\lambda}^{\mathrm{T}}\boldsymbol{f}_{\boldsymbol{X}}, & C<0\end{cases} \tag{2.3.31}$$

如果$\dfrac{\partial H}{\partial \boldsymbol{U}}$存在,则最优控制必要条件为

$$\frac{\partial H}{\partial \boldsymbol{U}}=L_{U}+\boldsymbol{\lambda}^{\mathrm{T}}\boldsymbol{f}_{U}+\mu C_{U} \tag{2.3.32}$$

如果$\dfrac{\partial H}{\partial \boldsymbol{U}}$不存在,则利用极小值原理获得最优控制必要条件。

在解一个特定问题时,约束和非约束的弧线必须衔接起来以满足必要条件。若连接点为隅角,则在隅角处的控制向量是不连续的。

6) 对状态变量的不等式约束

考虑约束条件

$$S(\boldsymbol{X},t)\leqslant 0 \tag{2.3.33}$$

与考虑控制变量的等式约束时的处理方法类似,相继取式(2.3.33)对时间的各次全导数。设第 q 次求导时出现 $\boldsymbol{U}$ 的显式关系,则增广哈密顿函数为

$$H=L+\boldsymbol{\lambda}^{\mathrm{T}}\boldsymbol{f}+\mu S^{(q)} \tag{2.3.34}$$

其中,在约束边界上($S=0$),$S^{(q)}=0$;在约束边界外($S<0$),$\mu=0$。最优控制的必要条件与前面一种情况的讨论相同,只是用 $S^{(q)}$ 代替 C。

因为对 $S(\boldsymbol{X},t)$ 的控制仅能通过改变其 q 次导数得到，因此如果进到约束边界上的轨线不满足下述“相切”约束

$$N(\boldsymbol{X},t) \equiv \begin{bmatrix} S(\boldsymbol{X},t) \\ S^{(1)}(\boldsymbol{X},t) \\ \vdots \\ S^{(q-1)}(\boldsymbol{X},t) \end{bmatrix} = 0 \tag{2.3.35}$$

则没有一种限制能把系统保持在约束边界上。

方程(2.3.35)构成一组内点边界条件。因而，共轭函数 $\boldsymbol{\lambda}(t)$ 通常在约束和非约束弧线之间的连接点处是不连续的。

具有状态变量约束问题的其他处理方法有：①在约束弧线上把状态变量的数目由 n 减少到 $n-q$；②把 $S(\boldsymbol{X},t)$ 而不是 $S^{(q)}(\boldsymbol{X},\boldsymbol{U},t)$ 直接结合到哈密顿函数中去。

2.4　数学规划基本理论

数学规划理论与方法在最优控制理论与方法中已经受到越来越多的关注。在对连续时间系统的最优控制问题进行数值求解时，如果利用极小值原理所表达的最优性条件作为求解根据，则在一般的情况下采用常规算法时，数值求解的程序中将出现系列的数学规划问题。另外，在连续时间的控制系统中，控制器的结构已知，只有若干未定参数，设计最优控制器也归结为一数学规划问题(吴沧浦，2000)。

数学规划算法在近年来迅速发展，并逐渐成为最优控制理论与方法中的一个不可或缺的组成部分。本节基于最优控制理论与方法的需要，扼要阐明数学规划的基本理论(吴沧浦，2000；李修睦等，1988；周汉良等，1995)。

2.4.1　无约束极值理论

无约束极值问题的提法为使目标函数最小，即

$$\min_{\boldsymbol{X}\in \mathbb{R}^n} f(\boldsymbol{X}) \tag{2.4.1}$$

其中，目标函数 f 为 $\mathbb{R}^n \rightarrow \mathbb{R}$ 的函数。该问题涉及两种最优解，即全局最优解和局部最优解，其定义如下。

定义 2.4.1　设 $\boldsymbol{X}_g^*$ 满足：$\forall \boldsymbol{X}\in \mathbb{R}^n, f(\boldsymbol{X}) \geqslant f(\boldsymbol{X}_g^*)$，则 $\boldsymbol{X}_g^*$ 称为全局最优解，它亦为问题(2.4.1)的解。设 $\boldsymbol{X}_l^*$ 满足：$\forall \boldsymbol{X}\in N_\delta(\boldsymbol{X}_l^*), f(\boldsymbol{X}) \geqslant f(\boldsymbol{X}_l^*)$，其中 $N_\delta(\boldsymbol{X}_l^*)$ 表示点 $\boldsymbol{X}_l^*$ 的 δ 邻域，则 $\boldsymbol{X}_l^*$ 称为局部最优解。

无约束极值理论在数学分析的书籍中已详细给出，这里略去证明过程，直接给

出一阶、二阶最优性必要条件和最优性充分条件，分别叙述如下。

1）一阶最优性必要条件

设 f 在 $\boldsymbol{X}^*$ 处可微，且 $\boldsymbol{X}^*$ 为局部最优解，则 $\nabla f(\boldsymbol{X}^*)=0$。向量 $\nabla f(\boldsymbol{X}^*)$ 称为函数 f 在 $\boldsymbol{X}^*$ 处的梯度，且它的第 i 个分量等于函数 f 对 $\boldsymbol{X}$ 的第 i 个分量的偏导数 $\dfrac{\partial f}{\partial x_i}$ 在 $\boldsymbol{X}^*$ 处的值。

2）二阶最优性必要条件

设 f 在 $\boldsymbol{X}^*$ 处二次可微，且 $\boldsymbol{X}^*$ 为局部最优解，则 $\nabla f(\boldsymbol{X}^*)=0$ 且 $\boldsymbol{H}(\boldsymbol{X}^*)$ 半正定。矩阵 $\boldsymbol{H}(\boldsymbol{X}^*)$ 称为函数 f 在 $\boldsymbol{X}^*$ 处的 Hessian 矩阵，它的第 i 行第 j 列元素就等于 $\dfrac{\partial f}{\partial x_i \partial x_j}$。

3）最优性充分条件

设 f 在 $\boldsymbol{X}^*$ 二次可微，若 $\nabla f(\boldsymbol{X}^*)=0$ 且 $\boldsymbol{H}(\boldsymbol{X}^*)$ 正定，则 $\boldsymbol{X}^*$ 为局部最优解。

2.4.2 等式约束极值问题的经典拉格朗日理论

等式约束极值问题的提法为：给定一组等式约束

$$\boldsymbol{g}(\boldsymbol{X})=\boldsymbol{0} \tag{2.4.2}$$

其中

$$\boldsymbol{X}=(x_1,x_2,\cdots,x_n)^{\mathrm{T}}$$

$$\boldsymbol{g}(\boldsymbol{X})=(g_1(\boldsymbol{X}),g_2(\boldsymbol{X}),\cdots,g_p(\boldsymbol{X}))^{\mathrm{T}},\quad p<n$$

在该等式约束下求

$$\min_{\boldsymbol{X}\in\mathbb{R}^n} f(\boldsymbol{X}) \tag{2.4.3}$$

其中，目标函数 f 为 $\mathbb{R}^n\to\mathbb{R}$ 的函数。

与前一节类似，这里直接给出等式约束极值问题的一阶、二阶最优性必要条件和最优性充分条件。

先给出约束集上正规点的定义。

定义 2.4.2 如果 p 个梯度向量 $\nabla g_1(\boldsymbol{X}^*),\cdots,\nabla g_p(\boldsymbol{X}^*)$ 线性独立，则满足约束 $\boldsymbol{g}(\boldsymbol{X}^*)=0$ 的点 $\boldsymbol{X}^*$ 称为此约束集上的正规点。

1）一阶最优性必要条件

设 $f(\boldsymbol{X}),\boldsymbol{g}(\boldsymbol{X})$ 在 $\boldsymbol{X}^*$ 可微，且 $\boldsymbol{X}^*$ 是等式约束极值问题的局部最优解，同时是约束集上的正规点，则存在 $\boldsymbol{\lambda}\in\mathbb{R}^p$ 使

$$\nabla f(\boldsymbol{X}^*)+\sum_{i=1}^{p}\lambda_i\nabla g_i(\boldsymbol{X}^*)=\boldsymbol{0} \tag{2.4.4}$$

式(2.4.4)也可写成

$$\nabla f(\boldsymbol{X}^*) + \frac{\partial \boldsymbol{g}(\boldsymbol{X}^*)^{\mathrm{T}}}{\partial \boldsymbol{X}}\boldsymbol{\lambda} = \boldsymbol{0} \tag{2.4.5}$$

其中$\frac{\partial \boldsymbol{g}}{\partial \boldsymbol{X}}$为 $p\times n$ 矩阵，其第 i 行第 j 列元素为$\frac{\partial g_i}{\partial x_j}$。如果定义拉格朗日函数如下：

$$l(\boldsymbol{X},\boldsymbol{\lambda}) \overset{\text{def}}{=} f(\boldsymbol{X}) + \boldsymbol{\lambda}^{\mathrm{T}}\boldsymbol{g}(\boldsymbol{X}) \tag{2.4.6}$$

则式(2.4.4)也可写成

$$\nabla_{\boldsymbol{X}} l(\boldsymbol{X}^*,\boldsymbol{\lambda}) = \boldsymbol{0} \tag{2.4.7}$$

式(2.4.7)被称为拉格朗日条件，其中$\nabla_{\boldsymbol{X}}$表示对 $\boldsymbol{X}$ 的梯度。

2）二阶最优性必要条件

设 $f,\boldsymbol{g}$ 在 $\boldsymbol{X}^*$ 处二次可微，$\boldsymbol{X}^*$ 是等式约束极值问题的局部最优解且是约束集上的正规点，则存在 $\boldsymbol{\lambda}\in\mathbb{R}^p$ 使式(2.4.4)成立，且

$$\begin{cases} \forall\, \boldsymbol{y} \in \left\{\boldsymbol{y} \,\middle|\, \dfrac{\partial \boldsymbol{g}}{\partial \boldsymbol{X}}\boldsymbol{y} = \boldsymbol{0}\right\} \\ \boldsymbol{y}^{\mathrm{T}}\left[\boldsymbol{H}_f(\boldsymbol{X}^*) + \displaystyle\sum_{i=1}^{p}\lambda_i \boldsymbol{H}_{g_i}(\boldsymbol{X}^*)\right]\boldsymbol{y} \geqslant 0 \end{cases} \tag{2.4.8}$$

式中，$\boldsymbol{H}_f$ 和 $\boldsymbol{H}_{g_i}$ 分别表示函数 f 和 g_i 的 Hessian 矩阵。

3）最优性充分条件

设 $f,\boldsymbol{g}$ 在 $\boldsymbol{X}^*$ 处二次可微，$\boldsymbol{X}^*$ 满足 $\boldsymbol{g}(\boldsymbol{X}^*)=\boldsymbol{0}$ 且存在 $\boldsymbol{\lambda}\in\mathbb{R}^p$ 使式(2.4.4)成立，此外，满足条件

$$\begin{cases} \forall\, \boldsymbol{y} \in \left\{\boldsymbol{y} \,\middle|\, \dfrac{\partial \boldsymbol{g}}{\partial \boldsymbol{X}}\boldsymbol{y} = \boldsymbol{0}\right\}, \quad \boldsymbol{y}\neq\boldsymbol{0} \\ \boldsymbol{y}^{\mathrm{T}}\left[\boldsymbol{H}_f(\boldsymbol{X}^*) + \displaystyle\sum_{i=1}^{p}\lambda_i \boldsymbol{H}_{g_i}(\boldsymbol{X}^*)\right]\boldsymbol{y} > 0 \end{cases} \tag{2.4.9}$$

则 $\boldsymbol{X}^*$ 是等式约束极值问题的严格局部最优解。

由于全局最优解必然也是局部最优解，反之不真，故对 2.4.1 节和 2.4.2 节中的局部最优解必要条件，也是相应问题的全局最优解必要条件，但给出局部最优解的充分条件的，它们不必是相应问题的全局最优解充分条件，只有当目标函数是凸函数，且约束函数(对等式约束问题)为线性函数时，上述定理给出的必要条件同时也是相应问题的充分条件，且局部最优解也必然是全局最优解(吴沧浦，2000)。

2.4.3　不等式约束极值问题的库恩-塔克(Kuhn-Tucker)理论

将 2.4.2 节等式约束极值问题中的约束条件改为

$$\boldsymbol{g}(\boldsymbol{X}) \leqslant \boldsymbol{0} \tag{2.4.10}$$

并假设约束函数 $\boldsymbol{g}(\boldsymbol{X})$和目标函数 $f(\boldsymbol{X})$是连续可微函数，就得到不等式约束问题。

假设 $\boldsymbol{X}^*$ 是极小值点，根据 $g_i(\boldsymbol{X})$ 的连续可微性，将 $g_i(\boldsymbol{X})$ 在 $\boldsymbol{X}^*$ 点处一阶泰勒展开

$$g_i(\boldsymbol{X}^*) + \frac{\mathrm{d}g_i(\boldsymbol{X}^*)}{\mathrm{d}\boldsymbol{X}}\delta\boldsymbol{X} + O(\delta\boldsymbol{X}) \leqslant 0 \tag{2.4.11}$$

如果对某个 i 满足 $g_i(\boldsymbol{X}^*)<0$，那么对任意给定的 $\delta\boldsymbol{X}$，只要 $\delta\boldsymbol{X}$ 充分小，不等式(2.4.11)总是成立的。此时，约束 $g_i(\boldsymbol{X}^*)\leqslant 0$ 对 $\delta\boldsymbol{X}$ 并未构成限制。如果对某个 i 有 $g_i(\boldsymbol{X}^*)=0$，欲使式(2.4.11)成立，则必须满足

$$\frac{\mathrm{d}g_i(\boldsymbol{X}^*)}{\mathrm{d}\boldsymbol{X}}\delta\boldsymbol{X} \leqslant 0 \tag{2.4.12}$$

该约束对 $\delta\boldsymbol{X}$ 是起作用的约束。等式约束总是起作用的约束，而不等式约束则区分起作用和不起作用两种情况。若式(2.4.10)中有 q_1 个起作用的约束，不妨设 $g_1(\boldsymbol{X}^*)=g_2(\boldsymbol{X}^*)=\cdots=g_{q_1}(\boldsymbol{X}^*)=0$，而 $g_{q_1+1}(\boldsymbol{X}^*)<0,\cdots,g_q(\boldsymbol{X}^*)<0$。假设起作用的约束在 $\boldsymbol{X}^*$ 点的梯度 $\frac{\mathrm{d}g_1(\boldsymbol{X}^*)}{\mathrm{d}\boldsymbol{X}},\frac{\mathrm{d}g_2(\boldsymbol{X}^*)}{\mathrm{d}\boldsymbol{X}},\cdots,\frac{\mathrm{d}g_q(\boldsymbol{X}^*)}{\mathrm{d}\boldsymbol{X}}$ 线性无关。这时由式(2.4.11)得

$$\frac{\mathrm{d}g_i(\boldsymbol{X}^*)}{\mathrm{d}\boldsymbol{X}}\delta\boldsymbol{X} \leqslant 0, \quad i=1,2,\cdots,q_1 \tag{2.4.13}$$

因 $\boldsymbol{X}^*$ 是极小值点，所以对满足条件(2.4.13)的任意 $\delta\boldsymbol{X}$ 应有

$$\frac{\mathrm{d}f(\boldsymbol{X}^*)}{\mathrm{d}\boldsymbol{X}}\delta\boldsymbol{X} \geqslant 0 \tag{2.4.14}$$

为获得极值必要条件，先给出如下引理(Farkas 引理)，证明过程从略，感兴趣的读者可参考文献(吴沧浦，2000)。

引理 2.4.1 设向量组 $\boldsymbol{a}_1,\boldsymbol{a}_1,\cdots,\boldsymbol{a}_q$ 线性无关。如果对满足不等式组

$$\boldsymbol{a}_i^{\mathrm{T}}\boldsymbol{h} \leqslant \boldsymbol{0}, \quad i=1,2,\cdots,q \tag{2.4.15}$$

的 $\boldsymbol{h}$，都有

$$\boldsymbol{b}^{\mathrm{T}}\boldsymbol{h} \geqslant \boldsymbol{0} \tag{2.4.16}$$

则必存在不同时为零的 q 个非负数

$$\lambda_1 \geqslant 0,\lambda_2 \geqslant 0,\cdots,\lambda_q \geqslant 0 \tag{2.4.17}$$

使得

$$\boldsymbol{b} + \sum_{i=1}^{q}\lambda_i\boldsymbol{a}_i = 0 \tag{2.4.18}$$

进一步导出极值必要条件，根据 $\frac{\mathrm{d}g_1(\boldsymbol{X}^*)}{\mathrm{d}\boldsymbol{X}},\frac{\mathrm{d}g_2(\boldsymbol{X}^*)}{\mathrm{d}\boldsymbol{X}},\cdots,\frac{\mathrm{d}g_q(\boldsymbol{X}^*)}{\mathrm{d}\boldsymbol{X}}$ 线性无关的假设，应用引理 2.4.1，并结合式(2.4.13)和式(2.4.14)可知，必存在 q_1 个不同时为零的非负数 $\lambda_1,\lambda_2,\cdots,\lambda_{q_1}$ 使得下式成立：

$$\frac{\partial f(\boldsymbol{X}^*)}{\partial \boldsymbol{X}} + \sum_{i=1}^{q_1} \lambda_i \frac{\partial g_i(\boldsymbol{X}^*)}{\partial \boldsymbol{X}} = \boldsymbol{0} \tag{2.4.19}$$

但直接应用上述结论求极小值解是困难的，因为事前并不知道哪几个是起作用的约束。针对该问题，可以用增加 λ_i 的个数，并给予一定限制的方法加以解决。现取 q 个数 $\lambda_1, \lambda_2, \cdots, \lambda_q$，使它们满足

$$\lambda_i g_i(\boldsymbol{X}^*) = 0, \quad i = 1,2,\cdots,q \tag{2.4.20}$$

这时，如果 $g_i(\boldsymbol{X}^*) \neq 0$，对应的 $\lambda_i = 0$，否则对应的 $\lambda_i \geqslant 0$，从而将式(2.4.19)扩充为

$$\frac{\partial f(\boldsymbol{X}^*)}{\partial \boldsymbol{X}} + \sum_{i=1}^{q} \lambda_i \frac{\partial g_i(\boldsymbol{X}^*)}{\partial \boldsymbol{X}} = \boldsymbol{0} \tag{2.4.21}$$

综上所述，将不等式约束条件下函数极小值的必要条件归纳成如下定理。

定理 2.4.1(库恩-塔克定理)　对于不等式约束

$$g_i(\boldsymbol{X}) \leqslant 0, \quad i = 1,2,\cdots,q \tag{2.4.22}$$

条件下的函数 $f(\boldsymbol{X})$ 极小值问题。若 $f(\boldsymbol{X}), g_1(\boldsymbol{X}), \cdots, g_q(\boldsymbol{X})$ 是连续可微函数，如果 $\boldsymbol{X}^*$ 是问题的极小值解，且对应的梯度向量 $\frac{\partial g_i(\boldsymbol{X}^*)}{\partial \boldsymbol{X}}$ 线性无关。那么，必存在 q 个不同时为零的 $\lambda_1, \lambda_2, \cdots, \lambda_q$，满足

$$\begin{cases} \lambda_i \geqslant 0, \quad g_i(\boldsymbol{X}^*) \leqslant 0, \quad i = 1,2,\cdots,q \\ \lambda_i g_i(\boldsymbol{X}^*) = 0, \quad i = 1,2,\cdots,q \\ \dfrac{\partial f(\boldsymbol{X}^*)}{\partial \boldsymbol{X}} + \displaystyle\sum_{i=1}^{q} \lambda_i \frac{\partial g_i(\boldsymbol{X}^*)}{\partial \boldsymbol{X}} = 0 \end{cases} \tag{2.4.23}$$

如果记

$$\begin{cases} \boldsymbol{\lambda} = [\lambda_1, \lambda_2, \cdots, \lambda_q]^{\mathrm{T}} \\ L(\boldsymbol{X}, \boldsymbol{\lambda}) = f(\boldsymbol{X}) + \boldsymbol{\lambda}^{\mathrm{T}} \boldsymbol{g}(\boldsymbol{X}) \end{cases} \tag{2.4.24}$$

则 $f(\boldsymbol{X})$ 取极小值的必要条件又可写为

$$\begin{cases} \boldsymbol{\lambda} \geqslant \boldsymbol{0}, \quad \boldsymbol{g}(\boldsymbol{X}^*) \leqslant \boldsymbol{0} \\ \boldsymbol{\lambda}^{\mathrm{T}} \boldsymbol{g}(\boldsymbol{X}^*) = \boldsymbol{0} \\ \dfrac{\partial L(\boldsymbol{X}^*, \boldsymbol{\lambda})}{\partial \boldsymbol{X}} = \boldsymbol{0} \end{cases} \tag{2.4.25}$$

最后应指出，不等式约束 $\boldsymbol{g}(\boldsymbol{X}) \leqslant \boldsymbol{0}$ 条件下，求函数极小问题是一个数学规划问题，若目标函数和约束函数皆为变量 $\boldsymbol{X}$ 的线性函数，则是所谓线性规划问题，否则属非线性规划问题。库恩-塔克理论是非线性规划最重要的理论基础。

参考文献

程国采．1999．航天飞行器最优控制理论与方法[M]．北京：国防工业出版社．

李修睦，李为政. 1988. 数学规划引论[M]. 武汉：华中师范大学出版社.
吕显瑞，黄庆道. 2008. 最优控制理论基础[M]. 北京：科学出版社.
孙振绮，邢继祥. 1987. 变分法与最优控制[M]. 哈尔滨：哈尔滨工业大学出版社.
吴沧浦. 2000. 最优控制理论与方法[M]. 第 2 版. 北京：国防工业出版社.
解学书. 1986. 最优控制理论与应用[M]. 北京：清华大学出版社.
周汉良，范玉妹. 1995. 数学规划及其应用[M]. 北京：冶金工业出版社.

第 3 章　轨迹优化参数化方法

由于航天器运动的复杂性，使得越接近其真实运动，动力学方程的形式就越复杂，且一般为高维非线性时变微分方程。在这样的条件下，很难直接从轨迹最优化理论推导出轨迹优化问题的解析解。随着计算机技术的迅速发展，基于轨迹优化理论的数值方法被广泛应用于各种轨迹优化问题。本章讨论轨迹优化设计数值方法，即如何将连续时间的最优控制问题通过某种途径转换为近似的、有限空间的、一定精度范围的数值优化问题。

Betts(1998)在一篇优秀的综述文章中总结了早期的轨迹优化数值方法，主要包括直接法和间接法。Ross 等(2002)从问题转换、变量离散方法和算法三方面总结了不同类型的轨迹优化方法并给出相应的数学描述。Hull(1997)从参数化变量类型、数值积分方法和积分阶次三个角度对最优控制问题的参数化方法进行分类和描述。本章从应用角度出发，并结合近年来轨迹优化领域的研究进展，给出不同分类标准下的常用最优轨迹设计参数化方法的数学描述、特点以及应用情况：3.1 节阐述基于极小值原理求解最优控制问题的间接法；3.2 节详细描述几种传统轨迹优化直接方法；3.3 节对比总结几种常用伪谱方法；3.4 节简要介绍其他可用于轨迹优化的非典型方法。

3.1　基于极小值原理的间接法

间接法基于轨迹最优化理论之一的庞特里亚金极小值原理推导最优控制的一阶必要条件，从而构成轨迹优化问题的哈密顿边值问题(HBVP)，求解该边值问题，即可获得最优轨迹数值解。由于该方法不对性能指标函数直接寻优，故称为间接法。

3.1.1　间接法的参数化方法

间接法是基于庞特里亚金极小值原理将最优控制问题式(2.1.1)～式(2.1.4)转换为一个哈密顿边值问题(HBVP)。求解过程如下。

引入哈密顿函数

$$H(\boldsymbol{X}(t),\boldsymbol{U}(t),\boldsymbol{\lambda}(t),t)=L(\boldsymbol{X}(t),\boldsymbol{U}(t),t)+\boldsymbol{\lambda}^{\mathrm{T}}(t)\boldsymbol{f}(\boldsymbol{X}(t),\boldsymbol{U}(t),t) \tag{3.1.1}$$

其中 $\boldsymbol{\lambda}(t)$ 为状态 $\boldsymbol{X}(t)$ 的协态矢量或伴随矢量。为应用极小值原理，将边界条件式(2.1.3)分解为初始条件 $\boldsymbol{X}(t)=\boldsymbol{X}_0$ 和终端约束 $\boldsymbol{N}[\boldsymbol{X}(t_f),t_f]=0$。若 $\boldsymbol{U}^*$ 是最优控制，其必要条件是存在一个非零矢量函数 $\boldsymbol{\lambda}^*(t)(t\in[t_0,t_f])$，使 $\boldsymbol{U}^*(t),\boldsymbol{\lambda}^*(t),\boldsymbol{X}^*(t),t_f^*$ 满足下列条件：

(1) 哈密顿方程组

$$\dot{\boldsymbol{X}}^* = \frac{\partial H(\boldsymbol{X}^*(t),\boldsymbol{U}^*(t),\boldsymbol{\lambda}^*(t),t)}{\partial \boldsymbol{\lambda}} \tag{3.1.2}$$

$$\dot{\boldsymbol{\lambda}}^* = -\frac{\partial H(\boldsymbol{X}^*(t),\boldsymbol{U}^*(t),\boldsymbol{\lambda}^*(t))}{\partial \boldsymbol{X}} \tag{3.1.3}$$

(2)

$$H(\boldsymbol{X}^*(t),\boldsymbol{U}^*(t),\boldsymbol{\lambda}^*(t),t) = \min_{u\subset U} H(\boldsymbol{X}^*(t),\boldsymbol{U}^*(t),\boldsymbol{\lambda}^*(t),t) \tag{3.1.4}$$

(3) 终端横截条件

$$\boldsymbol{\lambda}^*(t_f^*) = \left\{\frac{\partial \Phi}{\partial \boldsymbol{X}} + \frac{\partial \boldsymbol{N}^{\mathrm{T}}}{\partial \boldsymbol{X}}\boldsymbol{\nu}\right\}\bigg|_{t=t_f} \tag{3.1.5}$$

(4) 终端约束

$$\boldsymbol{N}(\boldsymbol{X}(t_f^*),t_f^*) = 0 \tag{3.1.6}$$

如果哈密顿函数不显含时间 t，且终端时间固定，则

$$H(\boldsymbol{X}^*(t),\boldsymbol{U}^*(t),\boldsymbol{\lambda}^*(t)) = \text{常数} \tag{3.1.7}$$

如果哈密顿函数、终端价值函数 Φ 和约束函数 $\boldsymbol{N}$ 都不显含 t，且终端时刻未定，则

$$H(\boldsymbol{X}^*(t),\boldsymbol{U}^*(t),\boldsymbol{\lambda}^*(t)) = 0 \tag{3.1.8}$$

基于极小值原理求解轨迹最优化问题一般先由式(3.1.4)解出最优控制变量关于协态变量和状态变量的函数，再求解由哈密顿方程组、终端横截条件和约束条件构成的一个两点边值问题，从而获得最优轨迹 $\boldsymbol{X}^*$ 和最优控制 $\boldsymbol{U}^*$ 的数值解。

3.1.2 间接法的特点

间接法用于轨迹优化问题的求解具有以下优点：①解的精度较高；②最优解满足一阶最优性条件。另外，间接法在应用上也存在一些不足：①基于极小值原理推导最优解的过程较为复杂和繁琐。②求解两点边值问题时的收敛域很小，因此对未知边界条件的初值估计精度要求很高。另外，很多间接法都要求估计协态变量的初值，而这些变量无物理意义，这进一步增大了初值估计的难度。③对于有路径约束的最优控制问题，采用间接法存在一定困难。可能的解决方法是将过程约束通过数学变换转化为等价的终端约束，或者是具备约束和非约束弧段的先验信息或切换结构。

3.1.3 间接法的若干典型应用

极小值原理对处理仅控制受约束的问题是非常有效的，它在早期的轨迹优化问题中获得了广泛的应用，主要包括大气层外的航天器轨道最优控制、再入飞行轨

迹优化、火箭上升轨迹设计及临近空间飞行器的轨迹优化设计等方面。

Edelbaum(1962)、Gobetz(1964)早在 20 世纪 60 年代用间接法解决了有限推力变轨问题。Carter(1984)基于极小值原理研究了推力大小固定的线性有限推力最优交会问题。程国采(1999)系统阐述了极小值原理在航天器轨迹优化中的应用,研究了最优轨道转移、冲量式最优拦截与交会问题。

Vinh(阮春荣)在 20 世纪 70 年代开始研究大气中的最优飞行轨迹,以变分法原理和极小值原理为优化理论基础,研究了最优无动力飞行、超音速巡航、转弯及再入飞行器最优滑翔等问题。研究中基本都采用平面运动模型,对再入问题则采用了修正的查普曼(Chapman)公式作为运动模型(阮春荣,1987)。Istratie 采用间接法研究了一系列不同优化目标,如最小热流密度、最大剩余速度等最优跳跃再入轨迹问题(Istratie,1998,1999,2000,2003)。Vinh 和 Lu 推导了基于极小值原理求解 Chebyshev 问题的方法,即将该问题转化为沿轨迹状态变量受约束的情况来处理。吴德隆、王小军(2006)对基于极小值原理的最优气动辅助变轨问题进行了深入研究,并系统地介绍了相关的研究成果。此外,间接法还应用于飞机空战最优机动轨迹(袁方,2000)、高超声速滑翔飞行器弹道优化(周浩等,2006)以及运载火箭上升段轨迹优化等方面。近年来,针对打靶法求解两点边值问题存在的困难,关于间接法的研究开始关注求解两点边值问题的改进算法,如协态变量的初值猜测技术的研究(王大轶等,2000)、遗传算法求两点边值问题(周浩等,2006)以及改进的邻近值法等(赵汉元,1997)。

3.2 传统的直接法

直接法通过把控制变量或状态变量离散和参数化,将连续系统最优控制问题转换为一个非线性规划问题,再采用某种优化算法求解使性能指标最优的参数,从而获得原最优控制问题的解。直接打靶法和配点法是早期发展起来的两种直接法,且随着计算机技术的发展被普遍应用,本书中作为传统的直接法进行介绍。

3.2.1 传统直接法的参数化方法

1. 直接打靶法(仅离散控制变量的直接法)

参数化是将连续时间最优控制问题转化为非线性规划问题求解的主要途径。直接打靶法将连续时间离散,如式(3.2.1)。以离散时间点上的控制变量(3.2.2)为设计变量,时间节点之间的控制变量的值由基函数 φ 近似,如式(3.2.3)。一般采用分段线性插值来近似节点间的控制变量(式(3.2.4))的值,就可获得较高的精度。因此,当给定一组设计变量的值,即节点控制变量,便可对轨迹方程积分求解目标函数,从而得到以离散节点控制变量为设计变量的参数优化问题。上述离散

过程的数学描述为

$$t_0 = t_1 < t_2 < \cdots < t_N = t_f \tag{3.2.1}$$

$$\boldsymbol{y} = (\boldsymbol{U}_1, \boldsymbol{U}_2, \cdots, \boldsymbol{U}_N) \tag{3.2.2}$$

$$u_k(t) = \varphi(t, u_{k1}, u_{k2}, \cdots, u_{kp}), \quad k = 1, 2, \cdots, m \tag{3.2.3}$$

$$u_k(t) = u_{k(i-1)} + \frac{u_{k(i)} - u_{k(i-1)}}{t_i - t_{i-1}}(t - t_{i-1}), \quad t_{i-1} \leqslant t \leqslant t_i, \ i = 2, 3, \cdots, N \tag{3.2.4}$$

被离散的系统时间变量不一定是实际时间，也可能是无量纲时间或能量参数，它由飞行器运动方程的相对独立变量决定。

对于终端时间不固定问题，则将终端时刻 t_f 也作为设计变量，这就需要在优化计算过程中动态离散时间历程。在优化计算程序中这样处理，设置离散点个数一定，而离散步长随 t_f 变化自动改变。如需提高精度，则通过设置更多的离散点数目来实现。

2. 直接配点法(同时离散控制变量和状态变量的直接法)

将控制变量和状态变量同时离散的方法通常被称为直接配点法(collocation method)，也称为直接配点非线性规划(direct collocation with nonlinear programming，DCNLP)。配点法最早由 Hargraves 等提出(1987)。节点间状态变量历程采用三次多项式拟合，节点间控制变量历程用线性函数近似。

与只离散控制变量的直接法相类似，直接配点法首先将整个时间过程划分为 N 段，每一段的两个端点称为“节点”(node)，控制变量一般用分段线性函数来拟合。不同之处在于状态变量不是通过积分系统动力学方程获得，而是采用 Gauss-Lobatto 多项式族来表示节点间状态变量随时间的变化关系，并根据特定的雅可比多项式选择配点。雅可比多项式是[−1,1]区间上的正交多项式族。在选择的配点处应使多项式求导得到的状态变量导数 $\dot{\boldsymbol{X}}$ 与飞行器运动方程右函数求得的 $\dot{\boldsymbol{X}}$ 在一定精度条件下相匹配，即将动力学微分方程约束转换为一组代数约束。再以节点处的状态变量和控制变量及配点处的控制变量为优化设计变量，并采用某种非线性规划算法，搜索满足约束且使目标函数最小的最优解。

直接配点法因选取多项式的类型和阶次不同而不同，有低阶的梯形法、Simpson 方法等，也有形式相对复杂的高阶方法，如四阶、五阶方法。在基于配点法的轨道最优化方法中，一般采用该类多项式族中相对低阶的方法。这里以较为常用的三阶 Simpson 方法说明直接配点法的基本求解步骤。

步骤1　将所求解问题的时间历程分段，即

$$t_0 = t_1 < t_2 < \cdots < t_N = t_f \tag{3.2.5}$$

将离散的时间点(节点)对应的状态变量和控制变量分别记为$(\boldsymbol{X}_1, \boldsymbol{X}_2, \cdots, \boldsymbol{X}_N)$和

$(\boldsymbol{U}_1,\boldsymbol{U}_2,\cdots,\boldsymbol{U}_N)$。对时间分段不一定是等分,但一般为简化问题,采用等分的方式。

步骤 2　状态变量与控制变量的参数化。

子区间上的状态变量用三次 Hermite 插值多项式近似表示,即

$$\begin{aligned} &\boldsymbol{X}=\boldsymbol{c}_0+\boldsymbol{c}_1 s+\boldsymbol{c}_2 s^2+\boldsymbol{c}_3 s^3 \\ &h_i=t_{i+1}-t_i, \quad i=1,2,\cdots,N \\ &s=(t-t_i)/h_i, \quad s\in[0,1] \end{aligned} \tag{3.2.6}$$

子区间$[t_{i-1},t_i]$需满足边界条件

$$\begin{aligned} &\boldsymbol{X}(0)=\boldsymbol{X}_i, \quad \boldsymbol{X}(1)=\boldsymbol{X}_{i+1} \\ &\left.\frac{\mathrm{d}\boldsymbol{X}}{\mathrm{d}s}\right|_{s=0}=\dot{\boldsymbol{X}}_i \left.\frac{\mathrm{d}\boldsymbol{X}}{\mathrm{d}s}\right|_{s=1}=\dot{\boldsymbol{X}}_{i+1} \end{aligned} \tag{3.2.7}$$

则有

$$\begin{bmatrix}\boldsymbol{X}_i\\ \dot{\boldsymbol{X}}_i\\ \boldsymbol{X}_{i+1}\\ \dot{\boldsymbol{X}}_{i+1}\end{bmatrix}=\begin{bmatrix}1&0&0&0\\0&1&0&0\\1&1&1&1\\0&1&2&3\end{bmatrix}\begin{bmatrix}\boldsymbol{c}_0\\ \boldsymbol{c}_1\\ \boldsymbol{c}_2\\ \boldsymbol{c}_3\end{bmatrix} \tag{3.2.8}$$

由式(3.2.8)知,根据边界条件,可以建立多项式系数与区间端点状态变量及其导数的代数方程组,求解该线性方程组可得

$$\begin{bmatrix}\boldsymbol{c}_0\\ \boldsymbol{c}_1\\ \boldsymbol{c}_2\\ \boldsymbol{c}_3\end{bmatrix}=\begin{bmatrix}1&0&0&0\\0&1&0&0\\-3&-2&3&-1\\2&1&-2&1\end{bmatrix}\begin{bmatrix}\boldsymbol{X}_i\\ \dot{\boldsymbol{X}}_i\\ \boldsymbol{X}_{i+1}\\ \dot{\boldsymbol{X}}_{i+1}\end{bmatrix} \tag{3.2.9}$$

从而给定一组节点处的状态变量,便可求解相应的表示状态的多项式。

配点取子区间中点处,即 $s=1/2$,再将式(3.2.9)代入式(3.2.6)可得

$$\begin{aligned} &\boldsymbol{X}_{ci}=\frac{\boldsymbol{X}_i+\boldsymbol{X}_{i+1}}{2}+\frac{h_i(\dot{\boldsymbol{X}}_{i+1}-\dot{\boldsymbol{X}}_i)}{8} \\ &\dot{\boldsymbol{X}}_{ci}=\frac{3(\boldsymbol{X}_i+\boldsymbol{X}_{i+1})}{2h_i}-\frac{\dot{\boldsymbol{X}}_i+\dot{\boldsymbol{X}}_{i+1}}{4} \end{aligned} \tag{3.2.10}$$

控制变量仍采用分段线性函数近似,用 u_k 表示某一时间区间控制变量的第 k 个值

$$u_k(t)=u_{ki}+\frac{u_{k(i+1)}-u_{ki}}{t_{i+1}-t_i}(t-t_i), \quad t_i\leqslant t\leqslant t_{i+1} \tag{3.2.11}$$

步骤 3　计算配点处的 Defect 向量。

为确保多项式(3.2.6)能更好地拟合状态变量的变化,应使子区间配点处由状态方程计算的状态变量导数(记为 $\dot{\boldsymbol{X}}_{\mathrm{EOM}}$)与多项式求得的状态变量导数(记为 $\dot{\boldsymbol{X}}_H$)相等,即期望向量

$$\boldsymbol{d}=\dot{\boldsymbol{X}}_{\mathrm{EOM}}-\dot{\boldsymbol{X}}_{\mathrm{c}},\quad 其中\ \dot{\boldsymbol{X}}_{\mathrm{EOM}}=f(\boldsymbol{X}_{\mathrm{c}i},\boldsymbol{U}_{\mathrm{c}i})$$

趋于零，其中 $\boldsymbol{d}$ 在直接配点法中称为 Defect 向量，该向量构成了系统的非线性等式约束。

步骤 4 非线性规划问题的求解。

求解以节点处的状态变量 $\boldsymbol{X}_i$、控制变量 $\boldsymbol{U}_i$ 及配点处的控制变量 $\boldsymbol{U}_{\mathrm{c}i}$ 为系统设计变量，即

$$\boldsymbol{y}=(\boldsymbol{X}_1^{\mathrm{T}},\boldsymbol{U}_1^{\mathrm{T}},\boldsymbol{U}_{\mathrm{c}1}^{\mathrm{T}},\cdots,\boldsymbol{X}_N^{\mathrm{T}},\boldsymbol{U}_N^{\mathrm{T}},\boldsymbol{U}_{\mathrm{c}N}^{\mathrm{T}}) \tag{3.2.12}$$

且满足配点处约束 $\boldsymbol{d}=0$ 以及原最优控制问题约束条件，使得某性能指标 J 最小的非线性规划问题。

图 3.3.1 为两种直接法的原理框图，用以比较这两种方法。它们的不同之处是处理连续最优控制问题时的参数化方法不同，而相同之处在于最终均转化为一个非线性规划问题进行求解。该非线性规划问题的一般形式为

$$\begin{cases}\min\limits_{y\in\mathbb{R}^M} & F(\boldsymbol{y})\\ \text{s.t.} & g_j(\boldsymbol{y})\leqslant 0,\quad j=1,2,\cdots,p\\ & h_j(\boldsymbol{y})=0,\quad j=1,2,\cdots,q\end{cases} \tag{3.2.13}$$

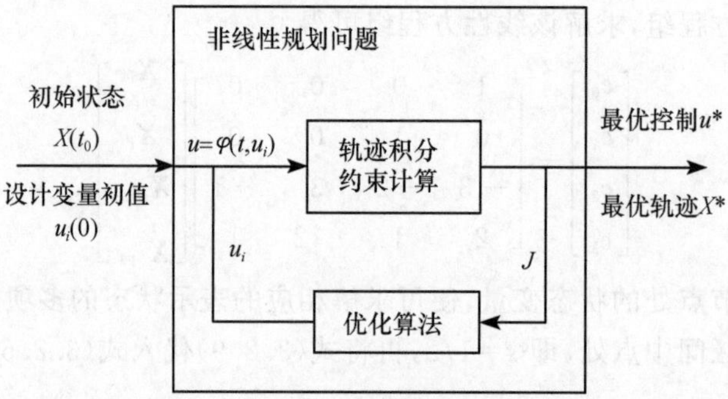

(a) 直接打靶法

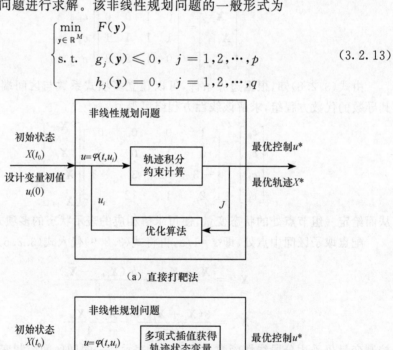

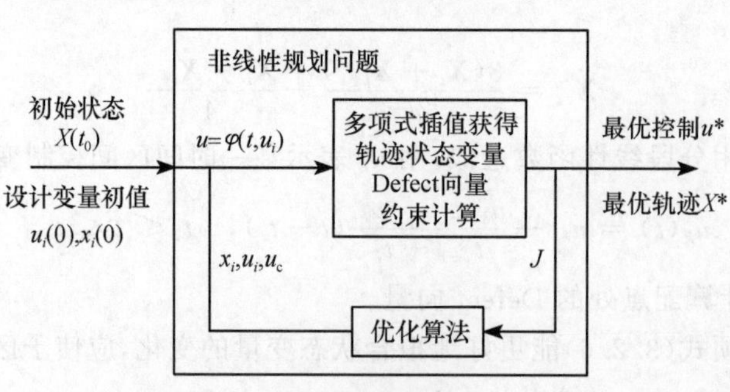

(b) 直接配点法

图 3.3.1 两种类型的直接法原理框图

为与原轨迹最优化问题中的状态变量区分，这里用 $\boldsymbol{y}$ 表示非线性规划问题的设计变量。在直接法中，设计变量可以是离散时间点上的控制变量、状态变量及终端时刻。F 为目标函数，$g_j(\boldsymbol{y})$和 $h_j(\boldsymbol{y})$分别为非线性规划问题的不等式约束和等式约束。轨迹最优化问题中的终端约束和过程约束都转换为非线性规划问题的约束条件。

3.2.2　传统直接法的特点

直接法具有以下优点：①不需要推导一阶最优性条件；②收敛域相对于间接法更加宽广，对初值估计精度要求不高，不需要猜测协态矢量的初值，不需要切换结构的先验信息。

传统的直接法存在的不足主要表现为：①不提供协态变量信息(costate information)，因此不能保证获得的非线性规划的最优解是原最优控制问题的解；②将控制变量参数化的直接法容易收敛到局部最优解，即该方法获得的是依赖于初始猜测值的最优解。为解决这一问题，一些学者采用遗传算法用于全局寻优，即将遗传算法用于求解直接法得到的非线性规划问题。特别是对于高超声速飞行器，由于其飞行轨迹对控制参数高度敏感，采用直接法求解其轨迹优化问题时，合理的初值难以给定。

3.2.3　传统直接法的若干典型应用

直接法比间接法出现大约早一个世纪，由于受到计算工具的限制而发展缓慢，在计算机技术迅速发展的近 30 年，直接法才有了较快的发展，并广泛应用于各种飞行器对象的轨迹优化问题中。直接打靶法早期用于解决运载火箭(如“大力神”、“Delta”号)上升轨迹优化和任务分析。最近在高超声速飞行器上升、滑翔和巡航轨迹优化、月球着陆轨迹优化等问题中也得到应用。Boeing 公司利用以配点法为基础的 ChebyTOP 软件解决了很多卫星小推力最优变轨问题。配点法的其他应用包括商业飞机的航迹优化、月球软着陆轨迹优化和航天飞机再入轨迹优化等(Betts，1998)。Boeing 公司开发的另两款基于配点法的软件 OTIS(Hargraves 等，1992)和 SOCS(Betts 等，1997)使配点法更广泛地深入各种飞行器的轨迹优化设计中。可以看出，直接法的发展与航空航天和工业应用密切相关，直接法相关理论的研究进展能够快速地对实际工程起到推动作用。

3.3　伪　谱　法

近年来，离散控制变量和状态变量一类直接法中的伪谱方法(也称为正交配点方法 orthogonal collocation)备受关注。应用于最优控制问题的伪谱方法源于早期求解流体力学问题的谱方法。该方法采用全局插值多项式的有限基在一系列离散点上近似状态变量和控制变量，对多项式求导来近似动力学方程中的状态变量对时间的导数，在一系列配点上满足动力学方程右函数的约束，从而将微分方程约束转换为代数约束。配点和节点是伪谱法中的重要概念，配点一般选择为正交多项式的根，在配点处需满足动力学方程约束；节点是用于近似状态变量的离散点，可能与配点完全相同，也可能还包含除配点外的其他点。总之，伪谱法的基本原理是通过上述数值近似方法，将连续最优控制问题转换为参数优化问题来求解，且一般是一个非线性规划问题，因此，伪谱法也是直接法的一种。

伪谱法的种类较多，采用不同的配点、节点位置及插值基函数，使得各种伪谱法在数值近似方法上有所不同。在航空航天领域，常见的伪谱法包括：①Chebyshev 伪谱法，采用 Chebyshev 多项式近似状态和控制变量，且以 Chebyshev-Gauss-Lobatto（CGL）点作为配点；②Legendre 伪谱法，采用拉格朗日多项式近似状态和控制变量，以 Legendre-Gauss-Lobatto（LGL）点作为配点；③Gauss 伪谱法，采用拉格朗日多项式近似状态和控制变量，配点为 Legendre-Guass（LG）点；④Radau 伪谱法，该方法源于化学工程领域，目前也开始应用于航天工程，也采用拉格朗日多项式近似状态和控制变量，选择配点为 Legendre-Gauss-Radau（LGR）点。上述方法中，Gauss 伪谱法、Legendre 伪谱法和 Radau 伪谱法可以通过离散得到的非线性规划问题的 Karush-Kuhn-Tucker（KKT）乘子估算原最优控制问题的协态矢量，本节介绍这三种伪谱法的数值近似方法。

3.3.1 伪谱法的参数化方法

1. Gauss 伪谱法

采用 Gauss 伪谱法求解连续最优控制问题的基本原理为：将状态变量和控制变量在一系列 Gauss 点上离散，并以这些离散点为节点构造拉格朗日插值多项式来逼近状态变量和控制变量。通过对全局插值多项式求导来近似状态变量对时间的导数，从而将描述轨迹的微分方程约束转换为一组代数约束。对于性能指标中的积分项由 Gauss 积分计算。终端状态也由初始状态和对右函数的积分获得。经上述变换，可将最优控制问题转化为受一系列代数约束的参数优化问题，即非线性规划问题。

1）时域变换

最优控制问题的时间区间为$[t_0,t_f]$，而采用 Gauss 伪谱法需要将时间区间转换到$[-1,1]$，因此对时间变量 t 作如下变换：

$$\tau=\frac{2t}{t_f-t_0}-\frac{t_f+t_0}{t_f-t_0} \tag{3.3.1}$$

2）全局插值多项式近似控制变量与状态变量

各种伪谱方法的主要区别之一是配点和节点的选择不同。Gauss 伪谱法的配点选取 K 阶 LG 点，即 K 阶 Legendre 多项式 $P_K(\tau)$ 的根，其中

$$P_K(\tau)=\frac{1}{2^K K!}\frac{\mathrm{d}^K}{\mathrm{d}\tau^K}[(\tau^2-1)^K],\quad K=0,1,2,\cdots \tag{3.3.2}$$

LG 点分布在区间$(-1,1)$上，记 K 阶 LG 点的集合为 $\boldsymbol{\kappa}$。Gauss 伪谱法取 K 个 LG 点以及 $\tau_0=-1$ 作为离散节点，记节点组成的集合为 $\boldsymbol{\kappa}_0$，并以 $K+1$ 个拉格朗日插值多项式 $L_i(\tau)(i=0,1,\cdots,K)$ 为基函数来近似状态变量的时间历程，即

$$\boldsymbol{x}(\tau)\approx\boldsymbol{X}(\tau)=\sum_{i=0}^{K}L_i(\tau)\boldsymbol{X}(\tau_i) \tag{3.3.3}$$

其中

$$L_i(\tau)=\prod_{j=0,j\neq i}^{K}\frac{\tau-\tau_j}{\tau_i-\tau_j} \tag{3.3.4}$$

由式(3.3.4)知，采用拉格朗日插值多项式可使节点处的近似状态与实际状态相等，即 $\boldsymbol{x}(\tau_i)=\boldsymbol{X}(\tau_i)$，$i=0,1,\cdots,K$。

当已知离散点上的控制变量，也需要通过某种形式来近似控制变量的时间历程。对控制变量的近似比对状态变量的近似要求低，因为 Gauss 伪谱法中未用到控制变量的导数，因此任何满足性质 $\boldsymbol{u}(\tau_k)=\boldsymbol{U}_k$，$k=1,2,\cdots,K$ 的数值近似对一个非线性规划问题来说都是等价的(Benson,2005)。为了形式上的统一，Gauss 伪谱法仍采用拉格朗日插值多项式 $\widetilde{L}_i(\tau)(i=1,2,\cdots,K)$ 作为基函数来近似控制变量，但节点仅选用配点，即

$$\boldsymbol{u}(\tau)\approx\boldsymbol{U}(\tau)=\sum_{i=1}^{K}\widetilde{L}_i(\tau)\boldsymbol{U}(\tau_i) \tag{3.3.5}$$

3）离散条件下的终端状态约束

最优控制问题往往包含终端状态约束，而状态变量近似表达式(3.3.3)对应的时间区间为$[-1,1)$，且未定义终端时刻状态 $\boldsymbol{X}(\tau_f)$，因此还必须通过某种形式来约束终端状态使之满足动力学方程。根据动力学方程有

$$\boldsymbol{X}(\tau_f)=\boldsymbol{X}(\tau_0)+\int_{-1}^{1}\boldsymbol{f}(\boldsymbol{X}(\tau),\boldsymbol{U}(\tau),\tau)\mathrm{d}\tau \tag{3.3.6}$$

将终端约束条件离散并用 Gauss 积分来近似，可得

$$\boldsymbol{X}(\tau_f)=\boldsymbol{X}(\tau_0)+\frac{t_f-t_0}{2}\sum w_k\boldsymbol{f}(\boldsymbol{X}(\tau_k),\boldsymbol{U}(\tau_k),\tau,t_0,t_f) \tag{3.3.7}$$

其中，$w_k=\int_{-1}^{1}L_i(\tau)\mathrm{d}\tau$ 为 Gauss 权重；τ_k 为 LG 点。

4）动力学方程约束转换为代数约束

在伪谱方法中，状态变量由全局插值多项式近似，状态变量的导数可由对

式(3.3.3)求导来近似，从而可将动力学微分方程约束转换为代数约束。对式(3.3.3)求导来近似状态变量的导数，即

$$\dot{\boldsymbol{x}}(\tau_k) \approx \dot{\boldsymbol{X}}(\tau_k) = \sum_{i=0}^{K} \dot{L}_i(\tau_k)\boldsymbol{X}(\tau_i) = \sum_{i=0}^{K} D_{ki}\boldsymbol{X}(\tau_i) \tag{3.3.8}$$

其中微分矩阵 $\boldsymbol{D} \in \mathbb{R}^{K\times(K+1)}$ 由式(3.3.9)确定：

$$D_{ki} = \dot{L}_i(\tau_k) = \begin{cases} \dfrac{(1+\tau_k)\dot{P}_K(\tau_k) + P_K(\tau_k)}{(\tau_k - \tau_i)[(1+\tau_i)\dot{P}_K(\tau_i) + P_K(\tau_i)]}, & i \neq k \\ \dfrac{(1+\tau_i)\ddot{P}_K(\tau_i) + 2\dot{P}_K(\tau_i)}{2[(1+\tau_i)\dot{P}_K(\tau_i) + P_K(\tau_i)]}, & i = k \end{cases} \tag{3.3.9}$$

式中，τ_k 为集合 $\boldsymbol{\kappa}$ 中的点，$k=1,2,\cdots,K$；τ_i 属于集合 $\boldsymbol{\kappa}_0$，$i=0,1,\cdots,K$。将式(3.3.8)代入动力学方程得到状态变量在配点上应满足的代数方程

$$\sum_{i=0}^{K} D_{ki}\boldsymbol{X}(\tau_i) - \frac{t_f - t_0}{2}\boldsymbol{f}(\boldsymbol{X}(\tau_k), \boldsymbol{U}(\tau_k), \tau_k; t_0, t_f) = 0, \quad k = 1,2,\cdots,K \tag{3.3.10}$$

5) 基于 Gauss 积分的近似性能指标函数

将 Bolza 型性能指标函数中的积分项用 Gauss 积分来近似，得到 Gauss 伪谱法中的近似性能指标函数

$$J = \Phi(\boldsymbol{X}_0, t_0, \boldsymbol{X}_f, t_f) + \frac{t_f - t_0}{2}\sum_{k=1}^{K} w_k g(\boldsymbol{X}_k, \boldsymbol{U}_k, \tau_k; t_0, t_f) \tag{3.3.11}$$

式中，Φ 为非积分项指标；g 为积分项指标的被积分项。

6) Gauss 伪谱法离散连续最优控制问题的一般描述

基于上述数值近似方法，Gauss 伪谱法可将连续最优控制问题离散，并转换为非线性规划问题。离散最优控制问题的一般描述为：

求解离散的状态变量 $\boldsymbol{X}_i$ 和控制变量 $\boldsymbol{U}_k$，初始时刻 t_0 和终端时刻 t_f（如果 t_0 和 t_f 未知），以使性能指标式(3.3.11)最小，并满足配点状态约束

$$\boldsymbol{R}_k \equiv \sum_{i=0}^{K} D_{ki}\boldsymbol{X}_i - \frac{t_f - t_0}{2}\boldsymbol{f}(\boldsymbol{X}_k, \boldsymbol{U}_k, \tau_k; t_0, t_f) = 0, \quad k = 1,2,\cdots,K \tag{3.3.12}$$

及终端状态约束

$$\boldsymbol{R}_f \equiv \boldsymbol{X}_f - \boldsymbol{X}_0 - \frac{t_f - t_0}{2}\sum_{k=1}^{K} w_k \boldsymbol{f}(\boldsymbol{X}_k, \boldsymbol{U}_k, \tau_k; t_0, t_f) = 0 \tag{3.3.13}$$

边界条件

$$\phi(\boldsymbol{X}_0, t_0, \boldsymbol{X}_f, t_f) = 0 \tag{3.3.14}$$

和路径约束

$$C(\boldsymbol{X}_k, \boldsymbol{U}_k, \tau_k; t_0, t_f) \leqslant 0, \quad k = 1,2,\cdots,K \tag{3.3.15}$$

通过上述离散过程，可将连续最优控制问题转换为非线性规划问题，其设计变

量包括节点处状态变量($\boldsymbol{X}_0,\boldsymbol{X}_1,\cdots,\boldsymbol{X}_K$)、配点处控制变量($\boldsymbol{U}_1,\boldsymbol{U}_2,\cdots,\boldsymbol{U}_K$)及初始时刻 t_0 和终端时刻 t_f(如果 t_0 和 t_f 未知),其约束条件为动力学微分方程约束($\boldsymbol{R}_1,\boldsymbol{R}_2,\cdots,\boldsymbol{R}_K,\boldsymbol{R}_f$)$=\boldsymbol{0}$、路径约束($\boldsymbol{C}_1,\boldsymbol{C}_2,\cdots,\boldsymbol{C}_K$)$\leqslant\boldsymbol{0}$ 及边界条件 $\phi=0$。

2. Legendre 伪谱法

Legendre 伪谱法与 Gauss 伪谱法的基本原理相同,仅在配点选择上有所不同,这里不再重复伪谱法离散连续最优控制问题的一般描述,仅给出由于配点选择不同,Legendre 伪谱法在数值近似方法上与 Gauss 伪谱法的区别。

Legendre 伪谱法取 K 阶 LGL 点为配点,它们是多项式$(1-\tau^2)\dot{P}_{K-1}(\tau)$的根,其中 $\dot{P}_{K-1}(\tau)$是$(K-1)$阶 Legendre 多项式的导数。LGL 点在区间 $\tau\in[-1,1]$上取值。

LGL 点的取值包含区间边界值,在 Legendre 伪谱法中选取节点与配点一致。当配点数为 K 时,用 N 表示节点数,则有 $N=K$,并以 K 个拉格朗日插值多项式 $L_i(\tau)(i=1,2,\cdots,K)$为基函数来近似状态变量和控制变量时间历程,即

$$\boldsymbol{x}(\tau)\approx\boldsymbol{X}(\tau)=\sum_{i=1}^{N}L_i(\tau)\boldsymbol{X}(\tau_i) \tag{3.3.16}$$

$$\boldsymbol{u}(\tau)\approx\boldsymbol{U}(\tau)=\sum_{i=1}^{N}L_i(\tau)\boldsymbol{U}(\tau_i) \tag{3.3.17}$$

对式(3.3.16)求导得到状态变量导数的近似表达为

$$\dot{\boldsymbol{x}}(\tau_k)\approx\dot{\boldsymbol{X}}(\tau_k)=\sum_{i=1}^{N}\dot{L}_i(\tau_k)\boldsymbol{X}(\tau_i)=\sum_{i=1}^{N}D_{ki}\boldsymbol{X}(\tau_i),\quad k=1,2,\cdots,K \tag{3.3.18}$$

其中微分矩阵 $\boldsymbol{D}\in\mathbb{R}^{K\times N}$ 由式(3.3.19)确定:

$$D_{ki}=\begin{cases}\dfrac{P_{N-1}(\tau_k)}{P_{N-1}(\tau_i)(\tau_k-\tau_i)}, & k\neq i\\ -\dfrac{(N-1)N}{4}, & k=i=1\\ \dfrac{(N-1)N}{4}, & k=i=N\\ 0, & \text{其他}\end{cases} \tag{3.3.19}$$

从而将动力学微分方程约束转换为代数约束,即

$$\sum_{i=1}^{N}D_{ki}\boldsymbol{X}(\tau_i)-\frac{t_f-t_0}{2}\boldsymbol{f}(\boldsymbol{X}(\tau_k),\boldsymbol{U}(\tau_k),\tau_k;t_0,t_f)=\boldsymbol{0},\quad k=1,2,\cdots,K \tag{3.3.20}$$

Legendre 伪谱法中节点包括边界值,终端状态也作为设计变量,因此,较之 Gauss 伪谱法减少一个终端状态约束,且由于存在 $t_N\equiv1,t_1\equiv-1$,边界条件表示为

$$\phi(\boldsymbol{X}(\tau_1),\boldsymbol{X}(\tau_N)) = \boldsymbol{0} \tag{3.3.21}$$

3. Radau 伪谱法

Radau 伪谱法求解最优控制问题的基本原理与前面两种方法相同，仅在数值近似方法上有所区别。

Radau 伪谱法的配点为 LGR 点，LGR 点在区间 $\tau\in(-1,1]$取值。K 阶 LGR 点是多项式 $P_K(\tau)+P_{K-1}(\tau)$的根，其中 $P_K(\tau)$即由式(3.3.2)定义的 K 阶 Legendre 多项式。为使节点能覆盖区间端点，Radau 伪谱法的节点为配点与初始时间点 $\tau_0\equiv-1$。设节点个数为 N，则配点个数为 $K(K=N-1)$，即配点取 $N-1$ 阶 LGR 点。此时采用 N 个拉格朗日插值多项式 $L_i(\tau)(i=0,1,\cdots,N-1)$为基函数来近似状态变量

$$\boldsymbol{x}(\tau) \approx \boldsymbol{X}(\tau) = \sum_{i=0}^{N-1} L_i(\tau)\boldsymbol{X}(\tau_i) \tag{3.3.22}$$

配点处的动力学微分方程约束可转化为代数方程约束，即

$$\sum_{i=0}^{N-1} D_{ki}\boldsymbol{X}(\tau_i) - \frac{t_{\mathrm{f}}-t_0}{2}\boldsymbol{f}(\boldsymbol{X}(\tau_k),\boldsymbol{U}(\tau_k)) = \boldsymbol{0},\quad k=1,2,\cdots,K \tag{3.3.23}$$

其中，τ_i 为节点，τ_k 为配点，即 LGR 点，且

$$D_{ki} = \dot{L}_i(\tau_k) = \begin{cases} \dfrac{\dot{g}(\tau_k)}{(\tau_k-\tau_i)\dot{g}(\tau_i)}, & k\neq i \\ \dfrac{\ddot{g}(\tau_i)}{2\dot{g}(\tau_i)}, & k=i \end{cases} \tag{3.3.24}$$

式中 $g(\tau_i)=(1+\tau_i)[P_K(\tau_i)-P_{K-1}(\tau_i)]$且 $\tau_i(i=0,1,\cdots,K)$为 LGR 点加上点 $\tau_0\equiv-1$。由于配点方程式(3.3.23)只包含在 LGR 点处的控制变量，因此控制变量采用 $N-1$ 阶拉格朗日多项式 $\widetilde{L}_k(\tau)(k=1,2,\cdots,N-1)$，即

$$\boldsymbol{u}(\tau) \approx \boldsymbol{U}(\tau) = \sum_{k=1}^{N-1} \widetilde{L}_k(\tau)\boldsymbol{U}(\tau_k) \tag{3.3.25}$$

将上述三种伪谱法的配点和节点选择分别在表 3.3.1 中列出。

表 3.3.1　三种伪谱法比较

方　法	配　点	以配点为根的多项式	配点区间	节　点	节点所在区间
Gauss 伪谱法	LG	$P_K(\tau)$	$\tau\in(-1,1)$	配点及 $\tau_0=-1$	$\tau\in[-1,1)$
Legendre 伪谱法	LGL	$(1-\tau^2)\dot{P}_{K-1}(\tau)$	$\tau\in[-1,1]$	配点	$\tau\in[-1,1]$
Radau 伪谱法	LGR	$P_K(\tau)+P_{K-1}(\tau)$	$\tau\in(-1,1]$	配点及 $\tau_0=-1$	$\tau\in[-1,1]$

Huntington(2007)从近似精度、收敛速度和计算效率等方面比较了上述三种伪谱方法。Radau 伪谱法和 Gauss 伪谱法对状态变量、控制变量和协态变量

的近似精度以及收敛速度上都优于 Legendre 伪谱方法。同时 Gauss 伪谱法对协态变量边界值的估计精度高于 Radau 伪谱法，且在处理含有初始和终端约束的问题上有优势。在计算效率方面，求解相同规模问题时三种方法的耗时差别不大。

3.3.2　伪谱法的特点

伪谱法与配点法的主要区别是它采用全局插值多项式而非分段插值多项式近似状态与控制变量，但是其参数化后仍然是将原最优控制问题转化为一非线性规划问题，且对性能指标通过优化算法直接寻优。一些文献将直接配点法称为局部方法，将伪谱法称为全局方法。对于光滑问题，伪谱方法具有很快的收敛性。对于非光滑问题，一般将最优控制问题分阶段，在每段采用正交配点法求解。最近关于伪谱方法的大量研究表明，传统的多项式分段拟合的直接配点法相对其他直接法，可能既不是最精确的，也不是计算效率最高的方法，而伪谱方法则以其较少的参数和较高的计算精度的优势，被认为具有应用于实际系统实时最优控制的潜力（Benson et al.，2006；Gong et al.，2006；Huntington et al.，2005；Ross et al.，2001）。

3.3.3　伪谱法的若干典型应用

应用于最优控制问题的伪谱方法源于早期求解流体力学问题的谱方法。基于正交配点方法求解最优控制问题可以追溯到 1979 年 Reddien 所做的工作（Reddien，1979）。最早将伪谱法引入最优控制研究的是 Banks 等（1995），研究中解决了噪声主动控制（由偏微分方程描述）问题。之后 Elnagar（1995）将 Legendre 伪谱法应用于普通微分方程描述的非线性系统。早期的工作中，伪谱方法用于解决机器人、太阳帆板、上升段、再入段，编队飞行和轨道转移最优控制问题。同时，伪谱方法还用于求解微分包含（differential inclusion）方程、微分代数方程和微分平坦（differential flat）方程描述系统的最优控制。Gauss 伪谱法是当前伪谱法中的一种新方法（Benson et al.，2006）。其中最重要的成果是证明了非线性规划的 KKT 条件与离散的哈密顿边值问题的一阶最优性条件具有一致性。因此，采用该方法可以使非线性规划问题的解满足传统间接法的一阶最优性条件，从而避免了一般直接方法的一个不足。但该文中研究的是只存在路径约束的情况下的等价性，而未明确说明在同时存在路径约束和一般的微分动力学约束情况下的等价性。

除理论研究外，基于伪谱方法的轨迹优化已进入实际应用。2006 年 11 月 5 日，国际空间站执行了一次大规模的姿态调整，这次被称为“零推进剂机动”的任务基于伪谱法最优控制理论进行了预先的轨迹优化，这是伪谱方法首次获得大规模的实际应用。伪谱方法不仅使 NASA 节省了 100 万美元的推进剂费用,而且实现了原本用现有国际空间站控制算法所不能完成的任务。

3.4 其他方法

本节依次介绍几种用于一定应用范围的非典型轨迹优化方法,最后简要阐述与优化目标、优化算法等相关的轨迹优化方法的其他问题。

3.4.1 动态逆方法

动态逆方法既是轨迹最优化方法中的微分法,也是一种直接法,区别于前面几类直接法,可以将其看做仅离散状态变量的方法,其控制变量通过动态逆变换获得。

动态逆方法早期主要应用于非线性控制系统设计问题,如飞行控制系统设计,其实质是用非线性逆和非线性函数对消被控对象的非线性,然后在变换后的伪线性系统基础上设计相应的控制器。Lu(1993)首次将动态逆方法拓展应用到航天飞机上升段的轨迹优化问题中,其基本思想是:先利用动态逆变换求出期望轨迹对应的控制变量,然后再利用非线性规划求解最优输出轨迹便可得到相应的最优控制。

1. 动态逆方法离散连续最优控制问题基本算法

航天器运动方程和端点约束如式(2.1.1)、式(2.1.3)所描述的形式,应用动态逆方法首先需要定义期望输出 $\boldsymbol{p}(t)$ 满足的代数约束

$$\boldsymbol{\omega}(\boldsymbol{x}(t),\boldsymbol{p}(t),t)=\boldsymbol{0} \tag{3.4.1}$$

其中,$\boldsymbol{\omega}:\mathbb{R}^n\times\mathbb{R}^b\times\mathbb{R}\rightarrow\mathbb{R}^b$ 完全可微,期望输出 $\boldsymbol{p}(t)\in\mathbb{R}^b$,$t_0\leqslant t\leqslant t_f$。式(3.4.1)定义了系统输出关系,对其不断微分,直到出现显式的控制变量 $\boldsymbol{u}$,可以得到

$$\boldsymbol{\Omega}(\boldsymbol{x}(t),\boldsymbol{u}(t),\boldsymbol{p}(t),\dot{\boldsymbol{p}}(t),\cdots,t)=\boldsymbol{0} \tag{3.4.2}$$

方程式(3.4.1)、式(3.4.2)构成关于状态变量和控制变量的代数方程组。一般基于动态逆方法求解控制问题是针对给定输出 $\boldsymbol{p}(t)$ 求出需要的控制变量 $\boldsymbol{u}(t)$。当求出一个最优输出 $\boldsymbol{p}^*(t)$,则相应的最优控制 $\boldsymbol{u}^*(t)$ 可由方程式(3.4.2)确定。对于轨迹最优化问题,一般要选择与描述轨迹相关的状态变量作为输出,并定义实际输出与期望输出的关系,即式(3.4.1),才能应用动态逆方法求解最优控制变量。Lu(1993)提出了对输出函数式(3.4.1)选择的建议:尽量选择最有影响的变量作为输出,同时应使用式(3.4.2)求解控制变量时尽可能地简单。基于动态逆方法求解轨迹最优化问题的基本原理如图 3.4.1 所示。

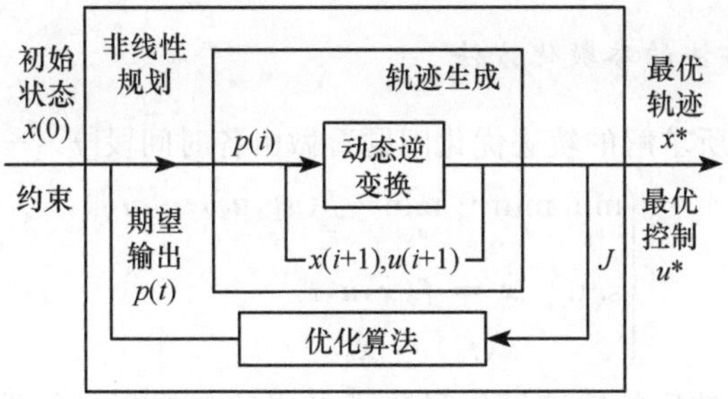

图 3.4.1　动态逆方法基本原理

2. 动态逆方法的特点及应用

基于动态逆的轨迹优化通过动态逆变换，不直接优化控制变量，而是优化期望的输出来获得最优控制变量。相对传统直接法，该方法可以缓解优化计算时的参数敏感问题。对某些飞行器，存在控制变量的微小变化使飞行轨迹发生很大变化，即轨迹对控制参数十分敏感的问题。此外，应用动态逆方法进行优化计算时是对期望输出进行初值估计，这比传统直接法中对控制变量的初值估计相对容易。

动态逆方法涉及对连续的期望输出 $\boldsymbol{p}(t)$的参数化问题，同时需要用到期望输出的前几阶导数信息(一般为一、二阶导数)，因此在参数化时比一般直接法的状态变量参数化要求更高，且需要获得更多导数相关信息。现有关于动态逆方法的应用中，一般采用一个三次多项式或精度更高的分段三次样条插值来对期望输出 $\boldsymbol{p}(t)$参数化。根据作者的研究发现，对于较为平缓的轨迹，如火箭上升段轨迹，采用三次多项式，就可以获得较高精度期望输出的一、二阶导数；然而当期望轨迹有多次跳跃时，则需要采用分段三次样条插值才能对其各阶导数较好的近似，且精度与划分网格点的密度相关。因此动态逆在解决这一类轨迹优化问题时还需进一步从方法上改进和完善。

Lu(1993)首先将动态逆方法引入轨迹最优化领域，并在求解航天飞机上升段轨迹优化时得到较好的结果。由于基于动态逆的轨迹优化可以直接有效地“规划”轨迹，故该方法已被应用于可重复使用运载器的再入轨迹重规划、机器人的路径规划及低空机动飞行器的地形跟踪轨迹规划问题中。

3.4.2　动态规划方法

动态规划是解决多阶段决策过程最优化的一种数学方法。20 世纪 50 年代，Bellman 等根据研究的一类多阶段决策问题，提出最优性原理作为动态规划的理论基础，其最优性原理为：一个最优策略的子策略总是最优的。

1. 动态规划方法的参数化方法

将直接打靶法所求解的轨迹优化问题看做由各时间段$[t_{i-1}-t_i]$组成的子问题：

$$\begin{cases}\min\limits_{u_1}\min\limits_{u_2}\cdots\min\limits_{u_N} \quad J(\boldsymbol{u}_1,\boldsymbol{u}_2,\cdots,\boldsymbol{u}_N) \\ \text{s.t.} \quad \dot{\boldsymbol{x}}=\boldsymbol{f}(\boldsymbol{x},\boldsymbol{u},t) \\ \qquad \boldsymbol{x}(t_0)=\boldsymbol{x}_0\end{cases} \tag{3.4.3}$$

则由直接打靶法离散后的轨迹优化问题可采用动态规划最优性原理求解，其数学表示和基本方程可以参考相关文献(Bellman，1957；张之胚等，1994)。

2. 动态规划方法的特点及应用

动态规划法的优点是计算原理简单，精确度相对较高，有严格的理论支持。

Betts(1998)在他的综述文章中引用了*Applied Optimal Control*一书中的描述，它能够说明该方法的不足，即动态规划方法最大的不足，正如Bellman所说，是“维数灾难”现象。即便是一个稍复杂的问题，计算结果的记录都需要大量的存储量。如果只是想从一个已知初始点寻找最优路径，那么用动态规划方法寻找全局极值点就显得过于烦琐。另外，离散格式的选择无统一标准，离散化程度会影响计算速度和精度。

动态规划是较早应用于飞行器轨迹优化的方法之一。其方法研究一直围绕解决实际最优控制问题的“维数灾难”进行。Luus等研究了一种性能更好的迭代动态规划(iterative dynamic programming，IDP)方法。由于该方法不需要计算梯度信息，故该方法对光滑和非光滑最优控制问题都表现出较好的性能(Luus，1998)。迭代动态规划解决了扩大网格的问题。虽然迭代动态规划方法已经成功应用于许多实际最优控制问题，如化学工程领域，且成功地求解了一些高维问题，但它在求解如空中交通、无人飞行器轨迹规划等在线最优控制问题时性能欠佳。传统的动态规划和迭代动态规划都存在一个共同的问题，即无法确定系统在每阶段适当的网格点数。网格点数越多，得到解的精度就越高，同时，所需的时间和存储空间随网格点数呈指数量级增长。Bousson(2005)提出了一种用于轨迹优化的单网格点动态规划方法，该方法可解决一些在线最优控制问题，如飞行器碰撞规避、无人飞行器的控制和最优轨道转移等问题。

3.4.3 滚动时域优化

1. 滚动时域优化方法概述

滚动时域(receding horizon)优化方法是借鉴预测控制的思想，对飞行器轨迹进行在线地有限时段优化。预测控制是针对传统最优控制在工业过程中的不适用性而提出的一种优化控制算法，其重要思想是利用滚动的有限时段优化取代一成不变的全局优化。

而将预测控制思想引入飞行器轨迹优化问题时，还需要考虑终端价值函数最优，因此在应用滚动时域优化时，还必须解决剩余时间价值函数(cost-to-go function)的描述问题。一般的方法是采用某种近似模型来描述该函数。

在预测控制中已出现多种方法来解决该问题(Mayne et al.，1987)。Jadbabaie 等提出一种控制 Lyapunov 函数(CLF)来计算终端价值函数。对于基于滚动时域的轨迹优化问题，一般基于近似的轨迹模型求解剩余价值函数。Bellingham 等(2002)用多项式表示二维的地形模型，用近似的距目标最短距离作为 RH 规划器的终端价值函数，而该近似模型可由基于地形和目标信息离线计算出来。

2. 滚动时域优化方法的特点及应用

实际的轨迹优化问题往往存在一定程度的不确定性，比如飞行器到达目的地之前或许目标已发生变化，且环境参数的详细信息也很难预先准确获知。同时轨迹越长，不确定性就越大。滚动优化在有限时段优化轨迹，因此在应对不确定性上具有优势，同时有利于实现轨迹的实时规划。

目前，该方法主要用于低空飞行器的轨迹规划，如地形跟踪飞行器的二维或三维轨迹实时规划、预先已知的威胁和地形等信息或任务目标改变等情况下的飞行器轨迹在线重规划(Mettler et al.，2005；Kuwata et al.，2005；唐强等，2005)。将该方法与动态规划等离线优化方法相结合，可实现实时轨迹优化。

3.4.4　快速探索随机树法

1. 快速探索随机树法概述

一些用于机器人轨迹规划的方法被引入飞行器轨迹在线规划与制导问题中。快速探索随机树法是针对在线轨迹规划/优化需求而引入的一种快速轨迹规划方法。该方法的基本原理为：首先建立两个状态树，一个以初始状态为起点，且向前积分；另一个以目标(终端)状态为起点，向后积分。状态树的每一步增长过程都是对飞行器动力学进行前向或后向积分。相应的控制变量由使两个状态树以更快的速度接近的快速探索随机树算法决定。一旦两个状态树接近到一定的空间距离，就可以把两段连接起来作为一条可行轨迹(Lavalle，1998)。图 3.4.2 为快速探索随机树法的基本原理示意图。

2. 快速探索随机树法的特点及应用

由于控制变量是由快速探索随机树法在各种控制约束，如最大侧倾角变化率、

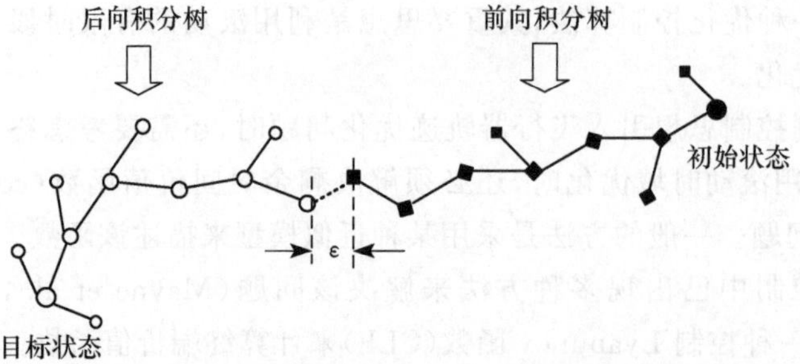

图 3.4.2 快速探索随机树法的基本原理示意图

加速度约束等相对应的控制空间中计算出来的,同时超过状态变量约束的状态树分支会自动去除,故可自动满足状态变量或控制变量空间的约束是快速探索随机树法最显著的优点。它存在一个我们不期望的特性,即随机性。对于在线应用问题,随机过程可能使在一个特定时间区间内无法得到可行的轨迹,且当问题规模增大时,其难度急剧增加。该方法的瓶颈是,对那些复杂动力学系统如何确定收敛标准。例如,在再入问题中有两个状态变量——航迹角和速度,除非知道如何从每一个状态变量将飞行器控制到目标点,否则很难判断哪一个状态更接近目标。该问题与全部状态轨迹设计是等价的。

Cheng 等(2001)实现了自动飞行器轨迹生成。Lavalle(1998)曾试图采用快速探索随机树法解决再入问题。快速探索随机树法在解决如直升机路径规划这类较难的轨迹规划问题中表现出很好的应用前景(Frazzoli et al.,2002)。随机树法能够在数秒钟内找到十几条可行的规避很多障碍物的轨迹,而其他优化方法很难获得满足如此多状态约束的可行轨迹。

3.4.5 轨迹优化方法的其他相关问题

针对连续最优控制问题的参数化方法是讨论轨迹优化方法的重点部分,但除此之外,还有其他与优化目标、优化算法等相关的问题,因此还存在一些其他的轨迹优化方法的提法。

轨迹优化问题往往存在多个优化目标,轨迹优化问题又包含单目标问题和多目标问题两类。尽管传统的权重法就可将多目标问题转换为单目标问题,再采用单目标优化方法实现轨迹优化,但是这种方法存在权重系数无物理意义、难以确定等诸多弊端,这就促使人们开始不断地研究各种更符合物理意义、体现设计者偏好或者全面反映问题本质的其他处理多目标问题的方法,如改进的权重方法、物理规划方法、Pareto 排序和竞争方法等。因此,多目标问题还有不同于单目标问题的更广阔的理论研究空间。

到目前为止,大部分关于轨迹优化的文献讨论的都是一种确定性优化方法,即假设模型参数精确已知，控制变量可以准确获得。然而在实际飞行过程中，飞行器模型、环境等参数存在一定的不确定性，优化目标变量和设计变量都与这些参数相关，确定性优化结果就有可能导致目标存在偏差，设计变量超出约束边界。因此，近年来很多学者开始研究考虑系统参数不确定性的鲁棒优化问题。

基于庞特里亚金极小值原理的方法、动态规划方法等是在理论上可以严格证明最优性的方法。另外还有一些不能严格证明解的最优性的方法，如人工智能法、神经网络方法等。

参考文献

程国采. 1999. 航天飞行器最优控制理论与方法[M]. 北京：国防工业出版社.

阮春荣. 1987. 大气中飞行的最优轨迹[M]. 北京：中国宇航出版社.

唐强，张新国，刘锡成. 2005. 一种用于低空飞行的在线航迹重规划方法[J]. 西北工业大学学报，23(4)：271-275.

王大轶，李铁寿，马兴瑞. 2000. 月球最优软着陆两点边值问题的数值解法[J]. 航天控制，18(3)：44-49.

吴德隆，王小军. 2006. 航天器气动力辅助变轨动力学与最优控制[M]. 北京：中国宇航出版社.

袁方. 2000. 最优过程理论在飞行轨迹优化计算中的应用[J]. 飞行力学，18(1)：50-53.

张之胚，李建德. 1994. 动态规划及其应用[M]. 北京：国防工业出版社.

赵汉元. 1997. 飞行器再入动力学和制导[M]. 长沙：国防科技大学出版社.

周浩，周韬，陈万春，等. 2006. 高超声速滑翔飞行器引入段弹道优化[J]. 宇航学报，27(5)：970-973.

Adam W，Tim C，Ellen B. 2003. Genetic algorithm and calculus of variations-based trajectory optimization technique[J]. Journal of Spacecraft and Rockets，40(6)：882-888.

Banks H T，Fahroo F. 1995. Legendre-tau approximations for LQR feedback control of acoustic pressure fields [J]. Journal of Mathematical Systems，Estimation，and Control，5(2)：271-274.

Bellingham J，Richards A，How J. 2002. Receding horizon control of autonomous aerial vehicles [C]. American Controls Conference，Anchorage，AK，USA.

Bellman R E. 1957. Dynamic Programming[M]. Princeton：Princeton University Press.

Benson D A. 2005. A Gauss Pseudospectral Transcription for Optimal Control[D]. Cambridge，Massachusetts：Massachusetts Institute of Technology.

Benson D A，Huntington G T，Thorvaldsen T P，et al. 2006. Direct trajectory optimization and costate estimation via an orthogonal collocation method [J]. Journal of Guidance，Control and Dynamics，29(6)：1435-1440.

Betts J T. 1998. Survey of numerical methods for trajectory optimization [J]. Journal of Guidance，Control and Dynamics，21(2)：193-207.

Betts J T，Huffman W P. 1997. Sparse optimal control software：SOCS[R]. Mathematics and Engineering Analysis Library, Rept. No. MEA-LR-085, Boeing Information and Support Services, Seattle, WA.

Bousson K. 2005. Single gridpoint dynamic programming for trajectory optimization[C]. AIAA Atmospheric Flight Mechanics Conference and Exhibit, San Francisco, California.

Carter T. 1984. Fuel-optimal maneuvers of a spacecraft relative to a point circular orbit [J]. Journal of Guidance, Control, and Dynamics, 7(6): 710-716.

Cheng P, Shen Z, Lavalle S M. 2001. RRT-based trajectory design for autonomous automobiles and spacecraft [J]. Archives of Control Sciences, 11(3-4): 51-78.

Edelbaum T N. 1962. Optimal low-thrust transfer between circular and elliptic orbits [J]. Journal of ASME, 84(2): 134-141.

Elnagar J, Kazemi M A, Razzughi M. 1995. The pseudospectral legendre method for discretizin optimal control problems [J]. IEEE Transactions on Automatic Control, 40(10): 1793-1796.

Enright P J, Conway B A. 1991. Optimal finite-thrust spacecraft trajectories using collation and nonlinear programming [J]. Journal of Guidance, Control and Dynamics, 10(5): 981-985.

Frazzoli E, Dahleh M A, Feron E. 2002. Real-time motion planning for agile autonomous vehicles [J]. Journal of Guidance, Control and Dynamics, 25(1): 116-129.

Gobetz F W. 1964. Optimal variable-thrust transfer of a power-limited rocket between neighboring orbits [J]. AIAA Journal, 2(2): 339-343.

Gong Q, Kang W, Ross I M. 2006. A pseudospectral method for the optimal control of constrained feedback linearizable systems[J]. IEEE Transaction on Automatic Control, 51(7): 1125-1129.

Hargraves C R, Paris S W. 1987. Direct trajectory optimization using nonlinear programming and collocation [J]. Journal of Guidance, Control and Dynamics, 10(4): 388-342.

Hargraves C R, Pares S W, Vlases W G. 1992. OTIS past, present, and future[C]. AIAA Paper-9204530, AIAA Gudance, Navigation, and Control Conference, Hilton Head Island, AC.

Hull D G. 1997. Conversion of optimal control problems into parameter optimization problems [J]. Journal of Guidance, Control and Dynamics, 20(1): 57-60.

Huntington G T, Rao A V. 2005. Optimal configuration of spacecraft formation via a Gauss pseudospectral method[C]. AAS Space Flight Mechanics Meeting Copper Mountain, CO.

Huntington G T. 2007. Advancement and Analysis of a Gauss Pseudospectral Transcription for Optimal Control Problems[D]. Cambridge, MA: Massachusetts Institute of Technology.

Istratie V. 1998. Optimal profound entry with minimum heat [C]. AIAA Atmospheric Flight Mechanics Conference and Exhibit, Reston, VA.

Istratie V. 1999. Optimal skip entry into atmosphere[C]. AIAA Atmospheric Flight Mechanics Conference and Exhibit, Portland, OR.

Istratie V. 2000. Optimal skip entry into atmosphere with minimum heat and constraints[C]. AIAA Atmospheric Flight Mechanics Conference and Exhibit, Denver, CO.

Istratie V. 2003. Optimal skip entry into atmosphere with minimum heat [C]. AIAA Atmospheric

Flight Mechanics Conference and Exhibit, Austin, TX.

Kuwata Y, Schouwenaars T, Richards A, et al. 2005. Robust constrained receding horizon control for trajectory planning robust constrained receding horizon control for trajectory planning [C]. AIAA Guidance, Navigation, and Control Conference and Exhibit. San Francisco, CA, USA.

Lavalle S M. 1998. Rapidly-exploring random trees: A new tool for path planning [R]. TR98-11, Computer Science Dept. , Iowa State Univ, Annes, IA, USA.

Lu P. 1993. Inverse Dynamics approach to trajectory optimization for an aerospace plane[J]. Journal of Guidance, Control and Dynamics, 16(4): 726-732.

Luus R. 1998. Iterative dynamic programming: From curiosity to a practical optimization procedure[J]. Control and Intelligent Systems, 26(1): 1-8.

Mayne D, Rawling J, Rao C, et al. 1987. Constrained model predictive control: Stability and optimality[J]. Automatica, 36(6): 789-814.

Mettler B, Bachelder E. 2005. Combining on- and offline optimization techniques for efficient autonomous vehicle's trajectory planning [C]. AIAA Guidance, Navigation, and Control Conference and Exhibit, San Francisco, CA, USA.

Reddien W. 1979. Collocation at gauss points as a discretization in optimal control[J]. SIAM Journal of Control and Optimization, 17(2): 298-306.

Ross I M, Fahroo F. 2001. A pseudospectral transformation of the covectors of optimal control systems[C]. The 1st IFAC/IEEE Symposium on Structure and Control, Prague, Czech Republic.

Ross I M, Fahroo F. 2002. A perspective on methods for trajectory optimization[C]. AIAA/AAS Astrodynamics Specialist Conference and Exhibit, Monterey, CA.

第4章 轨迹优化数值优化算法

航天器轨迹优化需要求解一系列参数优化问题，其研究的一个重要方面就是选择有效的优化算法。本章比较系统地阐述了求解航天器轨迹优化问题的各类优化算法模型。4.1节简单概述轨迹优化的数值优化算法发展情况；4.2节给出常用的两点边值问题求解算法；4.3节介绍多个常用的经典非线性规划算法；4.4节介绍序列二次规划算法；4.5节给出应用于一般非线性规划问题求解的进化算法；4.6节介绍几种有代表性的多目标优化算法，包括多目标遗传算法、物理规划算法等。

4.1 航天器轨迹优化中的优化算法研究概述

优化理论是一门古老而又年轻的学科。早在17世纪初就提出过各种求最大值和最小值的问题，以及某些简单的求解原则，但当时没有系统的理论。微积分理论的建立给出了求函数极值的必要条件，为优化问题的解决提供了理论基础。但由于计算方面的困难，之后的二三百年间，最优化方法进展缓慢。20世纪40年代，计算机的出现给优化理论注入了强大生命力，半个多世纪以来，优化理论和算法逐步形成完整体系。从优化算法的发展历史来看，可以划分为两个主要阶段，从20世纪60年代到90年代初的经典优化算法阶段和20世纪90年代以来以遗传算法为代表的智能优化算法阶段。

4.1.1 航天器轨迹优化中的经典优化算法

20世纪60年代发展成熟的优化算法，主要是适用于各类无约束最优化问题的算法，包括单纯形、Powell法等直接优化算法和各种基于梯度的间接优化算法如共轭梯度法、拟牛顿法(又称变尺度法)等。将这些方法和罚函数法相结合是20世纪70年代以前最为成功的约束非线性最优化方法。

在航天器轨迹优化中，由于受计算条件的限制，效率较高的梯度类优化算法得到了比较广泛的应用。早期的轨迹优化问题，人们通常是将其转化为两点边值问题，问题的求解本质是求解一个非线性方程组，类似牛顿迭代法及相关形式得到了广泛的应用(Lastman，1968)。此外，直接法求解脉冲轨迹优化问题时，将优化问题转化为非线性优化问题，因此需要采用非线性规划算法。Stancil(1964)研究了轨迹优化的最速下降法。Gruver和Engersbach(1972)采用投影梯度算法求解轨迹非线性优化问题。Johnson(1969)研究了脉冲最优转移问题的两步加速梯度优化算法。

在早期的无约束优化算法中，拟牛顿法最初于1959年由Davidon提出，1963年由Fletcher和Powell推广成为众所周知的变尺度法(DFP法)，当时这一成就被认为是无约束最优化领域的一个历史性突破。在当时的轨迹优化中DFP法的应用非常广泛：Powers(1973)改进了DFP算法，并将其应用于航天飞机上升轨迹优化问题；Johnson(1975)采用DFP算法和罚函数法研究了带固体助推的航天飞机上升轨迹优化问题；Gross等(1974)采用DFP法求解二体多脉冲最优交会问题。

前面所述，20世纪60年代约束非线性规划方法主要是基于惩罚函数的序列无约束最小化方法(SUMT法)，把求解一个有约束的最优化问题转化为求解序列无约束最优化问题。这类方法有某些缺点，不是十分有效。后来，针对SUMT法的缺点，Hestenes和Powell等提出了乘子法，该方法在轨迹优化也得到了应用，至今仍在使用。进入70年代后期，Han和Powell等将无约束最优化问题的拟牛顿法推广到约束最优化问题，发展了序列二次规划算法，也称为有约束问题的变尺度法或拉格朗日-牛顿法。经过许多人的努力，序列二次规划算法在具有整体收敛性的同时保持局部超1次收敛，数值实验表明，它比乘子法更为优越。序列二次规划算法被公认为是当今求解光滑的非线性规划问题的最优秀算法之一。许多大型优化设计系统都采用序列二次规划算法进行优化求解，它也是应用于轨迹优化的一种非常成功的算法。在国外的航天器轨迹优化研究中，该算法占据统治地位。特别是它与轨迹最优化直接法相结合几乎是所有最优控制软件的做法。本章4.4节将介绍序列二次规划算法及软件在最优控制中的应用。

4.1.2 航天器轨迹优化中的智能优化算法

本书的1.3.4节已经简单阐述了智能优化算法在航天器轨迹优化中的应用情况，本节在此基础上进一步阐述一些典型的工作。20世纪80年代以来，智能优化算法研究非常广泛，主要表现在：一方面，智能优化算法范畴包含了多种基于不同自然机制的算法，如遗传算法、模拟退火、禁忌搜索、蚁群算法和粒子群算法等，并且随着人类对自然机制认识的不断深入，这一范畴有继续扩大的趋势；另一方面，智能优化算法的应用领域几乎涵盖了当今所有学科领域。就目前的研究而言，智能优化算法中应用最成功和广泛的是遗传算法，其次是模拟退火算法、蚁群算法、微粒群算法等。

飞行器设计优化研究是众多优化设计研究领域中最为活跃的一个，随着科技的进步和生产力的不断发展，飞行器系统设计日益复杂，经典算法的局限性如局部收敛、无法胜任大规模问题和对离散/连续变量问题的无能为力表现得尤为突出，飞行器设计优化对功能强大的优化策略有着更强烈的应用需求。智能优化算法以其广泛的适用性、强鲁棒性、良好的全局收敛性及易并行性等优点在飞行器设计优化领域得到了广泛的应用，轨迹优化是其中的一个主要应用领域。

20 世纪 90 年代以后，遗传算法得到迅猛发展，在众多领域得到了广泛的应用。但是遗传算法本质是一种静态参数优化方法，不能直接求解以泛函形式描述的最优控制问题，因此相对于其他领域，遗传算法在最优控制方面的应用要相对晚一些：1992 年 Krishnakumar 和 Goldberg 报道了遗传算法在控制系统设计优化中的应用。遗传算法在航天器轨迹优化设计中应用的较早报道在 20 世纪 90 年代中期左右：Pamadi(1995)采用遗传算法生成运载火箭标称最优上升轨迹，用于辅助制定制导律；Pinon 等(1995)采用遗传算法优化月面上升轨迹；Gage 等(1995)利用遗传算法求解了地球火星飞行转移轨迹脉冲优化问题；Rauwolf 等(1996)采用遗传算法研究了地球火星飞行小推力轨道转移问题。此后，利用遗传算法求解航天器轨迹优化问题的文献陆续多了起来，并关注遗传算法的改进及应用性能，如有代表性的文献有 Crain 等(2000)、Hughes 等(2002)、Kim 等(2002)、Wuerl 等(2003)及 Yokoyama 等(2005)等。国内的发展情况和国外基本相似，较早的研究工作是陈根社和陈新海(1994)应用遗传算法设计交会控制器，其后逐渐推广到航天器轨迹优化设计中，如载人飞船返回轨道设计(吴美平，1998)、月球卫星的小推力最优变轨(王颉等，2003)、空间脉冲最优交会(王华等，2003)和运载火箭发射轨道设计优化(罗亚中，2003)等。

将模拟退火算法应用于轨迹设计优化中较早的是 Lu 等(1994)，其后 Tekinalp 等(2000)将其应用到导弹弹道优化和多学科设计优化中，Tekinalp 和 Bingol (2004)进一步深入探讨了若干优化技术，包括最优估计函数和约束处理方法等。Moltoda 等(2002)应用一类模拟退火算法设计最优控制系统，罗亚中等(2005)将模拟退火算法应用于一般最优控制问题，随后推广到小推力轨道优化设计问题求解中(Luo et al.，2005)。在最优交会方面，Luo 等(2005)基于模拟退火算法完成了空间线性二次型最优交会控制器的全局优化设计；将模拟退火算法应用于交会调相特殊点变轨策略优化设计(Luo et al.，2006b)；将并行模拟退火单纯形算法(parallel simulated annealing using simplex method，PSASM)应用到交会调相综合变轨优化设计中(Luo et al.，2007)。

微粒群算法、蚁群算法、差分进化算法等在航天器轨迹优化中的应用多是最近 5 年以内的，将在 4.5 节给出相关论述。多目标进化算法的应用将在 4.6 节进行评述。

4.2 两点边值问题的求解方法

根据对协态微分方程处理方法不同，求解两点边值问题的算法可以分为两类：第一类包括多重打靶法、临近极值法、牛顿-拉弗森法和拟牛顿法等，这些方法通常要猜测协态变量的初值，正向积分协态微分方程；另一类包括共轭梯度法、变尺度法、微分动态规划法等，这类方法首先确定协态变量的终值，然后反向积分协态微分方程。此外，非线性优化方法可广泛应用于两点边值问题求解。本节给出了打靶法的基本步骤和共轭梯度法的基本思想，同时介绍了两点边值问题的非线性优化方法。

4.2.1　两点边值问题的打靶法

由极大值原理构成的两点边值问题的求解方法，广泛应用的是打靶法，其一般步骤如下：

步骤 1　取状态和协态变量未知初始条件的猜测值，连同已知初始条件，构成一组初始条件的迭代初值。

步骤 2　从这一组初始条件出发，以时间为自变量，将状态方程和协态方程同时向前积分，直到预计的末时刻。在积分过程中，按照极大值原理同时得到状态变量、协态变量和最优控制变量的大小及方向的时间历程。计算状态和协态变量末值与给定的末值条件的偏差，如果偏差在允许范围内，结束；否则转向**步骤 3**。

步骤 3　对每一个未知的初始条件进行微小改变，重复上面的积分过程，得到各末值的改变量，从而得到终值对初值的数值偏微商矩阵。

步骤 4　根据**步骤 2** 得到的末值与其给定值之差和**步骤 3** 得到的偏微商矩阵，求得对未知初值的新猜测值。

重复**步骤 1**～**步骤 4**，直到末值满足预定的要求。

4.2.2　共轭梯度法

应用于两点边值问题的共轭梯度法，实质上将求解静态参数优化问题的方法应用于动态优化问题。对于求解静态参数问题的非线性规划算法，目标函数的梯度是所有静态优化间接解法的核心概念，如果可以将梯度的概念从欧氏空间推广到函数向量空间中来，则非线性规划算法中基于梯度的各种间接解法都可用于求解动态优化问题。由泛函分析可知，函数向量空间中梯度的定义与所取的函数空间及所定义的泛函导数有关。一般基本函数空间取为 Hilbert 空间，泛函的导数则取为 Frechet 导数。

梯度法是求解多元函数极值问题最基本、最有效的方法之一。实践表明它也是求解最优控制问题的有效方法。梯度法利用函数梯度的特性，即在试验点附近，沿梯度方向函数变化率最大，在每一步迭代运算中计算性能指标的梯度，选取负梯度方向作为搜索方向来搜索极小值点。梯度法的优点是容易理解、程序简单稳定，但只要函数性态稍差，其效率就很差。特别是当接近局部时，收敛速度变慢，这是因为此时梯度向量接近于零向量。共轭梯度算法是对梯度算法的改进，对于具有二次型形式的指标函数,利用共轭方向作为搜索方向,经过有限次单维搜索,就可以到达它的极值点,有效提高梯度方法的效率。

函数空间中的共轭梯度算法是一种基于极大值原理的间接方法,具体的算法步骤可参阅相关文献(叶庆凯等,1986;陈小前,2001)。

4.2.3 两点边值问题的非线性优化

两点边值问题的非线性优化算法也就是最优控制中常说的混合方法,杨嘉墀(2002)将该类方法称之为泛函优化方法。该类方法主要思路仍由极大值原理确定最优控制曲线形式,但是对两点边值问题的求解则采用非线性优化方法。具体思路是:以 3.1 节的最优控制方法为基础,构成协态微分方程;仍然要求状态和协态变量满足状态方程和协态方程;仍然根据使哈密顿函数极大的条件来确定控制变量过程,但是把状态变量的初值和末值当做约束条件,把协态变量的初值当做优化变量,把原最优控制的指标当做优化目标函数,从而构成一个有约束条件的非线性规划问题。目前在轨迹优化领域,遗传算法等智能优化算法被广泛用来求解这一非线性规划问题。

4.3 经典非线性规划算法

非线性规划问题的一般形式是

$$\begin{cases} \min & f(\boldsymbol{x}) \\ \text{s.t.} & g_i(\boldsymbol{x}) \leqslant 0, \quad i = 1,2,\cdots,p \\ & h_j(\boldsymbol{x}) = 0, \quad j = 1,2,\cdots,q \end{cases} \tag{4.3.1}$$

本节阐述一些经典的非线性规划算法,更详细的算法模型可参阅陈宝林(1989)等相关论著,序列二次规划算法作为轨迹优化领域应用最为广泛的非线性规划算法,将在 4.4 节单独介绍。

4.3.1 无约束直接优化算法

无约束优化算法是指该算法本身不能处理优化问题的约束条件,在解决约束优化问题时需要借助约束算法处理约束条件。根据算法是否需要调用优化指标的梯度又可分为不使用导数的无约束直接优化算法和使用导数的无约束间接优化算法,后者需要计算梯度或二阶导数,对于一般的问题后者的计算效率明显比前者高许多,但是在许多实际问题中,由于梯度的计算量很大,或梯度的计算很困难甚至于不可能,所以只需计算函数值的无约束直接最优化方法具有实用价值,这类方法适用于不知道目标函数的数学表达式而仅知其具体算法的情况。应用比较广泛的直接优化算法有 Powell 法、单纯形算法(simplex method,SM)等。

Powell 法又称方向加速法，是较为有效的一类无约束直接优化算法。Powell 法属于共轭方向法，它基于这样的前提：函数在极值点附近总近似于二次正定函数，所以这种方法在极值点附近有较快的收敛速度。由于它不依赖目标函数的梯度，故应用范围很广。这种方法已经被证明具有超线性收敛特性，因此，从理论上来说它优于同属直接方法的单纯形法。

单纯形法是实际中广泛应用的优化算法，优点是无需利用函数的梯度性质，对于性态很差的指标函数，其收敛性也得到了验证。单纯形算法的思想是：根据问题的维数 n，选取由 $n+1$ 个顶点构成的单纯形，求出这些顶点处的目标函数值并加以比较，确定它们当中有最大值的点及函数值的下降方向，再设法找到一个新的比较好的点替换那个有最大值的点，从而构成新的单纯形。随着这种取代过程的不断进行，新的单纯形将向着极小点收缩。这样经过若干次迭代，即可得到满足收敛准则的近似解。这就是单纯形法的基本思想。在选择新的比较好的点替换最差点的过程中，包含三种类型的步骤：反射、扩张和压缩。

就航天器轨迹优化的应用整体情况而言，单纯形法的应用更为广泛，在最近几年举办的全球轨迹优化大赛中，单纯形法是应用较多的非线性规划算法（李俊峰等，2010），主要原因是算法简单、收敛性好。另外该算法易于与各种进化算法相结合构造混合算法，如 4.5.2 节中介绍的并行模拟退火单纯形算法，它是将单纯形算法与模拟退火算法相结合的混合优化算法。

4.3.2　无约束间接优化算法

当目标函数可微并且梯度可以通过某种方法求得时，利用梯度信息可以建立更为有效的优化方法，这类优化方法称为间接法。使用导数的间接优化算法的效率明显高于不使用导数的直接优化算法。理论和实践上已经证明对于形态较好的优化问题，使用导数的间接优化算法的性能特别是收敛速度明显高于不使用导数的直接优化算法。但是对于非光滑的优化问题，间接优化算法的收敛性则较差。

间接优化算法包括梯度法、牛顿法、共轭梯度法和变尺度法。在编写无约束间接优化算法中，梯度和二阶导数的计算模块至关重要，粟塔山（2001）提供了比较好的计算公式，何光渝（2002）提供了共轭梯度法和变尺度法的源程序。

如 4.1.1 节所述，在早期的轨迹优化中，基于梯度的各种间接优化算法得到了广泛的应用。这类算法同直接优化算法包括单纯形法、Powell 方法相比，收敛性不如后者，且算法相对稍复杂些；与同属于梯度类算法的序列二次规划算法相比，该类算法不能够直接处理约束，因此在后期轨迹优化研究中的应用相对来讲较少。

4.3.3　约束处理算法

实际应用中的优化问题往往是带有约束的优化问题，约束条件的处理方法对问题求解至关重要。本节简单介绍优化领域经常使用到的一般性的约束处理方法,如罚函数法、乘子法和可变容差处理方法等。

1. 罚函数法

罚函数法的基本思想是利用目标函数和约束函数组成辅助函数

$$F(\boldsymbol{x},M) = f(\boldsymbol{x}) + MP(\boldsymbol{x}) \tag{4.3.2}$$

$F(\boldsymbol{x},M)$具有这样的性质:当点 $\boldsymbol{x}$ 位于可行域以外时,$F(\boldsymbol{x},M)$取值很大,而且离可行域越远其值越大;当点 $\boldsymbol{x}$ 在可行域内时,函数 $F(\boldsymbol{x},M)=f(\boldsymbol{x})$。通常将 $MP(\boldsymbol{x})$ 称为惩罚项,M 称为罚因子,$P(\boldsymbol{x})$称为罚函数。

罚函数可有不同定义方法,一般形式为

$$P(\boldsymbol{x}) = \sum_{i=1}^{p} \Phi(g_i(\boldsymbol{x})) + \sum_{j=1}^{q} \Psi(h_j(\boldsymbol{x})) \tag{4.3.3}$$

函数 Φ 和 Ψ 的典型取法是

$$\Phi = [\max\{g_i(\boldsymbol{x}),0\}]^{\alpha}, \quad \Psi = |h_j(\boldsymbol{x})|^{\beta} \tag{4.3.4}$$

其中 $\alpha \geqslant 1, \beta \geqslant 1$,均为给定常数,通常取作 $\alpha = \beta = 2$。

罚函数的具体形式有很多,比如说可微乘罚函数和非可微乘罚函数、外点法和内点法、精确惩罚和非精确惩罚法等,具体的应用选择需要数值测试。

使用罚函数法求解约束问题的迭代流程如图 4.3.1 所示。罚函数法原理简

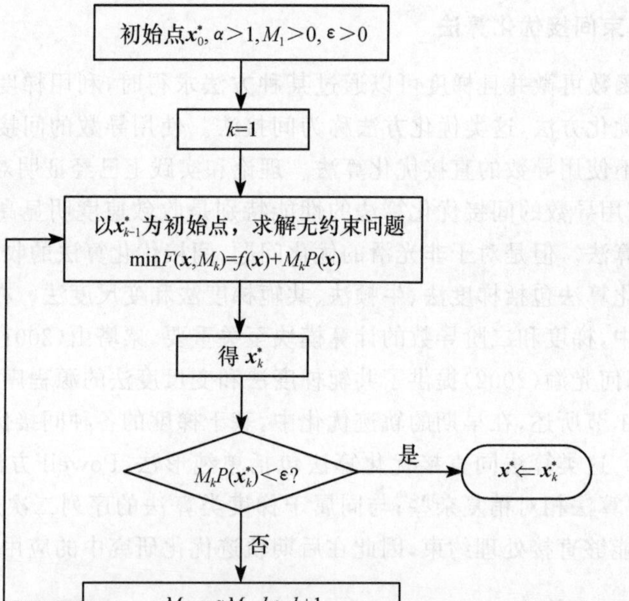

图 4.3.1 罚函数法流程图

单,使用方便,能用来求解导数不存在的问题,但是也有它的固有缺点。从理论上讲,只有罚因子 M 趋于无穷的时候,才有可能通过求解转化后的无约束极小化问题,得到原约束优化问题的最优解。而过大的 M 会造成计算机的困难,随着罚因子趋向其极限,罚函数的 Hessian 矩阵的条件数无限增大,因而变得越来越病态。罚函数的这种病态给无约束极小化带来很大困难。因此,在实际的数值计算中,一般情况下罚因子 M 选取定值进行计算,从而不可避免地造成约束条件的精度损失。

2. 增广拉格朗日乘子法

对于形如式(4.3.1)的一般约束问题,采用乘子法处理后的总的目标函数为(粟塔山,2001)

$$\min F(\boldsymbol{x},\boldsymbol{\mu},\boldsymbol{\lambda},M)=\min_{\boldsymbol{x}} f(\boldsymbol{x})+\sum_{j=1}^{q}\lambda_j h_j(\boldsymbol{x})+\frac{1}{2}M\sum_{j=1}^{q}h_j^2(\boldsymbol{x})$$
$$+\sum_{i=1}^{p}\frac{M}{2}\left[\left(\max\left\{0,g_i(\boldsymbol{x})+\frac{\mu_i}{M}\right\}\right)^2-\left(\frac{\mu_i}{M}\right)^2\right] \tag{4.3.5}$$

乘子法克服了罚函数法的罚因子难于选择和可能无限大的缺陷,算法经过有限的迭代即可得到问题的解。乘子法的算法流程如图 4.3.2 所示。各种算法书中对乘子法处理约束的具体形式有比较大的差别,需要在应用中注意。

增广拉格朗日乘子法是将拉格朗日函数与罚函数结合起来,形成增广拉格朗日函数,进而将约束优化问题转化为求解增广拉格朗日函数的无约束问题。对于增广目标函数式(4.3.5),可以证明,乘子法并不要求罚因子 M 趋于无穷大,当 M 适当大时,$\boldsymbol{x}^*$ 是 $F(\boldsymbol{x},\boldsymbol{\mu},\boldsymbol{\lambda},M)$ 的极小点,在求 $\boldsymbol{x}^*$ 的同时,采用迭代法求出 $\boldsymbol{\lambda}$,这就是乘子法的思想。

由于 M 可取某个有限值,而且 $\{\boldsymbol{\lambda}_k,\boldsymbol{\mu}_k\}$ 收敛于有限极限值,因此乘子法克服了罚函数法的病态性质,数值试验证明,它比罚函数法优越,收敛速度要快得多,至今仍是求解约束最优化问题的最好算法之一。

前文中提及,在实际计算当中,由于罚因子 M 不可能趋于无穷,因而在罚函数法中 M 针对不同的约束指标取不同的定值。而在乘子法中,由于只要求 M 不大于某个正数 M^*,就能保证无约束问题 $\min F(\boldsymbol{x},\boldsymbol{\mu},\boldsymbol{\lambda},M)$ 的最优解为原约束问题的最优解,故可以通过设定扩大因子 α 调整罚因子 M_k 的取值。同时,通过调节罚因子 M_k 调节拉格朗日乘子,即令 $\boldsymbol{\lambda}^{(k+1)}=\boldsymbol{\lambda}^k+M_k h_j(\boldsymbol{x}_k^*)$。整个过程中,等式约束所对应的拉格朗日乘子 $\boldsymbol{\lambda}$ 和罚因子 M 都由乘子法进行自主调节,不需要人工干预,因此增广拉格朗日乘子法可以获得相当高的等式约束满足精度。

增广拉格朗日乘子法将拉格朗日乘子引入惩罚函数的惩罚项中,通过调节拉格朗日乘子,有力地缓解了接近约束边界时惩罚项的惩罚作用,从而使其收敛速度

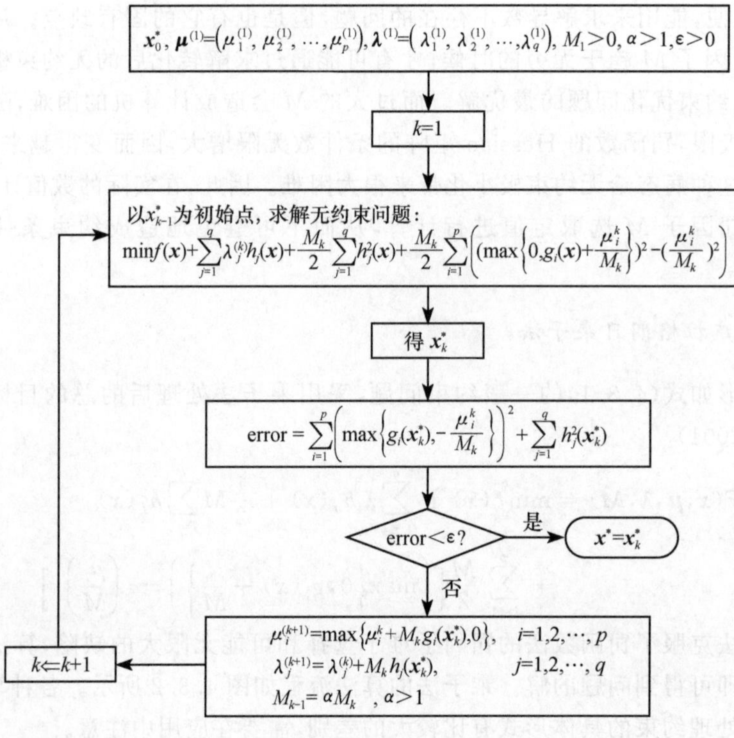

图 4.3.2　乘子法流程图

比罚函数法有了明显的提高，同时它也吸取了罚函数的惩罚作用，使其在拉格朗日乘子较小的初始搜索阶段能够很快搜索到较优的解，从而得到比罚函数法更优的解。

实际应用证明，增广拉格朗日乘子法在轨迹优化问题中能够很好地处理入轨条件等精度要求比较严格的等式约束指标，这对于轨迹优化在工程中的实际应用有着非常重要的意义(田蕾，2005)。

3. 可变容差法

可变容差法的思想是允许优化变量在一定的误差内不满足约束条件，随着迭代的进行，这个误差越来越小，近似可行点的序列逐渐收敛到原问题的最小值点(Hilmmelblau，1972)。

具体做法如下：引入函数 $T(\boldsymbol{x})$来度量点 $\boldsymbol{x}$ 处约束被破坏的程度。定义

$$T(\boldsymbol{x})=\left[\sum_{i=1}^{p}U_i g_i^2(\boldsymbol{x})+\sum_{j=1}^{q}h_j^2(\boldsymbol{x})\right]^{\frac{1}{2}} \tag{4.3.6}$$

其中

$$U_i=\begin{cases}0, & g_i(\boldsymbol{x})\leqslant 0\\ 1, & g_i(\boldsymbol{x})>0\end{cases} \tag{4.3.7}$$

如果以 $\phi^{(k)}$ 表示在第 k 阶段试探中允许约束被破坏的程度，即所谓容差，则满足 $T(\boldsymbol{x})=0$ 的点称为可行点；满足 $\phi^{(k)}-T(\boldsymbol{x})\geqslant 0$ 的点称为近可行点；满足 $\phi^{(k)}-T(\boldsymbol{x})<0$ 的点称为不可行点。可行点与近可行点的总和称为容许区域。

要求在试探过程中容许区域逐步趋近于可行区域，即要求

$$\phi^{(0)}\geqslant\phi^{(1)}\geqslant\cdots\geqslant\phi^{(k)}\geqslant\cdots\to 0$$

通过引入容差，将原问题转化为无约束问题，通过求解这一无约束问题，即可得到原问题的解。

对于单纯形法，通常可取

$$\phi^{(k)}=\min\left\{\phi^{(k-1)},\frac{l+1}{r+1}\sum_{i=1}^{r+1}\|\boldsymbol{x}^{k,i}-\boldsymbol{x}^{k,r+2}\|\right\},\quad \phi^{(0)}=2(l+1)t \tag{4.3.8}$$

式中，t 为初始多边形的边长；$r=n-l$ 为自由变量的个数；$\boldsymbol{x}^{k,i}$ 为第 k 阶段中单纯形的第 i 个顶点；$\boldsymbol{x}^{k,r+2}$ 为在单纯形的 $n+1$ 个顶点中适当选出 $r+1$ 个顶点，再去掉其中的最坏点以后的中心。

求无约束极值的单纯形法就是在每经过一次反射或扩张或压缩得到一个新的顶点以后，检查它是否落在容许区域内，如果它是不可行点，则应该把它拉回到容许区域以后再继续进行单纯形搜索过程。

在轨迹优化中，人们往往在传统的约束处理技术基础上引入一些特定的处理技术，使得约束条件特别是等式约束条件能够有比较好的满足，特别是在应用进化算法求解轨迹优化问题时，一些相关论述可参阅有关文献(罗亚中，2003；Tekinalp et al.，2004；Yokoyama et al.，2005)等。

就三种约束处理方法的应用而言，仍以罚函数算法的应用最为广泛，虽然该方法的约束处理精度不如后两者，但是更为简单，通过精心选择罚函数系数，通过优化算法求解一次约束处理后的优化问题即可获得较满意解，对于计算成本比较高的轨迹优化问题，更有吸引力。事实上，这三种约束处理方法对于不等式约束的处理效果较好，对于轨迹优化领域中大量终端等式约束问题，效果均是差强人意，真正高精度解的获得需要借助序列二次规划算法。

4.4　序列二次规划算法

4.4.1　概述

对约束优化问题的求解可以采用 4.3 节介绍的算法处理约束，然后调用无约束优化算法求解转化后的无约束问题，这类方法的关键在于罚函数的选择和罚因子设计，需要多次迭代，且等式约束的满足精度难以很高。而求解约束优化问题的另外一种方法就是基于可行方向搜索的约束最优化方法，在这类算法中，以发展和

成熟于20世纪80年代中后期的序列二次规划算法最为成功。数值试验表明，序列二次规划算法在具备整体收敛性的同时保持局部超1次收敛性。许多大型优化设计系统都采用序列二次规划算法进行优化求解，它也是应用于轨迹优化的一种非常成功的算法。事实上，序列二次规划算法发展的最大原始动力源自于各类最优控制问题的求解，特别是航天器轨迹优化问题。针对各种应用，人们提出了各种序列二次规划算法的改进形式，同时对该算法也有不同的命名。

最早的序列二次规划算法是由 Wilson(1963)针对特定凸优化问题提出的，此后这一方法被 Biggs(1972)、Han(1976)和 Powell(1977)等改进并用到一般非线性约束问题中，取得了广泛的应用。此后，陆续产生了一些通用的序列二次规划算法求解器，包括 MINOS(Murtagh et al.，1978；1998)、CONOPT(Drud，1985)、NLPQL(Schittkowski，1986)、NPSOL(Gill，1986)和 DONLP(Spellucci，1998a，1998b)等，实际应用表明这些求解器具有较高的可靠性，效率在不断提高。有关序列二次规划算法最新的综述性文献可参阅 Gould 等(1999)和 Gill 等(2005)的文献。

在上述序列二次规划算法程序包中，轨迹优化中应用最为广泛的是 Gill 等开发的 NPSOL，从20世纪80年代推出以后，在航天领域取得了很多应用，如著名轨迹优化程序包 OTIS(Hargraves et al.，1992)，即采用 NPSOL 作为优化器，可以求解超过1000个变量和2000个约束的优化问题。后来针对 NPSOL 的不足，Gill 等又开发了一个新的序列二次规划算法程序包 SNOPT(Gill et al.，2002；2004；2005)，目前作为许多最优控制和轨迹优化软件包的优化求解器。

4.4.2 算法原理与步骤

序列二次规划算法的主要思想是以近似原问题的二次规划问题作为子问题来求解原问题，基本算法流程参见图4.4.1(粟塔山，2001)。重要的两个步骤是求解二次规划子问题和对扩展目标函数进行一维搜索。

1. 二次规划子问题

$$\begin{cases} \min & \dfrac{1}{2}\boldsymbol{d}_k^{\mathrm{T}}\boldsymbol{B}^k\boldsymbol{d}_k+\boldsymbol{\nabla} \boldsymbol{f}(\boldsymbol{X}_k)^{\mathrm{T}}\boldsymbol{d}_k \\ \text{s. t.} & \boldsymbol{\nabla}^{\mathrm{T}} g_i(\boldsymbol{X}_k)\boldsymbol{d}_k+g_i(\boldsymbol{X}_k)\leqslant 0, \quad i=1,2,\cdots,p \\ & \boldsymbol{\nabla}^{\mathrm{T}} h_j(\boldsymbol{X}_k)\boldsymbol{d}_k+h_j(\boldsymbol{X}_k)=0, \quad j=1,2,\cdots,q \end{cases} \tag{4.4.1}$$

式中，$\boldsymbol{X}_k$ 为当前迭代点；$\boldsymbol{B}_k$ 为当前对称正定矩阵。通过求解上述正定二次规划得到 $\boldsymbol{d}_k$ 和拉格朗日乘子 $\mu^{(k+1)}=\{\mu_i^{(k+1)}, i=1,2,\cdots,p\}$，$\lambda^{(k+1)}=\{\lambda_j^{(k+1)}, j=1,2,\cdots,q\}$。

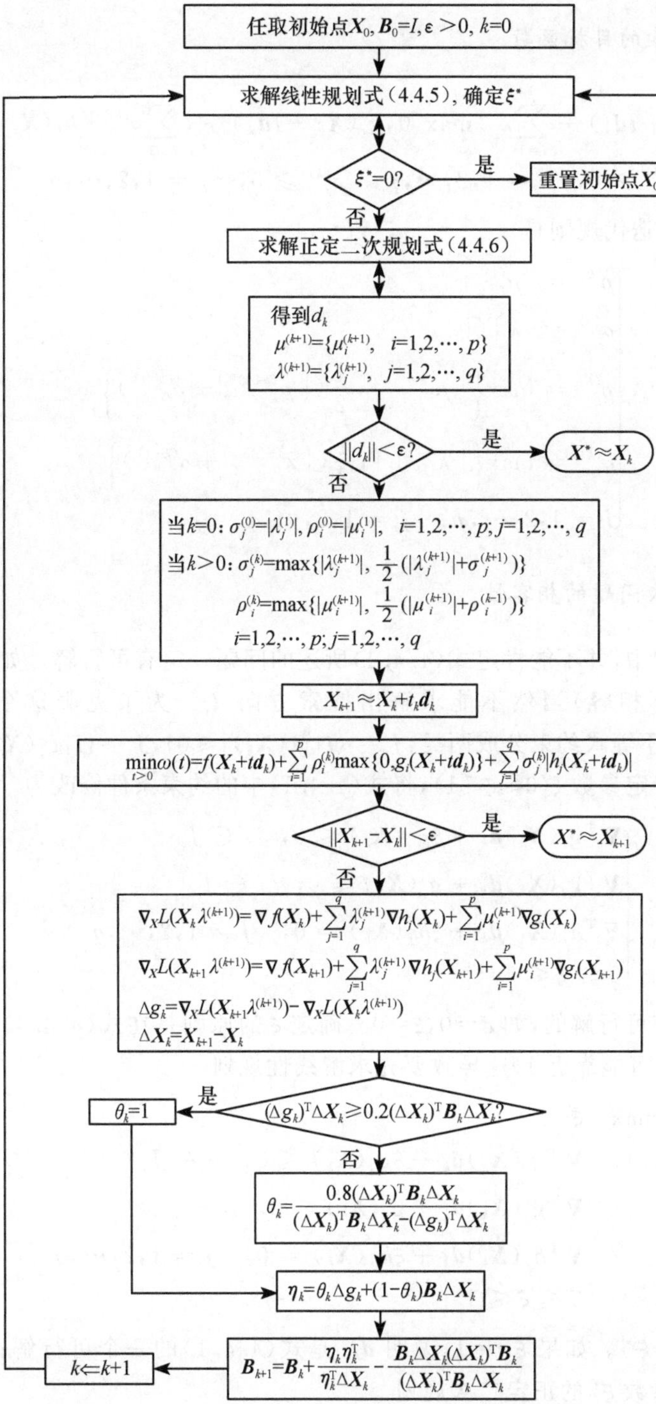

图 4.4.1　序列二次规划算法的流程图

2. 一维搜索的目标函数

$$\omega(t)=f(\boldsymbol{X}_k+t\boldsymbol{d}_k)+\sum_{i=1}^{p}\rho_i^{(k)}\max\{0,g_i(\boldsymbol{X}_k+t\boldsymbol{d}_k)\}+\sum_{j=1}^{q}\sigma_j^{(k)}\mid h_j(\boldsymbol{X}_k+t\boldsymbol{d}_k)\mid$$

$$\rho_i^{(k)}\geqslant 0,\quad i=1,2,\cdots,p;\quad \sigma_j^{(k)}\geqslant 0,\quad j=1,2,\cdots,q \tag{4.4.2}$$

其中 $\rho_i^{(k)},\sigma_j^{(k)}$ 的迭代规则是

$$\begin{cases}\rho_i^{(0)}=\mid\mu_i^{(1)}\mid\\ \sigma_j^{(0)}=\mid\lambda_j^{(1)}\mid\\ \rho_i^{(k)}=\max\left\{\mid\mu_i^{(k+1)}\mid,\dfrac{1}{2}(\mid\mu_i^{(k+1)}\mid+\rho_i^{(k-1)})\right\}\\ \sigma_j^{(k)}=\max\left\{\mid\lambda_j^{(k+1)}\mid,\dfrac{1}{2}(\mid\lambda_j^{(k+1)}\mid+\sigma_j^{(k-1)})\right\}\\ i=1,2,\cdots,p;\quad j=1,2,\cdots,q\end{cases} \tag{4.4.3}$$

3. 序列二次问题的相容性

在求解过程中,并不能肯定式(4.4.1)所述的问题一定有可行解。如果它没有可行解(约束不相容)当然不能求解出搜索方向 $\boldsymbol{d}_k$。为了克服这个缺点,将式(4.4.1)中的不等式约束分成两类:$J_v=\{i\mid g_i(\boldsymbol{X}_k)\mid\leqslant 0\}$,$J_s=\{i\mid g_i(\boldsymbol{X}_k)\mid>0\}$。

引入一个待定参数 $\xi(0\leqslant\xi\leqslant 1)$,将式(4.4.1)中的约束条件修改为

$$\begin{cases}\nabla^{\mathrm T}g_i(\boldsymbol{X}_k)\boldsymbol{d}_k+\xi g_i(\boldsymbol{X}_k)\leqslant 0,\quad i\in J_s\\ \nabla^{\mathrm T}g_i(\boldsymbol{X}_k)\boldsymbol{d}_k+g_i(\boldsymbol{X}_k)\leqslant 0,\quad i\in J_v\\ \nabla^{\mathrm T}h_j(\boldsymbol{X}_k)\boldsymbol{d}_k+\xi h_j(\boldsymbol{X}_k)=0,\quad j=1,2,\cdots,q\\ 0\leqslant\xi\leqslant 1\end{cases} \tag{4.4.4}$$

这组约束总是有可行解的,如 $\boldsymbol{d}=0,\xi=0$。确定 ξ 的原则是在式(4.4.4)有可行解的前提下让 ξ 尽可能靠近 1,这导致要先求解线性规划

$$\begin{cases}\max\quad \xi\\ \text{s.t.}\quad \nabla^{\mathrm T}g_i(\boldsymbol{X}_k)\boldsymbol{d}_k+\xi g_i(\boldsymbol{X}_k)\leqslant 0,\quad i\in J_s\\ \qquad\ \nabla^{\mathrm T}g_i(\boldsymbol{X}_k)\boldsymbol{d}_k+g_i(\boldsymbol{X}_k)\leqslant 0,\quad i\in J_v\\ \qquad\ \nabla^{\mathrm T}h_j(\boldsymbol{X}_k)\boldsymbol{d}_k+\xi h_j(\boldsymbol{X}_k)=0,\quad j=1,2,\cdots,q\\ \qquad\ 0\leqslant\xi\leqslant 1\end{cases} \tag{4.4.5}$$

的最优解 $\boldsymbol{d}_k^*$ 和 ξ^*。如果 $\xi^*=1$,说明 $\boldsymbol{d}_k^*$ 是式(4.4.1)的一个可行解;如果 $1>\xi^*>0$,求解带参数 ξ^* 的正定二次规划

$$
\begin{cases}
\min & \frac{1}{2}\boldsymbol{d}_k^{\mathrm{T}}\boldsymbol{B}^k\boldsymbol{d}_k+\nabla \boldsymbol{f}(\boldsymbol{X}_k)^{\mathrm{T}}\boldsymbol{d}_k \\
\text{s.t.} & \nabla^{\mathrm{T}}\boldsymbol{g}_i(\boldsymbol{X}_k)\boldsymbol{d}_k+\xi^*\boldsymbol{g}_i(\boldsymbol{X}_k)\leqslant 0,\quad i\in J_s \\
 & \nabla^{\mathrm{T}}\boldsymbol{g}_i(\boldsymbol{X}_k)\boldsymbol{d}_k+\boldsymbol{g}_i(\boldsymbol{X}_k)\leqslant 0,\quad i\in J_v \\
 & \nabla^{\mathrm{T}}\boldsymbol{h}_j(\boldsymbol{X}_k)\boldsymbol{d}_k+\xi^*\boldsymbol{h}_j(\boldsymbol{X}_k)=0,\quad j=1,2,\cdots,q
\end{cases}
\tag{4.4.6}
$$

得到的搜索方向 $\boldsymbol{d}_k$ 仍是 $\omega(t)$ 的下降方向。如果 $\xi^*=0$ 或者太小,只能另选初始点 $\boldsymbol{X}_0$ 重新开始,不过这种情况通常发生在原来的约束条件是不兼容的。

4.4.3　软件

阻碍序列二次规划算法应用的主要问题在于它的编程过于复杂,它的应用一般需要借助专门的软件。在航天器轨迹优化中得到广泛使用的序列二次规划算法有 NPSOL(Gill,1986;Gill et al.,1998)和 SNOPT(Gill et al.,2002),这两款软件均已作为成熟的商业软件对外出售,并为学生提供免费的简化版本,详细信息可访问 Gill 的主页。本书使用的序列二次规划算法程序是 IMSL 库 Fortrain 版本的程序,该算法由 Schittkowski(1986)提出。而在新版的 IMSL C 语言程序库中,采用的是 Spellucci(1998a,1998b)开发的算法程序。MATLAB 优化工具箱的 fmincon,fminimax 等函数均采用了序列二次规划算法,即 Schittkowski(1986)提出的算法。

4.5　智能优化算法

本节阐述了轨迹优化中应用广泛的智能优化算法,包括遗传算法、模拟退火算法、微粒群算法和蚁群算法等。

4.5.1　遗传算法

遗传算法是基于“适者生存”的一种高度并行、随机和自适应的优化算法。20 世纪 60 年代初,美国密歇根大学 Holland 教授提出利用群体进化模拟适应性系统的概念,引进了群体、适应值、选择、变异和交叉等基本概念。1967 年,Holland 教授的博士生 Bagley 在他的博士论文中首次提出了“遗传算法”这一术语。1975 年,Holland 教授出版了经典著作《自然和人工系统中的适应性》,第一次明确提出“遗传算法”的概念,并系统阐述了其基本理论和方法。20 世纪 80 年代中期以来是遗传算法和进化计算的蓬勃发展期,多个相关国际会议在世界各地定期召开。1989 年 Goldberg 所著的《搜索、优化和机器学习中的遗传算法》对遗传算法理论及其多领域的应用展开了较为全面的分析和例证。1992 年,Michalewicz 出版了《演化程序——遗传算法与数据编码的结合》,推动了遗传算法在最优化问题中的应用。

遗传算法是一种通用的优化算法,其编码技术和遗传操作比较简单,优化不受限制性条件的约束,而其两个最显著的特点则是隐含并行性和全局解空间搜索。

1. 基本流程

遗传算法将问题的求解表示成"染色体"的适者生存过程,通过"染色体"群的一代代不断进化,包括复制、交换和变异等操作最终收敛到"最适应环境"的个体,从而求得问题的最优解或满意解。遗传算法是一类随机优化算法,但它不是简单的随机比较搜索,而是通过对染色体的评价和对染色体中基因的作用,有效地利用已有信息来指导搜索有希望改善优化质量的状态。标准遗传算法的主要步骤可描述如下:

(1) 随机产生一组初始个体构成初始群体。

(2) 计算各个体的适应度。

(3) 根据适应度大小以一定方式执行复制操作。

(4) 按交换概率 p_c 执行交换操作。

(5) 按变异概率 p_m 执行变异操作。

(6) 反复执行步骤(2)~(5),直至达到终止条件,选择最佳个体作为遗传算法的结果。

上述算法中,适应度是对染色体(个体)进行评价的一种指标,是遗传算法进行优化所用的主要信息,它与个体的目标值存在一种对应关系;复制操作通常采用比例复制,即复制概率正比与个体的适应度,如此意味着适应度高的个体在下一代中复制自身的概率大,从而提高了种群的平均适应值;交换操作通过交换两父代个体的部分信息构成后代个体,使得后代继承父代的有效模式,从而有助于产生优良个体;变异操作通过随机改变个体中某些基因而产生新个体,有助于增加种群的多样性,避免早熟收敛。

遗传算法的模型主要包括编码方式、交叉算子、变异算子和选择算子。应用于轨迹优化领域的遗传算法通常是采用实数编码。

2. 混合遗传算法

由于遗传算法的运算简单和解决问题的有效能力,它被广泛应用于众多领域。理论上已经证明,遗传算法能从概率的意义上以随机的方式寻求到问题的最优解。但是应用实践表明,遗传算法应用中也会出现一些不尽如人意的问题,最主要的是容易产生早熟现象、局部寻优能力较差等,特别是对于复杂非线性优化问题,航天器轨迹优化的应用表明也是如此。一般来说,对很多优化问题而言,基本遗传算法往往不是解决问题的最有效方法;另外,梯度法、方向加速法和单纯形法等经典优化算法却具有很强的局部搜索能力。因此,在遗传算法的搜索过程中融合经典优化方法,构成混合遗传算法用于提高遗传算法运行效率和求解质量的有效手段,是广泛采用的一个研究思想。

在实现遗传算法与经典算法混合时有两种常用思路：其一，将经典算法的优化过程作为遗传算法的一个遗传算子，加快进化过程的收敛速度；其二，在遗传算法优化设计的基础上，应用经典算法进行二次优化，获得结果作为最终的设计结果。相比较而言，思路一中两种算法的结合比较紧密，合理的设计会使优化质量提高，但算法性能对设计细节的敏感性较强；后一种思路中两种算法的结合比较松散，易于对优化进程进行控制。

这里以遗传算法和单纯形法为例，介绍常用的混合遗传算法结构。考虑遗传算法的全局搜索性和单纯形算法的强局部搜索特性，设计实现了串行混合遗传算法和嵌套型混合遗传算法。这两类型混合遗传算法已在运载火箭轨迹优化设计等复杂问题中得到成功应用(罗亚中等，2004)。

1) 串行混合遗传算法(GA-SM)

GA-SM 算法的设计思想是利用遗传算法的全局搜索性为单纯形算法产生好的初始点，单纯形算法寻优的结果作为最终结果。这是一种串行结构的混合优化算法，设计此类混合算法需要解决的问题主要是确定算法的转化时机。一种简单的时机选择策略是选择遗传算法进化到最大代数后，开始单纯形算法的搜索。

2) 镶嵌型混合遗传算法(GASM)

GASM 的设计思路是：对于完成交叉和变异操作的当前群体，以一定概率选择其中的个体采用单纯形算法进行局部寻优，以优化的结果作为个体的新染色体，然后对改善后的群体进行评估与选择，单纯形算法是作为遗传算法的一个强局部搜索混合算子参与整个进化过程。针对混合算子设计了一个自适应概率 p_n，p_n 随着进化代数的增加而变大，最后趋近于一个常数 p_0：

$$p_n(t) = p_0 e^{-a\left(1-\frac{t}{T}\right)} \tag{4.5.1}$$

式中，T 为遗传算法中设置的最大代数；t 为当前进化的代数；常数 $p_0 \in (0,1]$类似于遗传算法中的交叉概率和变异概率，反映了单纯形局部强搜索算子对每个个体的最大可能作用程度，p_0 越大，则单纯形算法对遗传算法搜索空间的局部开采越充分，但是相应的计算成本愈大；a 是控制算子概率变化的参数。上述参数的选择依赖于遗传算法和单纯形法对问题求解的性质。

4.5.2　模拟退火算法

模拟退火算法思想最早由 Metropolis 等在 1953 年提出，1983 年 Kirkpatrick 等将其首次应用到组合优化设计中。模拟退火算法是基于 Monte Carlo 迭代求解策略的一种随机寻优算法，其出发点是基于物理中固体物质的退火过程与一般组合优化问题之间的相似性。与其他智能优化算法相比，模拟退火算法理论较为完善，其收敛性可以基于 Markov 过程进行分析。模拟退火算法最初主要应用到组合优化问题中，近些年来国内外学者致力于将模拟退火算法推广应用到众多工程领域中。

1. 基本流程

模拟退火算法在某一初始温度下，伴随温度参数的不断下降，结合概率突跳特性在解空间随机寻找目标函数的全局最优解，即在局部最优解能概率性的跳出并最终趋于全局最优。求解连续优化问题的模拟退火算法的一般流程如下：

步骤 1 确定初始值。

给定初始解 $\boldsymbol{x}^0 \in S$ 和初始温度 T_0，选定邻域函数和温度更新函数。计算 $f(\boldsymbol{x}^0)$，置 $\boldsymbol{x}_{\min}=\boldsymbol{x}^0, f_{\min}=f(\boldsymbol{x}^0), i=0, K=0$。

步骤 2 生成试探点。

$\boldsymbol{y}^i=\boldsymbol{x}^i+\Delta\boldsymbol{x}^i$，其中 $\Delta\boldsymbol{x}^i$ 是依据邻域函数产生的当前点扰动。

步骤 3 新态生成。

产生一个在(0,1)上均匀分布的随机数 p，计算在给定当前迭代点 $\boldsymbol{x}^i$ 和温度 T_k 下接受试探点 $\boldsymbol{y}^i$ 的概率 $P_a(\boldsymbol{y}^i|\boldsymbol{x}^i,T_k)=\min\left\{1,\exp\left(\dfrac{f(\boldsymbol{x}^i)-f(\boldsymbol{y}^i)}{T_k}\right)\right\}$；若 $p\leqslant P_a(\boldsymbol{y}^i|\boldsymbol{x}^i,T_k)$，则置 $\boldsymbol{x}^{i+1}=\boldsymbol{y}^i, f(\boldsymbol{x}^{i+1})=f(\boldsymbol{y}^i)$；否则置 $\boldsymbol{x}^{i+1}=\boldsymbol{x}^i, f(\boldsymbol{x}^{i+1})=f(\boldsymbol{x}^i)$。

步骤 4 最优解更新。

如果 $f(\boldsymbol{x}^{i+1})<f_{\min}$，则置 $\boldsymbol{x}_{\min}=\boldsymbol{x}^{i+1}, f_{\min}=f(\boldsymbol{x}^{i+1})$。

步骤 5 Metropolis 抽样稳定性判断。

如果满足 Metropolis 抽样稳定性准则，$i=0$，转至**步骤 6**；否则 $i=i+1$，转至**步骤 2**。

步骤 6 算法中止条件判断。

如果迭代中止条件满足，则算法结束，$\boldsymbol{x}_{\min}$ 就作为近似的全局最优解，$f_{\min}$ 为相应的最优值；否则转至**步骤 7**。

步骤 7 温度更新。

根据给定的温度更新函数产生一个新的温度 T_{k+1}，$k=k+1$，转至**步骤 2**。

2. 算法操作与参数

模拟退火算法操作与参数的设计主要包括三函数两准则(王凌，2001)，即状态产生函数、状态接受函数、温度更新函数、内循环终止准则和外循环终止准则。国内外众多学者给出了一系列有效的模拟退火算法操作和参数。这里主要给出在实践中得到一定应用的算法操作与参数(Luo et al.，2005；Luo et al.，2006a)。

1) 邻域函数

连续变量的邻域状态有无限多，这有别于组合优化问题的有限邻域状态。模拟退火算法应用连续函数优化问题的一个难点即在于如何设计合适的邻域函数。借鉴遗传算法中的多点变异策略，设计了如下邻域函数：

当前解 $\boldsymbol{x}=(x_1,x_2,\cdots,x_n)$，随机选取 m 个分量 $x_{r1},x_{r2},\cdots,x_{rm}$ 产生随机扰动，则扰动后分量为

$$y_{ri}=x_{ri}+rS(x_{ri}^{\mathrm{U}}-x_{ri}^{\mathrm{D}}),\quad i=1,2,\cdots,m \tag{4.5.2}$$

式中，r 为[−1,1]上均匀分布的随机数；x^{U}、x^{D} 分别为给定设计变量的上下限；S、m 为两个邻域规模因子，与解空间的规模有直接关系，S 反映了邻域函数可以对变量空间纵向的开采规模，为了提高模拟退火算法的局部精细开采能力，选择如下一个随着退火而递减的函数：

$$S=S_0\exp(-bk/K_{\max}) \tag{4.5.3}$$

式中，S_0 选择为[0.05,0.5]区间上一个常数；b 是确定 S 随退火变化趋势的系数；$K_{\max}$ 是最大退火次数；m 反映了邻域函数对变量空间横向的开采规模，为了保证每个解的邻域规模相同，是一个固定的常数，可以根据变量的维数确定为一个适当的正整数。

考虑到实际问题中的边界条件约束，对边界条件作如下处理：

$$y_r=\begin{cases}y_r, & x_r^{\mathrm{D}}\leqslant y_r\leqslant x_r^{\mathrm{U}}\\ x_r^{\mathrm{D}}+p(x_r^{\mathrm{U}}-x_r^{\mathrm{D}}), & y_r>x_r^{\mathrm{U}}\ \text{或}\ y_r<x_r^{\mathrm{D}}\end{cases} \tag{4.5.4}$$

式中，p 为[0,1]上均匀分布的随机数。

2) 初温和退温函数

初温 T_0 主要根据目标函数差确定，保证初始解具有一定的接受概率。可以选择的方法是随机产生一个初始种群，种群大小可选择为优化问题维数的 10 倍，确定初温

$$T_0=(f_{\min}-f_{\max})/\ln P_0 \tag{4.5.5}$$

式中，P_0 为最差初始接收概率，通过 P_0 调整初温，并利用初始种群的相对性能，避免过高或过低初温对算法性能的影响。退温函数在此采用指数退温函数，$T_{k+1}=\alpha T_k$，α 为退温速率。该方法可以较好地折中优化质量和时间性能(王凌，2001)。

3) 抽样稳定和算法中止准则

Metropolis 抽样稳定准则也即内循环中止准则，用于决定在各温度下产生候选解的数目。一种常用的方法是选择为固定步数法，即在各温度下均以 L 步进行抽样，达到阀值就进行退温。在最优值已知的情形下，可以根据误差限确定。在最优值未知的情况下，中止条件比较难以确定，一般采用两种准则：一是给定外循环的最大迭代次数 $K_{\max}$；二是连续多次降温，能量函数值不再下降。通常可以采用最大外循环迭代次数 $K_{\max}$ 为中止条件，若 $k\geqslant K_{\max}$，则退出算法。

此外，连续优化问题中广泛应用的一类模拟退火算法是 Belisle 等(1990)提出的 Hide-and-Seek 模拟退火算法，Lu 等(1994)、Tekinalp 等(2000)、Tekinalp 等

(2004)都将其应用到各类轨迹优化问题中,具体算法模型可参阅上述文献。

3. 并行模拟退火单纯形算法

一般意义上来讲,优化算法可以分为两类:单点搜索算法和群体搜索算法。前者如经典优化算法中的梯度法、Powell 法和智能优化算法中的遗传算法、混沌算法等,算法在运行过程中是点到点的串行搜索。群体搜索算法最具代表性的是遗传算法,遗传算法的良好并行性是其广泛应用的一个重要原因。同时经典优化算法中的一种代表性算法——单纯形算法也是一种具有并行群体搜索机制的算法。

单纯形算法简单、计算量小,对搜索空间和目标函数没有特殊形式的要求,适用范围非常广泛。但是单纯形算法的求解性能依赖于初始点的选择,容易陷入局部极小,而且算法性能随着问题维数的增加而明显下降,同时单纯形算法采用的是确定性搜索机制,算法陷入局部极值点后无法跳出,因此单纯形算法应用于复杂非凸问题的求解效果较差。但同时,单纯形算法相对于 Powell 和梯度法等其他经典优化算法而言,它有一个独特的优势,那就是它的群体搜索性。在算法的每一步迭代中,它是针对单纯形这一群体,而不是针对单独某个点,具有天然并行性。正是基于这一原因,结合单纯形算法并行搜索和遗传算法串行全局概率搜索等机制,Press 等(1993)、Kvasnicka 等(1997)、王凌等(2001)提出了多种混合模拟退火单纯形算法,在各个专业领域进行了应用研究。上述研究的出发点都是有机结合单纯形算法和遗传算法的机制,但是具体应用对象和算法设计各有不同。Luo 等提出的并行模拟退火单纯形算法的流程如图 4.5.1 所示,该算法的详细描述可参阅相关文献(Luo et al.,2006a;罗亚中,2007),其已广泛应用于各类型空间脉冲轨道机动优化问题。

4.5.3 微粒群算法

微粒群算法是 Kennedy 和 Eberhart 于 1995 年提出的智能优化算法,也称粒子群算法。微粒群算法借鉴了鸟群或鱼群捕食过程的社会行为,将群体中的成员描述为空间内一个没有质量、没有体积的“微粒”,所有微粒通过一个适应函数来确定其在空间中的适应度。进化初期,每个微粒的位置和速度都被随机初始化,微粒在飞行过程中相互合作,根据自身和同伴的运动状态及时调整自己的速度和位置,以便在适应值较好的位置降落。由于该算法概念简单,易于实现,因而短期内得到很大发展,迅速得到国际进化计算研究领域的认可,并在很多领域得到应用。和其他智能优化算法往往首先应用于组合优化领域不同,微粒群算法最初是处理连续优化问题的,目前其应用已扩展到组合优化问题。由于简单、有效,微粒群算法已经得到了众多学者的重视和研究。

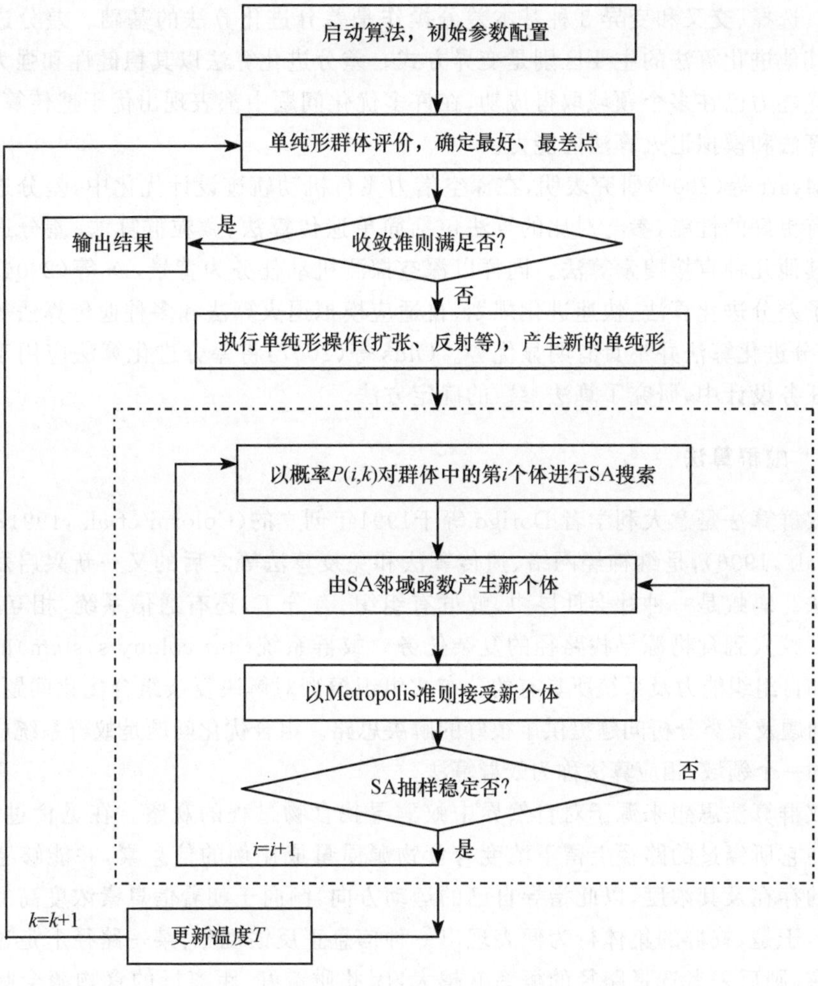

图 4.5.1 并行模拟退火单纯形算法流程图

Bessette 等(2007)以地球到木星的引力辅助脉冲轨迹优化问题为背景，对比了微粒群算法和差分进化算法的优劣。宝音贺西等(2008)将微粒群算法应用于深空多星探测轨迹优化研究中。Zhu 等(2009)将其应用到小推力轨迹优化中，Pontani 等(2010)探讨了微粒群算法进行轨迹优化时的约束处理方法，应用到多个航天器脉冲和有限推力轨迹优化问题中。

4.5.4 差分进化算法

差分进化算法是由 Storn 等(1997)在遗传算法等进化思想的基础上提出的。差分进化算法有类似遗传算法的优化框架，算法首先在搜索空间内随机产生初始群体，然后通过将群体中两个个体间的差向量增加到第 3 个个体的方法来生成新个体。选择、交叉和变异 3 种基本差分操作是差分进化算法的基础。差分进化算法和其他进化算法的主要区别是变异方式。差分进化算法以其稳健性和强大的全局寻优能力已在多个领域取得成功,在许多优化问题中都表现出优于遗传算法、粒子群算法和模拟退火算法的能力。

Myatt 等(2004)研究表明,在深空借力飞行机动轨迹设计优化中,差分进化算法具有更好的性能,参与对比的算法包括简单遗传算法、微粒群算法、差分进化算法和其他几种直接搜索算法。同样以深空探测机动任务为背景,Di 等(2004)测试对比了差分进化算法、快速进化规划、自适应模拟退火算法和多种遗传算法等的性能,差分进化算法并不具有明显优势。Olds 等(2007)将差分进化算法应用于深空探测任务设计中,研究了算法参数的确定方法。

4.5.5　蚁群算法

蚁群算法是意大利学者 Dorigo 等于1991年创立的(Colorni et al.,1991;Dorigo et al.,1996),是继神经网络、遗传算法和免疫算法等之后的又一新兴启发式搜索算法。蚂蚁是一种社会性昆虫,蚁群有组织、有分工,还有通信系统,相互协作,完成从蚁穴到食物源寻找路径的复杂任务。蚁群系统(ant colony system)的行为方式和自组织能力及系统所具有的分布式组织模型对解决复杂组合优化问题、分布控制问题及聚类分析问题提供了很好的解决思路。组合优化问题是蚁群系统应用最广泛的一个领域,相应算法称为蚁群算法。

蚁群算法思想来源于对自然界中蚁群寻找食物过程的观察。在觅食过程中,蚂蚁在它所经过的路径上留下浓度与食物源质量成比例的信息素,并能够感知信息素的存在及其浓度,以此指导自己的运动方向,倾向于朝着信息素浓度高的方向移动。于是,蚁群的集体行为便表现出一种信息正反馈现象:某一路径上走过的蚂蚁越多,则后来者选择路径的概率就越大,因此质量好、距离近的食物源会吸引越来越多的蚂蚁,信息素浓度的增长速度会更快。蚂蚁个体之间就是通过这种信息的交流达到寻找食物和蚁穴之间最短路径的目的。意大利学者 Dorigo 等正是基于蚁群这种觅食活动,首先提出了蚁群算法的最早形式——蚂蚁系统(ant system,AS),并应用在 TSP 旅行商问题中。AS 算法被提出之后,其应用范围逐渐广泛,算法本身也不断被完善和改进,形成了一系列的蚁群算法。蚁群算法已经成为相关领域的热门研究方向,新模型、新方法和新应用层出不穷。蚁群算法的基本思想、算法模型与应用详细情况可参阅段海滨(2005)的著作。

近年来,陆续有研究将蚁群算法应用于航天器轨迹优化研究中。Radice 等(2005,2006)将蚁群算法应用于地球-火星转移轨道设计优化中。孟云鹤(2006)采用蚁群算法求解复杂航天器编队飞行构形重构离散规划问题,阐述了求解该问题的蚁群算法的基本思想、模型与实现流程图。段佳佳等(2008)利用增加局部搜索策略的十进制蚁群算法，求解了最省燃料的月球软着陆轨迹优化问题。Ceriotti 等(2010)将蚁群算法应用于空间引力辅助轨道机动行星飞行序列确定和轨迹优化中。

4.6　多目标优化算法

多目标优化问题，实质上是在多个标准的约束下，寻求解决问题的最佳方案。对最佳方案的寻求，人们已进行了大量的努力，取得了丰硕的成果。在许多优化问题中，常有这样一种情况：作为问题解决方案的衡量标准——优化目标，不可能是完全一致的，经常会有相互“矛盾”的目标。因此，要得到一个性能良好的解决方案，还应分析各目标之间的关系，找出各目标之间矛盾程度的大小，确定优化过程中各目标之间的折中原则。

航天器轨迹优化中通常会涉及多个目标的折中，如空间轨道机动中飞行时间和速度增量两个指标通常会相互矛盾，因此相应的优化问题是一个多目标优化问题，为了能够为决策者提供充分的有效决策信息，有效的多目标优化算法有重要的应用潜力。本节将详细介绍多目标优化问题和相应的多目标优化算法。

4.6.1　多目标优化问题

多目标优化问题的不同的性能目标之间可能相互冲突，一个目标性能的改善有可能会引起另一个目标性能的降低，不可能使各个目标同时达到最优，只能在各个目标之间进行协调和折中，使各个目标性能尽可能达到 Pareto 意义的最优。下面简要介绍多目标优化的一些基本概念(陈琪锋，2003；罗世彬，2004)。

定义 4.6.1　多目标优化问题包含一个 m 维优化目标函数向量集 $\boldsymbol{f}(\boldsymbol{x})=(f_1(\boldsymbol{x}),f_1(\boldsymbol{x}),\cdots,f_m(\boldsymbol{x}))^{\mathrm{T}}$，其中 $f_i(\boldsymbol{x})(i=1,2,\cdots,m)$ 是标量函数，$\boldsymbol{f}(\boldsymbol{x})\in\boldsymbol{Y}\subset\mathbb{R}^m$；设计变量 $\boldsymbol{x}=(x_1,x_2,\cdots,x_n)^{\mathrm{T}}$，$\boldsymbol{x}\in\boldsymbol{X}\subset\mathbb{R}^n$；一个 p 维约束函数向量集 $\boldsymbol{g}(\boldsymbol{x})=(g_1(\boldsymbol{x}),g_2(\boldsymbol{x}),\cdots,g_p(\boldsymbol{x}))^{\mathrm{T}}$，其中 $g_i(\boldsymbol{x})(i=1,2,\cdots,p)$ 是标量函数。

以最小化问题为例，可将多目标优化问题描述为如下数学模型：

$$\begin{aligned}&\min && \boldsymbol{f}(\boldsymbol{x})=(f_1(\boldsymbol{x}),f_1(\boldsymbol{x}),\cdots,f_m(\boldsymbol{x}))^{\mathrm{T}}\\&\text{s. t.} && \boldsymbol{g}(\boldsymbol{x})=(g_1(\boldsymbol{x}),g_2(\boldsymbol{x}),\cdots,g_p(\boldsymbol{x}))^{\mathrm{T}}\leqslant 0\\&\text{where} && \boldsymbol{x}=(x_1,x_2,\cdots,x_n)^{\mathrm{T}}\in\boldsymbol{X}\subset\mathbb{R}^n\end{aligned}$$

定义 4.6.2　(目标向量比较)对于任意两个目标向量 $\boldsymbol{u}$ 和 $\boldsymbol{v}$，称 $\boldsymbol{u}=\boldsymbol{v}$，当且仅当 $\forall i\in\{1,2,\cdots,m\}$ 有 $u_i=v_i$；称 $\boldsymbol{u}\leqslant\boldsymbol{v}$，当且仅当 $\forall i\in\{1,2,\cdots,m\}$ 有 $u_i\leqslant v_i$；称 $\boldsymbol{u}<\boldsymbol{v}$，当且仅当 $\forall i\in\{1,2,\cdots,m\}$ 有 $u_i\leqslant v_i$ 且 $\boldsymbol{u}\neq\boldsymbol{v}$。

定义 4.6.3　(可行解集)称 $\boldsymbol{X}_{\mathrm{f}}$ 为决策变量的可行解集，当且仅当 $\boldsymbol{X}_{\mathrm{f}}=\{\boldsymbol{x}\in\boldsymbol{X}\mid\boldsymbol{g}(\boldsymbol{x})\leqslant 0\}$。

定义 4.6.4 (Pareto 优超,Pareto dominance)对任意两个决策向量 $\boldsymbol{a}$ 和 $\boldsymbol{b}$,称 $\boldsymbol{a}$ 优超(dominate)$\boldsymbol{b}$(记为 $\boldsymbol{a}\prec\boldsymbol{b}$),当且仅当 $\boldsymbol{f}(\boldsymbol{a})<\boldsymbol{f}(\boldsymbol{b})$;称 $\boldsymbol{a}$ 弱优超 $\boldsymbol{b}$(记为 $\boldsymbol{a}\preceq\boldsymbol{b}$),当且仅当 $\boldsymbol{f}(\boldsymbol{a})\leqslant\boldsymbol{f}(\boldsymbol{b})$;称 $\boldsymbol{a}$ 与 $\boldsymbol{b}$ 无差异(indifferent,记为 $\boldsymbol{a}\sim\boldsymbol{b}$),当且仅当 $\boldsymbol{f}(\boldsymbol{a})\nleqslant\boldsymbol{f}(\boldsymbol{b})\cap\boldsymbol{f}(\boldsymbol{b})\nleqslant\boldsymbol{f}(\boldsymbol{a})$。

定义 4.6.5 (Pareto 最优,Pareto optimality)称决策变量 $\boldsymbol{x}\in\boldsymbol{X}$ 对于集合 $\boldsymbol{A}\subseteq\boldsymbol{X}_{\mathrm{f}}$ 非劣,当且仅当 $\nexists\boldsymbol{a}\in\boldsymbol{A}:\boldsymbol{a}\prec\boldsymbol{x}$。若 $\boldsymbol{x}$ 对 $\boldsymbol{X}_{\mathrm{f}}$ 非劣,则称 $\boldsymbol{x}$ 是 $\boldsymbol{X}_{\mathrm{f}}$ 中的 Pareto 最优解,亦称有效解(efficient solution)、非优超解(nondominated solution)或非劣解(noninferior solution)。

定义 4.6.6 (Pareto 最优集和 Pareto 最优前沿)若 $\boldsymbol{A}\subseteq\boldsymbol{X}_{\mathrm{f}}$,则 A 中所有的 Pareto 最优解组成的集合 $\boldsymbol{X}_{\mathrm{p}}=p(\boldsymbol{A})=\{\boldsymbol{x}\in\boldsymbol{A}\mid\nexists\boldsymbol{a}\in\boldsymbol{A}:\boldsymbol{a}\prec\boldsymbol{x}\}$ 被称为 $\boldsymbol{A}$ 的 Pareto 最优集、有效解集或非劣解集,它在目标函数空间的象 $\boldsymbol{Y}_{\mathrm{p}}=\boldsymbol{f}(\boldsymbol{X}_{\mathrm{p}})$ 被称为 $\boldsymbol{A}$ 的 Pareto 最优前沿(Pareto front)。

定义 4.6.7 (绝对最优解)称决策变量 $\boldsymbol{x}^*$ 是 $\boldsymbol{X}_{\mathrm{f}}$ 绝对最优解,当且仅当 $\forall\boldsymbol{x}\in\{\boldsymbol{x}\mid\boldsymbol{x}\in\boldsymbol{X}_{\mathrm{f}},\boldsymbol{x}\neq\boldsymbol{x}^*\}$,$\boldsymbol{x}^*\prec\boldsymbol{x}$。

4.6.2 多目标问题求解方法分类

多目标优化问题的求解方法分类有不同的描述,如产生式方法和基于偏好的方法分类,标量化方法和启发式方法分类等(雍恩米等,2008a)。这里参考王钧(2007)的论述,给出分类方法。

对于单目标优化问题,可以找到一个比其他所有的解都要好的优化解。而在多个目标条件下,由于存在目标间无法比较的同等偏好关系,一般不存在一个使所有目标都能达到最优的解,也就是说一个解可能在某个目标上是最优的,但在其他目标上评价较差。往往这样解的数目众多,为了获得折中的多目标优化解,需要融入领域知识、专家经验等信息,所以多目标优化包含优化搜索和决策分析两个过程。因此,根据优化搜索和决策分析结合方式的不同,多目标优化问题的求解策略可以划分为三类:先验方式、交互式求解和后验方式。

1. 先验方式

所谓先验方式是指通过预先加入决策者的偏好信息,将多个目标转化为一个目标,即将多目标优化问题转化成单目标优化问题,然后利用一般的优化搜索算法进行求解。这一策略的优点是简单易行,可以求得一个 Pareto 优化解;但是其缺点也是很明显的,首先需要各个目标准确的先验知识才能将多个目标转化成一个目标,而且这种方式人为缩小了搜索空间,会导致优化结果的丢失。

先验方式主要分为排序聚合与标量化聚合两类。排序聚合是指按各目标的先验优先顺序,将解的优劣比较从最高优先级的目标开始,上一级目标比较出现相同时，再进行下一优先级目标的比较，直至结束。其中使用了排序思想，得到的多目标优化问题的解为 Pareto 优化解，但当目标数过多时，因对目标空间搜索的不平衡特性，易发生局部收敛。标量化聚合直接采用线性和非线性的方式将多目标优化问题转化为单目标优化问题。其中线性聚合又称为加权和法（weighted-sum approach），即根据各目标的重要性为每个目标函数 $f_i(\boldsymbol{x})(i=1,2,\cdots,m)$ 分配权重，并将其聚合成为一个目标函数 f'。因为权重信息很大程度上受到主观因素的影响，且某些情况下各个目标难于用同一尺度衡量，所以权重的选择对专业先验知识要求较为严格。显然，当所有加权向量都是正数时，这种方法形成的加权目标函数的最优解一定是 Pareto 优化解。而非线性聚合是对多目标以非线性形式进行转化，常用的如效用函数法（utility function approach）、妥协法（compromise approach）等。

先验方式的求解一般依据数值次序，不存在偏好比较中的未定义偏好情况。但在实际应用中，往往很难合理地将多目标转化成单目标，所以，使用这类方法解决多目标优化问题较为受限。20 世纪 90 年代提出的物理规划算法是一类先验方式算法，克服了常规的算法的不足，将在 4.6.5 节介绍这一算法。

2. *交互式求解*

这种方式下决策者可以在整个优化过程中采用交互方式加入自己的偏好信息，这些信息将用于指导后续的搜索。决策与搜索过程交错进行，直到获得最后的折中优化解为止。这一方式不要求先验信息，但隐含一个学习过程，决策者在优化过程中可以逐渐加深对问题的理解。由于决策者的参与，对于最终获得的折中优化解的满意程度较高。但这样一种方式需要决策者对整个优化过程的参与，对于决策者的要求较高，优化过程较为繁杂。这种方式可以看做先验方式与后验方式的有机结合，具体有逐步法、Geoffrion 方法和 Zionts-Wallenima 法等（《现代应用数学手册》编委会，1997）。

3. *后验方式*

这种方式下首先进行 Pareto 优化或近似优化解的搜索，然后决策者从搜索得到的解集（理想状态下是 Pareto 优化解）中根据偏好进行选择，这一策略可以在最大程度上为决策者提供参考和选择信息。后验方式主要包括独立采样法（independent sampling approach）与合作搜索法（cooperative searches approach）。

独立采样法以各个目标函数的多种聚合形式对解空间进行独立搜索，算法每次运行时以不同权值向量形成不同的聚合目标函数，多次运行后得到 Pareto 优化解的采样，之后由决策者从中选择。

合作搜索法中，各目标相互合作，协同参与对 Pareto 优化或近似优化解的搜索。可以分为准则选择法、聚合选择法与 Pareto 法等。其中准则选择法中各目标在优化过程中轮流被选择，如 VEGA 算法(Schaffer,1985)。聚合选择法在搜索过程中使用各目标的线性或非线性聚合。Pareto 法采用 Pareto 优化概念对解进行选择、比较或排序，如 SPEA(Zitzler et al.,1999)及 SPEA-Ⅱ(Zitzler et al.,2002)、NSGA(Srinivas et al.,1995)及 NSGA-Ⅱ(Deb et al.,2002)和 NPGA(Horn et al.,1994)等。Pareto 法不需要获得目标间的先验信息。由于在实际应用中，准确的权重信息或各目标的顺序很难获得，所以上述方法中的 Pareto 法得到了较多应用，特别是与进化算法相结合是多目标优化领域最为活跃的研究热点。

4.6.3 传统的多目标优化算法

多目标优化问题一般不存在单个最优解，而是一个 Pareto 最优集。为了给决策者提供充分的信息，通常要求多目标优化方法能够求得问题的 Pareto 最优集或近似的 Pareto 最优集。传统的求解多目标优化问题的方法有加权法、约束法和混合法等。这些求解方法多属于先验方式，按某种策略确定多种多目标之间的权衡方式，将多目标问题转换为多个不同的单目标优化问题，用单目标优化方法分别求解，并用这些单目标优化问题最优解构成的解集去近似多目标优化问题的 Pareto 最优集。加权法对多个目标进行加权求和，使用不同的权值组合形成多个单目标优化问题。约束法选择一个目标作为主要目标，将其他目标作为约束，使用不同的约束边界值形成多个单目标优化问题。当 Pareto 最优前沿非凸时，加权法无法求出所有的 Pareto 最优解。实际问题多个目标之间往往不具有可比性，也限制了加权法的应用。约束法的主要缺陷在于约束边界值变化范围的确定需要先验知识，而这些先验知识往往是未知的。此外，传统方法为了获得 Pareto 最优解集的近似都需要多次求解单目标优化问题，由于这些求解过程相互独立，无法利用它们之间的协同作用，导致其计算开销较大。

4.6.4 多目标进化算法

本节简单概述多目标进化算法的发展历史，介绍在多目标进化领域应用最为广泛的两类算法：NSGA-Ⅱ和 SPEA-Ⅱ的基本思想和主要模型。

1. 概述

进化算法(evolutionary algorithms,EA)对整个群体进行进化操作，着眼于个体的集合。多目标优化问题的 Pareto 最优解一般也是一个集合，这种相似性使得进化算法非常适合于求解多目标优化问题的 Pareto 最优集。进化算法能够在一次运行中获取多个 Pareto 最优解，使种群有效逼近多目标问题的整个 Pareto 最优前沿；通过重组操作充分利用解之间的相似性，有效节省求解 Pareto 最优集的计算开销；而且不存在传统方法的缺点和应用的限制，对 Pareto 最优前沿的形状和连续性无要求。由于进化算法求解多目标优化问题具有上述明显的优势，故多目标进化算法得到了广泛的研究和应用。多目标进化算法的整体发展大致可划分为三个阶段(公茂果等，2009)。

1985 年，Schaffer 提出矢量评价遗传算法(vector-evaluated genetic algorithms，VEGA)，被看做进化算法求解多目标优化问题的开创性工作。20 世纪 90 年代以后，各国学者相继提出了不同的多目标进化算法。1993 年，Fonseca 和 Fleming 提出了多目标遗传算法(multiobjective genetic algorithm，MOGA)，Srinivas 和 Deb(1994)提出了非劣分类遗传算法(non-dominated sorting genetic algorithm，NSGA)，Horn 等(1994)提出了小生镜 Pareto 遗传算法(niched Pareto genetic algorithm，NPGA)，这些算法习惯上被称为第一代多目标进化算法。第一代多目标进化算法的特点是采用基于 Pareto 等级的个体选择方法和基于适应度共享机制的种群多样性保持策略。

从 1999 年到 2002 年，以精英保留机制为特征的第二代多目标进化算法相继被提出来：1999 年，Zitzler 和 Thiele 提出了强度 Pareto 进化算法(strength Pareto evolutionary algorithm，SPEA)，3 年之后，他们提出了 SPEA 的改进版本 SPEA-Ⅱ(Zitzler 等，2002)；2000 年，Knowles 和 Corne 提出了 Pareto 存档进化策略(Pareto archived evolution strategy，PAES)，很快，他们也提出了改进的版本 Pareto 包洛选择算法(Pareto envelope-based selection algorithm，PESA)(Corne et al.，2000)和 PESA-Ⅱ(Corne et al.，2001)；2001 年，Erichson 等提出了 NPGA 的改进版本 NPGA-Ⅱ；Coello Coello 和 Pulido(2001)提出了微遗传算法(micro-genetic algorithm，Micro-GA)；2002 年，Deb 等学者通过对 NSGA 进行改进，提出了非常经典的算法——NSGA-Ⅱ。

从 2003 年至今，多目标进化前沿领域的研究呈现出新的特点，为了更有效地求解高维多目标优化问题，一些区别于传统 Pareto 占优的新型占优机制相继涌现。Laumanns 等(2002)提出了 ε 占优的概念，Brockoff 等(2006)研究了部分占优，Hernández-Díaz 等(2007)提出了 Pareto 自适应 ε 占优。而且，对多目标优化问题本身的研究也在逐步深入，不同性质的多目标优化测试问题被提出来。同时，一些新的进化机制也被引入多目标进化领域，如 Coello Coello 等(2004)基于微粒群算法提出的多目标微粒群算法(multi-objective particle swarm optimization，MOPSO)，Zhang 和 Li(2007)将传统的数学规划方法与进化算法相结合提出的基于分解多目标进化算法(multi-objective evolutionary algorithm based on decomposition，MOEA/D)。

关于多目标进化算法的综述性文献可参阅 Coello Coello(2006a，2006b)、公茂果等(2009)文献。多目标进化算法领域的专著参见 Deb(2002)、Coello Coello 等

(2002,2007)、Abraham 等(2005)、Tan 等(2005)、Knowles 等(2008)和雷德明等(2009)文献。

在众多多目标进化算法中,以 NSGA 和 SPEA 及其升级版本算法 NSGA-Ⅱ和 SPEA-Ⅱ的应用最为广泛。航天器轨迹优化领域应用又以 NSGA 和 NSGA-Ⅱ为主,相关应用包括星际航行小推力轨道优化设计(Hartmann et al.,1998;Coverston-Caroll et al.,2000)、基于 Q 制导律的小推力最优转移轨道(Lee et al.,2005)、多目标最优交会(Luo et al.,2007;Luo et al.,2007)和 RLV 最优再入轨迹(Chen et al.,2005)。

2. NSGA-Ⅱ

NSGA-Ⅱ是 Deb 等(2002)在 NSGA 基础上改进得到的一种多目标遗传算法,其最突出的特点是采用了快速非优超排序和排挤机制,前者驱使搜索过程收敛到 Pareto 最优前沿,后者保证了 Pareto 最优解的多样性。优超排序将解集分解为一系列的非优超层,设多目标优化问题有 m 个优化目标,种群有 N 个体,若采用常规的优超排序方法,算法的计算复杂度为 $O(mN^3)$;采用快速非优超排序之后,算法的计算复杂度可降为 $O(mN^2)$。NSGA-Ⅱ中的一些重要步骤如下。

1) 快速非优超排序方法

非优超排序将解集 $\boldsymbol{S}$ 分解为多层的非优超集 $\boldsymbol{X}_{\mathrm{P}i}(\boldsymbol{S})$,$i=1,2,\cdots,q$,对应于目标空间的多层非优超前沿 $\boldsymbol{Y}_{\mathrm{P}i}(\boldsymbol{f}(\boldsymbol{S}))$,其中每一层非优超集 $\boldsymbol{X}_{\mathrm{P}i}$ 是该层非优超集和所有上层的非优超集的并集 $\bigcup\limits_{j=i}^{q}\boldsymbol{X}_{\mathrm{P}j}$ 的 Pareto 最优集。即任一层非优超集中的任一个解不会被该层和所有上层非优超集中的个体优超。非优超排序的过程是这样的:首先将 $\boldsymbol{S}$ 中的所有非优超解的级别设为 1,作为第一层非优超集,并将它们暂时从 $\boldsymbol{S}$ 中删除,然后再从剩余的解集中找出所有非优超解组成第二层非优超集,再将它们删除,直到 $\boldsymbol{S}$ 中所有的解被分层为止。非优超排序可用下述算法过程描述:

非优超排序过程

```
{
    层序号 i=1;
    While(S≠∅)do
        求第 i 层非优超集 X_Pi(S)={x∈S|∄a∈S:a≺x};
        S=S\X_Pi(S);
        i=i+1;
    end
}
```

对一个两目标最小化的示例问题,其解集在目标空间的分布和用非优超排序划分的各层非优超前沿如图 4.6.1 所示。

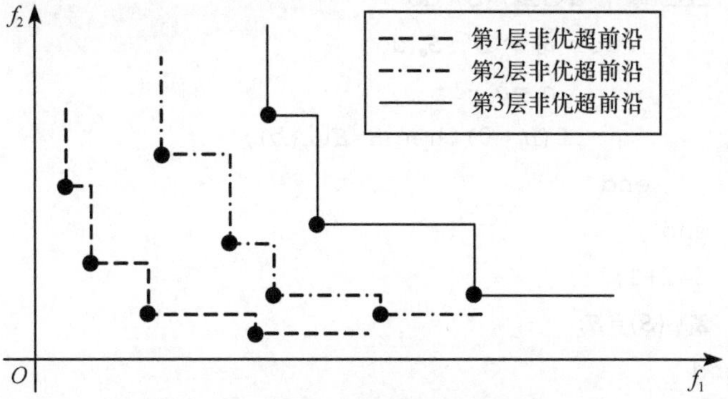

图 4.6.1　非优超排序结果示意图

前面给出的非优超排序过程虽然看起来非常明白，但若用它作非优超排序，在求各层非优超集时最坏情况下共需作 $O(mN^3)$ 次比较，其中 m 为目标个数，N 为集合 $\boldsymbol{S}$ 的势。对于集合 $\boldsymbol{S}$ 的元素个数较多的情况下，会导致很大的计算开销。这种方法中作了许多次重复的比较，Deb 利用这一点对它进行了改进，给出了一种快速的非优超排序方法，使最多比较次数降低到 $O(mN^2)$ 次。其思想是在对集合 $\boldsymbol{S}$ 中的解作系统地相互比较时，获得并记录下每个解的优超解的个数 n_i 和它所优超的所有解的集合 $\boldsymbol{S}_i$，然后一层层地获取非优超集。

所有 $n_i=0$ 的解组成第一层非优超集，将其中每个解所优超的各个解的 n_i 值减 1，完成之后，$\boldsymbol{S}$ 中所有 $n_i=0$ 的解就是第二层的非优超集，这样可得到所有层的非优超集。快速非优超排序的流程如下：

快速非优超排序过程

```
{
    X_P1(S)=∅;
    for 每个 a∈S do
        S_a=∅; n_a=0;
        for 每个 b∈S\{a} do
            if(a≺b) then S_a=S_a∪{b};
            if(b≺a) then n_a=n_a+1;
        end
        if(n_a=0) then X_P1(S)=X_P1(S)∪{a};
    end
    层序号 i=1;
    while(X_Pi(S)≠∅) do
```

```
        H=∅;
        for 每个 a∈X_Pi(S) do
            for 每个 b∈S_a do
                n_b=n_b-1;
              if(n_b=0)then H=H∪{b};
            end
        end
        i=i+1;
        X_Pi(S)=H;
      end
}
```

2）排挤距离计算

个体 i 的排挤距离的计算方法是：对于优化目标 f_j，将所有个体按目标值 f_j 的大小进行排序，并计算与其临近个体的相对距离 d_i^j，而后将多个优化目标的相对距离 d_i^j 相加作为其排挤距离，即

$$d_i = \sum_{j=1}^{m} \left| \frac{f_j(i+1) - f_j(i-1)}{f_j^{\max} - f_j^{\min}} \right| \tag{4.6.1}$$

式中，$f_j^{\max}$、$f_j^{\min}$ 为优化目标 f_j 的极值；$f_j(i+1)$、$f_j(i-1)$ 为个体 i 的邻近个体的优化目标 f_j 的值。排挤距离大的个体参与进化的机会较多，有利于维持种群的多样性。

3）排挤比较策略

NSGA-Ⅱ中每个个体具有两个属性：①非优超等级 r_i，②排挤距离 d_i。因此，可根据此属性对个体进行比较：①如果个体 i 所处的等级优于个体 j 所处的等级，则个体 i 更优；②当两者等级相同时，个体 i 比个体 j 的排挤距离更大，$r_i=r_j$，$d_i>d_j$，则个体 i 更优。其中，条件①用以确保个体属于较优的支配等级，条件②用以确保算法能收敛到一个均匀分布的 Pareto 最优前沿。所以，排挤比较算子 $\prec_n$ 为

$$r_i < r_j \parallel (r_i = r_j)\text{and}(d_i < d_j) \Rightarrow i \prec_n j \tag{4.6.2}$$

4）精英策略

精英策略是指在运行过程中上一代优秀个体保留至下一代的方法。NSGA-Ⅱ算法中，优秀个体可由父代种群 P_t 及其子代种群 Q_t 生成的合成种群 $R_t=P_t\cup Q_t$ 保留至下一代父代种群 P_{t+1} 中，使得经选择后参加繁殖的个体所产生的后代同其父代个体共同竞争来产生下一代种群 Q_{t+1}。

3. SPEA-Ⅱ

SPEA-Ⅱ引入了新的适应度赋值方法、分布性保持方法和非支配集存档方

法。其中,个体适应度赋值方式与群体中支配该个体的个体数目有关,并对具有相同适应度值的个体,采用第 k 个最邻近机制加以区分;调整归档集的更新过程,将其规模设置为固定值,避免了删除 Pareto 前沿端点处的解。

1) 算法流程

假定进化群体 $\boldsymbol{P}$ 的规模为 N,归档集 $\boldsymbol{A}$ 的大小为 $\overline{N}$,进化代数为 $t^{\max}$,则其算法流程为:

步骤 1　初始化种群,设 $t=0$,首先生成初始种群 P_0,并生成一个空的精英解种群 $A_0=\varnothing$;

步骤 2　适应值分配,采用 Pareto 支配意义上的压力值和 k 临近密度信息计算 P_t 和 A_t 中个体的适应值;

步骤 3　环境选择,复制 P_t 和 A_t 中所有的非支配解到 A_{t+1} 中,如果 A_{t+1} 中的个体数量超过 $\overline{N}$,则通过调用截断函数减少 A_{t+1} 中的个体数量;

步骤 4　终止条件判断,如果 $t>t^{\max}$ 或者满足别的终止条件,将 A_{t+1} 中的非支配解集作为最终的 Pareto 解集 A^*,输出 A^*,终止算法;

步骤 5　交配选择,对种群 A_{t+1} 使用二元锦标赛选择,用选择结果更新交配集合;

步骤 6　进化操作,对于交配集合中的成员进行交叉和变异操作,并将结果集赋值给 P_{t+1},$t=t+1$,跳转至**步骤 2**。

2) 适应度计算方法

SPEA-Ⅱ采用在 Pareto 支配意义上适应值分配机制,在 SPEA-Ⅱ中对于每一个个体,它支配的个体和支配它的个体都将被考虑。即每一个种群 P_t 和 A_t 中的个体 i,分配一个压力值 $Q(i)$,代表了它所支配的个体:

$$Q(i)=|\{j \mid j\in P_t+A_t \wedge j\prec i\}|$$

其中,$|\ |$表示集合的势,+表示集合的并操作在 S 值的基础上,个体 i 的原始适应值 $R(i)$ 定义为

$$R(i)=\sum_{j\in P_t+A_t,\, i\prec j} Q(i)$$

个体的原始适应值是个体在种群和档案器中的支配者的压力值的简单和。这里 $R(i)=0$ 代表着一个非支配个体,而具有较高 $R(i)$ 的个体意味着它被许多个体所支配,进而提供了一种类似小生境机制。但是当多个个体相互之间没有支配关系的时候,$R(i)$ 就会失效,需要附加的密度信息对它们进行区分。

算法中的密度估计技术采用了一种改进的邻近算法,即任何一个点的密度值是其和第 k 个数据点的距离函数。这里,将任何一个点和第 k 个数据点的距离值简单的取倒数作为它的密度估计。也就是说,对于任何一个个体 i,在目标空间计

算其与档案器中的所有个体 j 的距离值，并将这些值存入一个列表中。在对列表进行排序后，取出第 k 个值记为 σ_i^k，为了提高效率一般取 $k=1$，则个体 i 的密度值定义为

$$D(i)=\frac{1}{\sigma_i^k+2}$$

上面的表达式中分母上加 2 是为了确保 $D(i)\in(0,1)$。最后，将 $D(i)$ 与原始适应值 $R(i)$ 相加得到个体 i 的适应值：$F(i)=R(i)+D(i)$。

3）环境选择与修剪过程

在构造新群体时，首先进行环境选择，然后进行繁殖选择。在进行环境选择时，首先选择适应度值小于 1 的个体进入归档集中，即

$$A_{t+1}=\{i \mid i\in P_t+A_t \wedge F(i)<1\}$$

此时，若 $|A_{t+1}|=\overline{N}$，环境选择结束；若 $|A_{t+1}|<\overline{N}$，则在 P_t 和 A_t 中选择 $(\overline{N}-|A_{t+1}|)$ 个适应度值小的优秀个体进入 A_{t+1} 中；若 $|A_{t+1}|>\overline{N}$，则实施修剪过程，判定个体 i 是否从 A^{t+1} 中删除，直至 $|A_{t+1}|=\overline{N}$。每次删除时，首先比较种群中的每个个体距其最近个体的距离，此距离最短者被删除。如果同时有几个个体具有相同的最小距离，那么再分别计算它们的次短距离，依次类推，直至完成修剪。

SPEA-Ⅱ采用最邻域密度估计技术维持 Pareto 最优解的良好分布性，但其付出的代价是时间耗费较大，运行效率不高。

4.6.5 物理规划方法

物理规划是由美国 Messac 教授提出的一种处理多目标优化设计问题的有效方法，着眼于方便实际应用和降低问题的计算负担（Messac，1996）。物理规划能从本质上把握设计者的偏好，大大减轻大规模多目标设计问题的计算负担，并将整个设计过程置于一个更加灵活、自然的框架中。自提出以来，物理规划受到了学术界的广泛关注，已在飞机设计、控制、结构设计、交互式设计、鲁棒设计和工程优化等方面得到应用（Messac，1996，1998；Messac et al.，1996；Chen et al.，2000；Messac et al.，1998；Messac et al.，2002；Huang et al.，2005；田志刚，2003；王允良等，2005）。Luo 等（2008）、雍恩米等（2008b）将该方法应用到轨迹优化问题。

物理规划方法主要是利用偏好函数将多目标优化问题转换为单目标优化问题，偏好函数有效反映了设计者的偏好性，通过求解单目标问题获得一个折中解。

1. 设计思路

物理规划从设计者那里获得信息，将设计问题描述成一个能够反映设计者对设计目标偏好程度的真实框架结构，使设计过程更加自然灵活。物理规划通过偏好函数来表达设计者对各个设计指标的偏好程度，将设计指标的取值划分为若干

连续区间，以反响设计者的偏好程度。通过分段样条曲线拟合，得到符合物理规划要求的定量描述偏好函数。将各个设计指标的偏好函数综合起来，得到综合偏好函数，作为物理规划的优化指标函数，结合设计约束条件，应用适当的优化算法，得到最优设计。

2. 偏好函数的建立

设计目标的偏好函数是该设计目标函数值的函数，设计者需要做的，就是对于不同的满意程度区间（满意、可以容忍和不满意等），确定相应的各个设计目标值的范围。设计指标的偏好函数有 8 种类型，物理规划中设计指标划分为软型指标和硬型指标，各 4 种。偏好类型的设计指标中，软型设计指标对应优化问题中的设计目标，硬型指标对应设计变量和约束条件。对软型设计指标的偏好分为 4 种不同的类型：

Class-1S：指标越小越好。

Class-2S：指标越大越好。

Class-3S：指标趋于某值最好。

Class-4S：指标在某取值范围最好。

软型设计指标与偏好函数的关系如图 4.6.2 所示。图 4.6.2 中，横轴代表设计指标 f_i，纵轴代表设计对应的偏好函数值 p_i。偏好函数用于将设计指标映射到正实数空间，偏好函数取值越小，表示设计者对设计指标的取值越满意。对于软型指标，在可行域内偏好函数取值随设计指标变化，表示对设计指标的不同取值有不同的偏好程度，对于硬型指标，在可行域内偏好函数均取最小值，只要设计指标可行即可。这种映射形式可以确保将具有不同物理意义的各个设计指标变换到统一的数量级上。

使用物理规划方法，设计者能详细地对偏好函数进行定量和定性的描述。对各个设计指标，可以根据对它的偏好程度，将其取值范围分为不同的偏好区间，以 Class-1S 型目标为例，表达偏好有 6 个满意程度区间：高度满意区间（highly desirable range）（$f_i \leqslant f_{i1}$）、满意区间（desirable range）（$f_{i1} \leqslant f_i \leqslant f_{i2}$）、可容忍区间（tolerable range）（$f_{i2} \leqslant f_i \leqslant f_{i3}$）、不满意区间（undesirable range）（$f_{i3} \leqslant f_i \leqslant f_{i4}$）、高度不满意区间（highly undesirable range）（$f_{i4} \leqslant f_i \leqslant f_{i5}$）和不可行区间（unacceptable range）（$f_i \geqslant f_{i5}$），2S 型偏好函数也有 6 个满意程度区间，3S 型和 4S 型偏好函数分别有 10 个和 11 个满意程度区间。

3. 偏好函数的数学模型

根据前述的偏好函数意义，其表达式必须满足几个重要的条件：①严格为正；②一阶导数连续；③二阶导数严格为正；④偏好区间可以任意划分，覆盖设计目标

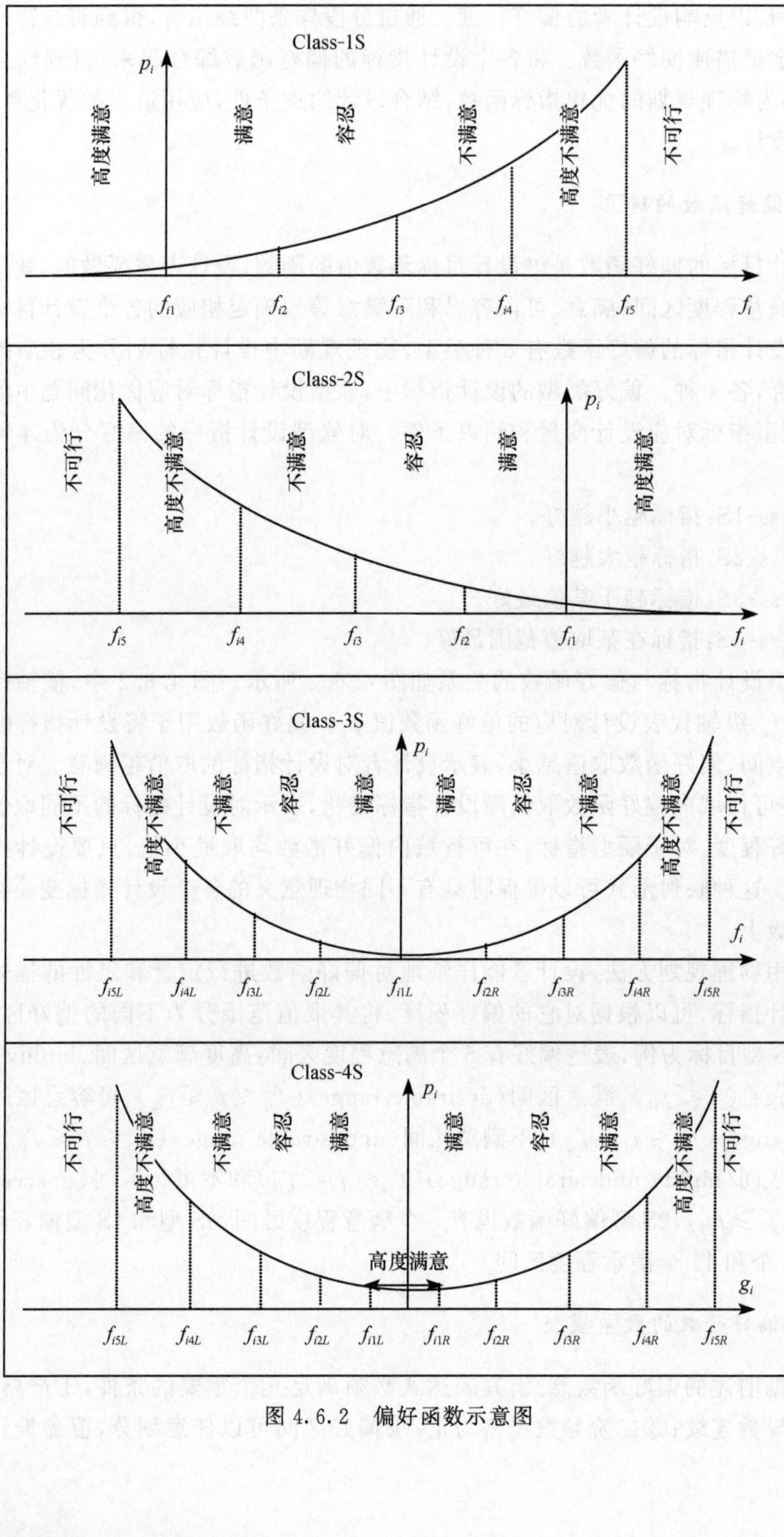

图 4.6.2　偏好函数示意图

的整个值域。因此，可以在各个偏好区间内用分段样条的形式，构造偏好函数的表达式，保证函数曲线的光滑连续。各个区间内的样条通过区间两端点处的函数值和斜率来定义。

对设计目标 f_i，在偏好区间 $k(k=2,3,4,5)$ 内，构造偏好函数的二阶导数

$$\frac{\partial^2 p_i^k}{\partial f_i^{k^2}} = (\lambda_i^k)^2[a(\xi_i^k)^2 + b(\xi_i^k - 1)^2], \quad 0 \leqslant \xi_i^k \leqslant 1 \tag{4.6.3}$$

式中，$\xi_i^k = \dfrac{f_i - f_{i(k-1)}}{f_{i(k)} - f_{i(k-1)}}$，$\lambda_i^k = f_{i(k)} - f_{i(k-1)}$。

a,b 是严格为正的实数。通过积分得到偏好函数的表达式为

$$p_i^k = (\lambda_i^k)^4\left[\frac{a}{12}(\xi_i^k)^4 + \frac{b}{12}(\xi_i^k - 1)^4\right] + c\lambda_i^k\xi_i^k + d \tag{4.6.4}$$

其中常数由区间端点的偏好函数值 $p_{i(k-1)}$，$p_{i(k)}$ 以及其斜率 $s_{i(k-1)}$，$s_{i(k)}$ 确定。更为方便地，可以表示 p_i^k 为如下形式：

$$p_i^k = T_0(\xi_i^k)p_{i(k-1)} + T_1(\xi_i^k)p_{ik} + \overline{T}_0(\xi_i^k,\lambda_i^k)s_{i(k-1)} + \overline{T}_1(\xi_i^k,\lambda_i^k)s_{ik} \tag{4.6.5}$$

其中，

$$s_{ik} = \left.\frac{\partial p_i^k}{\partial f_i^k}\right|_{f_i^k = f_{ik}}$$

$$T_0(\xi) = \frac{1}{2}\xi^4 - \frac{1}{2}(\xi-1)^4 - 2\xi + \frac{3}{2}$$

$$T_1(\xi) = -\frac{1}{2}\xi^4 + \frac{1}{2}(\xi-1)^4 + 2\xi - \frac{1}{2}$$

$$\overline{T}_0(\xi,\lambda) = \lambda\left[\frac{1}{8}\xi^4 - \frac{3}{8}(\xi-1)^4 - \frac{1}{2}\xi + \frac{3}{8}\right]$$

$$\overline{T}_1(\xi,\lambda) = \lambda\left[\frac{3}{8}\xi^4 - \frac{1}{8}(\xi-1)^4 - \frac{1}{2}\xi + \frac{1}{8}\right]$$

下列步骤确定偏好函数在区间端点的信息：

(1) 取 Δp_i^1 为一个值较小的正数，如 0.1；

(2) $\Delta p_i^k = \beta n_{sc}\Delta p_i^{k-1}$，$k=2,3,4,5$，$\beta>1$；

(3) $p_{i1} = \Delta p_i^1$，$p_{ik} = \Delta p_i^k + p_{i(k-1)}$，$k=2,3,4,5$；

(4) $s_{i1} = \alpha\bar{s}_i^{\,2}$，$s_{ik} = \dfrac{4\bar{s}_i^{\,k} - s_{i(k-1)}}{3} + \alpha\,\dfrac{8(\bar{s}_i^{\,k} - s_{i(k-1)})}{3}$，$k=2,3,4,5$，$0<\alpha<1$，$\bar{s}_i^{\,k} = \dfrac{\Delta p_i^k}{\lambda_i^k}$；

(5) 对于很期望区域（$f_i \leqslant f_{i1}$），设置 $p_i = p_{i1}\exp[(s_i^1/p_{i1})(f_i - f_{i1})]$。

偏好函数的取值没有严格的限定，只要它能反映出在不同偏好区间中设计者对目标值的不同满意程度即可。对每个设计指标 f_i，具有相当满意度等级的偏好区间端点处的目标值 f_{ik} 因物理意义不同而相异，但它们对应的偏好函数值是相同

的。这种统一的设定，使得对于不同设计目标，只要它们位于相同的偏好区间，如均位于期望域，对应的偏好函数值会在同量级，表示它们有相近的满意度，为将各个设计指标转换为综合满意目标提供了可能。

综合各个设计目标的偏好函数，得到设计问题的综合偏好函数作为物理规划优化模型的目标函数，优化模型为

$$\begin{cases} \min \quad P = \dfrac{1}{n_{sc}} \sum_{i=1}^{n_{sc}} p_i(f_i(\boldsymbol{x})) \\ \text{s.t.} \quad f_i(\boldsymbol{x}) \leqslant f_{i5}, \quad \text{Class-1S} \\ \qquad f_i(\boldsymbol{x}) \geqslant f_{i5}, \quad \text{Class-2S} \\ \qquad f_{i5L} \leqslant f_i(\boldsymbol{x}) \geqslant f_{i5R}, \quad \text{Class-3S} \end{cases} \tag{4.6.6}$$

其他约束条件保持不变，各个边界值由用户指定，n_{sc} 是软指标个数。

4. 物理规划的特点

物理规划的主要特点有(田志刚，2003)：

(1) 设计者的偏好明确之后，便可获得符合这种偏好设置的最优设计。传统的基于权重系数的方法(如加权系数法)往往需要反复设置各目标的权重系数，而且也不能保证最终得到令设计者满意的设计方案。因此与传统方法相比，物理规划可大大减轻计算负担，这对于大规模优化设计问题尤其具有重要意义。

(2) 物理规划中需要设计者设定的参数就是设计目标各满意程度区间的边界值，这些参数具有实际的物理意义，这与传统的基于权重的多目标优化方法完全不同，使得它更容易使用，也更容易被工程师们接受。

(3) 无论对于凸有效域还是凹有效域，改变各设计目标的满意程度区间，物理规划得到的最优解可以达到有效域中的任一点；而且，均匀改变各设计目标的满意程度区间，可以得到有效域中均匀分布的一组有效解。加权系数法不能达到凹有效域中的所有有效解，理想点法可以得到有效域中所有的有效解，但均匀改变其模型中的权系数，得到的有效域中的一组有效解并不是均匀分布的。这一特性对于构造性能良好的交互式优化算法非常关键。

(4) 对于各目标的偏好是在各个目标上独立进行的，因此物理规划具有很强的处理大量目标的能力。

参考文献

宝音贺西，祝开建，李俊峰. 2008. 连续推力航天器多星相遇轨迹优化[C]. 2008 年空间非开普勒轨道动力学与控制专题研讨会，长沙.

陈宝林. 1989. 最优化理论与算法[M]. 北京：清华大学出版社.

陈根社，陈新海. 1994. 应用遗传算法设计自动交会控制器[J]. 西北工业大学学报，12(2)：247-

253.
陈琪锋. 2003. 飞行器分布式协同进化多学科设计优化方法研究[D]. 长沙:国防科技大学.
陈小前. 2001. 飞行器总体优化设计理论与应用研究[D]. 长沙:国防科技大学.
段海滨. 2005. 蚁群算法原理及应用[M]. 北京:科学出版社.
段佳佳,徐世杰,朱建丰. 2008. 基于蚁群算法的月球软着陆轨迹优化[J]. 宇航学报,29(2):476-481,488.
公茂果,焦李成,杨咚咚,等. 2009. 进化多目标优化算法研究[J]. 软件学报,20(2):271-289.
何光渝. 2002. Visual C++常用数值算法程序集[M]. 北京:科学出版社.
雷德明,严新平. 2009. 多目标智能优化算法及其应用[M]. 北京:科学出版社.
李俊峰,祝开建. 2010. 2005-2009 国际深空轨迹优化竞赛综述[J]. 力学与实践,32(4):130-137.
罗世彬. 2004. 高超声速飞行器机体/发动机一体化及总体多学科设计优化方法研究[D]. 长沙:国防科技大学.
罗亚中. 2003. 系列化运载火箭总体优化技术研究[D]. 长沙:国防科技大学.
罗亚中,唐国金,田蕾. 2005. 基于模拟退火算法的最优控制问题全局优化[J]. 南京理工大学学报,29(2):144-149.
罗亚中,唐国金,周黎妮. 2004. 混合遗传算法及其在运载火箭最优上升轨道设计中的应用[J]. 国防科技大学学报,26(2):5-8.
孟云鹤. 2006. 近地轨道航天器编队飞行控制与应用研究[D]. 长沙:国防科技大学.
粟塔山. 2001. 最优化计算原理与算法程序设计[M]. 长沙:国防科技大学出版社.
唐国金,罗亚中,张进. 2008. 空间交会对接任务规划[M]. 北京:科学出版社.
田蕾. 2005. 系列化运载火箭总体参数优化软件开发[D]. 长沙:国防科技大学.
田志刚. 2003. 智能多目标优化理论及工程应用研究[D]. 大连:大连理工大学.
王华,唐国金. 2003. 用遗传算法求解双冲量最优交会问题[J]. 中国空间科学技术,23(1):26-30.
王颉,例俊锋,崔乃刚,等. 2003. 登月飞行器软着陆轨道的遗传算法研究[J]. 清华大学学报(自然科学版),43(8):1056-1059.
王钧. 2007. 成像卫星综合任务调度模型与优化方法研究[D]. 长沙:国防科技大学.
王凌. 2001. 智能优化算法及其应用[M]. 北京:清华大学出版社.
王凌,闫铭,李清生,等. 2001. 高维复杂函数的一类有效混合优化策略[J]. 清华大学学报,41(9):573-576.
王允良,李为吉. 2005. 物理规划方法及其在飞机方案设计中的应用[J]. 航空学报,26(5):562-566.
吴美平. 1998. 基于遗传算法的载人航天器标准返回轨道设计[J]. 中国空间科学技术,18(5):61-65.
《现代应用数学手册》编委会. 1997. 现代数学手册:运筹学与最优化理论卷[M]. 北京:清华大学出版社.
杨嘉墀. 2002. 航天器轨道动力学与控制[M]. 北京:宇航出版社.
叶庆凯,王肇明. 1986. 优化与控制中的计算方法[M]. 北京:科学出版社.
雍恩米,陈磊,唐国金. 2008a. 飞行器轨迹优化数值方法综述[J]. 宇航学报,29(2):397-406.

雍恩米,陈磊,唐国金. 2008b. 基于物理规划的高超声速飞行器滑翔式再入轨迹优化[J]. 航空学报,29(5):1091-1097.

周明,孙树栋. 1999. 遗传算法原理及应用[M]. 北京:国防工业出版社.

Abraham A, Jain L, Goldberg R. 2005. Evolutionary Multiobjective Optimization: Theoretical Advances and Applications[M]. London: Springer.

Belisle C J P, Romeijin H E, Smith R L. 1990. Hide-and-seek a simulated annealing algorithm for global optimization[R]. Dept. of Industrial and Operations Engineering, Technical Rept. 90-25, Univ. of Michigan, Ann Arbor, MI.

Bessette C R, Spencer D B. 2007. Performance comparison of stochastic search algorithms on the interplanetary gravity-assist trajectory problem[J]. Journal of Spacecraft and Rockets, 44(3):722-724.

Biggs M C. 1972. Constrained minimization using recursive equality quadratic programming[M]//Lootsma F A. Numerical Methods for Nonlinear Optimization. London, New York: Academic Press: 411-428.

Brockoff D, Zitzler E. 2006. Are all objective necessary on dimensionality reduction in evolutionary multi-objective optimization[M]// Runarsson T P, Beyer H G, Burke E, et al. Parallel Problem Solving from Nature, PPSN IX. LNCS. Berlin: Springer-Verlag: 533-542.

Ceriotti M, Vasile M. 2010. MGA Trajectory planning with an ACO-inspired algorithm[J]. Acta Astronautica, 67(9-10):1202-1217.

Chen G, Xu M, Wan Z M, et al. 2005. RLV reentry trajectory multi-objective optimization design based on NSGA-Ⅱ algorithm[C]. AIAA Atmospheric Flight Mechanics Conference and Exhibit, San Francisco, California, AIAA Paper 2005-6131.

Chen W, Sahai A, Messac A, et al. 2000. Exploring the effectiveness of physical programming in robust design[J]. ASME Journal of Mechanical Design, 122(2):155-163.

Coello Coello C A. 2006a. 20 years of evolutionary multi-objective optimization: What has been done and what remains to be done[M]// Yen G Y, Fogel D B. Computational Intelligence: Principles and Practice. New York: IEEE Computational Intelligence Society: 73-88.

Coello Coello C A. 2006b. Evolutionary multi-objective optimization: A historical view of the field [J]. IEEE Computational Intelligence Magazine, 1(1):28-36.

Coello Coello C A, Pulido G T. 2001. A micro-genetic algorithm for multiobjective optimization [C]// Spector L, Goodman E D, Wu A, et al. Proceedings of the Genetic and Evolutionary Computation Conference, GECCO 2001. San Francisco: Morgan Kaufmann Publishers: 274-282.

Coello Coello C A, Pulido G T, Lechuga M S. 2004. Handing multiple objectives with particle swarm optimization[J]. IEEE Trans. on Evolutionary Computations, 8(3):256-279.

Coello Coello C A, van Veldhuizen D A, Lamont G B. 2002. Evolutionary Algorithms for Solving Multi-Objective Problems[M]. New York: Kluwer Academic Publishers.

Coello Coello C A, van Veldhuizen D A, Lamont G B. 2007. Evolutionary Algorithms for Solving

Multi-Objective Problems[M]. 2nd ed. New York:Springer-Verlag.

Colorni A,Dorigo M,Maniezzo V,et al. 1991 Distributed optimization by ant colonies[C]. Proceedings of the 1st European Conference on Artificial Life:131-142.

Corne D W,Jerram N R,Knowles J D,et al. 2001. PESA-Ⅱ:Region-based selection in evolutionary multi-objective optimization[C]//Spector L,Goodman E D,Wu A,et al. Proceedings of the Genetic and Evolutionary Computation Conf., GECCO 2001. San Francisco: Morgan Kaufmann Publishers:283-290.

Corne D W,Knowles J D,Oates M J. 2000. The Pareto-envelope based selection algorithm for multi-objective optimization[C]//Schoenauer M,Deb K,Rudolph G,et al. Parallel Problem Solving from Nature,PPSN VI. LNCS. Berlin:Springer-Verlag:869-878.

Coverston-Caroll V,Hartmann J W,Mason W J. 2000. Optimal multi-objective low-thrust spacecraft trajectories[J]. Computer Methods in Applied Mechanics and Engineering,186(2):387-402.

Crain T,Bishop R H,Fowler W. 2000. Interplanetary flyby mission optimization using a hybrid global-local search method [J]. Journal of Spacecraft and Rockets,37(4):468-474.

Deb K. 2002. Multi-Objective Optimization using Evolutionary Algorithms[M]. LTD,Chichester: John Wiley & Sons.

Deb K,Pratap A,Agarwal S,et al. 2002. A fast and elitist multiobjective genetic algorithm:NSGA-Ⅱ[J]. IEEE Transactions on Evolutionary Computation,6(2):182-197.

Di Lizia P,Radice G. 2004. Advanced global optimization tools for mission analysis and design [R]. Final Report of ESA Ariadna ITTAO4532/18139/04/NL/MV,Call 03/4101.

Dorigo M,Maiezzo V,Colornia A. 1996. Ant system:Optimization by a colony of cooperating agents[J]. IEEE Transaction on Systems,Man,and Cybernetics-Part B,26(1):29-41.

Drud A. 1985. CONOPT:A GRG code for large sparse dynamic nonlinear optimization problems [J]. Math Program,31:153-191.

Fonseca C M,Fleming P J. 1993. Genetic algorithm for multiobjective optimization:Formulation, discussion and generation[C]//Forrest S. Proceedings of the 5th Int'l Conf. on Genetic Algorithms. San Mateo:Morgan Kauffman Publishers:416-423.

Gage P J,Braun R D,Kroo I M. 1995. Interplanetary trajectory optimization using a genetic algorithm [J]. Journal of the Astronautical Sciences,43(1):59-75.

Gill P E. 1986. User's guide fro NPSOL(version 4.0):A fortran package for nonlinear programming[R]. Systems Optimization Laboratory,Department of Operations Research,Standard University.

Gill P E,Murray W,Saunders M A,et al. 1998. User's guide for NPSOL 5.0:A Fortran package for nonlinear programming[R]. Stanford Business Soft-Ware,Inc.,Palo Alto,California.

Gill P E,Murray W,Saunders M A. 2002. SNOPT:An SQP algorithm for large-scale constrained optimization[J]. SIAM J Optim,12(4):979-1006.

Gill P E,Murray W,Saunders M A. 2004. User's guide for SNOPT 7.1:A fortran package for large-scale nonlinear programming, numerical analysis[R]. Report NA 04-1, Department of Mathematics, University of California, San Diego, La Jolla, CA.

Gill P E, Murray W, Saunders M A. 2005. SNOPT: An SQP algorithm for large-scale constrained optimization[J]. SIAM Review, 47(1): 99-131.

Goldberg D E. 1989. Genetic Algorithms in Search, Optimization and Machine Learning[M]. New York: Addison-Wesley Publishing Company, Inc.

Gross L R, Prussing J E. 1974. Optimal multiple-impulse direct ascent fixed-time rendezvous[J]. AIAA Journal, 12(7): 885-889.

Gruver W A, Engersbach N. 1972. A mathematical programming approach to the optimization of constrained impulsive, minimum fuel trajectories[R]. Institut fur Dynamik der Flugsysteme, Oberpfaffenhofen, West Germany, Report IB 013-72/3: 1-30.

Hajela P. 1999. Nongradient methods in multidiscipline design optimization-status and potential [J]. Journal of Aircraft, 36(1): 255-265.

Hajela P. 2002. Soft computing in multidisciplinary aerospace design-new directions for research [J]. Progress in Aerospace Sciences, 38(1): 1-21.

Han S P. 1976. Superlinearly convergent variable metric algorithms for general nonlinear programming problems[J]. Math Program, 11: 263-282.

Hargraves C R, Pares S W, Vlases W G. 1992. OTIS past, present, and future[C]. AIAA Paper-9204530, AIAA Gudance, Navigation, and Control Conference, Hiltion Head Island, AC.

Hartmann J W, Coverstone-Carroll V L, Williams S N. 1998. Optimal interplanetary spacecraft trajectories via a Pareto genetic algorithm[J]. Journal of the Astronautical Sciences, 46(3): 267-282.

Hernàndez-Díaz A G, Santana-Quintero L V, Coello Coello C A, et al. 2007. Pareto-Adaptive ε-dominance[J]. Evolutionary Computation, 15(4): 493-517.

Hilmmelblau D M. 1972. Applied Nonlinear Programming [M]. New York: McGraw-Hill Book Company.

Holland J H. 1975. Adaptation in Natural and Artificial Systems: An introductory Analysis with Applications to Biology, and Artificial Intelligence[M]. Ann Arbor MI: The University of Michigan Press.

Horn J, Nafpliotis N, Goldberg D E. 1994. A niched pareto genetic algorithm for multiobjective optimization[C]. IEEE World Congress on Computational Computation.

Huang H Z, Tian Z G, Zuo M J. 2005. Multiobjective optimization of three-stage spur gear reduction units using interactive physical programming [J]. Journal of Mechanical Science and Technology, 19(5): 1080-1086.

Hughes G W, MeInnes C R. 2002. Solar sail hybrid trajectory optimization for non-keplerian orbit transfers control[J]. Journal of Guidance, Control and Dynamic, 25(3): 602-604.

Johnson I L. 1969. Impulsive orbit transfer optimization by an accelerated gradient method [J]. Journal of Spacecraft and Rockets, 6(5): 630-632.

Johnson I L. 1975. Optimization of the solid-rocket assisted space shuttle ascent trajectory[J]. Journal of Spacecraft and Rockets,12(12):765-769.

Kennedy J,Eberhart R C. 1995. Particle swarm optimization[C]//Proceedings. IEEE International Conference on Neural Networks. Vol. VI. IEEE Service Center:1942-1948.

Kim Y H,Spencer D B. 2002. Optimal spacecraft rendezvous using genetic algorithms[J]. Journal of Spacecraft and Rockets,39(6):859-865.

Kirkpatrick S,Gelatt C D,Vecchi M P. 1983. Optimization by simulated annealing[J]. Science, 220(4598):671-680.

Knowles J,Corne D. 2000. Approximating the non-dominated front using the Pareto archived evolution strategy[J]. Evolutionary Computation,8(2):149-172.

Knowles J,Corne D,Deb K. 2008. Multiobjective Problem Solving from Nature[M]. New York: Springer-Verlag.

Krishnakumar K,Goldberg D E. 1992. Control system optimization using genetic algorithm[J]. Journal of Guidance Control and Dynamics,15(3):735-740.

Kvasnicka V,Pospichal J. 1997. A hybrid of simplex method and simulated annealing [J]. Chemometrics and Intelligent Laboratory,39(2):161-173.

Lastman G J. 1968. A modified Newton's method for solving trajectory optimization problems [J]. AIAA Journal,6(5):777-782.

Laumanns M,Thiele L,Deb K,et al. 2002. Combining convergence and diversity in evolutionary multi-objective optimization[J]. Evolutionary Computation,10(3):263-282.

Lee S,von Allmen P,Fink W,et al. 2005. Comparison of multi-objective genetic algorithms in optimizing Q-law low-thrust orbit transfers[C]. GECCO'05,Washington,DC,USA.

Lu P,Khan M A. 1994. Nonsmooth trajectory optimization:An approach using continuous simulated annealing[J]. Journal of Guidance,Control and Dynamic,17(4):685-691.

Luo Y Z,Lei Y J,Tang G J. 2007. Optimal multi-objective nonlinear impulsive rendezvous[J]. Journal of Guidance,Control and Dynamics,30(4):994-1002.

Luo Y Z,Li H Y,Tang G J. 2007. Hybrid approach to optimize a rendezvous phasing strategy [J]. Journal of Guidance,Control and Dynamics,30(1):185-191.

Luo Y Z,Tang G J. 2005. Spacecraft optimal rendezvous controller design using simulated annealing[J]. Aerospace Science and Technology,9(8):632-637.

Luo Y Z,Tang G J. 2006a. Parallel simulated annealing using simplex method[J]. AIAA Journal, 44(12):3143-3146.

Luo Y Z,Tang G J,2006b. Rendezvous phasing special-point maneuver mixed continuous-discrete optimization using simulated annealing[J]. Aerospace Science and Technology,10(7):652-658.

Luo Y Z,Tang G J,Lei Y J. 2007. Optimal multi-objective linearized impulsive rendezvous[J]. Journal of Guidance,Control and Dynamics,30(2):383-389.

Luo Y Z,Tang G J,Lei Y J,et al. 2007. Optimization of multiple-impulse multiple-revolution phasing rendezvous maneuvers[J]. Journal of Guidance, Control and Dynamics, 30(4): 946-952.

Luo Y Z, Tang G J, Parks G. 2008. Multi-objective optimization of perturbed impulsive rendezvous trajectories using physical programming[J]. Journal of Guidance, Control and Dynamics, 31(6): 1829-1832.

Luo Y Z, Tang G J, Zhou L N. 2005. Simulated annealing for solving near-optimal low-thrust orbit transfer[J]. Engineering Optimization, 37(2): 201-216.

Messac A, Hattis P. 1996. Physical programming design optimization for high speed civil transport(HSCT)[J]. AIAA Journal of Aircraft, 33(2): 446-449.

Messac A, Martinez M P, Simpson T W. 2002. Effective product family design using physical programming[J]. Engineering Optimization, 34(3): 245-261.

Messac A, Wilson B. 1998. Physical programming for computational control[J]. AIAA Journal, 3(2): 219-226.

Messac A. 1996. Physical programming: Effective optimization for design[J]. AIAA Journal, 34(1): 149-158.

Messac A. 1998. Control-structure integrated design with closed-form design metrics using Physical Programming[J]. AIAA Journal, 36(5): 855-864.

Metropolis N, Rosenbluth A W, Rosenbluth M N, et al. 1953. Equation of state calculations by fast computing machine[J]. Journal of Chemical Physics, 21(1): 1087-1092.

Moltoda T, Stengel R F. 2002. Robust control system design using simulated annealing[J]. Journal of Guidance, Control and Dynamics, 25(2): 267-274.

Murtagh B A, Saunders M A. 1978. Large-scale linearly constrained optimization[J]. Math. Program, 14: 41-72.

Murtagh B A, Saunders M A. 1998. MINOS 5. 5 user's guide[R]. Report SOL 83-20R, Department of Operations Research, Stanford University, Stanford, CA.

Myatt D R, Becerra V M, Nasuto S J, et al. 2004. Advanced global optimization tools for mission analysis and design[R]. Final Report of ESA Ariadna ITT AO4532/18138/04/NL/MV, Call 03/4101.

Olds A, Kluever C, Cupples M. 2007. Interplanetary mission design using differential evolution [J]. Journal of Spacecraft and Rockets, 44(5): 1060-1070.

Pamadi B. 1995. Simple guidance method for single stage to low earth orbit[J]. Journal of Guidance, Control and Dynamics, 18(6): 1420-1426.

Pinon E, Fowler W T. 1995. Lunar launch trajectory optimization using a genetic algorithm[C]. AAS Paper 95-142, AAS/AIAA Space Flight Mechanics Meeting.

Pontani M, Conway B A. 2010. Particle swarm optimization applied to space trajectories[J]. Journal of Guidance, Control and Dynamics, 33(5): 1429-1441.

Powell M J D. 1977. A fast algorithm for nonlinearly constrained optimization calculations[R]. Technical Report 77/NA 2, Department of Applied Mathematics and Theoretical Physics, University of Cambridge, England.

Powers W F. 1973. Crude-search davidon-type technique with application to shuttle optimization [J]. Journal of Spacecraft and Rockets, 10(11): 710-715.

Press W H, Teukolsky S A, Vetterling W T. et al. 1993. The Art of Scientific Computing: Numerical Recipes in C[M]. 2nd ed. New York: Cambridge University Press.

Radice G, Olmo G. 2005. Interplanetary trajectory optimization using ant colony algorithms[C]. IAC-05-C1. 5. 07.

Radice G, Olmo G. 2006. Ant colony algorithms for two-impulse interplanetary trajectory optimization[J]. Journal of Guidance, Control, and Dynamics, 29(6): 1440-1443.

Rauwolf G A, Coverstone-Carroll V L. 1996. Near-optimal low-thrust orbit transfers generated by a genetic algorithm[J]. Journal of Spacecraft and Rockets, 33(6): 859-862.

Schaffer J D. 1985. Multiple objective optimization with vector evaluated genetic algorithms[C]. First International Conference on Genetic Algorithms, Hilsdule, NJ, USA.

Schittkowski K. 1986. NLPQL: A Fortran subroutine for solving constrained nonlinear programming problems[J]. Annals of Operations Research, 11: 485-500.

Spellucci P. 1998a. An SQP method for general nonlinear programs using only equality constrained subproblems[J]. Math Prog, 82: 413-448.

Spellucci P. 1998b. A new technique for inconsistent problems in the SQP method[J]. Journal of Mathematical Methods of Operations Research, 47: 355-500.

Srinivas N, Deb K. 1995. Multiobjective function optimization using nondominated sorting genetic algorithms[J]. Evolutionary Computation, 2(3): 221-248.

Stancil R T. 1964. A new approach to steepest-ascent trajectory optimization[J]. AIAA Journal, 2(8): 1365-1370.

Storn R, Price K. 1997. Differential evolution-a simple and efficient heuristic for global optimization over continuous spaces[J]. Journal of Global Optimization, 11(4): 341-359.

Tan K C, Khor E F, Lee T H. 2005. Multiobjective Evolutionary Algorithms and Applications [M]. London: Springer.

Tekinalp O, Bingol M. 2004. Simulated annealing for missile optimization: Developing method and formulation techniques[J]. Journal of Guidance Control and Dynamics, 27(4): 616-626.

Tekinalp O, Utalya S. 2000. Simulated annealing for missile trajectory planning and multidisplinary missile design optimization[C]. AIAA Paper 2000-0684.

Wilson R B. 1963. A Simplicial Method for Convex Programming[D]. Cambridge City: Harvard University.

Wuerl A, Crain T, Braden E. 2003. Genetic algorithm and calculus of variations-based trajectory optimization technique [J]. Journal of Spacecraft and Rockets, 40(6): 882-888.

Yen J, Liao J C, Lee B, et al. 1998. A hybrid approach to modeling metabolic systems using a genetic algorithm and simplex method [J]. IEEE Trans on Systems Man and Cybernetics, 28(2): 173-191.

Yokoyama N, Suzuki S. 2005. Modified genetic algorithm for constrained trajectory optimization

[J]. Journal of Guidance Control and Dynamics, 28(1): 139-144.

Zhang Q F, Li H. 2007. MOEA/D: A multiobjective evolutionary algorithm based on decomposition[J]. IEEE Trans on Evolutionary Computation, 11(6): 712-731.

Zhu K J, Jiang F H, Li J F, et al. 2009. Trajectory optimization of multi-asteroids exploration with low thrust[J]. Transactions of the Japan Society for Aeronautical and Space Sciences, 52(175): 47-54.

Zitzler E, Giannakoglou K, Tsahulis D., et al. 2002. SPEA2: Improving the strength pareto evolutionary algorithm for multiobjective optimization[C]. Evolutionary Methods for Design, Optimisation and Control, Barcelona, Spain.

Zitzler E, Thiele L. 1999. Multiobjective evolutionary algorithms: a comparative case study and the strength pareto approach[J]. IEEE Transactions on Evolutionary Computation, 3(4): 257-271.

第5章 运载火箭发射轨道设计优化

运载火箭发射轨道优化是航天器轨迹优化研究开展较早的一类问题,并在实际工程中得到了显著的应用。本章着重阐述运载火箭发射轨道设计优化模型和设计方法。首先阐述运载火箭发射轨道设计优化的国内外研究进展,给出运载火箭发射轨道设计优化的基本模型;然后重点给出地球同步轨道的发射轨道设计优化方法,同时介绍低轨道和太阳同步轨道的发射轨道设计优化方法;最后简要给出运载火箭轨迹/总体参数一体化设计优化方法。

5.1 运载火箭发射轨道设计优化研究进展

5.1.1 国外研究进展

运载火箭发射轨道设计优化问题是最早得到关注的一类轨迹优化问题,较早的研究始于20世纪60年代(Breakwell et al.,1963;Lawden,1963;Balakrishnan et al.,1964),初期研究工作主要集中于通过建模简化获得解析解。随着计算条件的提高,基于两点边值问题的间接求解法和直接求解方法得到了发展,其代表性工作可参阅相关文献(Rosenbaum,1967;Spurlock et al.,1971;Kelly et al.,1969)。20世纪70年代美国发展了较为成熟的运载火箭发射轨道优化软件POST(Brauer et al.,1977)和GTS(Meder et al.,1975),应用于大力神、德尔它、宇宙神等运载火箭和航天飞机等多个型号。POST采用直接打靶法,假定俯仰角线性变化,优化变量选择为其斜率。POST随后在上升轨迹、再入轨迹等领域均有广泛的应用,最近的一些典型应用包括Olds等(1998)、Ledsinger等(2002)、Way等(2003)、Desai等(2005)做的工作。

此后围绕着各种具体问题,展开了一系列研究。Brusch(1977)研究了运载火箭轨迹优化参数化方法,采用拉格朗日乘子算法处理约束,结果表明求解效率高于可行方向法和罚函数法。Beltracchi(1992)针对地球同步静止轨道包含多个轨道段的发射轨道设计问题,提出了两层分解的优化策略。Rao等(1997)指出随着计算技术和优化技术的不断发展,轨迹优化可以在过去开环三自由度动力学模型基础上向着高精度模型方向发展。他们研究了太阳神运载火箭六自由度发射轨迹优化问题,轨迹动力学建立在J2000惯性坐标系中,优化软件包采用NPSOL,同六自由度的POST的结果进行了对比,结果非常接近,但是计算效率提高了10倍左右。

在先进运载系统研究方面，Park(1998)针对一类先进发射系统，考虑动压约束，采用多重打靶法完成了上升轨迹的设计优化，D'Angelo 等(2000)采用直接法研究了单级入轨升力体可重复使用运载器的上升轨迹优化问题。在快速轨迹优化方面，Dukeman 等(2008)提出一个应用于 Ares I 运载火箭的快速轨迹优化算法，仅包含两个优化变量即发射方位角和俯仰角斜率；Ross 等(2003)研究提出了基于伪谱方法的多级运载火箭快速轨迹优化方法；Lu 等(2008)提出了一种基于多重打靶方法的快速大气层外含滑行轨迹的运载火箭上升轨迹最优制导算法，其中打靶算法没有采用牛顿迭代法，而是采用了 Powell 的信赖域法，算法的鲁棒性更高。

为克服一般性直接法和间接法对初始解的敏感性问题，Calise 等(1998)提出了一个混合解析和数值优化算法，采用同伦算法求解，该方法可应用于轨迹在线生成。此后，Gath 等(2001)采用该方法求解了路径约束和带滑行段的运载火箭上升轨迹优化问题，Calise 等(2004)将其应用到运载火箭发射逃逸轨迹的设计优化中。Gath 等(2002)研究了采用直接法求解运载火箭上升轨迹的初始解预估方法，采用间接方法不考虑气动力、路径约束和复杂边界条件获得初始解，将该方法应用到 Ariane 5 运载火箭的上升轨迹优化中。Geethaikrishnan 等(2008)采用直接打靶法处理最优控制问题，结合遗传算法和梯度算法构造了一个混合优化算法用于运载火箭轨迹优化。Berend 等(2006)介绍了法国航天局用于阿里安运载火箭轨迹优化的方法及软件，主要是基于极大值原理的间接方法。

5.1.2 国内研究进展

我国航天运载弹道学起步于 20 世纪 50 年代末期到 60 年代初期，历经 50 多年的发展，建立了较为完善的航天运载弹道学科，解决了多级火箭的弹道设计、精确弹道计算模型和算法、弹道优化设计方法、同步轨道发射弹道的设计、入轨大姿态定向设计、末级离轨等一系列技术难题(余梦伦，2000)。运载火箭发射轨道设计优化是其中的一个重要内容，是伴随着弹道设计发展而不断发展的。

我国运载火箭发射轨道设计优化的奠基工作是由著名弹道专家余梦伦院士完成的(余梦伦，1983，1990；龙乐豪，1989)，他提出了一个面向工程应用的优化迭代方法，选择少数几个参数表示俯仰角程序，通过牛顿迭代算法完成发射轨道设计，该方法在我国运载火箭型号中得到了广泛应用。陈克俊(1992)、张嵩(1997)采用类似方法求解了载人飞船发射上升段轨道和固体运载火箭轨迹优化问题。此外，紫琅燕(1991)采用间接法研究了运载火箭真空段最优推力程序。进入 21 世纪以后，我国新型运载系统研制进入一个蓬勃阶段，此时航天器轨迹优化方法较之以往也有较大进步。众多学者围绕新型运载系统，采用当今先进的轨迹优化手段开展了运载火箭发射轨道设计优化研究。以我国新一代运载火箭总体设计为背景，罗亚中(2003)、程堂明(2005)、田蕾(2005)等研究了系列化运载火箭性能优化问题，主要解决了轨迹优化的全局优化算法、多个轨道段分解优化策略、轨迹/总体参数一体化优化方法和软件研制等问题。此外，茹家欣(2004)给出了空射运载火箭的发射轨道设计方法；孙丕忠等(2004)研究了基于遗传算法的空射固体运载火箭发射轨道优化方法；宣颖等(2008)研究了基于 Legendre 伪谱法的固体运载火箭轨迹优化。

运载火箭发射轨道优化是具有明确工程背景的航天器轨迹优化问题，国内外均发展了较为成熟的基本方法，即采用直接打靶法处理最优控制问题，轨迹优化控制程序角由少量参数表示；此外在进行真空段优化时，基于极大值原理可得到最优推力方向。运载火箭发射轨道优化研究的重点和难点主要集中在三个方面：多个轨道段问题、轨迹和总体参数耦合问题、轨迹在线生成算法。下面主要结合我国运载火箭发射轨道设计优化研究的现状，阐述前两个问题的处理方法。

5.2　发射轨道设计优化基本模型

轨道设计优化是一类最优控制问题，本节结合工程实际要求和最优控制问题的参数化处理方法，建立运载火箭最优发射轨道的参数优化模型。

5.2.1　运载火箭发射轨道动力学模型

运载火箭发射轨道优化研究中的动力学模型国内外有所不同，国外较多采用的是建立在惯性直接坐标系如 J2000 下的动力学方程(Rao et al.，1997；Gath et al.，2002；Lu et al.，2008)，较少采用非惯性系下的动力学方程；而国内的研究主要采用非惯性发射坐标系下的动力学方程。国外的多数文献中飞行程序角主要是基于最优化方法确定，少量是由包含若干参数的经验公式确定；而国内研究主要是采用一套工程经验公式。分析其原因，主要是国内的研究主要延续了我国工程领域的处理方法，而国外的部分研究可能是面向理论研究，并非是真正工程实用的方法，其工程上实用方法应该同我国类似，如 Brusch(1977)面向宇宙神型号的优化方法以及美国运载火箭轨迹优化软件 POST，其飞行攻角也是由少量参数确定。

本节主要给出国内运载火箭发射轨道计算中常用的弹道微分方程，由于运载火箭设计的需要，通常取与地球固连的发射坐标系(发射坐标系 o_0xyz：坐标原点在发射点，o_0x 轴在发射点水平面内，指向发射瞄准方向，o_0y 沿发射点的重垂线向上，o_0xyz 为右手直角坐标系)作为描述火箭运动的参考系。运载火箭的发射轨道优化通常适用于运载火箭的论证设计阶段，弹道计算的任务是为确定火箭的总体参数提供弹道分析结果、确定火箭最大运载能力和射程能力；协调有效载荷、发动机、航区、测量等系统与火箭总体。该阶段的弹道计算时，可以对火箭的飞行环境作适当的简化以建立运动微分方程。用于运载火箭发射轨道优化的运载火箭运动

微分方程通常建立在下面几点假设的基础上(龙乐豪,1989):

(1) 地球是个圆球,不考虑地球的扁率的影响,但是考虑地球旋转的影响。

(2) 不考虑气动升力的影响。

(3) 控制系统是理想的,火箭无惯性,完全按程序飞行。

(4) 不考虑发动机外界因素对推力和流量的影响。

在上述假设下,建立在发射坐标系下的弹道运动微分方程为

$$\begin{cases}\dfrac{\mathrm{d}v_x}{\mathrm{d}t}=\dfrac{P}{m}\cos\varphi\cos\psi+\dfrac{D}{m}\dfrac{v_x}{v}-\dfrac{x}{r}g+2(\omega_z v_y-\omega_y v_z)\\ \dfrac{\mathrm{d}v_y}{\mathrm{d}t}=\dfrac{P}{m}\sin\varphi\cos\psi+\dfrac{D}{m}\dfrac{v_y}{v}-\dfrac{R_0+y}{r}g+2(\omega_x v_z-\omega_z v_x)\\ \dfrac{\mathrm{d}v_z}{\mathrm{d}t}=-\dfrac{P}{m}\sin\psi+\dfrac{D}{m}\dfrac{v_z}{v}-\dfrac{z}{r}g+2(\omega_y v_x-\omega_x v_y)\\ \dfrac{\mathrm{d}x}{\mathrm{d}t}=v_x\\ \dfrac{\mathrm{d}y}{\mathrm{d}t}=v_y\\ \dfrac{\mathrm{d}z}{\mathrm{d}t}=v_z\end{cases}\tag{5.2.1}$$

式中,P 为发动机推力;m 为质量;φ 为俯仰角,$\varphi=\varphi_{cx}-\omega_z t$;$\psi$ 为偏航角,$\psi=\psi_{cx}+(\omega_x\sin\varphi-\omega_y\cos\varphi)$;$\varphi_{cx}$ 和 ψ_{cx} 分别为俯仰程序角和偏航程序角;g 为重力加速度,$g=g_0R^2/r^2$,$g_0=9.80665\mathrm{m/s^2}$,$r$ 为 t 时刻距地心的矢径,R 为地球平均半径;R_0 为发射点到地心的距离;ω_x、ω_y 和 ω_z 分别为地球旋转角速度在发射系三个坐标方向的分量。

运载火箭在不同的设计阶段其弹道微分方程的要求会有所不同,具体计算时需要具体考虑。

5.2.2 运载火箭发射轨道优化问题

运载火箭的飞行性能如运载能力、箭体强度、气动加热等都与俯仰角程序和推力程序所确定的轨迹形状有关,总体参数优化求解中必须结合轨迹要求进行发射轨道优化,这样才能最大限度地挖掘运载火箭的整体设计性能。

运载火箭发射轨道优化的工作一般分为两类:一类是最优控制问题,如俯仰角程序优化、推力程序优化和偏航角程序优化等;另一类是参数优化问题,如运载能力优化(有效载荷质量)、加注量优化、入轨条件优化和发动机参数优化等(龙乐豪,1989)。实际上运载火箭由于其运载器的特殊性,其参数优化问题往往是同轨迹优化问题耦合在一起的,这也正是运载火箭各类型总体优化设计难以求解的一个重要原因。本章 5.4 节将着重阐述第一类问题,而 5.5 节将基于运载火箭发射轨道

优化设计中总体变量和控制变量的耦合问题建立两级规划模型。对发射轨道设计的要求,主要来自有效载荷和火箭控制系统,还有地面测控系统对火箭航区的要求以及子级落区的限制等。这些要求归纳如下(程堂明,2005):

(1) 有效载荷给定入轨点密切椭圆轨道参数,包括近地点高度 H_p、远地点高度 H_a(或轨道半长轴 a)、轨道倾角 i 和近地点幅角 ω。

(2) 有效载荷给定的入轨点姿态参数。

(3) 控制系统对火箭姿态角速率的限制和发动机启动、关机前后姿态保持的要求。

(4) 地面测控系统对火箭射向的限制。

(5) 子级落区对火箭射向和子级射程的限制。

以上要求中,有效载荷入轨姿态要求由动力飞行结束后调姿段火箭的调姿来实现,它与火箭动力飞行段轨迹优化设计的关系不大,其他要求在决定射向后,都可以通过调整火箭发动机启动、关机时间和火箭的姿态角来满足。所以火箭发射轨道的优化设计归结为给定射向下,满足指定终端条件和子级落点约束的火箭推力程序和飞行姿态角程序优化问题。

本节从式(2.1.1)～式(2.1.4)所确定的最优控制问题的标准形式出发,对运载火箭发射轨道优化问题作一简单分析:

(1) 性能指标。发射轨道优化设计的指标是最省燃料入轨,而最省燃料入轨可以由运载火箭上面级发动机工作时间和推进剂容余量等指标来体现。

(2) 微分方程组约束。式(5.2.1)所确定的弹道微分方程。

(3) 初始状态。运载火箭在发射场的起飞初始状态。

(4) 终端状态。终端状态的等式约束体现在入轨等式约束条件,不等式约束可以包括发动机关机时刻和推进剂容余量的限制条件等。

(5) 过程约束。过程约束可能包括了飞行最大过载系数、最大飞行动压等限制。

(6) 设计参数和控制变量。运载火箭的轨迹优化设计必然包括一些静态设计参数,如发射方位角、滑行轨道参数等;在运载火箭的初步设计阶段,通常认为推力程序是固定的,轨道优化的控制变量是俯仰角程序。下面结合工程实际和最优控制问题的参数化处理方法,给出俯仰角程序的工程实用参数化处理方法。

5.2.3　发射轨道程序角参数化方法

根据运载火箭飞行的特点,飞行程序的选择通常分为大气层飞行段与真空飞行段两部分进行(龙乐豪,1989)。

运载火箭大气段的飞行程序角由于受到火箭飞行性能约束,通常是固定的形式,这一形式由大量工程实践获得。大气段的飞行程序角分两段来处理:

1) 垂直上升段($0\sim t_1$)

$$\varphi_{cx}(t)=\frac{\pi}{2} \tag{5.2.2}$$

t_1 取决于运载火箭的起飞推重比 N_0，初步确定时可根据式(5.2.3)估算：

$$t_1=\sqrt{\frac{40}{N_0-1}} \tag{5.2.3}$$

2) 大气转弯段($t_1\sim t_3$)

根据大气段飞行对攻角的实际要求，其变化规律可由式(5.2.4)确定：

$$\alpha(t)=4\alpha_m e^{a(t_1-t)}\left[e^{a(t_1-t)}-1\right] \tag{5.2.4}$$

式中，a 为转弯常系数；α_m 为攻角绝对值最大值，二者均是待定设计参数。

当确定攻角后，按照式(5.2.5)确定俯仰程序角：

$$\varphi_{cx}(t)=\theta(t)+\alpha(t)+\omega_z t \tag{5.2.5}$$

式中，$\theta(t)$为发射系下的弹道倾角；ω_z 为地球旋转角速度在发射坐标系 z 方向的分量。

运载火箭在真空飞行时，气动载荷对弹道已没有特殊要求，运载火箭在真空段的俯仰角选择可以完全从提高运载火箭性能出发(如最大运载能力和最大入轨速度等)。简化弹道方程下的真空段俯仰角程序的一般形式如下(贾沛然等，1993)：

$$\varphi_{cx}(t)=\arctan\left(\frac{a+bt}{1+ct}\right) \tag{5.2.6}$$

余梦伦(1983)、陈克俊(1992)在进行运载火箭上升轨道设计时，由于采用了迭代法进行入轨等式的迭代求解，故限定真空段的俯仰角为几个线性段。罗亚中(2003)研究表明上述处理措施有较大的局限性，不能充分挖掘设计潜力，在对真空段俯仰角程序优化时，采用了飞行器轨迹优化常用的直接打靶法，即俯仰角程序 $\varphi_{cx}(t)$采用如下离散化形式：

$$\varphi_{cx}(t)=\varphi_{cxi}+\dot{\varphi}_{cxi}(t-t_i),\quad t_i\leqslant t\leqslant t_{i+1},\quad i=1,2,\cdots,n \tag{5.2.7}$$

当 $i=1$ 时 φ_{cxi} 为大气段结束的俯仰角，$\dot{\varphi}_{cxi}$ 为真空飞行段第 i 线性俯仰角程序段斜率。

于是真空段 $\varphi_{cx}(t)$由 $\dot{\varphi}_{cxi}$ 决定，即真空段俯仰角程序优化问题便转化为 n 个参数优化问题。

5.2.4 目标轨道入轨条件计算

运载火箭在进行方案设计时，通常给定如下目标轨道要求：远地点高度 h_a、近地点高度 h_p、轨道倾角 i_0 和入轨点真近点角 f_p 等，在进行发射轨道设计时，上述要求通常转化为 4 个终端等式约束：

$$
\begin{cases}
h_k = r_k - R \\
v_k = \sqrt{\mu\left(\dfrac{2}{r_k} - \dfrac{1}{a}\right)} \\
\vartheta_k = \arccos\sqrt{\dfrac{a(1-e^2)}{r_k}\left(2-\dfrac{r_k}{a}\right)^{-1}} \\
i_k = i_0
\end{cases}
\tag{5.2.8}
$$

式中，h_k 为高度；v_k 为绝对速度；ϑ_k 为当地弹道倾角；i_k 为轨道倾角；$r_k = a(1-e^2)/(1+e\cos f_p)$；轨道长半轴 $a = R+\dfrac{1}{2}(h_a+h_p)$；轨道偏心率 $e=\dfrac{h_a-h_p}{2a}$；R 为地球半径；地球引力参数 $\mu = 3.986012\times10^5 \mathrm{km^3/s^2}$。

近地轨道的入轨条件与上述计算方式完全一致，地球同步发射轨道的入轨条件则包含停泊入轨条件和转移入轨条件计算，其中停泊入轨通常没有轨道倾角的约束，转移入轨条件则多了一个入轨纬度要求。太阳同步轨道入轨条件计算在 5.4 节中给出。

5.3　地球同步轨道发射轨道设计

参考余梦伦(1983)的论述，给出地球同步轨道发射轨道的设计过程和结果。

5.3.1　发射过程

地球同步轨道卫星通常选择带有停泊轨道的发射轨道，具体发射过程如图 5.3.1 所示。火箭从发射点起飞，经过前动力段(Ok_1)在 k_1 点进入停泊轨道，在

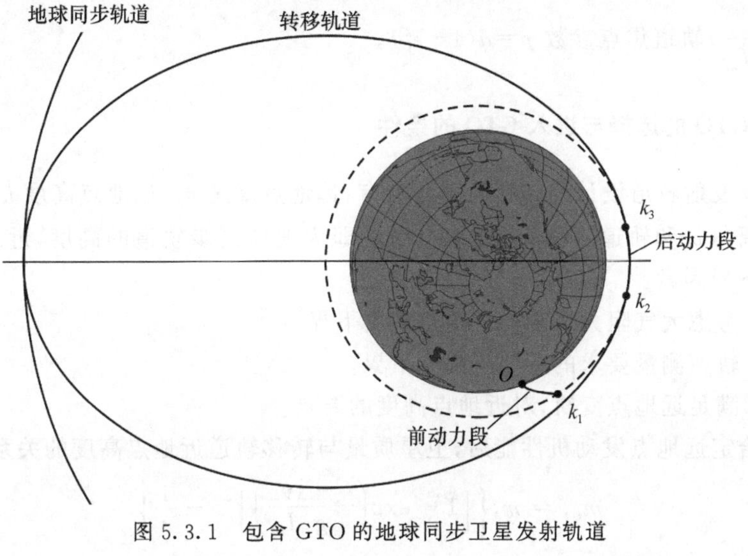

图 5.3.1　包含 GTO 的地球同步卫星发射轨道

停泊轨道滑行到 k_2 点，火箭发动机再次工作，在后动力段(k_2k_3)加速，达到预定速度后，火箭与卫星在 k_3 点分离，卫星进入地球同步转移轨道(geosynchronous transfer orbit，GTO)，当卫星运行到 GTO 的远地点附近时，卫星上的远地点发动机工作，卫星进入地球同步轨道。因此地球同步卫星的发射轨道包括两个中间轨道：停泊轨道和 GTO。GTO 发射轨道是整个 ok_3 段。地球同步卫星的发射轨道设计是 GTO 发射轨道设计问题。

5.3.2 停泊轨道的选择与进入停泊轨道的条件

停泊轨道的主要用途是保证 GTO 的入轨点 k_3 的纬度满足入轨要求，如果对于入轨纬度没有限制，则从变轨的角度来说可以不需要停泊轨道。停泊轨道可选择为圆轨道、椭圆轨道或者亚轨道，通常在运载火箭概念设计阶段选择为圆轨道。

通常给定停泊轨道的远地点高度 h_a、近地点高度 h_p、入轨点到近地点角距 f_{k1} 和轨道倾角 i_0，进入停泊轨道的入轨条件为

$$\begin{cases} \text{高度} \quad h_{k1} = r_{k1} - R \\ \text{速度} \quad v_{k1} = \sqrt{\mu\left(\dfrac{2}{r_{k1}} - \dfrac{1}{a}\right)} \\ \text{弹道倾角} \quad \vartheta_{k1} = \arccos\sqrt{\dfrac{a(1-e^2)}{r_{k1}}\left(2 - \dfrac{r_{k1}}{a}\right)^{-1}} \\ \text{轨道倾角} \quad i_{k1} = i_0 \end{cases} \tag{5.3.1}$$

式中，轨道长半轴 $a=R+\dfrac{1}{2}(h_a+h_p)$；轨道偏心率 $e=\dfrac{(h_a-h_p)}{2a}$；入轨点矢径 $r_{k1}=\dfrac{p}{1+e\cos f_{k1}}$；轨道焦点参数 $p=a(1-e^2)$。

5.3.3 GTO 的选择与进入 GTO 的条件

涉及发射轨道设计的转移轨道参数有：远地点高度 h_a、近地点高度 h_p、入轨点近地点幅角 ω 和轨道倾角 i。远地点高度即为地球同步轨道的高度，近地点高度取决于下列因素：

(1) 考虑大气阻力摄动的近地点高度下界。

(2) 轨道测量要求的近地点高度下界。

(3) 满足远地点变轨，对近地点高度的要求。

在给定远地点发动机性能后，卫星质量与转移轨道近地点高度的关系为

$$m_{sat} = m_t\left\{\left[1-\exp\left(-\frac{\Delta v}{g_0 I_{sp}}\right)\right]^{-1} - \frac{1}{\sigma}\right\} \tag{5.3.2}$$

式中，m_{sat}为卫星质量（不包含远地点发动机质量）；m_t为远地点发动机装药量；σ为远地点发动机结构系数；I_{sp}为远地点发动机比冲，变轨速度增量为

$$\Delta v = \sqrt{\frac{GM}{r_a}\left(3 - \frac{2r_a}{r_a + r_p} - 2\sqrt{2 - \frac{2r_a}{r_a + r_p}}\cos i\right)} \tag{5.3.3}$$

其中，$r_a = R + h_a$，$r_p = R + h_p$。进入GTO轨道的入轨条件可表示为（近地点入轨）

$$\begin{cases} \text{高度} \quad h_{k3} = h_p \\ \text{速度} \quad v_{k3} = \sqrt{\mu\left(\dfrac{2}{r_{p3}} - \dfrac{1}{a}\right)} \\ \text{弹道倾角} \quad \vartheta_{k3} = 0 \\ \text{纬度} \quad \delta_{k3} = \arcsin(\sin i \sin\omega) \\ \text{轨道倾角} \quad i_{k3} = i \end{cases} \tag{5.3.4}$$

上述轨道入轨条件是GTO轨道优化的约束条件。一般而言，GTO的近地点幅角$\omega = 180°$和$0°$，以保证转移轨道远地点变轨时，能进入零倾角的地球同步轨道，若GTO是近地点入轨，则入轨纬度$\delta = 0°$（赤道入轨）。但考虑到卫星在转移轨道运行时，近地点幅角要受到摄动，因此初始转移轨道近地点幅角要加偏置量。

5.3.4 俯仰角程序的选择

在进行GTO发射轨道设计时，通常选择一种工程简化的迭代法求解（余梦伦，1983；龙乐豪，1989），该方法的主要思路是：根据终端等式约束条件的个数，选择优化变量，一般确保优化变量个数等于等式约束个数，主要是俯仰角控制变量（各俯仰角工作段线性斜率）和停火点质量，通过牛顿迭代法求解非线性方程组完成发射轨道设计，这种设计方法是我国目前在弹道导弹和运载火箭发射轨道设计中采用最多的方法。

该方法的优点是：如果迭代初始点适当，可以较快地获得一条设计弹道，求解精度高。但是也有明显的缺点：①迭代法主要实现的是设计满足要求的发射轨道，其对发射轨道优化指标的反映不够充分，优化效果较差；②采用迭代法进行发射轨道设计，由于限定了设计变量的数目，给设计变量选择带来了困难；同时迭代法进行发射轨道设计时，最优控制变量选择了一种最简化的线性形式，无法获得全局最优控制曲线；③迭代法对初始点非常敏感，算法收敛可靠性很差，好的初始点需要依据运载火箭总体参数并结合设计经验获得，这对于开发一个通用轨迹优化软件无异是一个瓶颈，同时迭代法的局部收敛问题也比较突出。

GTO发射轨道优化设计问题是一个较为复杂的轨迹优化设计问题，罗亚中等（2004）采用一些新的优化技术手段对GTO发射轨道优化设计问题进行了较为系

统地研究，5.4 节将详细介绍这一方法。

5.4 基于分解策略的 GTO 发射轨道优化

5.4.1 研究内容

在进行 GTO 发射轨道设计时，停泊轨道参数、停泊轨道入轨点位置和 GTO 入轨点位置理论上存在最优值，可通过优化计算确定。实际求解中由于优化确定上述参数难度太大，通常根据实际工程需求确定一个合理的参数。GTO 发射轨道优化主要侧重于整个发射轨道的程序角优化设计，该发射轨道设计包括三个轨道段的设计：前动力轨道段(ok_1)、停泊滑行段(k_1k_2)和后动力轨道段(k_2k_3)，如图 5.3.1 所示。单独的轨迹优化设计的指标通常为给定推进剂加注量、发动机参数等总体参数优化最大运载能力，同时在实际应用中给定运载能力和各项总体参数优化指标可选择上面级推进剂容余量最大。

GTO 发射轨道优化设计问题是一个较为复杂的飞行器轨迹优化设计问题，求解难度主要表现在：①整个发射轨道划分为停泊入轨段、停泊滑行段和停泊到转移轨道的空间变轨三个阶段，各个轨道段均有各自的设计指标，并且之间相互耦合。在轨迹优化设计领域，包含多个轨道段的轨迹优化设计问题一直是一个难题。②停泊上升轨道设计和停泊到转移轨道变轨均属于终端时刻可变最优控制问题，是最优控制问题中较难解决的一类。③苛刻的终端约束条件以及总体变量和控制变量相耦合所带来的局部收敛性及收敛性差的问题：由于运载火箭轨道优化设计的结果要满足实际的工程应用需求，飞行器运动系统方程不能过于简化，同时终端条件必须在一定精度的满足范围内，复杂的系统模型和苛刻的终端约束条件为问题收敛求解带来了困难；同时对于运载火箭的轨道优化设计，设计变量不仅仅包括控制变量(俯仰角、攻角或发射方位角等)，同时也必然包含总体变量如有效载荷质量等，总体、控制变量耦合为收敛求解带来了困难。

5.4.2 参数化处理及分析计算模型

采用 5.2 节发射轨道俯仰角选择方法，大气层飞行段的俯仰角有两个设计参数：a 为常系数，a_{m} 为攻角绝对值最大值；在真空段采用直接打靶法处理俯仰角，即俯仰程序角 $\varphi_{cx}(t)$ 由各个俯仰角线性段斜率 $\dot{\varphi}_{cxi}$ 决定，其中 GTO 的滑行段选择为一个线性段。

数学模型包括运载火箭质量计算模型、发动机性能计算模型、气动力计算模型和飞行程序控制模型及弹道计算模型。本节的研究对象是给定总体参数下的单独轨迹优化设计，质量计算模型不涉及运载火箭的结构质量计算，主要完成飞行动态质量计算。发动机性能计算模型主要是完成发动机推力和流量的计算,考虑发动机安装角。气动力计算模型完成大气阻力计算,气动系数根据设计部门数据采用二元拉格朗日插值计算,采用国际标准大气模型。飞行程序控制模型主要是确定发动机点火关机时刻、芯级分离时刻、助推器分离、整流罩分离时刻等时间点,已按照工程实际要求设计了程序控制模型,如整流罩的分离时刻由飞行动压确定、不同类型的助推器同时分离策略。弹道计算模型采用5.2节中给出的发射坐标系下的弹道运动微分方程。

5.4.3 两级规划模型

根据前面的讨论,单独的GTO发射轨道优化设计有两种情形:运载能力作为设计变量也同时为优化目标;运载能力给定,优化目标是上面级推进剂容余量最大。其中前一种优化情形最为常见。优化算例表明,倘若把运载能力和轨迹最优控制变量作为一个变量整体,由于运载能力和轨迹最优控制变量的强耦合性,是很难获得收敛解(入轨条件的等式约束很难得到满足),同样的问题也存在于运载火箭的总体/轨迹双学科设计优化中;同时控制变量和总体变量作为一个整体求解很难充分反映出优化指标。针对总体变量和控制变量耦合所带来的运载火箭总体优化设计收敛性差的问题,提出了一种两级规划模型。其中上面级问题处理总体变量,下面级问题完成一次给定总体变量后的轨迹优化设计,并把最佳轨迹设计结果反馈给上面级问题。两级规划模型的一般形式可以描述为

$$\begin{cases} \min\limits_{\boldsymbol{x}} & F(\boldsymbol{x},\boldsymbol{y}) \\ \text{s.t.} & \boldsymbol{x} \in \Omega_0 \equiv \{\boldsymbol{x} \mid H(\boldsymbol{x},\boldsymbol{y}) = 0, G(\boldsymbol{x},\boldsymbol{y}) \leqslant 0\} \end{cases} \tag{5.4.1}$$

且 $\boldsymbol{y}=(\boldsymbol{y}_1,\boldsymbol{y}_2,\cdots,\boldsymbol{y}_N)$解

$$\begin{cases} \min\limits_{\boldsymbol{y}_k} & f_k(\boldsymbol{x},\boldsymbol{y}_k) \\ \text{s.t.} & \boldsymbol{y}_k \in \Omega_k \equiv \{\boldsymbol{y}_k \mid h_k(\boldsymbol{x},\boldsymbol{y}_k) = 0, g_k(\boldsymbol{x},\boldsymbol{y}_k) \leqslant 0\}, \quad k=1,2,\cdots,N \end{cases} \tag{5.4.2}$$

最大运载能力和最小起飞质量的两级规划模型的主要差别在于上面级问题的不同,在进行运载火箭总体设计优化时火箭起飞推重比、长细比、最大过载系数及助推器(整流罩)落点航程等指标均有一定的约束限制,而这些约束条件主要是通过调整运载火箭的总体参数而满足,单独的轨迹设计优化对上述指标的调节不大。最大运载能力优化两级规划模型中,上面级问题的设计变量为运载能力 m_{pl},优化指标为最大 m_{pl},约束条件主要有两个方面:等式约束是停泊轨道和GTO的入轨条件,不等式约束则是要满足运载火箭上面级实际推进剂容余量 m_{ry} 大于额定安全余量 m_{ry0}。最大运载能力两级规划模型的上面级优化问题为:

$$\begin{cases} \max & F(\boldsymbol{x},\boldsymbol{y}^*,\boldsymbol{p}) = m_{\mathrm{pl}} \\ \mathrm{s.\,t.} & \psi_{\mathrm{anchor}}(\boldsymbol{x},\boldsymbol{y}^*,\boldsymbol{p}) = 0, \psi_{\mathrm{GTO}}(\boldsymbol{x},\boldsymbol{y}^*,\boldsymbol{p}) = 0, m_{\mathrm{ry}} - m_{\mathrm{ry0}} \geqslant 0 \end{cases} \tag{5.4.3}$$

式中，ψ_{anchor}，ψ_{GTO}分别是停泊轨道和 GTO 轨道的入轨条件；$\boldsymbol{x}=(x_1,x_2,\cdots,x_n)^{\mathrm{T}}$ 为上面级问题的设计变量；$\boldsymbol{p}=(p_1,p_2,\cdots,p_k)^{\mathrm{T}}$ 是在优化过程中固定的设计参数；$\boldsymbol{y}^*$ 是上面级给定的 $\boldsymbol{x},\boldsymbol{p}$ 下面级问题的最佳轨迹控制变量反馈值。对于最大运载能力两级规划模型 $\boldsymbol{x}=(m_{\mathrm{pl}})^{\mathrm{T}}$，$\boldsymbol{p}$ 包括了运载火箭各级的干重、加注量及发动机比冲、推力等运载火箭总体参数，同时也包含了发射轨道参数如停泊轨道的远近地点高度等。事实上，$\boldsymbol{x},\boldsymbol{p}$ 涵盖了运载火箭总体设计中的决策变量，调整 $\boldsymbol{x},\boldsymbol{p}$ 的包含范围，则可以完成不同类型的总体优化。如固定 m_{pl}，即把 m_{pl} 作为 $\boldsymbol{p}$ 的一个分量，$\boldsymbol{x}$ 包括了加注量、发动机推力等运载火箭总体参数，则该两级规划模型为最小起飞质量两级规划模型；同样的仅把发射轨道参数作为 $\boldsymbol{x}$ 的分量，则该两级规划模型为给定运载火箭总体参数的发射轨道参数优化设计问题。

下面级的问题作为单独的轨迹优化设计模型，其计算前提是运载能力和总体参数已经给定，选择的优化指标为上面级推进剂容余量最大，实质就是燃料最省轨迹优化设计，反映了轨迹优化设计的本质，使得该类型的轨迹优化设计模型适应于各种类型的运载火箭总体优化设计(单学科、双学科和多学科设计优化等)。单独的轨迹优化设计模型将在下节给出。

5.4.4　发射轨道的分解优化模型

根据前文的描述，整个 GTO 发射轨道分为三个轨道段，优化设计指标是燃料最省，具体反映是上面级推进剂容余量最大，同时满足入轨条件。工程迭代法进行 GTO 发射轨道设计时考虑了 GTO 发射轨道设计要满足两个轨道入轨要求，迭代程序也是分为两步，但是并没有提出相应的各个轨道段的设计指标。实际上，由于停泊滑行段是无动力飞行，要获得 GTO 入轨最大推进剂容余量，停泊上升轨道同样也应该是燃料最省的，即“最优-最优”才能获得最大设计指标；轨道分解优化策略是各种多轨道段轨道优化设计的有效策略(Beltracchi，1992；Rahn et al.，1996；Phillips et al.，2000)。鉴于此，将整个 GTO 发射轨道优化设计问题划分为两个轨道段优化设计问题。

1) 停泊轨道上升轨道段优化设计

停泊轨道上升轨道段是指火箭从地面起飞到停泊入轨点的飞行段，称该段轨道优化设计问题为发射轨道设计问题 1)，描述如下：

$$\begin{cases} \min & f_1(\boldsymbol{x},\boldsymbol{y}_1,\boldsymbol{p}) = t_{\mathrm{s1}} \\ \mathrm{s.\,t.} & \psi_{\mathrm{anchor}}(\boldsymbol{x},\boldsymbol{y}_1,\boldsymbol{p}) = 0, \quad q - q_{\max} \leqslant 0 \end{cases} \tag{5.4.4}$$

其中，停泊轨道入轨条件为

$$\psi_{\text{anchor}} = \begin{bmatrix} r(t) - R - h_{k1} \\ v(t) - v_{k1} \\ \vartheta(t) - \vartheta_{k1} \end{bmatrix}_{t=t_{f1}} \tag{5.4.5}$$

式中，$r(t)$、$v(t)$、$\vartheta(t)$分别是 t 时刻运载火箭矢径、绝对速度值、当地弹道倾角；r_{k1}、v_{k1}、ϑ_{k1}是上述指标对应的实际入轨轨道要求；t_{f1}是停泊轨道入轨点时刻；q 是任意时刻的飞行动压；q_{max}是最大允许飞行动压。

$\boldsymbol{y}_1=(a_m,a_0,\dot{\varphi}_i,t_{s1})^T(i=1,2,\cdots,N_1)$为停泊上升段轨道优化设计变量，运载火箭停泊轨道上升段飞行时采用了发动机连续工作，因此停泊轨道上升轨道段燃料最省指标可以由上面级第一次工作时间 t_{s1}、停泊入轨点时刻及停泊入轨点质量等几个等价参数表示，由于选择了 t_{s1} 作为设计变量，为方便计算，选择 t_{s1} 作为优化目标。

2）停泊轨道到 GTO 段优化设计

该轨道段包括两个轨道段：停泊滑行段和停泊轨道到 GTO 的变轨段。由于停泊滑行段的设计指标——GTO 入轨点纬度只有通过变轨段才能反映出来，因此把这两个轨道段作为一个整体进行优化设计。称该段轨道优化设计问题为发射轨道优化问题 2)，表述如下：

$$\begin{cases} \max & f_2(\boldsymbol{x},\boldsymbol{y}_2,\boldsymbol{p}) = m_{ry} \\ \text{s.t.} & \psi_{GTO}(\boldsymbol{x},\boldsymbol{y}_2,\boldsymbol{p}) = 0, \quad m_{ry} > 0 \end{cases} \tag{5.4.6}$$

其中，GTO 轨道入轨条件

$$\psi_{GTO} = \begin{bmatrix} r(t) - R - h_{k3} \\ v(t) - v_{k3} \\ \vartheta(t) - \vartheta_{k3} \\ \phi(t) - \phi_{k3} \end{bmatrix}_{t=t_{f3}} \tag{5.4.7}$$

式中，$\phi(t)$是 t 时刻运载火箭的纬度坐标；ϕ_{k3}是实际入轨纬度要求；t_{f3}是 GTO 入轨点时刻。GTO 的入轨轨道条件中并没有涉及入轨轨道倾角，在实际应用中是对轨道倾角有约束的，对轨道倾角的约束是通过调整发射方位角满足的，此处不做过多讨论。

$\boldsymbol{y}_2=(t_w,\dot{\varphi}_w,\dot{\varphi}_i,m_{ry})^T(i=N_1+1,N_1+2,\cdots,N_2)$为该段轨道优化设计变量。停泊滑行段的轨道设计变量选择了滑行段时间 t_w 和该段的俯仰角线性斜率 $\dot{\varphi}_w$，实际上只有 t_w 决定着入轨点纬度，选择 $\dot{\varphi}_w$ 是为了保持俯仰角连续同时也会对下一阶段停泊轨道到 GTO 的变轨产生影响。

推进剂容余量 $m_{ry}>0$ 是根据实际物理意义获得的，事实上具有工程意义的轨道设计结果应该是 $m_{ry}\geqslant m_{ry0}$。本文设计了两级规划模型，强约束 $m_{ry}\geqslant m_{ry0}$ 体现在上面级问题中，下面级单独的轨迹设计则是放宽了约束，使得单独的轨迹优化设计模型具有较好的通用性，例如，设计人员可能会对给定运载能力下最大可能容余量指标感兴趣，进而调整额定容余量。

5.4.5 优化策略设计

1）问题规范化处理

实际工程中的非线性规划问题，其设计变量、优化目标和约束条件数值上往往会相差很大，例如，对于本问题设计变量上面级发动机第一次工作时间数量级为 10^2，而俯仰角斜率(弧度)的数量级为 10^{-3}；等式约束条件中高度的误差要求控制在 $0\sim10^{-1}$ 内，而速度则要求 $0\sim10^{-3}$ 内。倘若不对问题做出规范化处理，算法的收敛性和收敛速度就会大打折扣。问题的规范化处理措施依赖于具体的问题性质，通常对于设计变量和不等式约束，可以限定上下限进行归一化处理，等式约束则可以根据误差要求进行处理，若误差要求 10^{-n}，则可以对等式约束乘上 10^n，优化目标可以适当乘一个权重系数。

2）约束条件的处理

罚函数法是实际应用中处理约束条件的通常处理方法，罚函数法有外点法、内点法和精确罚函数法等。各种处理方法都有其自身的优势与不足，但罚函数法通常需要解一系列无约束极小值问题来逼近最优解，这对于轨迹优化设计这类高计算成本的问题，无疑是一个很大的不足。本文选择非可微精确罚函数处理约束，通过选择合适的罚因子，直接使得约束优化的解与罚函数的某个极小点"精确"的一致，避免了外(内)点法、乘子法等方法计算上的序贯要求等缺陷。考虑到下面级问题的等式约束条件需要严格的满足，采用 l_2 非可微罚函数；上面级问题则采用 l_1 非可微罚函数。对于形如式(4.3.1)的非线性规划问题，两种罚函数形式如下所示(赵瑞安等，1992)：

$$P_{l_1}(\sigma,\boldsymbol{x}) = f(\boldsymbol{x}) + \sigma\left[\sum_{i=1}^{p}\max(0,g_i(\boldsymbol{x})) + \sum_{j=1}^{q}\mid h_j(\boldsymbol{x})\mid\right] \tag{5.4.8}$$

$$P_{l_2}(\sigma,\boldsymbol{x}) = f(\boldsymbol{x}) + \sigma\left[\sum_{i=1}^{p}\max(0,g_i(\boldsymbol{x}))^2 + \sum_{j=1}^{q}h_j^2(\boldsymbol{x})\right]^{\frac{1}{2}} \tag{5.4.9}$$

3）上面级问题算法

上面级问题求解关键在于不等式约束的满足，根据实际物理意义分析最大运载能力应当是 $m_{\text{ry}}-m_{\text{ry0}}=0$ 时获得，由于是单变量寻优问题，上面级问题采用一维黄金分割搜索求解。

4）下面级问题算法

前文设计的两级规划策略和轨道分解优化策略，提供了保证问题求解的较高收敛性及全局收敛的有利条件，但是问题的最终求解效果还要依赖于下面级问题的求解性能。事实上，在求解运载火箭发射轨道优化设计问题上无论是传统的迭代法还是非线性规划算法，初始点敏感和局部收敛都是比较突出的问题。针对下面级问题的全局优化算法，对能否有效可靠地求解 GTO 发射轨道设计问题至关重要。近些年来具有全局收敛性和高鲁棒性的智能优化算法为解决复杂问题提供了良好的技术手段。为了高效可靠求解下面级的轨道优化问题，采用本书 4.5.1 节介绍的混合遗传算法中的串行混合优化策略，经典的非线性规划算法选用 Powell 法。

5.4.6　GTO 发射轨道优化结果分析

前述的运载火箭 GTO 发射轨道优化设计模型适应于二级(半)、三级(半)等各种类型 GTO 运载火箭，这里选择一个二级半 GTO 运载火箭作为算例。运载火箭的各项总体设计参数采用工程设计部门数据。给定的典型轨道参数是：停泊轨道是高度 $H_0=200\text{km}$ 的圆轨道，GTO 轨道参数为 $h_p=200\text{km}$，$h_a=36000\text{km}$，$i=19°$，$w=178°$，真近点角 $f_p=10°$ 和入轨纬度 $\phi=0.13°$。

发射轨道计算的 GTO 入轨精度在 $|\Delta h_a|\leqslant 100\text{km}$，$|\Delta h_p|\leqslant 1\text{km}$，$|\Delta i|\leqslant 0.1°$，$|\Delta\phi|\leqslant 0.01°$ 范围内。

1. 最大运载能力优化结果

真空段俯仰角分为 13 个线性段，因此轨迹优化的控制变量共有 18 个：攻角绝对值最大值 $a_m\in[0.01°,3°]$、转弯系数 $a\in[0.05,0.5]$和俯仰角变化斜率 $\dot{\varphi}_i\in[-0.005,0.005]\text{rad/s}(i=1,2,\cdots,13)$，上面级第一次工作时间 $t_{s1}\in[100,450]\text{s}$，滑行段时间 $t_w\in[100,600]\text{s}$，上面级容余量 $m_{ry}\in[0,2]\text{t}$。工程部门给定的上面级容余量额定值为 0.9t，利用上述算法最终得到的运载能力 m_{p1} 优化结果为 10.40t，对应的 $m_{ry}=0.896\text{t}$。图 5.4.1～图 5.4.4 给出了计算结果的部分弹道曲线。

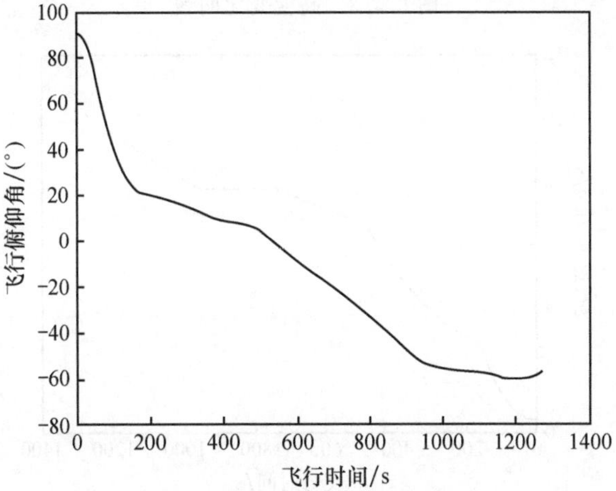

图 5.4.1　俯仰角变化曲线

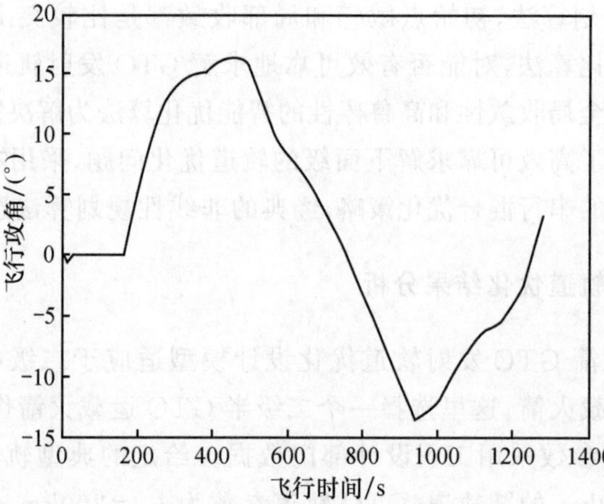

图 5.4.2　攻角变化曲线

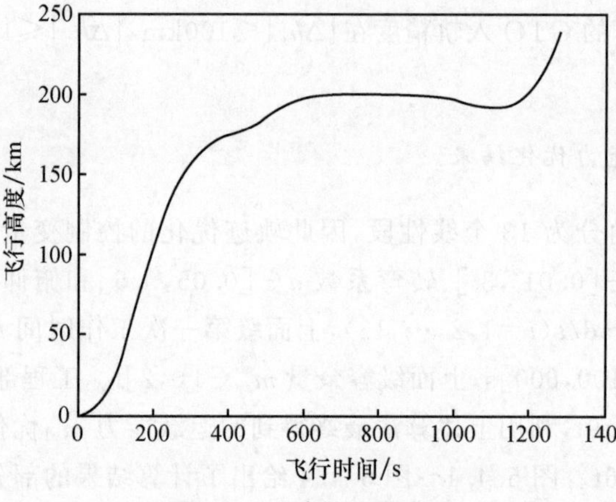

图 5.4.3　高度变化曲线

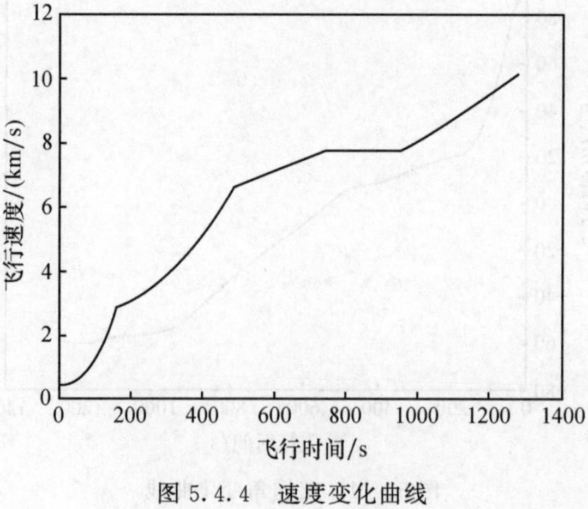

图 5.4.4　速度变化曲线

弹道曲线的几点分析：运载火箭真空飞行段中的停泊上升段(150～480s：第一级真空段；480～740s：上面级第一次工作段)俯仰角接近线性变化，但是停泊轨道到 GTO 的变轨段(950～1250s)的整个俯仰角变化趋势与线性变化差别较大，王小军等(1995)利用极大值原理对共面停泊轨道到 GTO 变轨的理论研究表明：如果变轨初始点的起始推重比在 1.0 以上，则俯仰角的变化规律接近线性，否则其变化规律较为复杂。本节所研究运载火箭其变轨初始点起飞推重比接近 0.5，此时的俯仰角变化曲线已经比较复杂，因此设计 GTO 发射轨道变轨段俯仰角程序时，简化的工程设计法(单一线性段)有较大的局限性，应该增加分段数，以期得到符合最优的控制规律。在变轨段飞行高度开始时先下降，然后上升进入目标轨道，最低飞行高度与变轨段的飞行推力有关，研究的运载火箭其最低飞行高度在 190km 左右，满足飞行最低高度限制。

2. 运载能力与上面级推进剂最大容余量之间关系

在[10,11.3]上随机选择 m_{pl} 数据点，分别优化最大上面级容余量，图 5.4.5 给出了上面级推进剂容余量和运载能力之间的关系曲线。该曲线斜率基本上接近于 1，即 1kg 的容余推进剂大致可以换算为 1kg 运载能力，与理论分析基本一致。这说明单独轨迹优化对运载能力的变化有精确的反馈，两级规划模型充分挖掘了设计潜力，采用轨道分级优化策略和混合遗传算法则保证了单独轨迹优化问题的可靠全局求解。

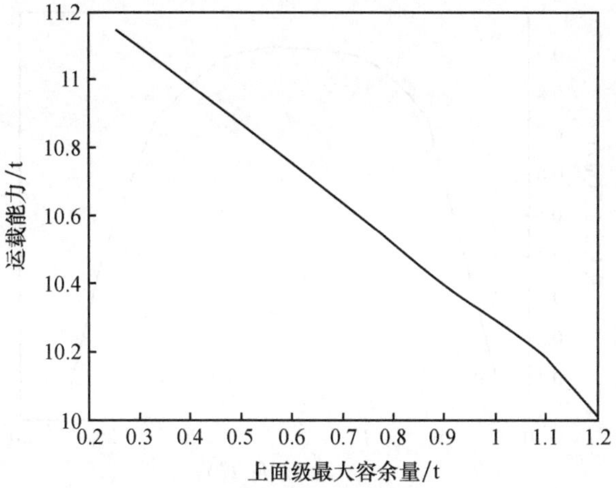

图 5.4.5　运载能力与上面级容余量之间的关系

3. 发射轨道参数分析

在进行运载火箭发射轨道优化设计时，目标轨道参数和发射轨道参数是给定的。事实上目标轨道参数和发射轨道参数的选择在整个运载火箭的总体设计中也占有重要的地位，运载火箭在概念设计阶段，典型目标轨道参数如发射场位置、目标轨道要素的不同会导致截然不同的运载火箭的设计参数。但典型目标轨道参数确定则是根据对未来的发射任务与现有的技术条件等因素的分析的基础上提出的，很难建立起精确的数学模型优化求解；在实际弹道设计阶段，典型目标轨道参数则已经由用户确定了。但是发射轨道参数则可以通过建立精确的数学模型进行优化选择，特别是对带有停泊轨道的发射轨道这样的研究更有意义。GTO 发射轨道中待定的轨道参数包括停泊轨道的远近地点高度、近地点幅角、入轨点真近点角及 GTO 入轨点真近点角等。GTO 发射轨道中的停泊轨道选择圆轨道，只有高度 H_0 为可调参数。在本节分析了停泊轨道高度 H_0 和 GTO 入轨点真近点角 f_p 对最大运载能力优化的影响。为便于计算分析，实际计算时 m_{pl} 固定为 10.40t，选择 m_{ry} 为评价指标，根据前面的分析 m_{pl} 和 m_{ry} 是等价的。

1）GTO 入轨点真近点角的影响分析

分析 f_p 对优化指标 m_{ry} 的影响时，H_0 固定为 200km。图 5.4.6 给出了 m_{ry} 随 f_p 的变化曲线。由图 5.4.6 不难得出，f_p 对运载火箭的燃料消耗有较大影响，同样的运载火箭总体参数，若选择 GTO 的入轨点 $f_p=5°$ 和 $f_p=15°$，其运载能力相差 0.5t 左右。因此在运载火箭总体设计阶段，进行运载火箭发射轨道参数设计时，必须对 f_p 的选择给予足够重视。对于本文研究的运载火箭，f_p 在[10°,18°]基本上都能达到最优设计结果。

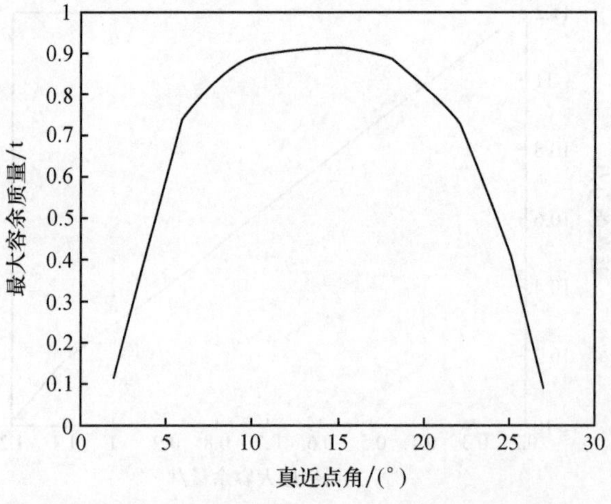

图 5.4.6 最大容余量与 GTO 入轨点真近点角的关系

2）停泊轨道参数分析

停泊轨道高度 H_0 通常选择为 GTO 的近地点高度。选择 $H_0=180$km、190km、200km 和 210km 四组参数分析 H_0 对优化计算结果的影响，由于 f_p 对优化结果有较大的影响,对于每一个 H_0 值需要确定一个最优 f_p。表 5.4.1 给出了所选择 H_0、f_p 的典型点对应的优化计算结果。从表 5.4.1 的计算结果可以看出,通过改变停泊轨道高度,运载能力的最大提高程度在 60kg 左右(相对于 H_0 = 200km),对于不同的 H_0,f_p 在[10°,18°]基本上都能达到最小燃料消耗,设计实际飞行轨道时 f_p 有较大的选择余地。详细的计算结果表明最优的 H_0 和 f_p 就是在(190,14)附近。

表 5.4.1 不同 H_0 和 f_p 对应的 m_{ry}/t

f_p/(°) \ H_0/km	180	190	200	210
2	0.1054	0.1053	0.1155	0.1938
6	0.7382	0.7801	0.7439	0.7105
10	0.9005	0.9258	0.8912	0.8093
14	0.9527	0.9697	0.9103	0.8107
18	0.9042	0.9363	0.8880	0.7877
22	0.7146	0.7280	0.7320	0.6588
26	0.2173	0.2270	0.2521	0.2020
最优点	0.9527	0.9697	0.9103	0.8107

4. 几点讨论

前面已经分析停泊到 GTO 的变轨段俯仰角的变化曲线比较复杂,因此进行俯仰角的参数化处理时该段的线性段划分数目越多越可能接近最优控制曲线,但是分段数目的增加会导致问题规模增大和非线性度的加大,获得最优解的难度更大,数值试验表明 5～10 段从最优性和求解收敛性方面都是可以接受的选择。

在飞行器的各个设计阶段,设计参数的敏感性分析均有很强的实际应用意义(Beltracchi,1992),分析运载火箭最大运载能力与各级加注量、结构质量及发动机推力、发射轨道参数等设计参数的导数关系,会为工程设计提供很有价值的参考信息。本节对发射轨道参数的分析即是这一研究范畴。由于轨迹优化设计问题本质上是一个非凸问题,进行设计参数的敏感性分析对求解算法的全局收敛可靠性有较高的要求,本节所建立的两级规划模型和高效可靠算法为进行运载火箭设计参数敏感性分析提供了良好的计算保证。

5.5 LEO 和 SSO 发射轨道优化策略

运载火箭发射轨道设计涉及轨道类型包括近地轨道(low earth orbit,LEO)、GTO 和太阳同步转移轨道(sun synchronous orbit,SSO)三种类型。5.4 节给出了 GTO 发射轨道优化策略的详细阐述和应用研究。前文已说明,所建立的 GTO 发射轨道优化策略同样适应于 LEO 和 SSO。这里给出一个 LEO 和 SSO 发射轨道优化设计策略的大致描述。

5.5.1 LEO 发射轨道优化策略

LEO 的轨道高度在 200～500km,LEO 的入轨通常采用直接入轨方式:运载火箭从发射点起持续工作,直到把有效载荷送到 LEO 的入轨点。因此 LEO 的发射轨道优化的两级规划模型中,上面级问题同 GTO 的一致,下面级问题仅是一个最优上升段优化设计问题,其优化指标同样选择为推进剂最大容余量。

5.5.2 SSO 发射轨道优化策略

SSO 通常是中高轨道,因此发射轨道包含转移轨道,其发射过程是(图 5.5.1):火箭从发射点起飞,经过前动力段(ok_1)在 k_1 点进入转移轨道,在转移轨道滑行到 k_2 点,上面级发动机再次工作,在后动力段(k_2k_3)加速,达到预定速度后,火箭与卫星在 k_3 点分离,卫星进入 SSO。SSO 发射轨道同 GTO 发射轨道基本上一致,均带有停泊转移轨道,因此前文所建立 GTO 发射轨道优化设计策略可以完整地应用到 SSO 发射轨道优化设计中。不同之处在于 SSO 发射轨道对于转移轨道参数没有严格的限制,k_1 点的位置参数有较大的选择余地,因此可以不采用分解优化策略,但是研究表明这样的优化结果往往效果较差,因此 SSO 发射轨道策略同样可采用基于分解策略的两级规划模型,其前提是要给定合理的转移轨道参数。下面给出 SSO 设计计算中几个有别于 GTO 的问题。

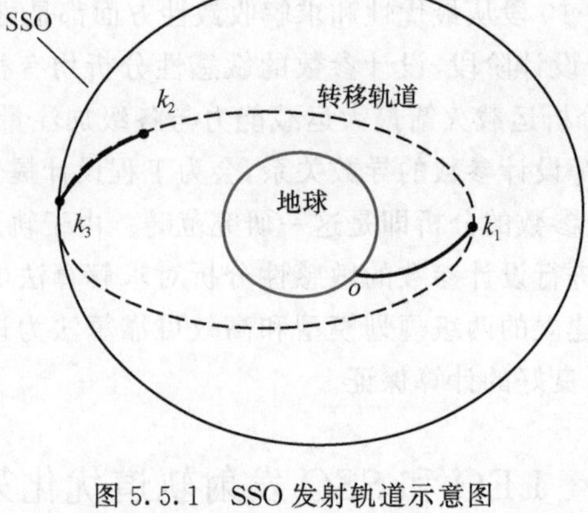

图 5.5.1 SSO 发射轨道示意图

SSO 通常选择为圆轨道,给定轨道高度 h,则相应的入轨点高度 h_{k3}、速度 v_{k3} 和弹道倾角 ϑ_{k3} 比较容易确定,SSO 的轨道倾角 i_{k3} 可以通过式(5.5.1)求得

$$-9.97\left(\frac{a_e}{a}\right)^{3.5}\cos i_{k3}=0.9856 \tag{5.5.1}$$

而轨道倾角主要是由发射方位角 β_0 确定,基本关系式为

$$\cos i_{k3}=\sin\beta_0\cos\varphi \tag{5.5.2}$$

式中,φ 为发射场纬度。式(5.5.2)确定 β_0 时并未考虑地球摄动因素对最终轨道倾角的影响,与通过数值积分弹道方程计算出的结果稍有误差,实际计算时对 β_0 进行微调即可使得轨道倾角约束满足较高的精度,同时在运载火箭的弹道初步设计阶段未将 β_0 作为一个优化变量,而是固定为某一个值,使得轨道倾角偏差在±0.5°之间。

SSO 转移轨道的滑行时间接近半个周期,整个发射入轨时间较长,大约 1 个小时左右,因此弹道微分方程中地球摄动的影响因素必须要考虑,否则会带来较大的误差。考虑地球扁率和牵连惯性力后,式(5.2.1)所表示的弹道微分方程可以改写为

$$\begin{cases}\dfrac{\mathrm{d}v_x}{\mathrm{d}t}=\dfrac{P}{m}\cos\varphi\cos\psi+\dfrac{D}{m}\dfrac{v_x}{v}-\dfrac{x}{r}g+2(\omega_z v_y-\omega_y v_z)\\ \qquad+(\omega_x^2-\omega_e^2)x+\omega_x\omega_y(y+R_0)+\omega_x\omega_z z\\ \dfrac{\mathrm{d}v_y}{\mathrm{d}t}=\dfrac{P}{m}\sin\varphi\cos\psi+\dfrac{D}{m}\dfrac{v_y}{v}-\dfrac{R_0+y}{r}g+2(\omega_x v_z-\omega_z v_x)\\ \qquad+(\omega_y^2-\omega_e^2)(y+R_0)+\omega_x\omega_y x+\omega_y\omega_z z\\ \dfrac{\mathrm{d}v_z}{\mathrm{d}t}=-\dfrac{P}{m}\sin\psi+\dfrac{D}{m}\dfrac{v_z}{v}-\dfrac{z}{r}g+2(\omega_y v_x-\omega_x v_y)\\ \qquad+(\omega_z^2-\omega_e^2)z+\omega_z\omega_y(y+R_0)+\omega_x\omega_z x\\ \dfrac{\mathrm{d}x}{\mathrm{d}t}=v_x\\ \dfrac{\mathrm{d}y}{\mathrm{d}t}=v_y\\ \dfrac{\mathrm{d}z}{\mathrm{d}t}=v_z\end{cases} \tag{5.5.3}$$

相关的优化结果分析可参阅罗亚中等(2004)的研究成果。

5.6 最小起飞质量两级优化

5.6.1 最小起飞质量优化策略

运载火箭的最小起飞质量优化是一个飞行器轨迹/总体一体化优化问题。参数化方法处理最优控制问题后,飞行器轨迹/总体一体化优化设计问题是一个复杂的非线性规划问题,理论上各种非线性规划算法均适用于该问题的求解,王志刚等

(1997)认为可变容差单纯形算法可作为飞行器轨迹/总体一体化优化设计的通用算法。试验表明，该算法对运载火箭轨迹/总体一体化优化求解效果较差，轨道等式约束很难满足。Rahn 等(1996)的研究和作者的数值实验表明，在运载火箭轨迹/总体一体化优化问题中，由于最优控制变量和总体变量的耦合，单一优化策略对该问题的求解收敛性往往很差。轨迹/总体一体化优化设计策略通常可有两种类型：设计组合优化算法，进行整体优化设计，或者建立两级规划模型，进行两级优化求解。罗亚中等(2003)的研究是前一种策略的研究。

在 5.4 节"GTO 发射轨道优化策略"中已阐述的所设计的两级规划模型和相应的求解算法同样适用于运载火箭轨迹/总体最小起飞质量一体化优化设计。在 5.4 节研究的基础上，本节将给出运载火箭轨迹/总体参数最小起飞质量优化的两级规划模型。

5.6.2 最小起飞质量两级规划模型

最小起飞质量和最大运载能力的两级规划模型的主要差别在于上面级问题的不同。在最小起飞质量优化两级规划模型中，运载火箭的运载能力 m_{pl} 是固定的，上面级问题的设计变量为各个模块(包括芯级和助推器)加注量，优化指标为最小起飞质量 m_{01}。在进行运载火箭总体优化设计时，火箭起飞推重比、长细比、最大过载系数以及助推器(整流罩)落点航程等指标均有一定的约束限制，而这些约束条件主要是通过调整运载火箭的总体参数而满足，单独的轨迹优化设计对上述指标的调节不大。因而最大运载能力两级规划模型和最小起飞质量两级规划模型的上面级约束条件不同。最小起飞质量和最大运载能力两级优化模型对比如表 5.6.1 所示。

表 5.6.1 最小起飞质量和最大运载能力两级规划模型对比

规划模型	上面级问题			下面级问题
	优化变量	优化指标	约束条件	
最大运载能力两级优化	运载能力	最大运载能力	轨道约束、容余量	完全相同
最小起飞质量两级优化	模块加注量等总体参数	最小起飞质量	轨道约束、容余量及起飞推重比、过载系数等总体约束条件	

1. 最小起飞质量两级优化上面级问题

上面级问题的优化目标函数是最小起飞质量，优化设计变量是各个模块的总体参数，这里主要选择模块加注量作为优化设计变量。约束条件主要体现在三个方面：等式约束即目标轨道入轨条件；不等式约束首先是要满足运载火箭上面级实际推进剂容余量 m_{ry} 大于额定安全容余量 m_{ry0}，其次是运载火箭总体参数设计约束条件，这里选择了 4 个总体性能约束指标。

(1) 火箭起飞推重比 N_0：$1.25\leqslant N_0\leqslant 1.4$。

(2) 最大过载系数 $n_{\max}$：$n_{\max}\leqslant 5.5g$。

(3) 助推器落点航程 L_{zt}：$L_{zt}<1000\text{km}$。

(4) 模块长度 l_{mk}：$l_{mk}\leqslant 24.5\text{m}$。

因此上面级问题的优化模型可以表述如下：

$$\begin{cases}\min \quad F(\boldsymbol{x},\boldsymbol{y}^*,\boldsymbol{p})=m_{01}\\ \text{s.t.}\quad \psi_{\text{orbit}}(\boldsymbol{x},\boldsymbol{y}^*,\boldsymbol{p})=0,\ m_{ry}-m_{ry0}\geqslant 0,\quad 1.25\leqslant N_0\leqslant 1.4,\\ \qquad n_{\max}\leqslant 5.5g,\quad L_{zt}<1000\text{km},\quad l_{mk}\leqslant 24.5\text{m}\end{cases}\tag{5.6.1}$$

其中，ψ_{orbit} 是目标轨道的入轨条件，LEO、GTO 和 SSO 分别有不同计算模型。$\boldsymbol{x}=(m_{p1},m_{p2},\cdots,m_{pn})^{\text{T}}$ 为上面级问题的设计变量，m_{pi} 是第 i 模块的推进剂加注量。

2. 最小起飞质量两级优化下面级问题

最小起飞质量两级规划模型的下面级问题同 5.4 节所描述下面级问题一致。下面级的问题作为单独的轨迹优化设计模型，其计算前提是运载能力和总体参数已经给定，其优化指标为上面级推进剂容余量最大，其实质就是燃料最省轨迹优化设计，反映了轨迹优化设计的本质。不同轨道类型下面级问题的描述方式稍有不同，GTO 和 SSO 的下面级问题则是包含两个子轨道段的设计问题。LEO 仅包含一个轨道优化设计问题。这里给出 LEO 下面级问题的描述：

$$\begin{cases}\max \quad f(\boldsymbol{x},\boldsymbol{y},\boldsymbol{p})=m_{ry}\\ \text{s.t.}\quad \psi_{\text{LEO}}(\boldsymbol{x},\boldsymbol{y},\boldsymbol{p})=0,\quad m_{ry}>0\end{cases}\tag{5.6.2}$$

其中，LEO 入轨条件为

$$\psi_{\text{LEO}}=\begin{bmatrix}r(t)-R-h_k\\ v(t)-v_k\\ \vartheta(t)-\vartheta_k\\ i(t)-i_k\end{bmatrix}_{t=t_f}\tag{5.6.3}$$

$\boldsymbol{y}=(\beta_0,a_m,a_0,\dot{\varphi}_i,m_{ry})^{\text{T}}(i=1,2,\cdots,N)$ 为 LEO 上升段轨道优化设计变量。LEO 的轨道设计要严格满足入轨轨道倾角的约束，因此选择发射方位角 β_0 为优化变量，运载火箭的关机时刻由推进剂容余量确定，故 m_{ry} 也是一个优化变量。$i(t)$ 为 t 时刻轨道倾角。其他相关参数已在前面章节进行了分析。

3. 下面级问题优化的一个中止条件

在运载火箭发射轨道优化设计中，当轨道入轨的多个等式约束条件均满足时，认为该次发射轨道优化设计成功，而要满足多个等式约束需要进行大量的迭代，由此不难分析出轨迹/总体一体化设计两级优化的高昂计算成本。因此考虑调整两级优化中下面级问题的优化中止条件。对于一组给定总体变量(加注量和运载能力等),只要确定在该总体变量下运载火箭可以入轨,则认为该组总体变量是可行解(能满足轨道要求),没有必要通过大量的迭代找到一条实际的发射轨道,从而有效减小计算成本,对运载火箭的总体优化求解很有益处。采用如下能量函数来解决这一问题。

定义能量函数

$$\psi = \frac{1}{2}V^2 - \frac{\mu}{r} + \frac{\mu}{2a_f} \tag{5.6.4}$$

式中,V 为某次发射轨道计算的终点速度;r 为终点矢径;a_f 为入轨轨道的半长轴。在下面级问题的优化求解过程中,评价每一次发射轨道的能量函数,只要能量函数大于零,就认为这组总体变量可以满足轨道入轨要求,因此就中止下面级问题的优化求解,开始上面级问题新的迭代。这一做法的可行性已经被大量实践所验证,其理论分析尚需进一步探讨。

5.6.3　结果分析

下面以某构型火箭为例进行最小起飞质量优化计算。为了使得计算结果具有可比性,首先以设计部门提供的总体参数进行最大运载能力优化设计,得到最大运能力为 21.5t,然后以 21.5t 运载能力为设计指标进行最小起飞质量优化,所选择的设计变量为 3 个模块的加注量。上面级优化问题选择单纯形优化算法,下面级问题的算法类型采用串行混合 GA-Powell 算法。

表 5.6.2 给出了总体设计变量和优化指标的计算结果,表 5.6.3 给出了各项约束条件的计算结果。优化计算结果表明,优化目标即运载火箭的起飞质量减轻了 11t(减少了 1.6%),各项总体性能约束指标均很好地得到了满足,轨道入轨条件计算值也在精度约束范围内。图 5.6.1～图 5.6.4 给出了部分弹道参数变化曲线,各参数变化曲线符合工程实际情况。

表 5.6.2　某构型运载火箭最小起飞质量优化结果

设计变量	起飞质量/t	模块 A 加注量/t	模块 B 加注量/t	模块 C 加注量/t
初始值	626	158	135	63
优化结果	615.66	169.77	123.79	63.15

表 5.6.3　约束条件计算结果

性能指标	起飞推重比	助推器落点航程/km	最大过载系数	模块 B 长度/m	模块 C 长度/m	入轨高度/km	入轨速度/(km/s)	入轨倾角/(°)	轨道倾角/(°)
设计指标要求	1.25～1.4	0～1000	0～5.5g	0～24.5	0～24.5	201.11	7.830	0.111	52.00
优化结果	1.357	677.40	4.54g	21.39	20.65	201.02	7.830	0.111	52.00

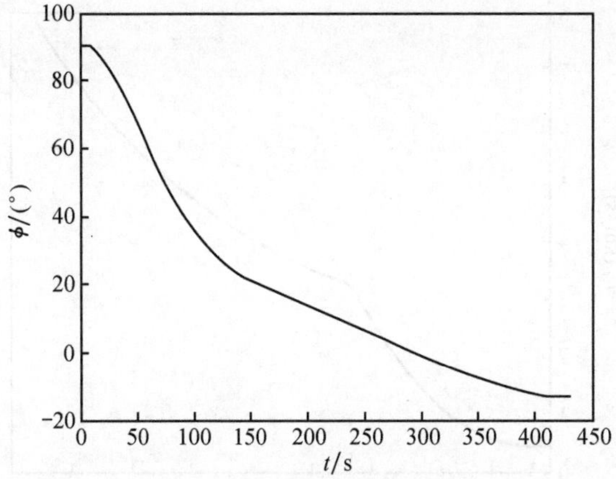

图 5.6.1　俯仰角变化曲线

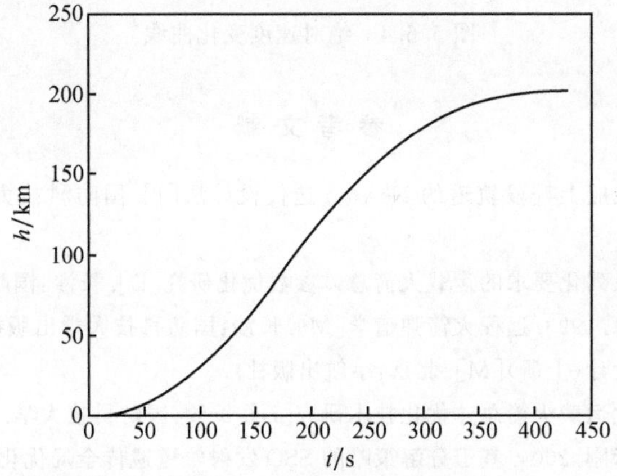

图 5.6.2　高度变化曲线

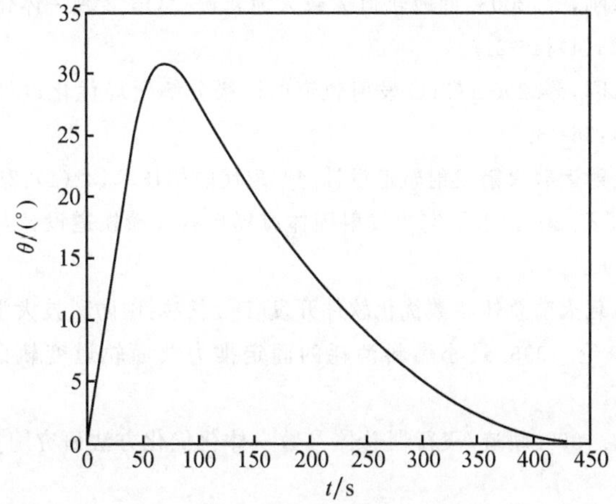

图 5.6.3　弹道倾角变化曲线

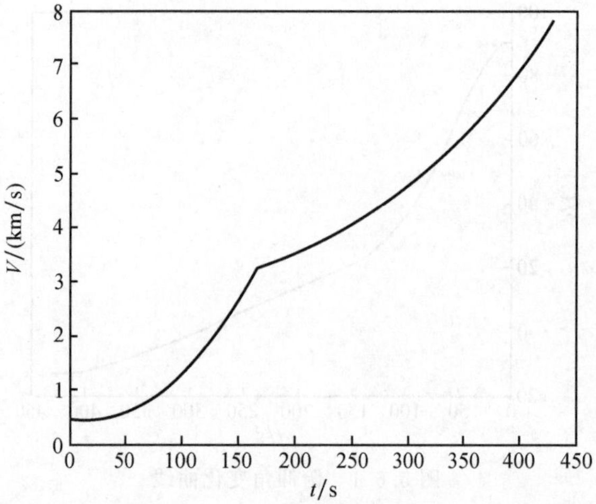

图 5.6.4　绝对速度变化曲线

参 考 文 献

陈克俊. 1992. 载人飞船上升段轨道的 Newton 迭代设计法[J]. 国防科技大学学报，14(2)：66-71.

程堂明. 2005. 基于系列化要求的运载火箭总体参数优化研究[D]. 长沙：国防科技大学.

贾沛然，陈克俊，何力. 1993. 远程火箭弹道学[M]. 长沙：国防科技大学出版社.

龙乐豪. 1989. 总体设计(上册)[M]. 北京：宇航出版社.

罗亚中. 2003. 系列化运载火箭总体优化技术研究[D]. 长沙：国防科技大学.

罗亚中，唐国金，梁彦刚. 2004. 基于分解策略的 SSO 发射轨道遗传全局优化设计[J]. 航空学报，25(5)：443-446.

罗亚中，唐国金，梁彦刚，等. 2003. 近地轨道运载火箭轨迹/总体参数一体化优化设计[J]. 中国空间科学技术，23(4)：16-21.

罗亚中，唐国金，梁彦刚，等. 2004. GTO 发射轨道的两级分解全局优化设计策略[J]. 中国空间科学技术，24(4)：36-46.

茹家欣. 2004. 空中发射运载火箭发射轨道设计[J]. 现代防御技术，32(1)：28-30.

孙丕忠，夏智勋，郭振云. 2004. 水平空中发射固体有翼运载火箭轨道设计与优化[J]. 固体火箭技术，27(2)：87-90.

田蕾. 2005. 系列化运载火箭总体参数优化软件开发[D]. 长沙：国防科技大学.

王小军，吴德隆，余梦伦. 1995. 最小燃料消耗的固定推力共面轨道变轨研究[J]. 宇航学报，16(4)：9-15.

王志刚，严辉，陈士橹. 1997. 轨迹/飞行器总体参数一体化优化方法研究[J]. 飞行力学，15(2)：19-26.

宣颖，张为华，张育林. 2008. 基于 Legendre 伪谱法的固体运载火箭轨迹优化研究[J]. 固体火箭技术,31(5):425-429.

余梦伦.1983.地球同步卫星发射轨道的设计[J].中国空间科学技术,3(2):1-8.

余梦伦.1990.地球同步卫星的发射轨道的选择[J].中国空间科学技术,10(1):21-27.

余梦伦.2000.我国航天运载弹道学的发展和展望[J].中国青年科技,12,40-43.

张蒿.1997.固体运载火箭弹道设计与优化[J].固体火箭技术,20(1):1-5.

赵瑞安,吴方.1992.非线性最优化理论和方法[M].杭州:浙江科学技术出版社.

紫琅燕.1991.运载火箭真空段飞行俯仰程序的最优选择[J].运载火箭与返回技术,(4):37-41.

Balakrishnan A V,Nuestadt L W. 1964. Computing Methods in Optimization Problems[M]. New York:Academic Press.

Beltracchi T J. 1992. Decomposition approach to solving the all-up trajectory optimization problem[J]. Journal of Guidance,Control and Dynamic,15(3):707-716.

Berend N,Talbot C. 2006. Overview of some optimal control methods adapted to expendable and reusable launch vehicle trajectories[J]. Aerospace Science and Technology,10(3):222-232.

Brauer G L,Cornick D E,Stevenson R. 1977. Capabilities and applications of the program to optimize simulated trajectories(POST)[R]. NASA CR-2770.

Breakwell J V,Speyer J L,Bryson A E. 1963. Optimization and control of nonlinear systems using the second variation[J]. SIAM Journal,1:193.

Brusch R G. 1977. Trajectory optimization for the atlas/centaur launch vehicle[J]. Journal of Spacecraft and Rockets,14(9):550-555.

Calise A J,Brandt N. 2004. Generation of launch vehicle abort trajectories using a hybrid optimization method [J]. Journal of Guidance,Control,and Dynamics,27(6):930-937.

Calise A J,Melamed N,Lee S. 1998. Design and evaluation of a three-dimensional optimal ascent guidance algorithm[J]. Journal of Guidance,Control,and Dynamics,21(6):867-875.

D'Angelo S,Minisci E. 2000. Optimization methodology for ascent trajectories of lifting-body reusable launchers[J]. Journal of Spacecraft and Rocket,37(6):761-767.

Desai P N,Lyons D T. 2005. Entry,descent and landing operations analysis for the genesis re-entry capsule [C]. AAS Paper 05-121,Proceedings of AAS/AIAA Space Flight Mechanics Meeting:283-295.

Dukeman G A,Hill A D. 2008. Rapid trajectory optimization for the ARES I launch vehicle[C]. AIAA Paper 2008-6288,AIAA Guidance,Navigation and Control Conference and Exhibit, Honolulu,Hawai.

Gath P F,Calise A J. 2001. Optimization of launch vehicle ascent trajectories with path constraints and coast arcs[J]. Journal of Guidance,Control and Dynamic,24(2):296-304.

Gath P F,Well K H,Mehlem K. 2002. Initial guess generation for rocket ascent trajectory optimization using indirect methods[J]. Journal of Spacecraft and Rocket,39(4):515-521.

Geethaikrishnan C,Mujumdar P M,Sudhakav K,et al. 2008. Genetic algorithm guided gradient search for launch vehicle trajectory optimization[C]. The International Conference on Aerospace Science and Technology,Bangalore,India.

Kelly H J, Uzzell B R, McKay S S. 1969. Rocket trajectory optimization by a second-order numerical technique[J]. AIAA Journal, 7(3): 879-883.

Lawden D F. 1963. Optimal Trajectories for Space Navigation[M]. London: Butterworths.

Ledsinger L A, Olds J R. 2002. Optimized solutions for the kistler K-1 branching trajectories using multidisciplinary design optimization techniques[J]. Journal of Spacecraft and Rockets, 39(3): 420-429.

Lu P, Griffin B J, Dukeman G A, et al. 2008. Rapid optimal multiburn ascent planning and guidance[J]. Journal of Guidance, Control and Dynamic, 31(6): 1656-1664.

Meder D S, Searcy J L. 1975. Generalized trajectory simulation(GTS), volumes I-V[R]. The Aerospace Corp., TR SAMSO-TR-75-255, El Segundo, CA.

Olds J R, Budianto I A. 1998. Constant dynamic pressure trajectory simulation with POST[C]. AIAA Paper 98-0302, 36th Aerospace Sciences Meeting and Exhibit, Reno, NV.

Park S Y. 1998. Launch vehicle trajectories with a dynamic pressure constraint[J]. Journal of Spacecraft and Rocket, 35(6): 765-773.

Phillips C A, Drake J C. 2000. Trajectory optimization for a missile using a multitier approach[J]. Journal of Spacecraft and Rocket, 37(5): 653-662.

Rahn M, Schottle U M. 1996. Decomposition algorithm for performance optimization of a launch vehicle[J]. Journal of Spacecraft and Rocket, 33(2): 214-221.

Rao P P, Sutter B M, Hong P E. 1997. Six-degree-of-freedom trajectory targeting and optimization for titan launch vehicles[J]. Journal of Spacecraft and Rocket, 34(3): 341-346.

Rosenbaum R. 1967. A combination of numerical-analytical approach to ascent trajectory optimization[R]// AAS Science and Technology Series. Vol. 11. Washington DC: American Astronautical Society: 243-262.

Ross I M, D'SouzaC, Fahroo F, et al. 2003. A fast approach to multi-stage launch vehicle trajectory optimization[C]. AIAA Paper 2003-5639.

Spurlock O F, Zarett H. 1971. Optimal launch trajectories for the ATS-E mission [J]. Journal of Spacecraft and Rockets, 8(6): 1202-1208.

Way D W, Powell R W, Karl T E, et al. 2003. Aerocapture simulation and performance for the titan explorer mission[C]. AIAA Paper 2003-4951, 39th AIAA/ASME/SAE/ASEE Joint Propulsion Conference and Exhibit, Huntsville, AL.

第6章　航天器再入轨迹设计优化

航天器再入一般是指航天器从地球上发射进太空并完成任务后，再入到大气层并着陆在地球上的过程，再入过程也称为返回过程，广义的再入也包括进入其他星体大气的情况，通常称为“进入过程”。传统的再入轨迹优化设计研究主要针对返回式卫星、载人飞船、航天飞机和机动弹头的再入，随着航空航天技术的发展，如滑翔式再入的高超声速临近空间飞行器等一些新概念再入飞行器被提出，再入轨迹优化技术又面临新的挑战，相关研究内容在不断发展和丰富。

本章6.1节综述自20世纪中叶至今在再入轨迹设计与优化技术领域的研究成果；6.2节简要介绍传统航天器中弹道-升力式和升力式再入轨迹设计方法；6.3～6.5节详细阐述著者在滑翔式再入轨迹优化与在线生成技术中的研究成果。

6.1　再入轨迹设计优化研究进展

6.1.1　传统航天器再入轨迹设计

王希季等(1991)、赵汉元(1997)系统阐述了各种传统的返回式航天器的轨迹设计方法。传统的返回式航天器，根据其再入大气层后的气动特性的不同，可分为弹道式、弹道-升力式以及升力式三种类型。弹道式再入航天器返回轨迹设计相对简单，其标称状态下的再入轨迹由再入点参数决定，因此，其轨迹设计任务主要是对再入前的制动参数进行选择。弹道-升力式返回器采用质心偏置的办法产生配平攻角，从而产生升力，其返回轨道设计核心在于确定制动段的制动参数及再入段的配平攻角。Apollo飞船就是采用弹道-升力式返回轨迹。航天飞机等有翼升力式再入航天器再入轨迹设计，主要是设计其标准飞行剖面，并在飞行过程中控制其跟踪标准飞行剖面以达到预定的航程并满足各种约束条件。

6.1.2　机动再入飞行器轨迹优化

机动再入飞行器包括机动弹头、高超声速演示验证飞行器系列和高速临近空间飞行器等。间接法和直接法是求解机动再入飞行器最优轨迹的主要方法，直接法采用的优化算法中又包括基于梯度的算法和进化算法两大类。

采用间接法求解最优轨迹需要推导最优控制问题的一阶必要条件，由于机动再入飞行器的运动方程形式复杂，基于间接法求解再入轨迹优化问题时往往要对再入运动方程简化处理，如忽略地球旋转影响、简化为平面模型等，才能获得最优控制变量较为简洁的表达式以便于求解。另外，采用间接法时，再入飞行的非线性过程约束难以施加。Vinh 等(1980)采用修正的 Chapman 公式作为运动模型，基于间接法研究了最优机动再入轨迹。赵汉元(1997)采用间接法研究了最佳机动再入弹道问题，建立了平面、空间的机动再入弹道的末速最大、总吸热最小等问题的数学模型，并讨论了求解相应的两点边值问题的数值计算方法，包括边值打靶法和邻近极值法。陈有荣和袁建平(2008)采用间接法，基于简化运动方程，利用共轭梯度法与乘子法相结合的方式求解了再入滑翔式轨迹优化问题。胡正东(2009)研究了天基对地打击动能武器的全轨道优化设计方案，即将过渡段和再入段同时设计，并采用了极大值原理将最优控制问题转换为两点边值问题，利用“遗传算法＋序列二次规划”的参数优化方法求解两点边值问题的待求参数，为解决间接法的初值估计问题提供了有效途径。

随着计算机技术的发展，直接法被广泛应用于再入轨迹优化。一般直接法求解的计算量相对间接法较大，但无需推导最优控制问题的一阶必要条件，因此所用的再入运动模型可更为精确，且各种复杂过程约束可直接转化为非线性规划问题的约束条件。直接打靶法通过离散控制变量将轨迹优化问题转换为非线性规划问题，再应用一些常用算法如广义拉格朗日乘子法、Powell 算法、共轭梯度法和序列二次规划算法等求解该非线性规划问题，是再入轨迹优化设计的常用方法(彭伟斌等，2004；Tu et al.，2006；李小龙等，1993)。同时离散控制变量和状态变量的直接配点法，采用分段多项式近似状态变量后将动力学微分方程约束转化为代数约束，节点状态变量也作为设计变量。再入飞行轨迹对控制变量十分敏感，对相同的再入轨迹优化问题，直接配点法比直接打靶法在解决参数敏感性问题上具有一定优势(Lu，1997；涂良辉等，2006)。

早期的直接法将轨迹优化问题转换为非线性规划问题，一般采用序列二次规划算法等基于梯度的算法求解参数优化问题。一些学者为获得复杂再入多目标优化问题的全局最优解，将智能优化算法用于轨迹优化相关的参数优化问题。Chen 等(2005)利用 NSGA-II 算法求解了最大横程和最小热载两个目标的再入轨迹优化问题，进一步地考虑了弹道、气动外形、防热质量等多个学科，设计了横程最大且热防护质量最小的多目标再入轨迹优化问题(陈刚等，2008)。谢富强等(2008)采用粒子群算法求解无动力再入最优轨迹，其计算结果表明，在快速求解全局最优解上，该算法相比序列二次规划算法略有优势，但其满足约束条件的精度尚待提高。

总之，再入飞行器运动方程形式复杂、非线性强，再入过程还存在各种路径约束，从而使再入轨迹优化特别是各种新型机动再入飞行器的轨迹优化问题成为研究的热点和难点。无论是直接法还是间接法，都存在不同程度的对初值敏感的问题。例如,间接法中协态变量的初值难以估计且十分敏感。又如,直接法中采用基于梯度的优化算法时,对相同问题采用相同算法,在不同初值条件下可能得到不同结果,甚至有能否得到可行解的差别。虽然遗传算法等全局优化算法的引入可以缓解初值确定的困难,但这类算法计算量大、计算时间长,这是快速轨迹优化所不能承受的。因此飞行器再入轨迹优化问题还需针对不同的飞行器对象特性,选择适当的优化方法,研究相应的优化策略、初值确定方法、约束的处理和快速优化等问题,从而为飞行器初期设计阶段的性能分析、制导方法等研究提供技术支撑。

6.2　传统再入航天器轨迹设计优化

6.2.1　弹道-升力式再入轨迹设计

载人飞船的返回舱是典型的弹道-升力式再入航天器。在设计弹道-升力式航天器的返回器时,一般将其质心配置在偏离返回器纵轴一段很小距离处。这样,返回器在大气中飞行时,在某个攻角下,空气动力对质心的力矩为零,该攻角称为配平攻角,它是由姿态控制系统保证的。"以配平攻角飞行"是返回器再入大气层后,实际飞行状态的一种有用近似,它适用于研究和计算返回轨道再入段。

飞船再入运动矢量方程为

$$\begin{cases} m\dfrac{\mathrm{d}\boldsymbol{V}}{\mathrm{d}t}=\boldsymbol{P}+\boldsymbol{R}+m\boldsymbol{g}-m\boldsymbol{a}_{\mathrm{e}}-m\boldsymbol{a}_{\mathrm{k}} \\ m\dfrac{\mathrm{d}\boldsymbol{r}}{\mathrm{d}t}=\boldsymbol{V} \end{cases} \tag{6.2.1}$$

式中,$\boldsymbol{V}$、$\boldsymbol{r}$ 分别为飞船速度和位置矢量;$\boldsymbol{P}$ 为制动发动机推力矢量;$m\boldsymbol{g}$ 为地球引力;$-m\boldsymbol{a}_{\mathrm{e}}$、$-m\boldsymbol{a}_{\mathrm{k}}$ 分别为离心力和哥氏力;m 为飞船质量。

对于再入段,推力 $\boldsymbol{P}=\boldsymbol{0}$,只要给出攻角 α、侧滑角 β 和侧倾角 ν,便可以确定再入段飞船的质心运动。载人飞船再入段标准轨迹设计一般采用三自由度运动模型、配平攻角飞行且侧滑角为零的假设,因此侧倾角是唯一能改变的变量。飞船再入轨迹设计是侧倾角 ν 变化规律设计。

气动力在半速度坐标系中的表示为 $\boldsymbol{R}=(-D, L\cos\nu, L\sin\nu)$,其中,$D$ 为阻力,L 为总升力,$L\cos\nu$ 为总升力在纵向的投影,它的大小直接影响飞船升降的快慢,$L\sin\nu$ 是总升力在侧向的投影,它影响侧向运动和侧向距离。因此,侧倾角的大小 $|\nu|$ 是决定再入纵向航程的主要因素,而侧倾角的符号 $\mathrm{sign}(\nu)$ 是决定再入横向机动能力和横程的主要因素。

确定侧倾角的大小通常有两种方法,一是取常值;二是取分段常值并通过优化的方法确定每一段的值。对于一般的返回任务,赵汉元(1997)提出,根据再入飞船

的过载约束、航程等要求，设计飞船标准再入轨迹时，可取约 40°的常值侧倾角大小。这样既保证飞船有一定横向机动能力，也不致升阻比下降过多。针对特定的飞行任务，侧倾角大小也可以通过优化的方法获得。首先设侧倾角为随时间变化的分段常数，并考虑过载、热流和航程等约束设计$|\nu|$的值。一般在高空段$|\nu|$值可以大一些，因为此时动压小，过载数值不大；而低空段$|\nu|$值应小一些，否则过载会很快超过允许值。

确定侧倾角的符号即确定侧倾角反号的时刻。引入侧向制导的思想，使标准再入轨迹设计时确定侧倾角反号的方法与实际飞行中的方法一致，是一种普遍方法。飞船再入侧向制导的基本原理是：设计一个以再入纵平面为中心的漏斗形侧向边界，当飞船轨迹碰到该边界时则侧倾角反号，其数学表达为式(6.2.2)。图 6.2.1 给出了侧向制导逻辑的示意图。为防止侧向运动过调，在侧向制导律中还要加上阻尼项以改善侧向运动性能。

$$\nu_0(t)=\begin{cases}-|\tilde{\nu}|\ \mathrm{sign}(Z++K\dot{Z}), & |Z+K\dot{Z}|\geqslant\bar{Z}\\ |\tilde{\nu}|\ \mathrm{sign}(\nu_0), & |Z+K\dot{Z}|<\bar{Z}\end{cases}\tag{6.2.2}$$

其中漏斗边界 $\bar{Z}$ 取为

$$\bar{Z}=C_1+C_2V/V_e\tag{6.2.3}$$

阻尼项系数 K 取为

$$K=C_3+C_4V/V_e\tag{6.2.4}$$

V_e 为再入点的速度，C_1,C_2,C_3,C_4 为可设计的参数。

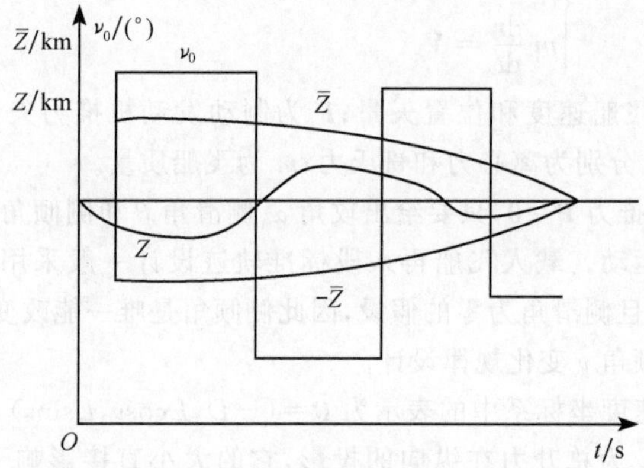

图 6.2.1　载人飞船再入段侧向制导逻辑示意图

基于上述模型，飞船再入轨迹设计问题转换为侧倾角的分段常数值和侧向制导参数 C_1,C_2,C_3,C_4 的确定。这些参数可以根据经验选取，也可以通过优化计算获得，基本原则是设计侧倾角大小时需满足航程、过载要求，设计侧倾角符号时要考虑到侧向运动不过调，侧倾角反向次数要适宜，一般为 3～4 次。

6.2.2　升力式再入轨迹设计

1. 航天飞机

依据航天飞机采用的再入制导方法，其再入轨迹设计的任务是在确定的攻角剖面（攻角随速度的变化规律）下，在再入走廊内设计阻力参考剖面。

一般应用最优性原理得到的最优再入轨迹，没有考虑系统制导，再入轨迹往往呈现振荡型跳跃。航天飞机再入需满足过载、动压、热流及拟平衡滑翔的约束，并希望再入过程总气动加热最小。总结关于航天飞机研究的结果，为满足约束条件，减低防热系统重量，一般采用高空大攻角，减速到一定飞行速度后减小攻角（李小龙等，1993）。美国的航天飞机再入攻角的选取原则是根据任务决定的。对于早期的试验性任务，由于防热系统没经过实际考验，因此采用牺牲一定横向机动能力，保证在高速条件下热防护系统能够承受的方案，即从再入到速度降到 4420m/s 的区间采用 40°大攻角，此后线性减小到 14°；然而航天飞机实际飞行中在再入初期采用 38°左右的攻角，且在离开高热区后，比早期飞行试验任务更早地变到最大升阻比附近的 28°攻角，并维持一段时间后再减小。该方案提高了航天飞机的横向机动能力。两种飞行攻角剖面如图 6.2.2 所示。

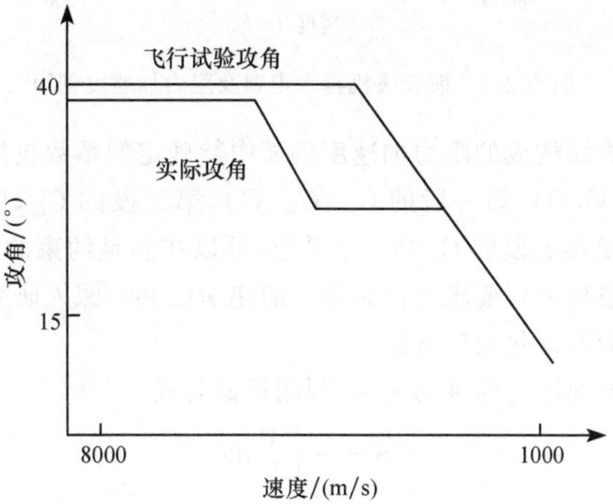

图 6.2.2　航天飞机的攻角剖面

航天飞机的再入走廊是由过载、动压、热流及拟平衡滑翔的约束确定的阻力加速度-速度剖面的飞行边界构成，图 6.2.3 给出了再入走廊及阻力加速度-速度剖面的示意图。再入走廊内的阻力加速度剖面一般为 5 段：两个二次曲线段；一个拟平衡滑翔段；一个常值阻力段；一个线性能量段，分别表示为

$$
\begin{cases}
D_1 = C_{11} + C_{12}V + C_{13}V^2 \\
D_2 = C_{21} + C_{22}V + C_{23}V^2 \\
D_3 = \dfrac{g}{L/D}(1 - V^2/V_s^2) \\
D_4 = C_4 \\
D_5 = D_F - C_5(E - E_F)
\end{cases}
\tag{6.2.5}
$$

式中，D、L 分别表示阻力、升力加速度；V 为速度；g 为重力加速度；E 表示能量；下标 F 表示再入结束点的变量。

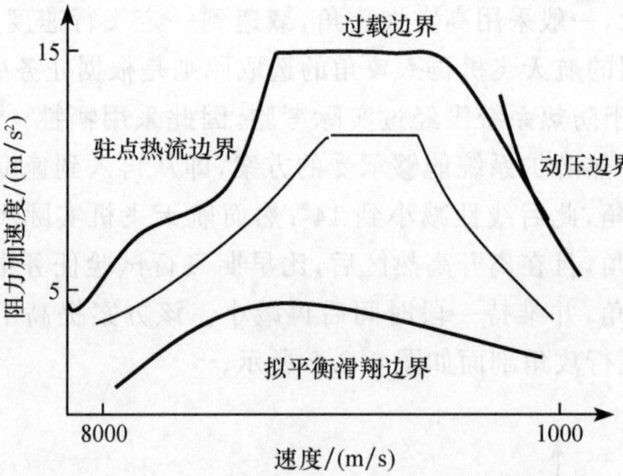

图 6.2.3　航天飞机再入走廊及阻力加速度剖面

由上述 5 段曲线构成的阻力加速度剖面中待确定的系数包括 5 个阻力加速度段的联结点坐标(V,D)，第一段的 C_{11}，C_{12}，C_{13}，第二段的 C_{21}，C_{22}，C_{23}，第三段的 V_s，第四段的 C_4 及第五段的 C_5 共 9 个系数，可以在满足约束的条件下加以优化，并在实际飞行中根据航程要求进行调整。胡建学(2007)深入研究了基于非线性规划的阻力加速度剖面优化设计方法。

当确定阻力加速度与速度的关系，利用近似公式

$$
S = -\int \frac{V}{D} \mathrm{d}V \tag{6.2.6}
$$

就可以估算航程。航天飞机再入标准轨迹设计的任务是在再入走廊内调整阻力加速度剖面使其航程偏差为零。

2. 可重复使用运载器

X-33 等第二代可重复使用运载器的再入制导方法是在航天飞机制导方法基础上的改进，其用于制导的参考再入轨迹优化一般选择在阻力加速度-能量(D-V)剖面进行设计。可重复使用运载器的飞行攻角采用航天飞机的方案，再入走廊仍

考虑过载、动压、热流及拟平衡滑翔的约束，走廊边界定义在阻力加速度-能量剖面。

可重复使用运载器再入参考轨迹设计的目标是在再入走廊内获得满足航程要求的某性能指标最小的标准阻力加速度-能量剖面。相关文献研究中将阻力加速度设计为分段三次样条函数或分段线性函数。这里以采用分段线性函数为例进行说明，该方法可以得到航程的解析表达式。设阻力加速度为能量的函数，即

$$D(e) = a_i(e - e_i) + b_i \tag{6.2.7}$$

式中，$a_i = \dfrac{D_{i+1} - D_i}{e_{i+1} - e_i}$；$b_i = D_i$。

分段点处的阻力加速度 $D_i, i=1,2,\cdots,n$ 是待确定的参数。再结合阻力加速度与航程的近似关系(Lu,1997)

$$S \approx \int_{e_0}^{e_f} \frac{1}{D(e)} \mathrm{d}e \tag{6.2.8}$$

可以积分得到航程

$$S = \sum_{i=1}^{n-1} \Delta S_i \tag{6.2.9}$$

其中

$$\Delta S_i = \begin{cases} \dfrac{\ln(D_{i+1}/D_i)}{a_i}, & a_i \neq 0 \\ \dfrac{e_{i+1} - e_i}{D_i}, & a_i = 0 \end{cases}$$

轨迹优化以 D_i 为设计变量，满足航程要求且使驻点总热量最小。Lu(1997)给出了阻力加速度剖面的详细设计过程。

6.3　基于平面运动模型的滑翔式再入轨迹优化

滑翔式再入也属于升力式再入，本章研究的滑翔式再入飞行器是一种新型的临近空间飞行器，相对于航天飞机等传统的升力式再入飞行器具有更高的升阻比和更大的纵横向机动能力。

高超声速滑翔式再入飞行器由气动力控制再入轨迹，突破了常规的弹道式再入模式。由于在增大射程(或航程)、突破导弹防御系统和再入段具备机动能力等方面的优势，被认为是实现远程快速精确打击和力量投送的具有广阔应用前景的再入飞行器。该类飞行器再入飞行跨越较大范围的高度和速度，再入轨迹也可以在很大空间范围内变化，首先在平面运动模型下研究其最优弹道形式及相应最优飞行攻角方案，可以简化问题且获得一些关于最优飞行的定性分析结论，还可为进一步研究较为复杂的空间最优再入轨迹优化与制导方法提供参考。

本节采用物理规划方法，同时考虑射程最大、热载荷最小、热流密度峰值最小和弹道稳定性最好四个目标，设计平面运动模型下滑翔式再入最优轨迹，并进一步分析飞行器沿最优轨迹飞行的物理原因。考虑到空间再入轨迹优化与制导问题都与攻角控制变量直接相关，本节以攻角为控制变量设计最优轨迹，并进一步设计最优攻角方案。

多目标轨迹优化问题采用物理规划方法具有以下优点：①与基于权重的方法相比，可避免在尚无工程实践经验下对无物理意义的权重值的反复设计；②与基于Pareto解的多目标优化方法相比，可以用相对较小的计算量获得反映设计者偏好的最优解。

6.3.1 轨迹优化问题描述

1. 平面无动力再入运动模型

考虑地球为非旋转圆球、飞行器无侧滑，得到简化的平面无动力再入运动方程(贾沛然等，1993)

$$\begin{cases} \dfrac{\mathrm{d}r}{\mathrm{d}t}=V\sin\gamma \\ \dfrac{\mathrm{d}\beta_e}{\mathrm{d}t}=\dfrac{V\cos\gamma}{r} \\ \dfrac{\mathrm{d}V}{\mathrm{d}t}=-\dfrac{\rho S_{\mathrm{ref}}C_D V^2}{2m}-g\sin\gamma \\ \dfrac{\mathrm{d}\gamma}{\mathrm{d}t}=\dfrac{1}{V}\left[\dfrac{\rho S_{\mathrm{ref}}C_L V^2}{2m}-\left(g-\dfrac{V^2}{r}\right)\cos\gamma\right] \end{cases} \tag{6.3.1}$$

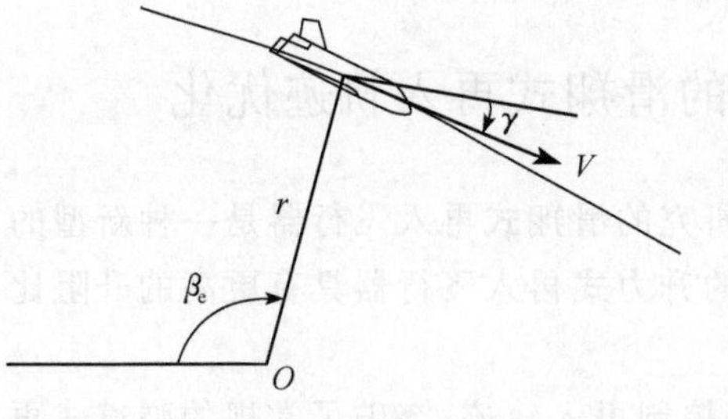

图 6.3.1　平面再入运动参数示意图

式中，r、β_e、V 和 γ 分别为地心距、射程角、速度大小和当地速度倾角，如图6.3.1所示；C_L、C_D 分别为升力系数和阻力系数；ρ、g、m 和 S_{ref} 分别为大气密度、引力加速度、飞行器质量和气动参考面积。

在研究再入轨迹优化问题时，通常对再入运动方程无量纲化，以提高优化效率。对平面再入运动模型，定义无量纲高度 z、速度 u 和时间 τ 分别为

$$z=\frac{r}{R_0},\quad u=\frac{V}{V_c},\quad \tau=t\left(\frac{R_0}{g_0}\right)^{-\frac{1}{2}} \tag{6.3.2}$$

式中，R_0、g_0 分别为地球平均半径和海平面重力加速度；$V_c=\sqrt{g_0R_0}$，从而得到无量纲平面再入运动方程为

$$\begin{cases}\dfrac{\mathrm{d}z}{\mathrm{d}\tau}=u\sin\gamma\\[2mm] \dfrac{\mathrm{d}\beta_{\mathrm{e}}}{\mathrm{d}\tau}=\dfrac{u\cos\gamma}{z}\\[2mm] \dfrac{\mathrm{d}u}{\mathrm{d}\tau}=-\bar{D}-\dfrac{\sin\gamma}{z^2}\\[2mm] \dfrac{\mathrm{d}\gamma}{\mathrm{d}\tau}=\dfrac{1}{u}\left[\bar{L}-\left(\dfrac{1}{z^2}-\dfrac{u^2}{z}\right)\cos\gamma\right]\end{cases} \tag{6.3.3}$$

式中，$\bar{L}$ 和 $\bar{D}$ 分别为相对 g_0 的无量纲升力和阻力加速度，即

$$\bar{L}=\frac{\rho S_{\mathrm{ref}}C_L(uV_{\mathrm{c}})^2}{2mg_0},\quad \bar{D}=\frac{\rho S_{\mathrm{ref}}C_D(uV_{\mathrm{c}})^2}{2mg_0}$$

对高超声速飞行器，升力系数 C_L 和阻力系数 C_D 可以近似为攻角的函数，即

$$\begin{cases}C_L=C_L^{\alpha}\alpha\\ C_D=C_{D0}+C_D^{\alpha}\alpha^2\end{cases} \tag{6.3.4}$$

2. 优化目标

滑翔式再入相对一般弹道式再入的优点之一是可以增大射程，但另一方面，高超声速再入过程气动加热非常严重，总气动加热和热流密度峰值都将给结构设计带来巨大的挑战。从弹道稳定性的角度来看，又不希望再入轨迹有太大的振荡。基于上述各方面的考虑，综合提出以下优化目标：①射程最大；②总气动加热最小；③峰值热流最小；④弹道振荡最小。

3. 设计变量

结合平面再入运动方程(6.3.3)和飞行器气动力模型(6.3.4)，轨迹优化问题的控制变量为攻角 $\alpha(\tau)$。采用分段参数化方法将无穷维空间的设计变量函数转换为有限参数问题求解，引入参数向量 $A=(a_1,a_2,\cdots,a_i,\cdots,a_{N+1})$ 作为攻角 $\alpha(\tau)$ 的离散值，离散点之间控制变量的值由线性插值得到，并以满足终端高度条件 $z(\tau_{\mathrm{f}})=z_{\mathrm{f}}$ 作为轨迹计算的结束条件。

4. 约束条件

高超声速飞行器再入过程要求满足热流、过载、动压的严格约束，否则再入飞行器在结构和热防护性能上是不可靠的。对高超声速飞行器，热防护问题更为突出，热流约束更为严格。

1) 热流约束

在研究飞行器轨迹优化问题时，通常以驻点热流密度作为约束条件，因为驻点是飞行器加热较严重的区域。Hull 等(1982)建立了驻点热流密度工程估算表达式

$$\dot{Q}=K\left(\frac{\rho}{\rho_0}\right)^n\left(\frac{V}{V_c}\right)^m \tag{6.3.5}$$

对高超声速飞行器，一般取 $n=0.5$，$m=3$ 或 3.15，K 是与飞行器头部半径相关的常数。常用的高超声速飞行器热流密度约束表达式为

$$\dot{Q}=\frac{C_1}{\sqrt{R_d}}\left(\frac{\rho}{\rho_0}\right)^{0.5}\left(\frac{V}{V_c}\right)^{3.15}\leqslant\dot{Q}_{max} \tag{6.3.6}$$

式中，R_d 为飞行器头部曲率半径；C_1 为与飞行器特性相关的常数。

2）动压约束

在飞行力学问题中，动压是最重要的特征量之一。所有气动力和力矩都与动压成比例，考虑动压对控制系统的影响和侧向稳定性的要求，再入过程中的动压需满足约束

$$q=\frac{1}{2}\rho V^2\leqslant q_{max} \tag{6.3.7}$$

3）过载约束

在再入过程中，为了结构安全，需要考虑过载约束。弹箭类飞行器一般对法向过载进行约束，而滑翔式高超声速飞行器一般为升力体机动再入飞行器，其轴、法向都可能产生较大过载，影响飞行器结构安全性。这里的过载约束均取总过载约束，即

$$n=\sqrt{\bar{L}^2+\bar{D}^2}=q\sqrt{C_D^2+C_L^2}\,\frac{S}{mg}\leqslant n_{max} \tag{6.3.8}$$

式(6.3.6)～式(6.3.7)中，$\dot{Q}_{max}$，n_{max}，q_{max} 均为对应的约束值；$\bar{L}$ 和 $\bar{D}$ 分别为无量纲升力加速度和阻力加速度。另外还需考虑终端速度约束，即 $u(\tau_f)\geqslant u_f$。

约束处理采用罚函数方法，并将不同物理意义的约束条件化为同一数量级。

6.3.2 轨迹优化算例与结果分析

1. 飞行器参数与初始条件

仿真计算以远程高超声速滑翔式再入飞行器为对象，气动参数采用美国波音公司 1998 年设计的带控制翼的锥形体再入机动飞行器 CAV 的参数拟合得到(Phillips，2003)，其他飞行器参数与相关常数见表 6.3.1.

表 6.3.1　飞行器参数与相关常数

变　量	符　号	取值/单位
飞行器质量	m	907/kg
气动参考面积	S_{ref}	0.35/m^2
最大升力系数	$C_{L\max}$	0.6
地球平均半径	R_0	6378/km
海平面地球引力	g_0	9.8/(m/s^2)

轨迹优化算例的仿真条件见表 6.3.2。

表 6.3.2　仿真条件

条件类型	速度/(m/s)	高度/km	速度倾角/(°)	最大攻角/(°)	最大升阻比攻角/(°)
初始条件	7000	100	−2	20	8.5
终端约束	≥1000	20			
	$\dot{Q}_{max}$/(kW/m²)		q_{max}/kPa		n_{max}
过程约束	2000		500		4

2. 偏好结构的确定

由于新型滑翔式再入飞行器的方案设计阶段尚无实际工程经验，为确定物理规划问题的偏好结构，先求解和分析单目标最优轨迹的性能。

高超声速再入飞行是一个复杂的强约束非线性过程，在求解最优再入轨迹时，一般基于梯度的优化算法对初值要求较高。这里利用文献(雍恩米等，2007)的分析结果，即增大升阻比有利于增大射程，同时考虑到大攻角飞行能降低热流密度的特点(Harpold et al.，1979)，求解最大射程轨迹和最小热流密度轨迹时取设计变量的经验初值分别为最大升阻比攻角和最大攻角。由于弹道式再入能量损失最小，不考虑峰值热流密度约束，直接以弹道式再入轨迹作为最小气动加热轨迹。

单目标最优轨迹高度曲线如图 6.3.2 所示，其中标示了各单目标最优轨迹的驻点总气动加热量 Q_s 和峰值热流密度值 $\dot{Q}_{max}$。图 6.3.3 为对应单目标最优轨迹

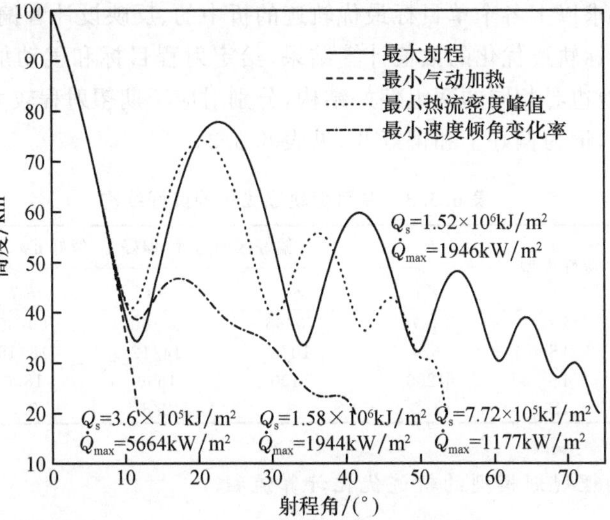

图 6.3.2　单目标最优轨迹高度曲线

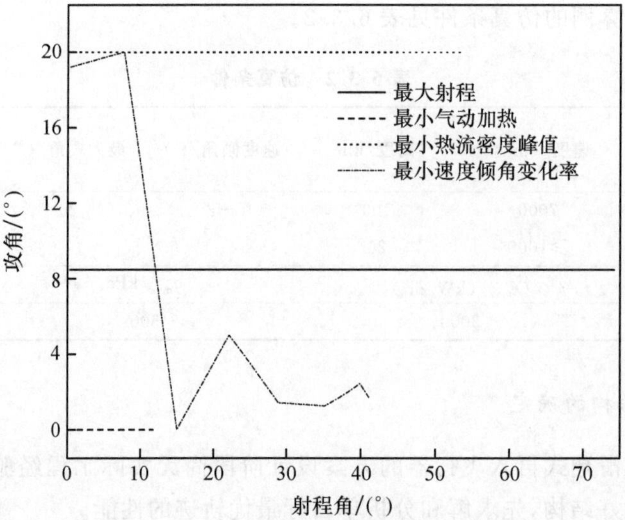

图 6.3.3　单目标最优轨迹攻角曲线

的攻角曲线。计算结果表明以最大升阻比飞行可达到的射程最大，且弹道振荡较大。弹道式再入的总气动加热最小，但峰值热流密度最大，射程也最小。最大攻角飞行方案的峰值热流密度最小，但射程不太大。最小速度倾角变化率最优轨迹表明，使再入轨迹振荡较小即弹道较稳定的攻角变化趋势是：先在最大升阻比攻角附近，一段时间后转换为较小的攻角。可见，再入轨迹优化问题中往往存在互相冲突的设计目标，一般不存在一个设计点使所有的目标同时最优，单目标性能的改善通常是以其他一个或多个目标性能的降低为代价。这里求解的多目标最优轨迹的物理意义就是寻求以上各个单目标最优轨迹的折中的、反映设计者偏好的解。

根据单目标轨迹优化的数值计算结果，给定射程目标和气动加热目标的区间边界不同、其他边界相同的两组偏好结构，分别对应于期望射程较大和气动加热较小的两组偏好，记为偏好Ⅰ和偏好Ⅱ，见表 6.3.3。

表 6.3.3　多目标轨迹优化的偏好结构

设计目标	偏好类型	偏好区间边界(偏好Ⅰ/偏好Ⅱ)				
		g_{i1}	g_{i2}	g_{i3}	g_{i4}	g_{i5}
f_1/(°)	2S	74/70	70/65	65/60	60/55	55/50
f_2/(10^5kJ/m^2)	1S	6/4	10/8	14/12	18/16	22/20
f_3/(kW/m^2)	1S	1200	1400	1600	1800	2000
f_4	1S	1.2	2	2.8	3.6	4.4

3. 基于物理规划模型的轨迹优化计算流程

根据物理规划模型，多目标轨迹优化问题的计算步骤为：

(1) 根据偏好结构得到各设计目标的偏好函数。

首先由表 6.3.3 中的四个目标的区间端点值确定偏好函数的区间端点信息。设每计算一次目标函数得到的四个单目标的值分别为 $g_i(i=1,2,3,4)$，根据其取值范围分别代入偏好函数，从而可得到各设计目标的偏好函数值 $\bar{g}_i$。

(2) 获得综合的满意度函数。

将各目标的偏好函数 $\bar{g}_i$ 代入式(4.6.6)可得到计算一次目标函数的综合偏好函数，从而将多目标轨迹优化问题转换为反应设计者偏好的单目标问题。

(3) 对综合目标函数的优化。

对物理规划框架下的综合偏好函数的优化采用遗传算法实现，并采用罚函数法处理约束。

4. 多目标轨迹优化结果与分析

根据表 6.3.3 中的两组偏好结构计算出的最优轨迹及相应的攻角控制变量见图 6.3.4 和图 6.3.5。两组偏好对应的目标函数分别为

偏好Ⅰ(期望射程较大)

$$f=(67.0°,1.36\times10^6\ \mathrm{kJ/m^2},1684\mathrm{kW/m^2},2.0)$$

偏好Ⅱ(期望气动加热较小)

$$f=(59.7°,1.08\times10^6\ \mathrm{kJ/m^2},1334\mathrm{kW/m^2},2.0)$$

可见，两组偏好下的各个优化目标都在可忍受域或更好的范围内，是所提供偏好结构下的折中解。同时，通过对两组解的比较表明物理规划方法的解能够反映设计者的偏好。

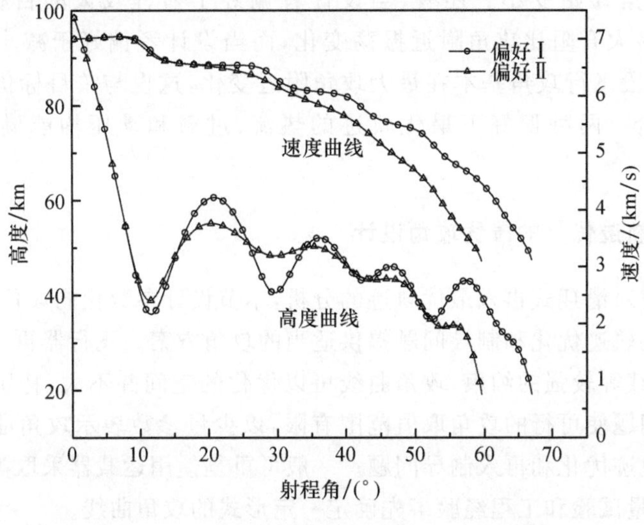

图 6.3.4　多目标最优轨迹高度与速度曲线

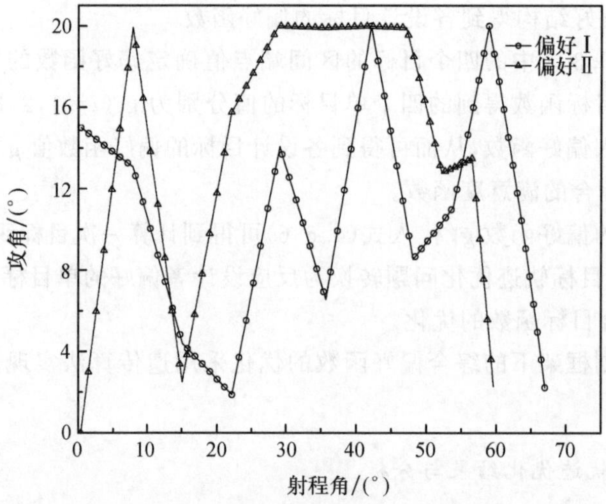

图 6.3.5 多目标最优轨迹攻角曲线

对仿真结果的定性分析知，本小节提出的优化目标下的滑翔再入最优轨迹为幅值衰减的振荡形式，反映了图 6.3.2 中各种单目标最优轨迹的折中情况。为满足增大射程的要求，弹道趋于振荡。而从稳定性角度考虑，又要求弹道趋于平缓。另外，由于防热系统的约束，需要牺牲一定射程以减小飞行时间。考虑上述物理原因，就更容易理解图 6.3.4 的最优再入轨迹形式。图 6.3.5 的控制变量曲线反映了要实现最优再入轨迹设计所需的攻角变化趋势。一般初始下降段采用较大的攻角，这是因为峰值热流密度往往发生在再入后第一次下降到最低点处，而后攻角开始变小。还有，当设计者偏好于射程较大的目标时，后一段飞行攻角在最大升阻比攻角附近振荡变化，而当设计者偏好于减小热载和热流密度时，后一段飞行攻角基本在最大攻角附近变化，这也与单目标优化结果反映的特点相吻合。两种偏好下最优轨迹的热流、过载和动压均能满足再入过程约束。

6.3.3 基于轨迹优化的最优攻角设计

综合上述对滑翔式再入最优轨迹的分析，本节设计参数化的攻角曲线，可为进一步研究三维轨迹优化和制导问题提供适当的攻角方案。飞行器再入过程中受热流、动压和过载等较强的约束，攻角曲线可以优化的空间并不大，特别是初始下降段的热防护问题使可行的攻角取值范围有限，以少量参数表示攻角曲线可更有效地解决三维轨迹优化和再入制导问题。一般可重复使用运载器采取类似的研究方法，即根据大量试验和工程经验事先确定一定形式的攻角曲线。

1. 攻角曲线参数化

对高超声速再入飞行器,热防护问题是攻角设计考虑的主要因素。飞行器进入稠密大气层的初始阶段,气动热问题最为严重,此时采用大攻角飞行,可减小气动加热(Harpold,1979)。飞行速度降低到热流密度不是主要制约因素时,则减小攻角,以满足射程要求。为尽量增大射程,在速度减小到一定值时,则采用最大升阻比攻角。基于以上考虑,设计最优攻角曲线为如下分段线性函数:

$$\alpha=\begin{cases}\alpha_{\max}, & V_1\leqslant V\leqslant V_e\\ \dfrac{\alpha_{\max L/D}-\alpha_{\max}}{V_2-V_1}(V-V_1)+\alpha_{\max}, & V_2\leqslant V<V_1\\ \alpha_{\max L/D}, & V_f\leqslant V<V_2\end{cases} \tag{6.3.9}$$

式中,V_e、V_f 分别为再入点和终端速度;V_1,V_2 分别为分段点速度,即该攻角曲线的设计参数。

2. 最优攻角方案

攻角变量由式(6.3.9)参数化后,轨迹优化问题的设计变量则为 V_1,V_2。采用与上节仿真算例相同的优化目标、约束条件和仿真条件,基于物理规划框架和序列二次规划算法求解多目标轨迹优化问题,其中物理规划所用的偏好结构采用表 6.3.3 中的偏好结构Ⅱ,即希望该攻角方案下气动加热较小。优化得到的最优再入轨迹曲线见图 6.3.6 的曲线Ⅰ。为与前面的结果比较,图中同时给出了 6.3.2 节中偏好Ⅱ对应的最优轨迹,记为曲线Ⅱ。图 6.3.7 为图 6.3.6 对应的攻角曲线。

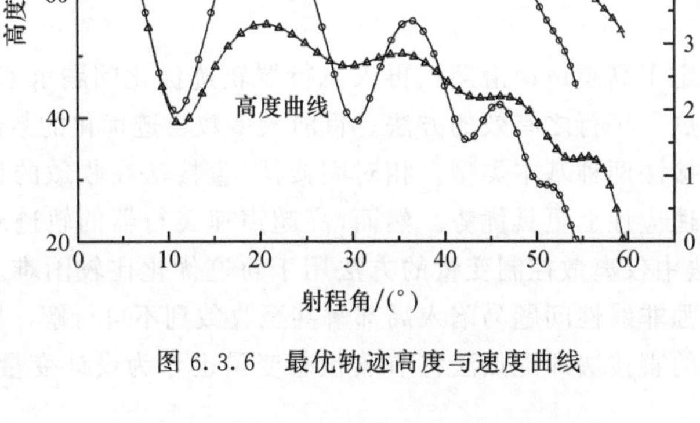

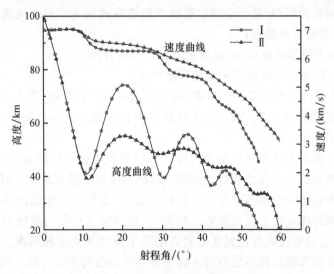

图 6.3.6 最优轨迹高度与速度曲线

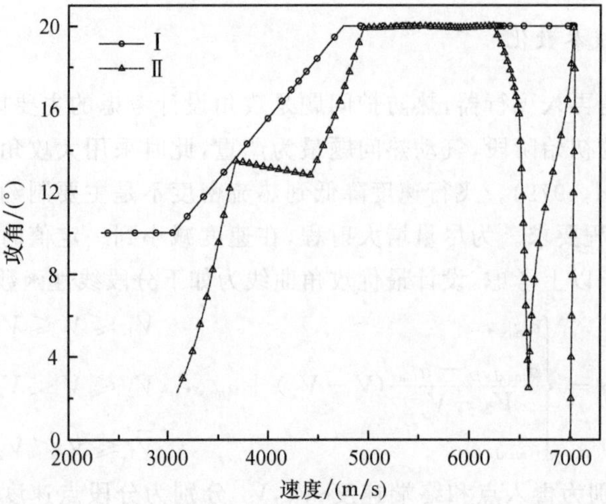

图 6.3.7 最轨迹优攻角曲线

由图 6.3.7 可见,参数化攻角形式(图中的曲线Ⅰ)与把攻角在整个空间离散并优化后得到的曲线(图中的曲线Ⅱ)有相似的变化趋势,而且采用式(6.3.9)参数化后,待优化参数个数明显减少,同时,将该参数化最优攻角方案直接应用于空间再入轨迹优化中,可以简化问题。

6.4 基于空间运动模型的滑翔式再入轨迹优化

相对平面运动模型,基于空间运动模型的滑翔式再入三自由度轨迹优化问题更为复杂,且具有以下特点:

(1) 运动方程形式复杂,控制变量隐含于运动方程。

(2) 再入轨迹对气动力控制变量高度敏感。

(3) 再入飞行过程中受热流密度、动压和过载的严格约束,再入轨迹的可行域限制在较为狭窄的范围内。当再入飞行器作为远程攻击武器系统时,对终端状态也有严格要求。

上述特点决定了高超声速滑翔式再入飞行器轨迹优化问题求解较为困难,因此必须选择和发展一种行之有效的方法。目前大多数轨迹优化的数值方法都可以归为间接法和直接法两种基本类型。相对间接法,直接法在收敛的鲁棒性和解决实际复杂问题的适应性上更具优势。然而,高超声速飞行器的轨迹对控制变量十分敏感,使直接法中仅离散控制变量的方法用于轨迹优化比较困难。尤其是对再入轨迹优化这类强非线性问题易陷入局部解甚至收敛到不可行解。同时离散控制变量和状态变量的直接法即配点法将节点状态变量也作为设计变量,在解决参数敏感问题上比只离散控制变量的直接法效果更佳，但对于配点法，确定适当的大量节点的状态和控制变量初值是一个难点。

近年来，离散控制变量和状态变量一类直接法中的伪谱方法，由于在计算效率上的优势，逐渐成为最优控制问题求解方法的研究热点。伪谱方法利用全局插值多项式的有限基在一系列离散点上近似状态变量和控制变量，能够以较少的离散点数获得较高的精度。对运动微分方程维数较高的情况，采用配点法方法的设计变量数目可能是伪谱法的几倍。在伪谱方法出现的初期，曾遭到质疑，即伪谱方法是否能像局部方法那样较容易地限制沿轨迹的最大误差。在这个问题上，全局方法取得了重要进展(Elnagar et al. ,1995,1998;Ross et al. ,2001;Huntington et al. ,2005)。若采用全局多项式作为近似基函数的配置方法，取适当的离散点和插值多项式，可以确定全局多项式近似的最大误差。

常见的伪谱方法包括 Legendre 伪谱法、Radau 伪谱法和 Gauss 伪谱法。Fahroo 等(2006)从近似精度、收敛速度和计算效率等方面比较了三种伪谱方法。Radau 伪谱法和 Gauss 伪谱法在状态变量、控制变量和协态变量的近似精度及收敛速度上优于 Legendre 伪谱法。同时 Gauss 伪谱法对协态变量边界值的估计精度高于 Radau 伪谱法，且在处理含初始和终端约束的问题上具有优势。在计算效率方面，求解相同规模问题时三种方法差别不大。滑翔式再入轨迹优化问题为含终端约束和过程约束的非线性优化问题，Gauss 伪谱法不失为一个较好的选择。

本节考虑旋转圆球上空的空间再入运动模型，研究基于 Gauss 伪谱法的再入轨迹优化问题。为解决初值选取、计算快速性和计算精度等问题，提出基于 Gauss 伪谱法的轨迹优化策略，包括设置初值生成器、再入轨迹分段及每段轨迹优化计算时串行求解的策略。

6.4.1 轨迹优化问题描述

1. 空间再入运动模型

空间再入运动模型中，一般假设地球为旋转圆球或旋转椭球，这里分别列出两种假设下的再入运动方程以供读者参考。本节的轨迹优化采用了前一种情况下的无量纲运动方程。

1) 旋转圆球上空的空间再入运动模型

假设地球为旋转圆球，飞行器侧滑角为零建立空间再入运动方程。再入飞行器运动参数在地心球面固连坐标系中描述，包括地心距 r、经度 θ 和纬度 φ 三个描述位置的参数及速度大小 V、航迹角 γ 和航向角 ψ 三个描述速度的参数。航迹角 γ 是速度向量与当地水平面的夹角，向上为正。航向角 ψ 是速度向量在当地水平

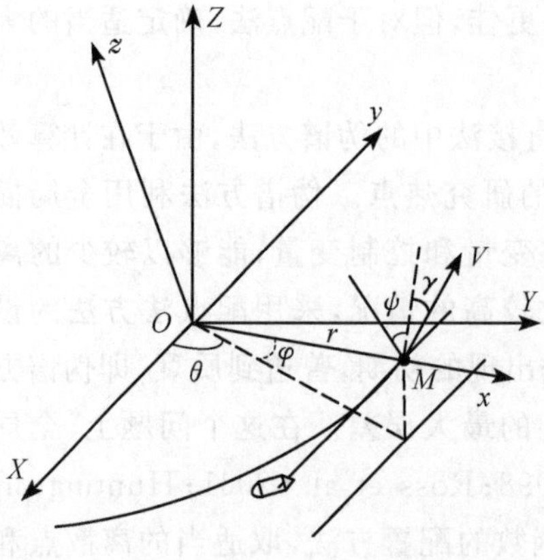

图 6.4.1 三自由度再入运动参数示意图

面投影与正北方向的夹角，顺时针旋转为正。运动参数如图 6.4.1 所示，其中 $O\text{-}XYZ$ 为地心固连坐标系，$O\text{-}xyz$ 为飞行器位置坐标系。由上述参数描述的无动力三自由度再入运动方程为（Vinh et al.，1980）

$$\begin{cases}\dfrac{dr}{dt}=V\sin\gamma\\ \dfrac{d\theta}{dt}=\dfrac{V\cos\gamma\sin\psi}{r\cos\varphi}\\ \dfrac{d\varphi}{dt}=\dfrac{V\cos\gamma\cos\psi}{r}\end{cases}\tag{6.4.1}$$

$$\begin{cases}\dfrac{dV}{dt}=-\dfrac{D}{m}-g\sin\gamma+\omega^2 r\cos\varphi(\sin\gamma\cos\varphi-\cos\gamma\sin\varphi\cos\psi)\\ \dfrac{d\gamma}{dt}=\dfrac{1}{V}\Big[\dfrac{L\cos\sigma}{m}+\Big(\dfrac{V^2}{r}-g\Big)\cos\gamma+2\omega V\cos\varphi\sin\psi\\ \qquad+\omega^2 r\cos\varphi(\cos\gamma\cos\varphi+\sin\gamma\sin\varphi\cos\psi)\Big]\\ \dfrac{d\psi}{dt}=\dfrac{1}{V}\Big[\dfrac{L\sin\sigma}{m\cos\gamma}+\dfrac{V^2}{r}\cos\gamma\sin\psi\tan\varphi-2\omega V(\cos\varphi\tan\gamma\cos\psi-\sin\varphi)\\ \qquad+\dfrac{\omega^2 r}{\cos\gamma}\sin\varphi\cos\varphi\sin\psi\Big]\end{cases}\tag{6.4.2}$$

式中，ω,g,σ,L,D 分别为地球自转角速度、引力加速度、侧倾角、升力和阻力。为提高优化问题的求解效率，将再入运动方程无量纲化。分别定义无量纲地心距 z，速度 u、飞行时间 τ 和地球自转角速度 Ω 为

$$z=\frac{r}{R_0},\quad u=\frac{V}{\sqrt{g_0R_0}},\quad \tau=t\left(\frac{R_0}{g_0}\right)^{-\frac{1}{2}},\quad \Omega=\frac{\omega}{\sqrt{g_0/R_0}}\tag{6.4.3}$$

代入方程(6.4.1)、式(6.4.2)得到无量纲三自由度再入运动方程

$$\begin{cases}\dfrac{dz}{d\tau}=u\sin\gamma\\ \dfrac{d\theta}{d\tau}=\dfrac{u\cos\gamma\sin\psi}{z\cos\varphi}\\ \dfrac{d\varphi}{d\tau}=\dfrac{u\cos\gamma\cos\psi}{z}\end{cases}\tag{6.4.4}$$

$$\begin{cases}\dfrac{du}{d\tau}=-\overline{D}-\dfrac{\sin\gamma}{z^2}+\Omega^2 z\cos\varphi(\sin\gamma\cos\varphi-\cos\gamma\sin\varphi\cos\psi)\\ \dfrac{d\gamma}{d\tau}=\dfrac{1}{u}\Big[\overline{L}\cos\sigma+\dfrac{\cos\gamma}{z}\Big(u^2-\dfrac{1}{z}\Big)+2\Omega u\cos\varphi\sin\psi\\ \qquad+\Omega^2 z\cos\varphi(\cos\gamma\cos\varphi+\sin\gamma\cos\psi\sin\varphi)\Big]\\ \dfrac{d\psi}{d\tau}=\dfrac{1}{u}\Big[\dfrac{\overline{L}\sin\sigma}{\cos\gamma}+\dfrac{u^2}{z}\cos\gamma\sin\psi\tan\varphi-2\Omega u(\tan\gamma\cos\varphi\cos\psi-\sin\varphi)\\ \qquad+\dfrac{\Omega^2 z}{\cos\gamma}\sin\varphi\cos\varphi\sin\psi\Big]\end{cases} \tag{6.4.5}$$

其中，$\overline{L}$，$\overline{D}$ 分别为无量纲升力和阻力，表示为

$$\overline{L}=\frac{\rho(VV_c)^2SC_L}{2mg_0}$$

$$\overline{D}=\frac{\rho(VV_c)^2SC_D}{2mg_0}$$

气动力模型同 6.3 节，大气密度采用拟合公式大气模型计算（贾沛然等，1993）。

2）旋转椭球上空的空间再入运动模型

考虑地球为椭球模型，定义的运动参数与图 6.4.1 中所示参数相同，可以建立旋转椭球上空的再入运动模型，其中位置参数 r,θ,φ 的方程同式（6.4.4），而速度参数的方程如下：

$$\begin{cases}\dfrac{dV}{dt}=-\dfrac{D}{m}+g_R\sin\gamma-g_\varphi\cos\gamma\cos\psi+\omega^2 r\cos\varphi(\sin\gamma\cos\varphi-\cos\gamma\sin\varphi\cos\psi)\\ \dfrac{d\gamma}{dt}=\dfrac{1}{V}\Big[\dfrac{L\cos\sigma}{m}+\Big(\dfrac{V^2}{r}+g_R\Big)\cos\gamma+g_\varphi\sin\gamma\cos\psi+2\omega V\cos\varphi\sin\psi\\ \qquad+\omega^2 r\cos\varphi(\cos\gamma\cos\varphi+\sin\gamma\sin\varphi\cos\psi)\Big]\\ \dfrac{d\psi}{dt}=\dfrac{1}{V}\Big[\dfrac{L\sin\sigma}{m\cos\gamma}+\dfrac{g_\varphi\sin\psi}{\cos\gamma}+\dfrac{V^2}{r}\cos\gamma\sin\psi\tan\varphi\\ \qquad-2\omega V(\cos\varphi\tan\gamma\cos\psi-\sin\varphi)+\dfrac{\omega^2 r}{\cos\gamma}\sin\varphi\cos\varphi\sin\psi\Big]\end{cases} \tag{6.4.6}$$

其中引力加速度分量为

$$g_R=-\frac{\mu}{r^2}\Big[1-\frac{3}{2}J_2\Big(\frac{R_0}{r}\Big)^2(3\sin^2\varphi-1)\Big]$$

$$g_\varphi=\frac{3\mu}{r^2}J_2\Big(\frac{R_0}{r}\Big)\sin\varphi\cos\varphi$$

2. 优化目标

优化目标通常根据再入飞行器特点和飞行任务提出。

1）给定目标点或到达区域的优化目标

对到达指定目标点或区域的再入轨迹优化问题，一个重要的优化目标就是减小气动加热，以降低防热系统的重量，增加有效载荷的比重。对驻点热流密度积分，得到再入过程的热载作为优化目标，即

$$J = Q_s = \int_{\tau_0}^{\tau_f} \dot{Q} \mathrm{d}t \tag{6.4.7}$$

另外，考虑到弹道平滑性，引入航迹角相关指标

$$I = c\int_{\tau_0}^{\tau_f} \dot{\gamma}^2 \mathrm{d}t \tag{6.4.8}$$

对给定目标点或区域的轨迹优化问题，通常考虑上述两个优化指标的加权和，使再入轨迹的热载尽量小，且避免轨迹太大的跳跃。由于空间再入轨迹优化更为复杂，这里将峰值热流的指标仅在约束中考虑，这一点与平面再入轨迹优化不同。

2）计算飞行器可达区的优化目标

给定初始条件下再入飞行器可达区通过计算一组最优再入轨迹的航迹获得，其优化目标函数为最大（最小）纵向航程、横向航程的加权和，即

$$J = w(\pm\,\theta(\tau_f)) + (1-w)(\pm\,\varphi(\tau_f)) \tag{6.4.9}$$

式中，w 为权重系数，且 $w\in[0,1]$。可达区的计算精度取决于 w 在 0 到 1 间的取值密度，w 取值密度越大，计算可达区的精度越高。

3. 设计变量

基于伪谱法的轨迹优化问题，设计变量主要包括节点状态和控制变量。考虑空间零侧滑的三自由度运动模型时，再入轨迹控制变量为攻角和侧倾角，再利用 6.3 节的参数化的最优攻角方案，控制变量的设计即为节点侧倾角的设计。

4. 约束条件

与平面再入轨迹优化问题相同，高超声速飞行器再入过程要求满足热流、过载和动压的约束，其数学表达式同 6.3 节。此外，空间再入运动模型比平面再入运动模型增加了侧倾角控制变量，还需考虑拟平衡滑翔约束。

相对于前面几种约束条件，平衡滑翔约束不那么严格，是一种考虑飞行器控制能力的所谓“软约束”。也称为“no-skip”条件，即保证飞行器不再跳出大气层。相应的，对再入安全问题至关重要的热流、动压和过载约束则被称为“硬约束”。用无量纲变量表示的平衡滑翔条件（equilibrium glide condition，EGC）为（Shen，2002）

$$\frac{1}{z}\left(\frac{1}{z} - u^2\right)\cos\gamma - \bar{L}\cos\sigma_{EQ} - a_{\omega E} \leqslant 0 \tag{6.4.10}$$

式中，$a_{\omega E}$ 为考虑哥氏加速度和牵连加速度的附加项；σ_{EQ} 为平衡滑翔边界对应的

侧倾角。在一般再入问题中，$a_{\omega E}$ 的数量级相对较小，且有 $\cos\gamma \approx 1$，因此将式(6.4.10)转换为拟平衡滑翔条件(qusi-equilibrium glide condition，QEGC)，即

$$\frac{1}{z}\left(\frac{1}{z}-u^2\right)-\bar{L}\cos\sigma_{EQ} \leqslant 0 \tag{6.4.11}$$

在式(6.4.11)中，取 $\sigma_{EQ}=0$，得到拟平衡滑翔上边界方程 $(1-u^2)=\bar{L}z$，其物理意义是只有当无量纲高度-速度曲线(z-u 曲线)位于上边界下时，才可以通过调节侧倾角来控制飞行轨迹。

另外，对控制变量的约束是限制侧倾角的取值范围和变化率。

终端约束因不同的再入轨迹优化问题而异，通常考虑以下几种情况的终端约束。到达指定点问题的终端状态约束为包括经纬度、地心距的终端位置等式约束。另外，作为对地打击武器平台的再入飞行器，根据作战需要，通常对终端航迹角和速度有要求，即关于航迹角和速度的不等式约束。到达指定区域问题的终端约束包括航程和高度的等式约束及终端航向角需满足一定范围的不等式约束。计算可达区问题一般基于近似结果用于再入任务分析与设计，因此对终端状态的要求较少，其终端约束主要考虑高度的等式约束。

6.4.2　轨迹优化策略与求解器

从理论上分析，直接应用一般的 Gauss 伪谱法可以求解空间运动模型下的再入轨迹优化问题，然而在实际应用中却存在以下困难：①当 Gauss 节点较多时，设计变量的数目会比较庞大。对 6.4.1 节描述的问题，当 LG 点的个数为 K 时，设计变量数目为 $6(K+1)+K+1$，当阶次大于 8 时，设计变量就会超过 50 个。那么，给定设计变量的初值的工作会比较繁杂，且不恰当的初值可能使问题收敛到不可行解。②Gauss 伪谱法将动力学微分方程约束转换为代数约束，对应于优化问题中的等式约束数目为 $6(K+1)$，同时再入轨迹优化问题还存在较为苛刻的不等式约束和终端状态约束。在如此多约束条件下，采用一般的优化算法很难直接快速地找到可行解。另外，大升阻比升力体飞行器再入时在初始下降段和滑翔段呈现出不同的特性，初始下降段轨迹主要由再入条件决定，控制变量对该段轨迹影响较小，而滑翔段具有较大升力，可保持拟平衡滑翔状态，且轨迹对气动力控制变量高度敏感。充分理解上述再入轨迹的特点，可为轨迹优化带来方便。

根据以上高超声速再入轨迹优化存在的问题和特点，将 Gauss 伪谱方法用于滑翔式再入轨迹优化问题，并同时提出最优轨迹求解策略。

(1) 构造设计变量初值生成器(initial guess generator，IGG)

利用 Gauss 伪谱法能以较少节点获得较高精度的优点，先采用较少的节点，如 $K=5$，计算近似的最优轨迹和控制变量，作为下一步精确计算的初值。

(2) 采用从可行解到最优解的串行优化策略。

串行优化策略则是指，不直接寻找满足所有等式和不等式约束的解，而是先将等式约束转换为目标函数，即先将一般的非线性规划问题转换为如下形式：

$$\begin{cases} \min \quad F(\boldsymbol{y}) = \mathrm{sqrt}\left(\sum_{i=1}^{q} h_i(\boldsymbol{y})^2\right) \\ \mathrm{s.t.} \quad g_j(\boldsymbol{y}) \leqslant 0, j = 1,2,\cdots,p \end{cases} \tag{6.4.12}$$

设该问题的最优解为 $\boldsymbol{y}_0$，然后以 $\boldsymbol{y}_0$ 为初值，求解原非线性规划问题的解。

(3) 将再入轨迹分为初始下降段和拟平衡滑翔段分别优化，轨迹分段点动态选取。

以再入轨迹在无量纲高度-速度(z-u)平面的斜率 $\mathrm{d}z/\mathrm{d}u$ 同时满足拟平衡滑翔条件及最大热流密度约束时刻为分段转折点，即

$$\begin{cases} \left|\left(\dfrac{\mathrm{d}z}{\mathrm{d}u}\right)_{\mathrm{3DOF}} - \left(\dfrac{\mathrm{d}z}{\mathrm{d}u}\right)_{\mathrm{QEGC}}\right| < \delta \\ \dot{Q}_{\mathrm{Trans}} \leqslant \dot{Q}_{\max} \end{cases} \tag{6.4.13}$$

其中，$\left(\dfrac{\mathrm{d}z}{\mathrm{d}u}\right)_{\mathrm{3DOF}}$ 可由运动方程(6.4.5)除式(6.4.4)得到的近似表达式 $\dfrac{\mathrm{d}z}{\mathrm{d}u} = \dfrac{u\sin\gamma}{-\overline{D}-\sin\gamma/z^2}$ 求解。$\left(\dfrac{\mathrm{d}z}{\mathrm{d}u}\right)_{\mathrm{QEGC}}$ 为拟平衡滑翔轨迹在高度-速度剖面对应的斜率，其求解方法为给定速度 u，由拟平衡滑翔条件求出对应高度 z，再由有限差法分求斜率 $\left(\dfrac{\mathrm{d}z}{\mathrm{d}u}\right)_{\mathrm{QEGC}}$。

采用 Gauss 伪谱法作为每阶段轨迹优化的基本方法。根据上述优化策略，优化流程分两步，首先由 IGG 获得初值，并采用从可行解到最优解的策略，然后选取足够多的节点(如 $K=10\sim20$)，求解高精度的最优轨迹。同时考虑再入轨迹不同阶段特性，将再入轨迹分为初始下降段和滑翔段分别优化。图 6.4.2 描述了含初值生成器的分步串行优化策略的基本流程。

该优化策略将轨迹优化问题转换为多个非线性约束优化问题，本节采用序列二次规划算法作为非线性规划问题的求解器。

6.4.3 轨迹优化算例与结果分析

以远程高超声速滑翔式再入飞行器为仿真对象，飞行器参数与相关常数同表 6.3.1。仿真算例考虑了到达指定目标点的最优轨迹、到达指定目标区域的最优轨迹和一定初始条件下的可达区域计算三种情况。这里不对算例中的具体细节详细分析，只给出有代表性的数表。算例中涉及的终端高度、速度约束及热流密度、动压、过载和侧倾角变化率约束相同，统一在表 6.4.1 中列出。

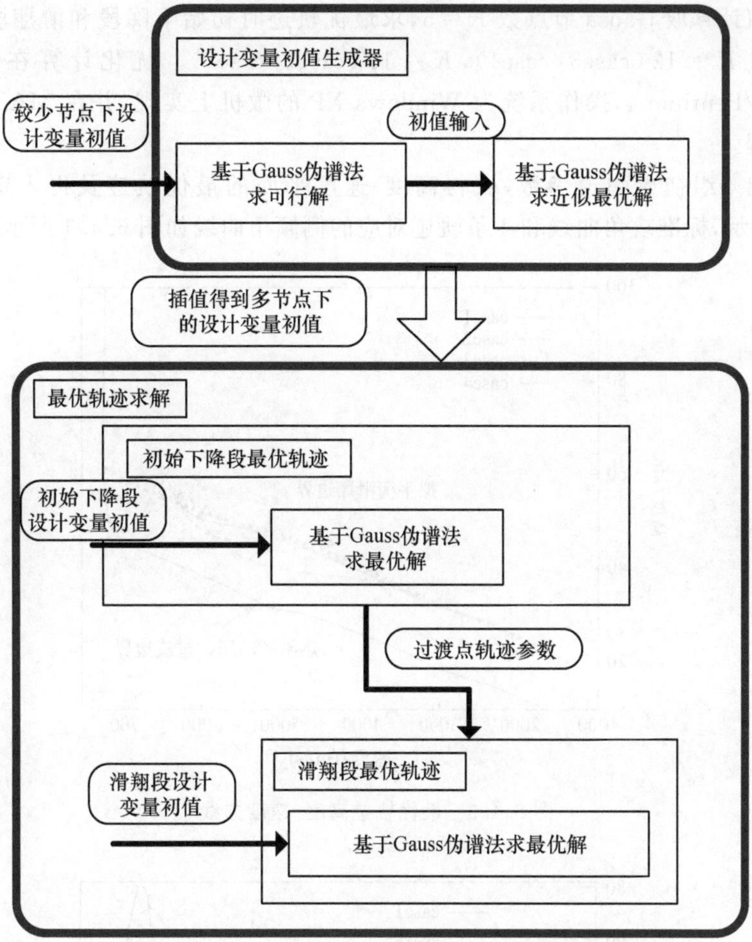

图 6.4.2　基于 Gauss 伪谱法的再入轨迹优化流程

表 6.4.1　轨迹优化仿真算例的约束值

终端约束	速度/(m/s)	高度/km	航迹角/(°)		
	≥1000	20	≤0		
过程约束	热流密度/(kW/m^2)	动压/kPa	过载	侧倾角大小/(°)	侧倾角变化率/(°/s)
	≤1000	≤500	≤4	≤80	≤8

1. 到达指定点的最优轨迹仿真算例

优化目标为再入过程热载最小，同时考虑弹道平滑的因素，取综合性能指标

$$J=\int_{t_0}^{t_f}\dot{Q}\mathrm{d}t+c\int_{t_0}^{t_f}\dot{\gamma}^2\,\mathrm{d}t \tag{6.4.14}$$

初值计算取 Gauss 节点数 $K=5$,求最优轨迹时初始下降段和滑翔段分别取 $K=5$ 和 $K=12$(case3,case4),$K=15$(case1,case2)。优化计算在 CPU 为 2.8GHz/Pentium 4,操作系统为 Windows XP 的微机上实现,并在 MATLAB 环境下编程。

给出 4 组初始弹道参数,获得高度-速度平面的最优轨迹及再入走廊如图 6.4.3 所示,标准攻角曲线和 4 条轨迹对应的侧倾角曲线如图 6.4.4 所示。

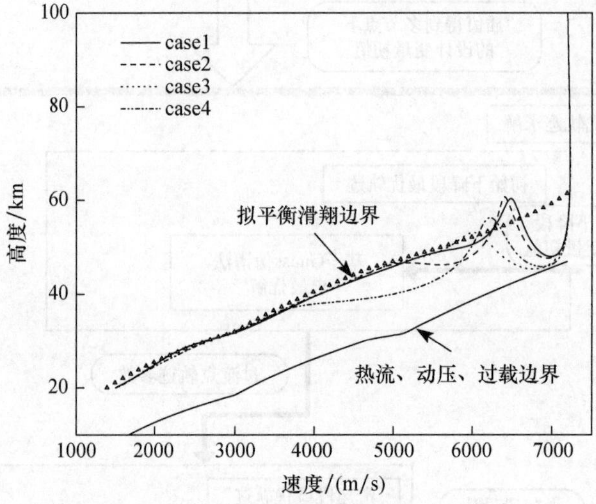

图 6.4.3 最优轨迹高度-速度曲线

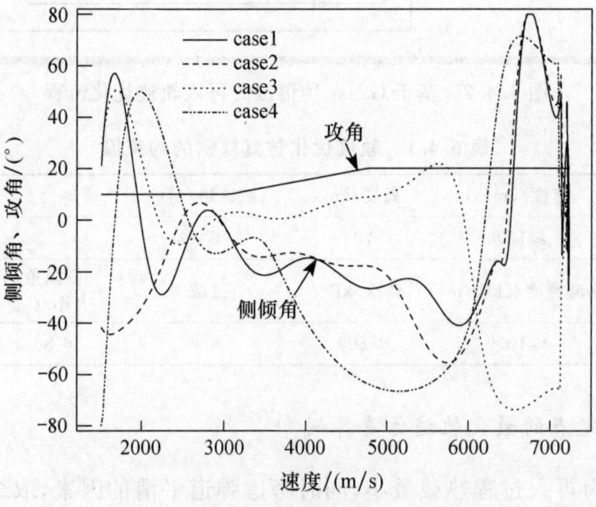

图 6.4.4 最优轨迹控制变量曲线

1）计算精度与约束分析

为分析伪谱方法计算最优轨迹的精度，将伪谱法得到的终端位置变量与目标位置的值进行比较，其误差值见表 6.4.2。

表 6.4.2　轨迹优化算例的终端误差

编　号	与目标值的误差		
	高度/m	经度/(°)	纬度/(°)
case1	-2.62×10^{-4}	1.90×10^{-2}	2.80×10^{-3}
case2	9.00×10^{-4}	1.90×10^{-2}	2.80×10^{-3}
case3	-1.54×10^{-3}	1.90×10^{-2}	2.80×10^{-3}
case4	-2.62×10^{-4}	1.90×10^{-2}	2.80×10^{-3}

各最优轨迹的热流、动压和过载的最大值均满足约束条件，见表 6.4.3。

表 6.4.3　最优轨迹的弹道约束值

编　号	弹道约束最大值		
	热流密度/(kW/m^2)	动压/kPa	过载
case1	784.916	100.022	1.414
case2	792.349	100.021	1.414
case3	867.141	100.024	1.414
case4	872.047	101.255	1.513

2）计算时间分析

仿真算例中四种情况在各阶段的计算耗时及平均耗时见表 6.4.4。结果表明，对再入航程约为 10000km 的再入轨迹，在 MATLAB 环境下计算耗时仅为 2～3min，而一般的离散控制变量且轨迹由积分获得的直接法，在相同性能的计算机上，耗时需数十分钟。

表 6.4.4　最优轨迹的计算时间

编　号	初值计算/s	最优轨迹计算/s	共计/s	平均用时/s	航程/km
case1	19.4	137.8	157.2	130.6	10373
case2	21.6	89.5	111.1		9677.7
case3	12.7	103.4	116.1		8988.5
case4	23.5	114.5	138.0		7386

3）可行性分析

由伪谱法可以直接得到近似最优轨迹随时间的变化曲线，另外，将伪谱法计算出的控制变量代入运动微分方程积分，也可获得相应的轨迹。通过比较这两种方法计算出的轨迹是否在一定精度范围内一致，可以验证该方法的可行性。

以其中一种初始条件下的仿真结果为例，分析可行性。对四种方法得到的轨迹参数进行比较，见图 6.4.5～图 6.4.10。图中的四条曲线分别为：

（1）“GPM”表示本书提出策略下基于 Gauss 伪谱法获得的最优轨迹；

（2）“节点值”是 Gauss 节点处的轨迹参数，即优化设计变量值；

（3）“初值”是由 IGG 得到的近似解，是轨迹优化的初值；

（4）“数值积分解”是将伪谱方法得到的控制变量代入原运动方程积分得到的轨迹。

结果表明，初值生成器得到的近似解已经比较接近最优解，可为进一步优化提供有效初值。Gauss 伪谱法得到的最优解与数值积分结果基本一致，从而验证了伪谱法求解最优轨迹的可行性。

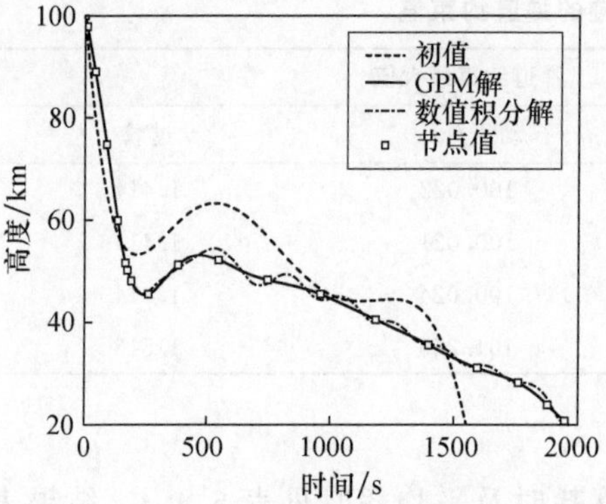

图 6.4.5　高度-时间曲线

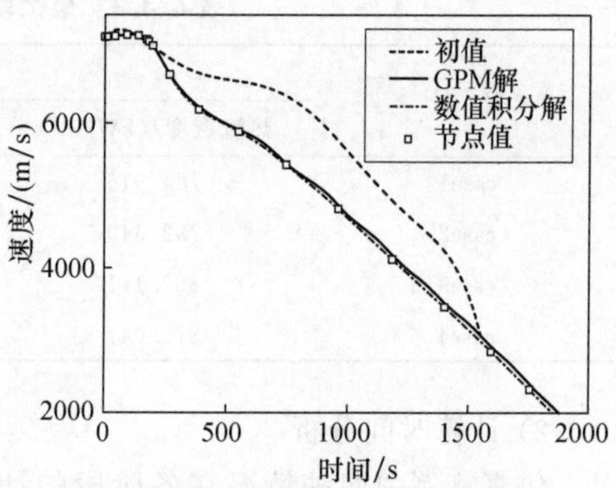

图 6.4.6　速度-时间曲线

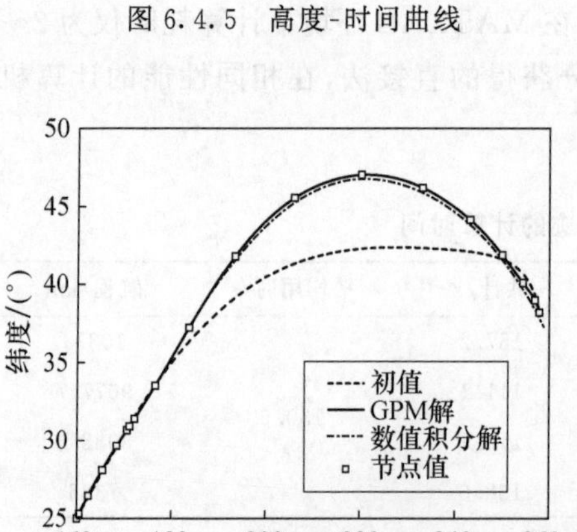

图 6.4.7　地面航迹

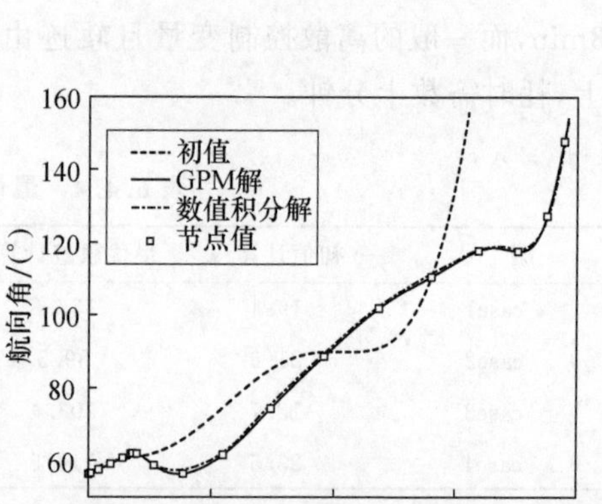

图 6.4.8　航向角-时间曲线

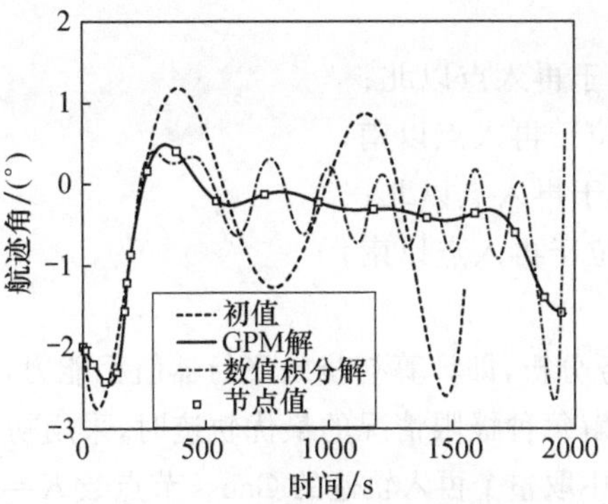

图 6.4.9　航迹角-时间曲线

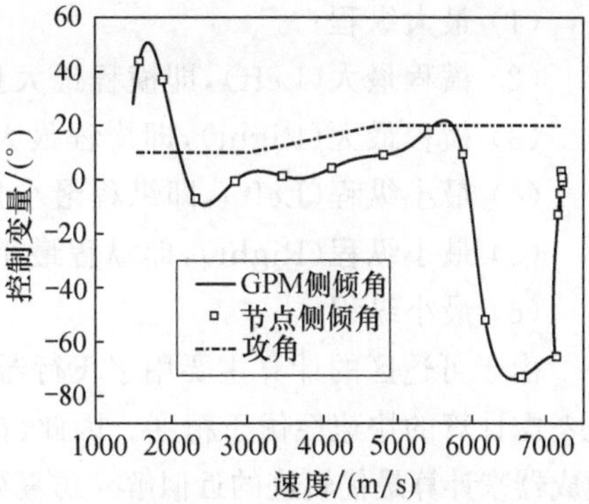

图 6.4.10　控制变量曲线

2. 到达指定区域的仿真算例

到达指定区域在这里定义为地面航迹到达以目标点为圆心，距目标点航程为 s_f 的区域。因此，终端约束需增加航程和航向角约束，即 $s(\tau_f)=50\text{km}$，$\Delta\psi(\tau_f)\leqslant 6°$。按照前面可行性分析的四种方法，计算到达指定区域的轨迹的高度曲线和地面航迹曲线分别见图 6.4.11 和图 6.4.12。

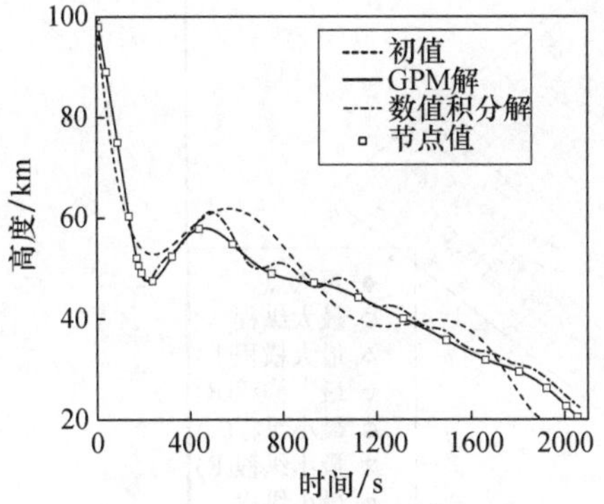

图 6.4.11　高度-时间曲线

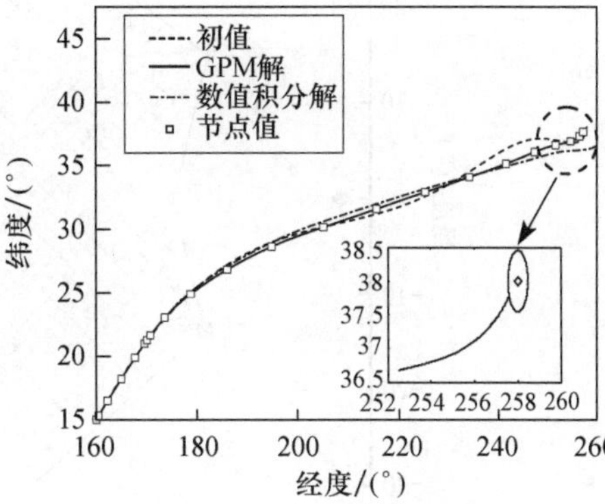

图 6.4.12　地面航迹曲线

仿真计算得到的最优轨迹满足各种过程约束，且终端航向角 $\Delta\psi(\tau_f)=-5.9°$、航迹角 $\gamma(\tau_f)=-1.58°$ 均满足约束。在与上一问题软硬件环境相同的情况下，轨迹优化的计算时间略有增加，约为 200s。

3. 可达区计算的仿真算例

再入飞行器的可达区，即以式(6.4.9)为目标函数，权重值 w 在[0,1]区间变化，计算一组最优再入轨迹，将航迹终点在经度-纬度平面连接起来所围成的区域，构成可达区的多边形近似。当 w 的取值密度越大时，计算的可达区精度越高。为实现快速计算可达区，这里取几种极限情况。

(1) 最大纵程；

(2) 横程最大(Left)，即横程最大且位于再入点以北；

(3) 横程最大(Right)，即横程最大且位于再入点以南；

(4) 最小纵程(Left)，即纵程最小且位于再入点以北；

(5) 最小纵程(Right)，即纵程最小且位于再入点以南；

(6) 最小纵程。

由于可达区的计算主要用于飞行器任务分析，即计算初步的飞行器航程能力，因此考虑计算的快速性优于精度。因此，在求解每种极限情况的最优轨迹时，采用初值生成器来计算最优轨迹的近似解。仿真算例中取整个再入轨迹的 Gauss 节点数 $K=5$。

取初始高度、速度、航迹角和经度为表 6.3.2 中的值，为了更方便地用经度表示纵程，纬度表示横程，取初始纬度 $\varphi(\tau_0)=0$ 和航向角偏差 $\Delta\psi(\tau_0)=0$，得到再入飞行器的可达区平面图(图 6.4.13)。仿真结果表明计算一条轨迹的计算机耗时约为 30s，计算可达区多边形近似的时间约为 3min。

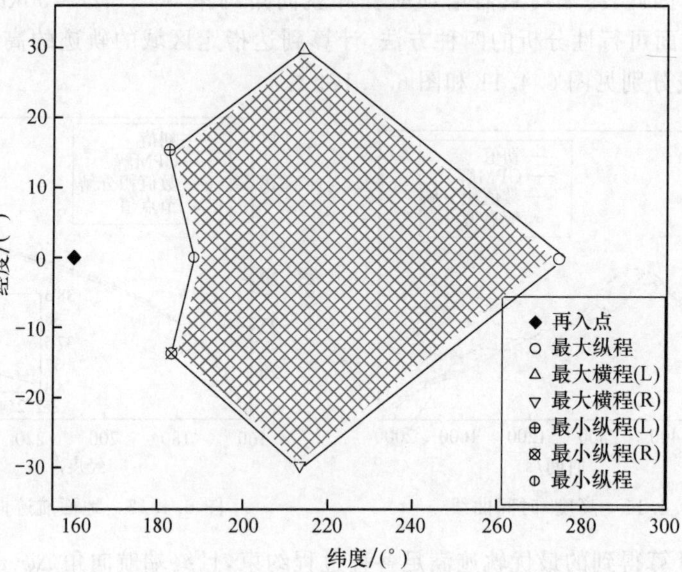

图 6.4.13 可达区平面图

算例中再入飞行器是朝正东向飞，得到的可达区形状较为对称。若再入飞行方向发生变化，如朝西或其他方向，则再入可达区形状不太对称，此时需要取更多计算点，但基本计算方法仍是适用的。

6.5 基于空间运动模型的滑翔式再入轨迹在线生成

各种路径约束使再入轨迹可行解限制在较为狭窄的再入走廊范围内，牺牲一些指标上的性能而快速求得一个可行但不一定最优的解，也是轨迹设计的重要途径。特别是一些实时制导方式还要求从初始点到目标点的轨迹能够在线生成，而一般的直接法或间接法求解最优再入轨迹由于计算时间较长只能生成离线参考轨迹。本节研究可以用于在线制导的滑翔式再入轨迹在线生成方法。

已有的研究成果表明，简化模型下平面再入轨迹的在线生成技术相对成熟，例如，航天飞机参考轨迹生成采用小横程假设，根据航程要求和状态约束，在线生成二维阻力-速度剖面，但该方法牺牲了再入飞行器的部分横向机动能力(Jouhaud，1992)。三维参考轨迹生成通常采用轨迹优化得到，但需要较长计算时间，难以在线生成。Shen 等(2003)利用拟平衡滑翔条件，将弹道约束转换为控制变量约束，并采用将轨迹规划问题转化为两个参数搜索问题的方法，实现了三自由度轨迹在线生成。但其采用的单点或两点反转横向轨迹控制策略，对高超声速滑翔式再入的大横程情况的适用性还有待验证。

本节在 Shen 等(2003)的基础上进一步研究长航程、高机动滑翔式再入轨迹在线生成方法，其基本原理为：首先确定飞行攻角方案和再入走廊，然后基于改进的拟平衡滑翔条件，研究高度-速度平面的参考轨迹在线规划方法，包括初始下降段常值侧倾角迭代、再入约束条件转换为侧倾角边界值及拟平衡滑翔段控制变量的参数化与迭代求解方法。对纵向参考轨迹跟踪的同时，引入航向角误差走廊控制横向轨迹，完成三自由度轨迹的在线规划，如图 6.5.1 所示。

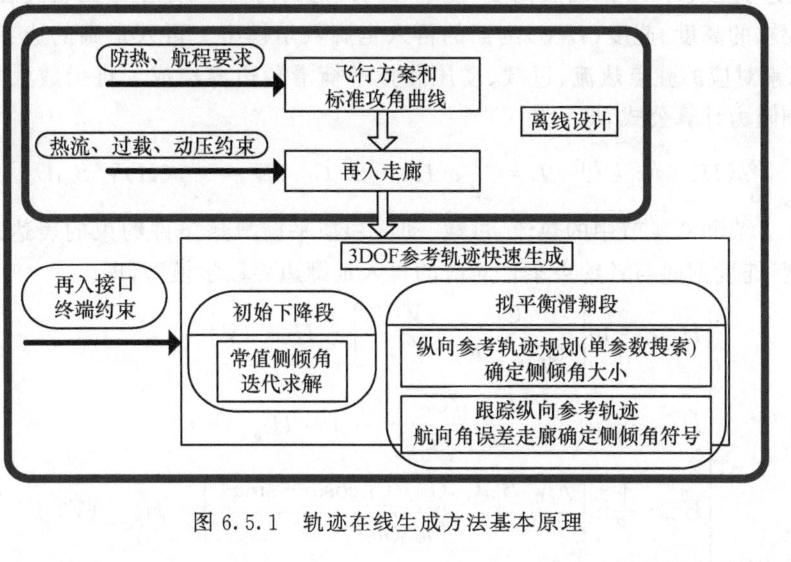

图 6.5.1　轨迹在线生成方法基本原理

6.5.1　轨迹在线生成问题描述

本节的轨迹在线生成实现方案为：利用飞行器再入前的一小段时间，快速生成一条可行的再入轨迹。

轨迹在线生成问题即以攻角 α 和侧倾角 σ 为控制变量，在线计算一条以再入点为初始状态，满足再入走廊约束和终端条件的三自由度轨迹。运动方程仍采用无量纲方程(6.4.4)和(6.4.5)。再入走廊根据飞行方案离线计算，再入段的终端约束条件为在一定高度范围 Δz 和距目标点一定航程范围 Δs 的空间区域，且满足一定的速度约束，根据不同的任务要求还可能有终端航向角的约束，即

$$|z(\tau_f)-z_f|\leqslant\Delta z,\quad |s(\tau_f)-s_f|\leqslant\Delta s,\quad u(\tau_f)=u_f,\quad |\Delta\psi(\tau_f)|\leqslant\Delta\psi_f \tag{6.5.1}$$

6.5.2 再入走廊的确定

再入走廊为再入飞行器安全返回所必须满足的各种约束条件的交集。高超声速滑翔式再入飞行器受到的各种轨迹约束非常苛刻，再入走廊较为狭窄。确定再入走廊应充分考虑以下因素：

(1) 高超声速气动加热对热防护系统的影响；

(2) 过载对飞行器结构的影响；

(3) 动压对飞行器控制系统和侧向稳定性的影响；

(4) 再入飞行器有充分的机动能力以满足控制系统的要求。

现有的研究表明，再入走廊一般在阻力-速度(D-V)剖面、阻力-能量(D-E)剖面、高度-速度(H-V)剖面及高度-能量(H-E)剖面内描述，这里给出轨迹在线生成方法要求的高度-速度(H-V)剖面的再入走廊数学模型。再入走廊的边界由上述4个因素对应的驻点热流、过载、动压和拟平衡滑翔边界构成。将指数大气密度、升力和阻力计算公式，即

$$\rho(H)=\rho_0e^{-\beta H}\quad L=\frac{1}{2}\rho(H)V^2S_{\mathrm{ref}}C_L\quad D=\frac{1}{2}\rho(H)V^2S_{\mathrm{ref}}C_D \tag{6.5.2}$$

代入6.3节和6.4节中的热流、过载、动压和拟平衡滑翔条件约束的表达式，可得到高度-速度剖面与各约束条件对应的再入走廊边界数学模型，即

$$\begin{cases}H>\dfrac{2}{\beta}\ln\left[\dfrac{C_1}{\dot{Q}_{\max}\sqrt{R_d}}\left(\dfrac{V}{V_c}\right)^m\right]=H_{\dot{Q}_{\max}}(V)\\[2ex] H>\dfrac{1}{\beta}\ln\left(\dfrac{\rho_0V^2S_{\mathrm{ref}}\sqrt{C_D^2+C_L^2}}{2n_{\max}mg_0}\right)=H_{n_{\max}}(V)\\[2ex] H>\dfrac{1}{\beta}\ln\left[\dfrac{\rho_0V^2S_{\mathrm{ref}}C_D(C_L/C_D\cos\alpha+\sin\alpha)}{2n_{\max}mg_0}\right]=H_{n_{z\max}}(V)\\[2ex] H>\dfrac{1}{\beta}\ln\left(\dfrac{\rho_0V^2}{2q_{\max}}\right)=H_{q_{\max}}(V)\\[2ex] H\leqslant H_{\mathrm{QEGC}}\end{cases} \tag{6.5.3}$$

式中，$H_{\dot{Q}_{\max}}$，$H_{n_{\max}}$，$H_{n_{z\max}}$，$H_{q_{\max}}$，H_{QEGC}分别为热流密度、总过载、法向过载、动压及拟平衡滑翔的高度边界。H_{QEGC}无解析解，需要迭代计算。H-V剖面的再入走廊可表示为

$$\begin{cases} H_{\mathrm{up}}(V) = H_{\mathrm{QEGC}} \\ H_{\mathrm{down}}(V) = \min(H_{\dot{Q}_{\max}}, H_{n_{\max}}, H_{q_{\max}}) \text{ 或 } \min(H_{\dot{Q}_{\max}}, H_{n_{z\max}}, H_{q_{\max}}) \end{cases} \tag{6.5.4}$$

式中，$H_{\mathrm{up}}(V)$和$H_{\mathrm{down}}(V)$分别表示H-V剖面再入走廊的上、下边界。

6.5.3 纵向参考轨迹的在线规划

对于远距离高超声速再入飞行器，哥氏加速度的影响显著，且数量级大于牵连加速度。考虑到高超声速再入滑翔飞行器航程比一般的RLV大，提出在方程(6.4.10)中近似考虑哥氏加速度项，得到改进的拟平衡滑翔条件(improved quasi-equilibrium glide condition，IQEGC)，即

$$\frac{1}{z}\left(\frac{1}{z} - u^2\right) - \bar{L}\cos\sigma - 2\Omega u = 0 \tag{6.5.5}$$

利用再入飞行器纵向运动(由地心距、速度和航迹角的方程描述)只与侧倾角σ的大小相关而与σ的符号无关的特点(不考虑地球旋转项)，可分别设计纵、横向轨迹，其设计准则为：通过设计侧倾角大小$|\sigma(u)|$随速度的变化曲线，使纵向参考轨迹(在z-u平面)位于再入走廊内且满足终端高度、速度和航程约束；横向轨迹规划由改变侧倾角σ的符号，将航向角误差控制在一定范围内实现。

纵向平面参考轨迹的状态变量包括无量纲地心距$z(s_{\mathrm{togo}})$、速度$u(s_{\mathrm{togo}})$和航迹角$\gamma(s_{\mathrm{togo}})$，计算中把它们存储为剩余航程$s_{\mathrm{togo}}$的函数，控制变量包括侧倾角大小$|\sigma(u)|$和攻角$\alpha$。攻角由预先设计好的攻角曲线确定(见6.3节的最优攻角方案)。因而，纵向轨迹规划的设计变量为侧倾角大小$|\sigma(u)|$。

规划纵向参考轨迹时将再入轨迹分为初始下降段和拟平衡滑翔段两部分。

1. 初始下降段轨迹规划

在初始下降段，侧倾角σ的设计目标是使再入轨迹转换到拟平衡滑翔状态，并进入再入走廊。初始下降段的高度约在40～100km的范围，大气密度在这个范围内很小，再入热流、动压和过载较小，因此除拟平衡滑翔段的转折点，不考虑各种路径约束。气动力控制能力在这个高度范围也很有限，为减小计算量，不妨设初始下降段的侧倾角为常值σ_0。σ_0的符号根据再入点速度方向与到目标点的视线方向的偏差角$\Delta\psi_0$的符号确定，即

$$\mathrm{sign}(\sigma_0) = -\mathrm{sign}(\Delta\psi_0) \tag{6.5.6}$$

式中，$\Delta\psi_0 = \psi_0 - \Psi_0$；$\psi_0$为再入点的航向角；$\Psi_0$为再入点到目标点的视线方位角。

初始下降段侧倾角的大小$|\sigma_0|$通过迭代计算，迭代准则是使初始下降段的纵

向轨迹进入再入走廊并满足 IQEGC,即

$$\left|\frac{\mathrm{d}z}{\mathrm{d}u}-\left(\frac{\mathrm{d}z}{\mathrm{d}u}\right)_{\mathrm{IQEGC}}\right|<\delta \tag{6.5.7}$$

初始下降段的结束点由条件式(6.5.7)动态判断,其中 δ 为给定小量,$\frac{\mathrm{d}z}{\mathrm{d}u}$、$\left(\frac{\mathrm{d}z}{\mathrm{d}u}\right)_{\mathrm{IQEGC}}$ 分别为高度-速度平面内当前状态变量和 IQEGC 对应的速度点的斜率。

给定一组高度和速度值,由 IQEGC 可计算出对应的侧倾角 σ_{IQEGC}。由于在初始下降段迭代得到的 σ_0 与到转折点对应的平衡滑翔侧倾角 σ_{IQEGC} 可能不同,为使控制变量连续,当轨迹进入再入走廊时,控制变量采用如下形式:

$$|\sigma|=\begin{cases}|\sigma_0|, & |\sigma_0|\geqslant|\sigma_{\mathrm{IQEGC}}|\\ |\sigma_{\mathrm{IQEGC}}|, & |\sigma_0|<|\sigma_{\mathrm{IQEGC}}|\end{cases} \tag{6.5.8}$$

初始下降段求解控制变量$|\sigma_0|$的迭代流程为:首先读入标准攻角曲线参数、再入接口数据和目标点数据,判断 σ_0 的符号,并给设计变量$|\sigma_0|$赋初值(一般取$|\sigma_0|=0°$)。然后以再入接口为初值对三自由度运动方程积分,直到满足式(6.5.7),即达到拟平衡滑翔状态。此时,在高度-速度平面判断轨迹是否进入再入走廊,若满足则保存设计变量 σ_0 和下降段轨迹参数,否则修改设计变量。可取$|\sigma_0|=|\sigma_0|+10°$进行迭代,并重复前面的过程。若迭代时设计变量超过其允许值还未满足各条件,则初始下降段迭代失败,此时可修改标准攻角曲线或者减小$|\sigma_0|$的迭代步长重新迭代计算,在此不详细讨论。迭代得到的 σ_0 代入再入运动方程积分,可得初始下降段三自由度轨迹。

2. 拟平衡滑翔段纵向轨迹规划

对高超声速滑翔式再入飞行器,拟平衡滑翔段占再入飞行的大部分时间,且哥氏加速度的影响不可忽略,为更有效地实现纵向轨迹的实时规划,这里提出并利用改进的拟平衡滑翔条件,一方面将再入走廊约束转换为控制变量约束;另一方面,将控制变量参数化,使多约束参考轨迹设计问题转化为一维空间的单参数搜索问题。从而,拟平衡滑翔段的轨迹设计转化为约束间接施加、控制变量参数化与迭代求解两个问题。

1) 再入走廊约束的间接施加

根据改进的拟平衡滑翔条件,已知 z,u,σ 中任意两个,就可确定第三个参数。那么给定速度值,根据再入走廊边界,便可解算出侧倾角的边界值($|\sigma|_{\min}$,$|\sigma|_{\max}$),且$|\sigma|$的最大值和最小值分别由高度-速度平面再入走廊的下边界和上边界确定,从而路径约束可间接由条件$|\sigma|_{\min}\leqslant|\sigma(u)|\leqslant|\sigma|_{\max}$对控制变量施加。

2) 控制变量参数化与迭代求解

为实现在线轨迹规划,将控制变量$|\sigma(u)|$的无穷维规划问题转化为单参数搜

索问题,设计$|\sigma(u)|$为如下分段线性函数:

$$
|\sigma(u)| = \begin{cases} \dfrac{\sigma_{\text{mid}} - |\sigma_1|}{u_{\text{mid}} - u_1}(u - u_1) + |\sigma_1|, & u_{\text{mid}} \leqslant u \leqslant u_1 \\ \dfrac{\sigma_{\text{mid}} - |\sigma_2|}{u_{\text{mid}} - u_2}(u - u_2) + |\sigma_2|, & u_2 \leqslant u \leqslant u_{\text{mid}} \end{cases} \tag{6.5.9}
$$

且满足不等式约束$|\sigma|_{\min} \leqslant |\sigma(u)| \leqslant |\sigma|_{\max}$。其中,$(u_1, \sigma_1)$和$(u_2, \sigma_2)$分别为拟平衡滑翔段起点和终点的速度、侧倾角,$(u_{\text{mid}}, \sigma_{\text{mid}})$为对应于$(3/4)u_1$的速度和侧倾角,即取$u_{\text{mid}} = (3/4)u_1$,$\sigma_{\text{mid}}$为决定参考轨迹的控制变量参数,迭代计算时取$\sigma_{\text{mid}} > 0$。

参数σ_{mid}根据终端航程和速度要求确定,因此需要确定纵向平面的速度和航程关系。为描述瞬时纵向平面和目标平面之间的关系,定义角度$\Delta\psi$,它表示当前点到目标点的视线角与速度航向角之差。在控制横向轨迹时,$\Delta\psi$被限制在小角度范围内。在瞬时纵向平面(无横向运动),剩余航程s_{togo}满足方程(Shen,2002)

$$
\dot{s}_{\text{togo}} = -\frac{u\cos\gamma}{z} \tag{6.5.10}
$$

将纵向平面的航程投影到目标平面,可得目标平面的剩余航程

$$
\dot{s}'_{\text{togo}} = -\frac{u\cos\gamma}{z}\cos\Delta\psi \tag{6.5.11}
$$

利用空间再入无量纲运动方程中的速度方程与式(6.5.11)相除并略去牵连加速度项有

$$
\frac{\mathrm{d}u}{\mathrm{d}s'_{\text{togo}}} = \frac{-z}{u\cos\gamma\cos\Delta\psi}\left(-\bar{D} - \frac{\sin\gamma}{z^2}\right) \tag{6.5.12}
$$

再将$\cos\gamma \approx 1$,$\bar{D} = \bar{L}(C_D/C_L)$以及 IQEGC 代入式(6.5.12),可得速度与航程的近似关系

$$
\frac{\mathrm{d}u}{\mathrm{d}s'_{\text{togo}}} = \left(\frac{1}{z} - u^2 - 2\Omega uz\right)\frac{C_D/C_L}{u\cos\sigma\cos\Delta\psi} \tag{6.5.13}
$$

其中,$z \approx 1$,$\Delta\psi$近似取为小角度常数,C_D,C_L近似为攻角的函数,$\cos\sigma$项是影响末速的主要因素。设平衡滑翔段初始点和要求的终端剩余航程分别为s_{togo1},s_{togo2},仿真计算表明,在区间$[s_{\text{togo1}}, s_{\text{togo2}}]$内对式(6.5.13)积分得到的末速$u_2$随$\sigma_{\text{mid}}$单调变化。因此采用割线法可迭代出满足终端航程和速度要求的σ_{mid},迭代公式如下:

$$
\sigma_{\text{mid}}^{i+1} = \sigma_{\text{mid}}^{i} - \frac{\sigma_{\text{mid}}^{i} - \sigma_{\text{mid}}^{i-1}}{u_2^i - u_2^{i-1}}(u_2^i - u_{\text{f}}) \tag{6.5.14}
$$

由迭代获得的侧倾角参数σ_{mid}以及侧倾角分段线性函数(6.5.9),则可获得侧倾角大小随速度的变化值$|\sigma(u)|$,将其代入描述纵向轨迹的运动方程,则可获得拟平衡滑翔段的纵向参考轨迹。

6.5.4　三自由度轨迹的在线生成

6.5.3 节实现了纵向平面参考轨迹规划,进一步的工作是跟踪纵向参考轨迹,

求解跟踪控制变量，同时确定侧倾角的符号，实现空间三自由度运动轨迹生成。

1. 基于 LQR 的纵向轨迹跟踪

由于纵向参考轨迹 $z^*(s_{\text{togo}})$，$u^*(s_{\text{togo}})$，$\gamma^*(s_{\text{togo}})$是在简化条件下计算得到，而三自由度轨迹生成是对全状态运动方程(6.4.4)、式(6.4.5)积分得到，为使三自由度轨迹的状态变量能够满足航程和终端状态约束，采用 LQR(linear quadratic regulater)跟踪控制器与线性时变的反馈控制律对纵向参考轨迹实施跟踪，跟踪控制律为

$$\delta \boldsymbol{U} = -\boldsymbol{K}(S_{\text{togo}})\delta \boldsymbol{x}_{\text{long}} \tag{6.5.15}$$

式中，$\delta\boldsymbol{x}_{\text{long}}=(z,u,\gamma)^{\mathrm{T}}-(z^*,u^*,\gamma^*)^{\mathrm{T}}$ 表示实际纵向轨迹与参考纵向轨迹的状态偏差；$\delta\boldsymbol{U}=(\delta|\sigma|,\delta\alpha)^{\mathrm{T}}$ 为相对参考轨迹控制变量的修正量；$\boldsymbol{K}(S_{\text{togo}})$为反馈增益。可在某条轨迹跟踪计算时将其存储为能量的函数，对其他参考轨迹跟踪时可利用已存储的反馈增益并通过插值获得实时反馈增益系数，从而无需每次都用 LQR 来求解。Dukeman(2002)证明了这种跟踪控制器性能较好，且计算一套反馈增益适用于不同的参考轨迹跟踪问题。LQR 跟踪控制技术已较为成熟，这里对纵向运动方程的线性化和基于 LQR 的反馈增益系数的求解不再详述，具体可参见文献(雍恩米，2008)。

2. 基于航向角误差走廊的横向轨迹控制

在对纵向轨迹跟踪的同时，还需控制横向轨迹(θ,φ,ψ)，从而生成三自由度再入轨迹。这里采用侧倾反转逻辑，即通过改变侧倾角的符号来控制横向运动。Shen 等(2003)的轨迹生成方法采用侧倾角单点反转或双点反转策略，将轨迹控制到目标区域。而作者研究的飞行器对象航程较远，横向机动范围较大，单次或两次侧倾反转可能无法实现轨迹的精确控制。因此，这里提出以航向角误差走廊来控制侧倾反转，即航向角误差超出设定的值(即误差走廊)就进行一次侧倾反转。

设再入飞行器当前位置相对目标点$(\theta_{\mathrm{T}},\varphi_{\mathrm{T}})$的视线角为 ψ_{LOS}，其计算公式为

$$\tan\psi_{\text{LOS}} = \frac{\sin(\theta_{\mathrm{T}}-\theta)}{\cos\varphi\tan\varphi_{\mathrm{T}}-\sin\varphi\cos(\theta_{\mathrm{T}}-\theta)} \tag{6.5.16}$$

定义视线角误差 $\Delta\psi$ 为当前航向角与视线角之差，即 $\Delta\psi=\psi-\psi_{\text{LOS}}$。确定航向角符号的侧倾反转逻辑为：当航向角误差值位于误差走廊内，侧倾角符号保持不变；当航向误差超出误差走廊下边界，即轨迹向北偏时，侧倾角符号为正；反之，侧倾角符号为负。反转逻辑的数学表达为

$$\operatorname{sign}(\sigma^i(u)) = \begin{cases} -1, & \Delta\psi \geqslant \Delta\psi_{\text{threshold}}(u) \\ 1, & \Delta\psi \leqslant -\Delta\psi_{\text{threshold}}(u) \\ \operatorname{sign}(\sigma^{i-1}(u)), & -\Delta\psi_{\text{threshold}}(u) < \Delta\psi < \Delta\psi_{\text{threshold}}(u) \end{cases} \tag{6.5.17}$$

式中，$\mathrm{sign}(\sigma^{i-1}(u))$为前一时刻的侧倾角符号；$\Delta\psi_{\mathrm{threshold}}(u)$为航向角误差的门限值，一般为速度的分段线性函数，即

$$\Delta\psi_{\mathrm{threshold}}(u)\begin{cases}\Delta\psi_1, & u>u_{\mathrm{th1}}\\ \Delta\psi_2, & u_{\mathrm{th2}}<u\leqslant u_{\mathrm{th1}}\\ \Delta\psi_2+\dfrac{\Delta\psi_2-\Delta\psi_3}{u_{\mathrm{th2}}-u_{\mathrm{th3}}}(u-u_{\mathrm{th2}}), & u\leqslant u_{\mathrm{th2}}\end{cases} \tag{6.5.18}$$

式中，$\Delta\psi_1$，$\Delta\psi_2$，$\Delta\psi_3$ 均为表示误差走廊宽度的参数；u_{th1}，u_{th2}，u_{th3} 为对应分段点的速度。航向角误差走廊边界值的选取原则为即使再入航迹满足终端位置约束，又不至于使侧倾反转过于频繁。对于特定飞行器，可以通过多次仿真试验获得适当的航向角误差走廊边界值。且仿真计算表明，横向轨迹控制精度对航向角误差走廊的宽度不太敏感，在接近目标点设置误差走廊边界值为 10°～20°基本可满足横程控制要求。

基于上述方法，三自由度再入轨迹生成由跟踪纵向参考轨迹，同时应用侧倾反转控制横向轨迹实现，轨迹计算由对三自由度再入运动方程积分实现。

6.5.5　轨迹在线生成算例与结果分析

1. 飞行器参数与初始条件

计算 4 条再入轨迹，取不同的初始纬度 φ_0 和航向角 ψ_0，相同的再入点速度 V_0、高度 H_0、航迹角 γ_0 和经度 θ_0，见表 6.5.1。仿真对象特征参数同 6.4 节。

表 6.5.1　再入初始条件

V_0/(m/s)	H_0/km	γ_0/(°)	θ_0/(°)	φ_0/(°)	ψ_0/(°)
7200	100	−2	160	5/15/25/50	55/55/52/62

终端速度、高度约束分别为 $V_f=1800\mathrm{m/s}$，$H_f=20\mathrm{km}$。目标点为 $\theta_f=260°$，$\varphi_f=40°$。终端航程约束是距目标点的航程 $S_{\mathrm{togo}}=50\mathrm{km}$。给定 4 种情况的航程约 10000km。取热流密度、动压和过载约束分别为 $1000\mathrm{kW/m^2}$，200kPa 和 4。

2. 算例结果

仿真结果表明地面航迹均满足航程约束，侧倾角控制变量在允许范围内变化，且每条轨迹的侧倾角反转次数约为 3 次，攻角控制变量在标准攻角曲线附近变化。图 6.5.2 为第三种情况的纵向参考轨迹和轨迹跟踪情况及高度-速度平面的再入走廊。仿真中只在规划第一条再入轨迹时计算反馈增益，其他轨迹的反馈增益由保存的增益数据插值得到。图 6.5.2 表明基于 LQR 方法可实现参考轨迹跟踪，

且满足热流、动压和过载约束。同时,前面已提到,拟平衡滑翔约束属于"软约束",图 6.5.2 中部分轨迹超出了平衡滑翔边界,这是由于飞行器升阻比较大,初始段有较大跳跃,但最终轨迹被控制在再入走廊范围以内。图 6.5.3 表明航向角误差被控制在误差走廊以内。仿真计算在高性能微机上实现,计算程序基于 C++ 语言编写,对已经计算好反馈增益的情况,生成一条再入轨迹的计算机时为 2～3s。

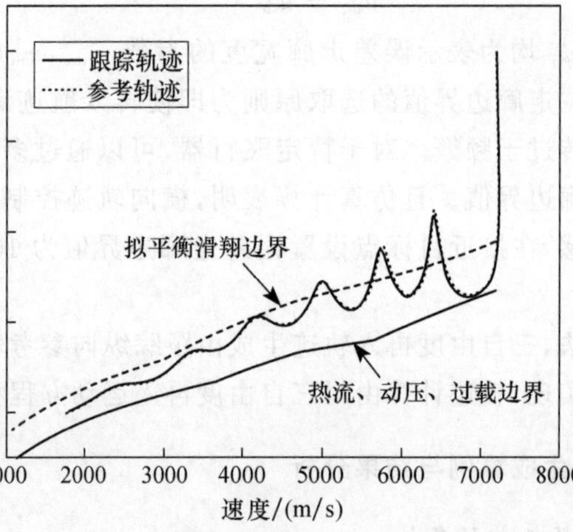

图 6.5.2　纵向参考轨迹和跟踪轨迹

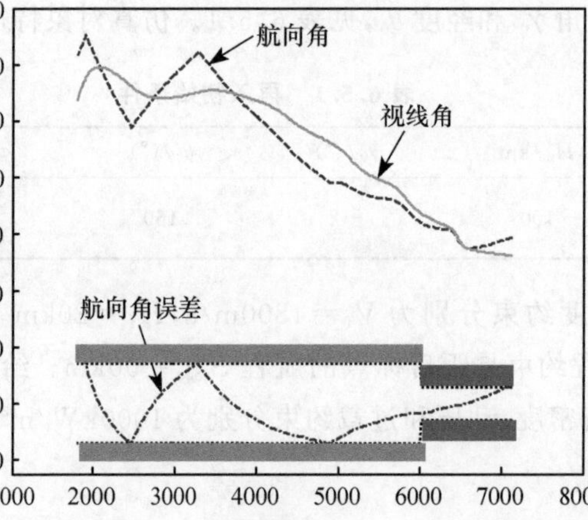

图 6.5.3　航向角误差走廊和航向角偏差

参 考 文 献

陈刚,康兴无,闫桂荣,等.2008.基于多目标多学科设计优化方法的再入弹道设计研究[J].宇航学报，29(4)：1210-1215.
陈有荣，袁建平. 2008. 再入滑翔式飞行器轨迹快速优化[J]. 飞行力学，26(6)：47-51.
胡建学. 2007. 可重复使用跨大气层飞行器再入制导研究[D]. 长沙：国防科学技术大学.
胡正东. 2009. 天基对地打击武器轨道规划与制导技术研究[D]. 长沙：国防科学技术大学.
贾沛然，陈克俊，何力. 1993. 远程火箭弹道学[M]. 长沙：国防科技大学出版社.
李小龙，陈士橹. 1993. 航天飞机的最优再入轨迹与制导[J]. 宇航学报，14(1)：7-13.
彭伟斌，吴德隆. 2004. 用广义乘子法求解航天器最优平面再入轨迹[J]. 飞行力学，22(2)：49-52.
涂良辉，袁建平，岳晓奎，等. 2006. 基于直接配点法的再入轨迹优化设计[J]. 西北工业大学学报，24(5)：653-657.
王希季. 1991. 航天器进入与返回技术(上)[M]. 北京：中国宇航出版社.
谢富强，吴浩，唐灵灵. 2008. 基于粒子群算法的飞行器再入轨迹优化[J]. 计算技术与自动化，27(4)：72-75.
雍恩米. 2008. 高超声速滑翔式再入飞行器轨迹优化与制导技术研究[D]. 长沙：国防科学技术大学.
雍恩米，陈磊，唐国金. 2007. 助推-滑翔式弹道中段近似解[J]. 飞行力学，25(3)：49-52.
赵汉元. 1997. 飞行器再入动力学和制导[M]. 长沙：国防科技大学出版社.
Chen G, Xu M, Wan Z M, et al. 2005. RLV reentry trajectory multi-objective optimization design based on NSGA-II algorithm[C]. AIAA Atmospheri Flight Mechanis Conferene and Exhibit, San Francisco, California, USA.
Dukeman G A. 2002. Profile-following entry guidance using linear quadratic regulator theory[C]. AIAA Guidance, Navigation, and Control Conference and Exhibit, Monterey, CA.
Elnagar J, Kazemi M A, Razzaghi M. 1995. The pseudospectral Legendre method for discretizing optimal control problems[J]. IEEE Transactions on Automatic Control, 40(10): 1793-1796.
Elnagar J, Kazemi M A. 1998. Pseudospectral Chebyshev optimal control of constrained nonlinear dynamicla systems[J]. Computational Optimization and Applications, (11): 195-217.
Fahroo F, Ross I M. 2006. On discrete-time optimality conditions for pseudopectral methods[A]. AIAA/AAS Astrodynamics Specialist Conference and Exhibit, Keystone, CO.
Harpold J C, Graves C A. 1979. Shuttle entry guidance[J]. The Journal of the Astronautical Sciences, 27(3): 239-268.
Hull A G, Speyer S L. 1982. Optimal reentry and plane-change trajectories[J]. The Journal of the Astronautical Sciences, (2): 117-130.
Huntington G T, Rao A V. 2005. Optimal configuration of spacecraft formation via a gauss pseudospectral method[C]. AAS spaceflight Mechanics Meeting, Copper Mountain, CO.
Jouhaud F. 1992. Closed loop reentry guidance law of a space plane: Application to hermes[J]. Acta Astronautica, 26(8-10): 577-585.
Lu P. 1993. Inverse dynamics approach to trajectory optimization for an aerospace plane[J]. Journal of Guidance, Control and Dynamics, 16(4): 726-732.
Lu P. 1997. Entry guidance and trajectory control for reusabel launch vehicle[J]. Journal of Guid-

ance, Control and Dynamics, 20(1): 143-149.

Phillips T H, 2003. A common aero vehicle model, description, and employment guide[R]. Schafer Corporation, USA.

Ross I M, Fahroo F. 2001. A pseudospectral transformation of the covectors of optimal control systems[C]. The 1st IFAC/IEEE Symposium on Structure and Control Prague, Czech Republic.

Shen Z. 2002. On-board three-dimensional constrained entry flight trajectory generation[D]. Ames Iowa: Iowa State University.

Shen Z, Lu P. 2003. Onbooard generation of three-dimensional constrained entry trajectories[J]. Journal of Guidance, Control and Dynamics, 26(1): 110-121.

Tu L H, Yuan J P, Fang Q. et al. 2006. Reentry skipping trajectory optimization using direct parameter optimization method[C]. 14th AIAA/AHI Space Planes and Hypersonic Systems and Technologies Conference, AIAA Paper 2006-7993.

Vinh N X, Busemann A, et al. 1980. Hypersonic and Planetary Entry Flight Mechanics[M]. Ann Arbor MI: Univ. of Michigan Press.

第 7 章　空间最优脉冲轨道机动

空间轨道机动问题是航天器轨迹优化研究中非常重要的一个组成部分。本章首先给出空间轨道机动最优控制问题的一般描述、问题分类和推力模型。其次简单综述最优脉冲轨道机动的研究进展，给出最优脉冲轨道机动的主矢量理论和基本算法。重点结合三类典型空间脉冲机动问题：轨道转移、轨道交会和引力辅助轨道机动问题，阐述若干典型方法及其应用。最后给出一类多目标轨道优化问题的求解方法。

7.1 空间最优轨道机动问题

本节主要参考杨嘉墀(2002)的文献，给出空间最优轨道机动问题的基本数学模型、轨道机动问题的分类和推力模型等。

7.1.1 基本数学模型

在中心引力场和有限推力假设下，以位置、速度为状态变量的轨道机动动力学方程为

$$\begin{cases} \dot{\boldsymbol{r}} = \boldsymbol{v} \\ \dot{\boldsymbol{v}} = \boldsymbol{g}(\boldsymbol{r},t) + \dfrac{\boldsymbol{F}}{m} \\ \dot{m} = -\dfrac{F}{V_e} \end{cases} \tag{7.1.1}$$

式中，$\boldsymbol{r}$ 和 $\boldsymbol{v}$ 分别为航天器相对于引力中心惯性坐标系的位置和速度矢量；m 为航天器质量；$\boldsymbol{F}$ 为发动机推力矢量，F 为推力大小；V_e 为发动机比冲；$\boldsymbol{g}(\boldsymbol{r})$ 为引力加速度矢量场，对于中心引力

$$\boldsymbol{g}(\boldsymbol{r}) = -\frac{\mu}{r^3}\boldsymbol{r} \tag{7.1.2}$$

其中，μ 为引力常数，r 是 $\boldsymbol{r}$ 的大小。

令加速度矢量 $\boldsymbol{a}=\dfrac{\boldsymbol{F}}{m}$，通常轨道机动的控制变量就是加速度矢量。加速度大小 a 应满足控制域条件：

$$0 \leqslant a \leqslant a_{\max} = \frac{F_{\max}}{m} \tag{7.1.3}$$

式中，$F_{\max}$ 是航天器所能产生的最大推力。作为一个轨道机动问题，要求航天器的

状态变量的初值和末值应满足某些边界约束条件

$$\varphi(\boldsymbol{r}(t_0),\boldsymbol{v}(t_0),t_0,\boldsymbol{r}(t_f),\boldsymbol{v}(t_f),t_f)=0 \tag{7.1.4}$$

此外，轨道机动轨迹也可能要满足一些中间约束条件

$$g(\boldsymbol{r}(t),\boldsymbol{v}(t),\boldsymbol{a}(t),t)\leqslant 0 \tag{7.1.5}$$

轨道机动最优控制问题就是求解控制函数 $\boldsymbol{a}(t)$，使得航天器轨道动力学方程(7.1.1)的解由初始时刻 t_0 的状态 $\boldsymbol{r}(t_0)$，$\boldsymbol{v}(t_0)$出发，能在某一时刻 t_f 到达状态 $\boldsymbol{r}(t_f)$，$\boldsymbol{v}(t_f)$，同时使性能指标

$$J=\int_{t_0}^{t_f}|\boldsymbol{a}(t)|\,\mathrm{d}t \tag{7.1.6}$$

达到极小值。式(7.1.6)给出的燃料最优控制的指标函数，还有包括时间最短等其他优化指标。a 必须满足控制域条件式(7.1.3)，初始状态和终端状态满足约束条件式(7.1.4)，同时满足其他约束条件式(7.1.5)。

实现轨道机动所需要的变轨次数，每次变轨所要求的控制力大小和方向随时间变化的规律，包括变轨发动机的开机和关机时刻，都属于轨道机动控制策略设计的内容。

7.1.2 轨道机动问题的分类

1) 按照目标轨道要求分类

开普勒轨道通常用 6 个轨道根数来描述，也可以用三维位置矢量和速度矢量作为状态变量(共 6 个)来描述。对目标轨道根数或状态变量的要求，是由飞行任务决定的，可能对一部分状态量有要求，也可能对所有 6 个状态量都有要求。根据对目标轨道要求的不同，有三种重要的轨道机动：拦截、转移和交会。

轨道拦截：给定目标航天器轨道，要求被控航天器与目标航天器在未来同一时刻到达空间同一位置，即给定目标轨道的三个状态量(位置)，另外三个状态量(速度)可自由选择。

轨道转移：给定目标轨道的大小、形状和在空间的方向，即给定 5 个轨道根数，但对航天器在该轨道上何时通过某个具体位置没有要求。

轨道交会：给定目标轨道的全部 6 个根数或对应于某时刻的位置和速度。

2) 按照特征速度的大小分类

轨道机动的特征速度是各次变轨速度改变量绝对值之总和。特征速度越大，轨道机动所消耗的燃料越多。若特征速度比轨道运动速度小得多，则初始轨道与目标轨道在某种意义下差别不大；如果所消耗的燃料量又比航天器质量小得多，则轨道机动的数学模型可以线性化。线性模型大大简化了轨道机动的分析设计。根据以上假设是否成立，轨道机动可以分为轨道修正(或轨道调整)和一般的轨道机动。

3）按照轨道控制力的性质分类

按控制力的大小和作用时间长短，轨道机动可分为脉冲推力机动、连续（有限）推力机动和小推力机动。

本书研究的轨道机动问题主要包括轨道转移和轨道交会，对于每个问题分别研究脉冲推力机动和连续推力机动两种形式。本章主要讨论脉冲轨道机动问题，第 8 章将讨论连续推力轨道机动问题。

7.1.3　不同推力模型及设计变量

根据不同类型发动机的特点，可建立脉冲推力、有限推力和小推力三种推力模型，不同的推力模型对应于轨道机动任务分析时的不同设计变量。

1）脉冲推力模型

航天器进行轨道机动时，航天器上的轨控发动机产生推力，改变航天器运行的轨道。如果推力的作用时间远小于变轨前后的轨道周期，可以将推力作用函数近似为脉冲函数，使其冲量等于原推力产生的冲量。脉冲变轨的基本思想是：在变轨点，航天器位置矢量在冲量施加前后不发生变化，而变轨后的速度矢量为变轨前速度矢量与冲量矢量的和，即

$$\begin{cases} \boldsymbol{r}^{+}=\boldsymbol{r}^{-} \\ \boldsymbol{v}^{+}=\boldsymbol{v}^{-}+\Delta\boldsymbol{v} \end{cases} \tag{7.1.7}$$

式中，$\boldsymbol{r}^{-}$ 和 $\boldsymbol{v}^{-}$ 分别为变轨前位置矢量和速度矢量；$\boldsymbol{r}^{+}$ 和 $\boldsymbol{v}^{+}$ 分别为变轨后位置矢量和速度矢量；$\Delta\boldsymbol{v}$ 为变轨冲量矢量。

由于脉冲推力的作用时间趋近于零，在其作用前后，航天器在空间的位置不变，而速度矢量突然获得改变量 $\Delta\boldsymbol{v}$，其方向沿推力矢量，大小为 Δv，同时航天器质量也突然改变 Δm（由于消耗了推进剂，故 $\Delta m<0$）

$$|\Delta v|=-V_{e}\lg\left(1-\frac{F\Delta t}{m_{0}V_{e}}\right) \tag{7.1.8}$$

$$\Delta m=-\frac{F\Delta t}{V_{e}} \tag{7.1.9}$$

式中，F 为变轨过程中发动机推力；Δt 为推力作用时间；V_{e} 为发动机比冲；m_{0} 为变轨前航天器总质量。

对于可重复启动的液体或其他种类发动机，当脉冲推力模型适用时，变轨控制的参数将只有脉冲作用的时刻、脉冲冲量大小和脉冲方向（2 个参数），共 4 个参数（不考虑其他约束），而整个轨道机动包括有限次变轨，也只有有限个控制参数。

对于固体发动机，一般推力很大，作用时间很短，脉冲推力模型是适用的，且脉冲冲量为预先给定，等于发动机总冲 P。此时只要用 P 代替式（7.1.8）、式（7.1.9）中的 $F\Delta t$，即可求出速度和质量改变量的大小。变轨控制的参数将只涉及

脉冲作用时刻和推力方向，共 3 个参数。

2）有限推力模型

这是一般情形，当推力较小、作用时间较长、不能使用脉冲模型时，就必须处理在变轨中连续作用的有限推力。有限推力变轨只需计算推力产生的加速度 $\boldsymbol{a}_{\text{thrust}}$，并在积分动力学方程过程中相应的变轨时刻施加，同时更新航天器的质量等参数。有限推力变轨的优点是较脉冲变轨更接近真实变轨过程，可考虑发动机上升下降曲线等更复杂的推力过程。其缺点是为了接近真实过程，有限推力变轨过程必须采用较小的仿真步长，较脉冲变轨增加了计算量。

在推力作用时，航天器的质量变化服从变质量体动力学方程：

$$\dot{m}=-\frac{F}{V_{\mathrm{e}}} \tag{7.1.10}$$

在进行机动策略设计和优化时，常假定 F 和 V_{e} 为恒值，以简化分析计算。

在有限推力模型下，变轨控制参数将包括发动机的开、关时刻两个参数和描述推力方向随时间变化的两个标量函数（不考虑其他约束）。对于推力大小可变问题，发动机推力大小也作为设计变量。这样轨道机动控制设计和优化就比脉冲模型下的问题复杂得多。

3）小推力模型

当使用推力极小的电推进系统，或利用太阳光压等自然力进行轨道机动时，航天器加速度极小。在推力非常小时，推力作用弧段甚至可能遍及整个轨道机动过程的大部或全部。整个轨道机动延续的时间比起轨道周期来说长得多，轨道根数在一个轨道周期中的变化很小，是慢变量。利用这种性质，可以对问题进行简化，甚至得到某些解析结果(Gao et al.,2005;Gao,2007;Gao et al.,2010)。小推力变轨已经在深空探测任务中得到了成功应用，目前是轨迹优化领域一个热点问题。

小推力模型对应的设计变量同有限推力模型一样，由于飞行时间更长，当采用配点法等直接方法进行处理时，通常设计变量个数多达上千个以上。

7.2 最优脉冲轨道机动研究概述

空间最优轨道机动是航天器轨迹优化理论和方法中发展相对较早的领域，20 世纪 50 年代就开展了大量的研究工作。早期采用的方法主要是解析算法，主要解决开普勒脉冲轨道机动问题，通过函数的极值条件获得脉冲最优解条件。此后随着研究问题的复杂程度增加，单一的解析分析方法难以奏效，间接法和直接法得到了发展。Gobetz 等(1969)关于脉冲轨道机动的综述论文概述了基于各类型解析算法及其获得最优脉冲机动结论。我国航天轨道动力学与控制领域的经典专著《航天器轨道动力学与控制(上)》的(杨嘉墀,1995)第七章给出了若干典型最优脉冲转移的解析方法。

本节简单概括间接方法和直接方法的研究进展,解析方法的论述可参阅上述文献,更详细的综述可参阅新近的文献(唐国金等,2008;陈长青等,2008;潘雷等,2009)。

7.2.1　间接方法

间接法主要是依赖于变分法和极大值原理确定最优控制问题的必要条件和充分条件,Lawden(1963)结合空间轨道机动问题的特性,给出了主矢量理论(主矢量指速度矢量对应的协调变量),奠定了空间轨道机动最优控制的间接方法的理论基础。脉冲推力和有限推力轨道机动的最优一阶必要性条件均可以由主矢量表达,对于脉冲推力轨道,主矢量用于确定脉冲时刻和位置,对于连续推力轨道,推力方向和大小的矢量函数均可由主矢量确定。脉冲推力主矢量理论发展相对更为完善,因此后续研究学者所指的 Lawden 主矢量理论一般指的是脉冲机动主矢量理论。此后,Lion 等(1968)发展了主矢量理论,指出如何把一个非最优脉冲轨道通过施加中间脉冲、初始滑行段和终端滑行段提升到最优脉冲轨道,推导了增加中间脉冲、初始或终端滑行段的一阶必要条件。Jezewski 等(1968)在此基础上给出了一个数值迭代算法,用于获得满足主矢量理论必要条件的最优解,该算法被后来的学者所广泛采用。这些工作奠定了脉冲机动研究的间接方法基础。

20 世纪 60 年代是脉冲最优轨道机动研究的一个热潮期,Gobetz 等(1969)引用评述了 300 多篇文献,从拦截轨道、转移轨道和交会轨道三个方面综述了这一时期的工作。此后间接方法方面的典型的工作包括 Hazelrigg(1970,1971)、Jezewski(1972)和 Belts(1977)等所做的工作,主要解决的是轨道转移问题。如 Gobetz 等在其综述文献中所指出的,对脉冲轨道研究而言,交会轨道研究是一个最为丰富和活跃的领域。20 世纪 60 年代末,Prussing(1969,1970)选择一个在圆参考轨道上移动的点作为参考点,参考轨道半径定为目标航天器和追踪航天器轨道半径的中间值,建立起了以速度和位置为状态变量的线性运动方程,应用 Lawden 的主矢量理论并结合图解法研究邻近、共面圆轨道之间的固定时间多冲量交会问题。Liu 等(1982)改进了 Prussing 的方法。Jezewski(1980)总结了线性 C-W 最优交会的主矢量方法。Prussing(1995)给出了线性多脉冲最省燃料交会的充分必要条件,并给出了最优脉冲数目的确定条件。Carter 等(2000)提出了近圆共面四冲量最优线性交会的二次型求解模型和算法。Carter(2000)推导了最优线性交会有关主矢量的必要性和充分性条件的代数表达式,Kara-Zaïtri 等(2010)利用这一表达式条件,结合 Lion-Handelsman 理论,发展了一个用于求解一般参考轨道最优线性脉冲交会的迭代算法。采用主矢量方法和 Lambert 交会算法,Gross 等(1974)研究了最省燃料的二脉冲和三脉冲固定时间交会问题,采用主矢量方法获得优化目标函数的一阶导数的解析形式,采用变尺度法获得极小值解。对于共面交会问题,当交会的时间难以满足 Hohmann 交会的要求时,最优解并非是 Hohmann 交会,Pruss-

ing 等(1986)采用主矢量方法，基于二体方程，研究了两个圆轨道之间的时间固定多脉冲最优交会问题，分别考虑了共面圆轨道和有约束的非共面圆轨道情况。

7.2.2 直接方法

间接方法计算效率较高，但是对于以不等式和等式形式表示的路径约束却难以处理，此外间接方法多是基于线性或二体方程，难以考虑实际飞行中的摄动因素。因此，部分学者在解决路径约束和考虑摄动因素的最优轨道转移和轨道交会问题时，采用了直接法。Johnson(1969)采用加速梯度算法求解脉冲最优轨道转移问题。Gruver 等(1974)采用投影梯度算法求解脉冲轨道转移非线性优化问题。Brusch(1979)系统研究了考虑各种路径约束条件的多脉冲最优轨道转移问题的直接方法，采用 Lambert 问题形式构造优化模型，采用拉格朗日乘子法处理约束，以拟牛顿法作为优化算法，所研究的问题比较接近于实际情况。Stanton(2003)研究了轨道转移问题的基于 Legendre 伪谱法的优化方法，考虑 J_2 摄动因素，分别研究了脉冲和有限推力形式，使用的软件是 DIDO。

在脉冲最优交会方面，Jezewski(1992)推导了二体方程和 J_2 摄动下目标函数和约束条件的解析梯度，采用拉格朗日乘子算法处理约束，采用一类序列二次规划算法 NZSOL 获得无摄动解，进而以无摄动解为初始点，同样采用 NZSOL 获得 J_2 摄动解。Haufler 等(1993)进一步发展了这个方法，考虑了更多的实际约束并推导了约束条件的梯度表达形式，区分了离散变量和连续变量，提出了相应的求解算法。这些方法已经成功地应用到交会对接路径规划软件 OMAT(optimal maneuver qnalysis of trajectories)。谌颖等(1993)提出一种两层动态规划方法，用于解决基于非线性方程的一般共面椭圆轨道最优交会问题。Hughes 等(2003)详细探讨了二体方程下基于 Lambert 算法的多脉冲最优交会的参数优化模型，测试对比了直接优化算法包括序列二次优化算法、单纯形法以及拟牛顿法和基于主矢量理论的间接优化算法，基于三个测试问题说明了各个算法各有优劣。

早期的优化算法多是采用梯度优化算法，进入 20 世纪 90 年代以来，以遗传算法为代表的智能优化算法在脉冲轨道机动领域也得到了较为广泛的应用。Kim 等(2002)采用遗传算法求解双脉冲最优交会问题。Abedelkhalik 等(2007)采用遗传算法求解脉冲转移问题。罗亚中(2007)系统研究了综合使用智能优化算法和 Lambert 算法的多脉冲最优交会的直接优化方法。

严格意义上讲，脉冲最优轨道机动问题的直接法和间接法之间难以严格的区别，多数脉冲最优轨道机动问题的间接方法也采用了各类非线性规划算法，如基于主矢量理论的方法，同样需要采用各类非线性规划算法。如果要严格区别的话，就是早期的方法多数是基于主矢量理论和梯度优化算法，后来的研究广泛采用了智能优化算法和直接的非线性规划模型。

7.3　最优脉冲轨道机动基本理论和算法

本节首先简单阐述了脉冲轨道机动的最优化基本理论，即确定脉冲解最优性必要性条件的主矢量理论，给出了判断解满足最优必要性条件的分析算法。Lambert 算法是轨道机动领域应用最为广泛的基础算法，本节给出 Lambert 算法的基本步骤和相关研究评述。

7.3.1　主矢量理论及算法

1. 最优解必要条件

1963 年 Lawden 基于二体动力学方程给出了脉冲变轨的“主矢量(primer vector)”理论，用于确定脉冲推力作用下最优飞行轨道的必要条件。

中心反平方引力场假设下的动力学方程是

$$\begin{cases}\dot{\boldsymbol{r}}=\boldsymbol{v}\\ \dot{\boldsymbol{v}}=\boldsymbol{g}(\boldsymbol{r},t)+\boldsymbol{\Gamma}\end{cases}\tag{7.3.1}$$

推力加速度近似为脉冲表示

$$\boldsymbol{\Gamma}=\sum_{i=1}^{n}\Delta\boldsymbol{v}_i\delta(t-t_i)\tag{7.3.2}$$

式中，$\delta(t-t_i)=\begin{cases}0, & t\neq t_i\\ 1, & t=t_i\end{cases}$ 为 Dirac 函数。

根据最优控制理论，则系统的哈密顿函数

$$H=\boldsymbol{\lambda}_r\cdot\dot{\boldsymbol{r}}+\boldsymbol{\lambda}_v\cdot\dot{\boldsymbol{v}}=\boldsymbol{\lambda}_r\cdot\boldsymbol{v}+\boldsymbol{\lambda}_v\cdot\boldsymbol{\Gamma}+\boldsymbol{\lambda}_v\cdot\boldsymbol{g}(\boldsymbol{r},t)\tag{7.3.3}$$

式中，$\boldsymbol{\lambda}_r$，$\boldsymbol{\lambda}_v$ 是 $\boldsymbol{r}$，$\boldsymbol{v}$ 的协态变量，由于 $\boldsymbol{\lambda}_v$ 的重要性，Lawden 将其称为主矢量(primer vector)。

哈密顿函数取得极小值的必要条件是

$$\begin{aligned}\dot{\boldsymbol{\lambda}}_r&=-\frac{\partial H^*}{\partial \boldsymbol{r}}=-\boldsymbol{G}(\boldsymbol{r})\cdot\boldsymbol{\lambda}_v\\ \dot{\boldsymbol{\lambda}}_v&=-\frac{\partial H^*}{\partial \boldsymbol{v}}=-\boldsymbol{\lambda}_r\end{aligned}\tag{7.3.4}$$

主矢量 $\boldsymbol{\lambda}_v(t)$ 满足如下方程：

$$\ddot{\boldsymbol{\lambda}}_v=\boldsymbol{G}(\boldsymbol{r})\boldsymbol{\lambda}_v\tag{7.3.5}$$

式(7.3.4)改写为

$$\begin{pmatrix}\dot{\boldsymbol{\lambda}}_r\\ \dot{\boldsymbol{\lambda}}_v\end{pmatrix}=\begin{pmatrix}0 & -\boldsymbol{G}(\boldsymbol{r})\\ -\boldsymbol{I} & 0\end{pmatrix}\begin{pmatrix}\boldsymbol{\lambda}_r\\ \boldsymbol{\lambda}_v\end{pmatrix}\tag{7.3.6}$$

式中，$\boldsymbol{G}(\boldsymbol{r})$ 为重力梯度矩阵，$\boldsymbol{G}(\boldsymbol{r})=\dfrac{\partial \boldsymbol{g}(\boldsymbol{r})}{\partial \boldsymbol{r}}$，展开为

$$
\boldsymbol{G}(\boldsymbol{r})=\frac{\mu}{r^3}\left\{\frac{3}{r^2}\begin{bmatrix} x^2 & xy & xz \\ xy & y^2 & yz \\ xz & yz & z^2 \end{bmatrix}-\begin{bmatrix} 1 & 0 & 0 \\ 0 & 1 & 0 \\ 0 & 0 & 1 \end{bmatrix}\right\} \tag{7.3.7}
$$

其中，$\boldsymbol{r}(t)=(x(t),y(t),z(t))^{\mathrm{T}}$ 是参考轨道的解。

Lawden 给出最优脉冲机动的必要条件为以下四点：

(1) $\boldsymbol{\lambda}_v$ 和它的时间导数 $\dot{\boldsymbol{\lambda}}_v$ 在 $t\in[t_0,t_{\mathrm{f}}]$ 上连续；

(2) $t\in[t_0,t_{\mathrm{f}}]$，$|\boldsymbol{\lambda}_v|\leqslant 1$，并且脉冲施加处 $|\boldsymbol{\lambda}_v|=1$；

(3) 在脉冲的作用点，主矢量是沿脉冲推力方向的单位矢量；

(4) 作为上述条件的一个推导，$\dot{\lambda}_v=\dot{\boldsymbol{\lambda}}_v^{\mathrm{T}}\boldsymbol{\lambda}_v=0$ 对于所有内点脉冲成立（不是在初始和终端时刻施加）。

2. 主矢量解析算法

解算 $\boldsymbol{\lambda}_v$ 可通过积分方程(7.3.5)获得。此外，Glandorf(1969)给出了该方程的解析解

$$
\begin{pmatrix} \boldsymbol{\lambda}_v(t) \\ \dot{\boldsymbol{\lambda}}_v(t) \end{pmatrix}=\boldsymbol{\Phi}_{\mathrm{p}}(t,t_0)\begin{pmatrix} \boldsymbol{\lambda}_v(t) \\ \dot{\boldsymbol{\lambda}}_v(t_0) \end{pmatrix}=\begin{pmatrix} \boldsymbol{A}_{\mathrm{p}} & \boldsymbol{B}_{\mathrm{p}} \\ \boldsymbol{C}_{\mathrm{p}} & \boldsymbol{D}_{\mathrm{p}} \end{pmatrix}\begin{pmatrix} \boldsymbol{\lambda}_{v0} \\ \dot{\boldsymbol{\lambda}}_{v0} \end{pmatrix} \tag{7.3.8}
$$

式中，$\boldsymbol{\Phi}_{\mathrm{p}}(t,t_0)$为主矢量 $\boldsymbol{\lambda}_v$ 的状态转移矩阵，具体为

$$
\boldsymbol{\Phi}_{\mathrm{p}}(t,t_0)=\boldsymbol{N}(t)\boldsymbol{N}^{-1}(t_0) \tag{7.3.9}
$$

而矩阵 $\boldsymbol{N}(t)$为

$$
\boldsymbol{N}(t)=\begin{bmatrix} F_1\boldsymbol{r}-g\boldsymbol{v} & F_2\boldsymbol{r}-f\boldsymbol{v} & 2\boldsymbol{r}-F_6\boldsymbol{v} & \boldsymbol{v} & F_1\boldsymbol{h} & F_2\boldsymbol{h} \\ F_8\boldsymbol{r}-F_1\boldsymbol{v} & F_9\boldsymbol{r}-F_2\boldsymbol{v} & F_7\boldsymbol{r}-\boldsymbol{v} & -F_5\boldsymbol{r} & F_3\boldsymbol{h} & F_4\boldsymbol{h} \end{bmatrix} \tag{7.3.10}
$$

其中，$\boldsymbol{h}$ 为轨道角动量矢量，f、g 和 $F_1\sim F_9$ 分别满足

$$
f=-(p/h)(p+r)r\cos\theta \tag{7.3.11}
$$

$$
\begin{cases} g=[(p/h)(p+r)r\sin\theta-3ept]/(1-e^2), & e\neq 1 \\ g=\dfrac{2}{5}[3pt-(r^3/h)\sin\theta], & e=1 \end{cases} \tag{7.3.12}
$$

$$
\begin{cases} F_1=r\cos\theta, \quad F_3=-(h/p)\cos\theta \\ F_2=r\sin\theta, \quad F_4=(h/p)(e+\cos\theta) \\ F_5=\mu/r^3, \quad F_6=3t, \quad F_7=3\mu t/r^3 \\ F_8=F_3+gF_5, \quad F_9=F_4+fF_5 \end{cases} \tag{7.3.13}
$$

式中，p 为轨道半通径；θ 为真近点角；e 为轨道偏心率。

矩阵 $\boldsymbol{N}^{-1}(t)$可写为

$$
\boldsymbol{N}^{-1}(t)=\frac{1}{h^3}\begin{bmatrix} F_2F_5\tilde{\boldsymbol{\sigma}}-F_4\tilde{\boldsymbol{\omega}} & 2F_4\tilde{\boldsymbol{\sigma}}-F_2\tilde{\boldsymbol{\omega}} \\ -F_1F_5\tilde{\boldsymbol{\sigma}}+F_3\tilde{\boldsymbol{\omega}} & -2F_3\tilde{\boldsymbol{\sigma}}+F_1\tilde{\boldsymbol{\omega}} \\ h\tilde{\boldsymbol{\omega}} & -h\tilde{\boldsymbol{\sigma}} \\ -b_1\tilde{\boldsymbol{\sigma}}+b_2\tilde{\boldsymbol{\omega}} & -b_3\tilde{\boldsymbol{\sigma}}+b_4\tilde{\boldsymbol{\omega}} \\ F_4\boldsymbol{h} & -F_2\boldsymbol{h} \\ -F_3\boldsymbol{h} & F_1\boldsymbol{h} \end{bmatrix} \tag{7.3.14}
$$

$$
\begin{cases} \tilde{\boldsymbol{\sigma}}=\boldsymbol{r}\times\boldsymbol{h},\quad \tilde{\boldsymbol{\omega}}=\boldsymbol{v}\times\boldsymbol{h} \\ b_1=h+F_5(F_1f-F_2g),\quad b_2=F_6h+F_3f-F_4g \\ b_3=F_6h+2(F_3f-F_4g),\quad b_4=F_1f-F_2g \end{cases} \tag{7.3.15}
$$

若已知 t_0 时刻的 $(\boldsymbol{\lambda}_v(t_0),\dot{\boldsymbol{\lambda}}_v(t_0))$，由状态转移矩阵可以得到任意时刻的 $(\boldsymbol{\lambda}_v(t),\dot{\boldsymbol{\lambda}}_v(t))$。对于固定时间单脉冲交会轨道可以通过下式求 $(\boldsymbol{\lambda}_v(t_0),\dot{\boldsymbol{\lambda}}_v(t_0))$。

$$
\begin{cases} \boldsymbol{\lambda}_v(t_0)=\dfrac{\Delta\boldsymbol{v}_0}{\|\Delta\boldsymbol{v}_0\|},\ |\boldsymbol{\lambda}_v(t_f)|=0 \\ \dot{\boldsymbol{\lambda}}_v(t_0)=-\boldsymbol{B}_p^{-1}\boldsymbol{A}_p\boldsymbol{\lambda}_v(t_0) \end{cases} \tag{7.3.16}
$$

式中，$\Delta\boldsymbol{v}_0$ 为 t_0 时刻的脉冲矢量；$\boldsymbol{A}_p$、$\boldsymbol{B}_p$ 为 $\boldsymbol{\Phi}_p(t_f,t_0)$ 的两个 3×3 分块矩阵。

对于两脉冲交会轨道，$(\boldsymbol{\lambda}_v(t_0),\dot{\boldsymbol{\lambda}}_v(t_0))$ 计算如下：

$$
\begin{cases} \boldsymbol{\lambda}_v(t_0)=\dfrac{\Delta\boldsymbol{v}_0}{\|\Delta\boldsymbol{v}_0\|},\quad |\boldsymbol{\lambda}_v(t_f)|=0 \\ \dot{\boldsymbol{\lambda}}_v(t_0)=B_{pf}^{-1}[\boldsymbol{\lambda}_v(t_f)-A_{pf}\cdot\boldsymbol{\lambda}_v(t_0)] \end{cases} \tag{7.3.17}
$$

式中，$\Delta\boldsymbol{v}_0$、$\Delta\boldsymbol{v}_f$ 分别为 t_0 时刻、t_f 时刻的脉冲矢量。

若是多脉冲交会轨道，则分别计算相邻两脉冲轨道，连接一起即构成全过程主矢量轨迹。

该算法实质是获得脉冲解后，利用 Lawden 必要条件中第二点求解主矢量过程，进而判断其他必要条件是否满足。不同于本节在“4. 判断解满足最优必要性条件的方法”中介绍的精确数值算法，该算法使用状态转移矩阵有一定的近似性(Hughes et al.，2003)，但仍可用于判断脉冲轨道解的最优性，早期 Lion 等(1968)、Gross 等(1974)的研究均采用了类似算法，新近被谭丽芬(2011)所使用。

3. 非最优主矢量理论

Lawden 的主矢量理论给出了一个最优脉冲轨道所满足的一阶必要条件，但该理论并未指出如何将一个非最优脉冲轨道改变成最优脉冲轨道。Lion 等(1968)发展了 Lawden 的主矢量理论，提出了非最优主矢量理论。他们的理论回答了如何把一个非最优脉冲轨道通过施加中间脉冲、初始滑行段和终端滑行段提升到最优脉冲轨道。推导了增加中间脉冲，初始或者终端滑行段的一阶必要条件。Jezewski 等(1968)给出了一个数值迭代算法实施该理论，该算法被后来的学者所广泛采用。该理论被广泛应用于求解各类型最优脉冲交会问题。对于一个二脉冲基准轨道,图 7.3.1 给出了几种典型的主矢量大小形状,对应着不同的改进措施。

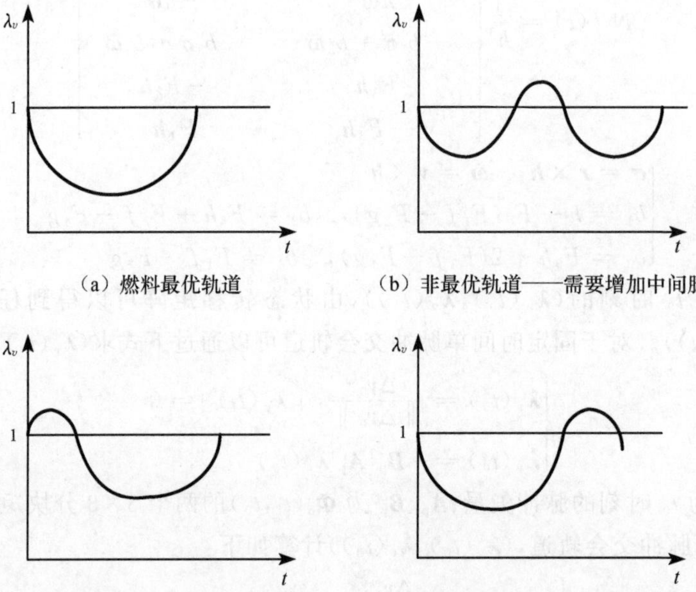

(a) 燃料最优轨道　(b) 非最优轨道——需要增加中间脉冲

(c) 非最优轨道——增加初始滑行段　(d) 非最优轨道——增加终端滑行段

图 7.3.1　典型的主矢量大小形状

总的来讲,改进措施包括两个方面:①增加初始或者终端滑行段;②增加一个中间脉冲。改变初始和终端脉冲时刻带来的目标函数的变化为

$$\delta J = -\dot{\lambda}_v(t_0)\Delta v_0 \mathrm{d}t_0 - \dot{\lambda}_v(t_f)\Delta v_f \mathrm{d}t_f \tag{7.3.18}$$

初始和终端滑行时刻的变化分别由 $\mathrm{d}t_0$ 和 $\mathrm{d}t_f$ 表示。为了获得更小的燃料消耗,必须保持 $\delta J<0$。定义如下术语:①初始滑行,$\mathrm{d}t_0>0$;②提早离开,$\mathrm{d}t_0<0$;③终端滑行,$\mathrm{d}t_f<0$;④晚点到达,$\mathrm{d}t_f>0$。下面四个组合,给出了可能的改进措施:

(1) 如果 $\dot{\lambda}_v(t_0)>0$ 及 $\dot{\lambda}_v(t_f)<0$⇒施加初始滑行和终端滑行;

(2) 如果 $\dot{\lambda}_v(t_0)>0$ 及 $\dot{\lambda}_v(t_f)>0$⇒施加初始滑行和晚点到达;

(3) 如果 $\dot{\lambda}_v(t_0)<0$ 及 $\dot{\lambda}_v(t_f)<0$⇒提早离开和终端滑行;

(4) 如果 $\dot{\lambda}_v(t_0)<0$ 及 $\dot{\lambda}_v(t_f)>0$⇒提早离开和晚点到达。

当改变初始和终端时刻无助于降低目标函数时,需要尝试添加中间脉冲。假定在 t_m 时刻,施加一个中间脉冲后,则目标函数的变化量为

$$\delta J = c[1-\boldsymbol{\lambda}_v(t_m)^{\mathrm{T}}\boldsymbol{\eta}] \tag{7.3.19}$$

式中,c 为中间脉冲的大小;$\boldsymbol{\eta}$ 为一个单位矢量,表示脉冲的方向。在一阶情况下,当取 λ_v 最大值时(设为 t_m 时刻),施加脉冲可使总的速度增量降低得最多,且脉冲

施加方向为 $\boldsymbol{\lambda}_v(t_m)/\lambda_v(t_m)$，因而中间脉冲为 $c\boldsymbol{\lambda}_v(t_m)/\lambda_v(t_m)$。设相应的初始脉冲与末脉冲 $\Delta\boldsymbol{v}_0$ 和 $\Delta\boldsymbol{v}_f$ 需做调整为 $\delta\Delta\boldsymbol{v}_0$ 和 $\delta\Delta\boldsymbol{v}_f$。在 t_m 时，由于 $\delta\Delta\boldsymbol{v}_0$ 的作用使轨道的位置和速度偏差为 $\delta\boldsymbol{r}_m,\delta\boldsymbol{v}_m$。由圆锥曲线偏差方程的状态转移矩阵可以导出如下关系：

$$\delta\boldsymbol{r}_m = c\boldsymbol{A}^{-1}\frac{\boldsymbol{\lambda}_v(t_m)}{\lambda_v(t_m)},\quad \delta\boldsymbol{v}_0 = \boldsymbol{\Phi}_{12}^{-1}(t_m,t_0)\delta\boldsymbol{r}_m,\quad \delta\boldsymbol{v}_f = \boldsymbol{\Phi}_{12}^{-1}(t_m,t_f)\delta\boldsymbol{r}_m \tag{7.3.20}$$

其中，$\boldsymbol{A}=\boldsymbol{\Phi}_{22}(t_m,t_f)\boldsymbol{\Phi}_{12}^{-1}(t_m,t_f)-\boldsymbol{\Phi}_{22}(t,t_0)\boldsymbol{\Phi}_{12}^{-1}(t_m,t_0)$，状态转移矩阵

$$\boldsymbol{\Phi} = \begin{bmatrix} \boldsymbol{\Phi}_{11} & \boldsymbol{\Phi}_{12} \\ \boldsymbol{\Phi}_{21} & \boldsymbol{\Phi}_{22} \end{bmatrix}$$

满足 $\begin{cases} \delta\boldsymbol{r}(t)=\boldsymbol{\Phi}_{11}(t,\tau)\delta\boldsymbol{r}(\tau)+\boldsymbol{\Phi}_{12}(t,\tau)\delta\boldsymbol{v}(\tau) \\ \delta\boldsymbol{v}(t)=\boldsymbol{\Phi}_{21}(t,\tau)\delta\boldsymbol{r}(\tau)+\boldsymbol{\Phi}_{22}(t,\tau)\delta\boldsymbol{v}(\tau) \end{cases}$。

式(7.3.20)当 $\boldsymbol{A}$ 非奇异时成立。增加中间脉冲会减少燃料消耗，但并非一定会获得满足 Lawden 理论的最优轨道，此时需要对脉冲的作用位置和脉冲分量进行优化设计。

4. 判断解满足最优必要性条件的方法

Lawden 的主矢量理论给出了一个最优脉冲轨道所满足的一阶必要条件，实际应用中，需要对获得的脉冲解，判断其是否满足 Lawden 必要条件。可应用主矢量解析算法，但是该算法较为复杂，同时是一个近似算法。罗亚中(2007)提出了一个简单的数值迭代算法求解主矢量方程，广泛应用于二体多脉冲最优交会问题解的最优性判断研究(Luo et al.，2010)。该迭代算法如下。

(1) 给定两个边界条件为：在所获得的脉冲矢量中任选两个脉冲 $\Delta\boldsymbol{v}_i,\Delta\boldsymbol{v}_j,i\neq j$，令

$$\boldsymbol{\lambda}_v^*(t_i) = \frac{\Delta\boldsymbol{v}_i}{\Delta v_i},\quad \boldsymbol{\lambda}_v^*(t_j) = \frac{\Delta\boldsymbol{v}_j}{\Delta v_j} \tag{7.3.21}$$

(2) 以 $\boldsymbol{\lambda}_r(t_0),\boldsymbol{\lambda}_v(t_0)$ 为迭代变量，采用牛顿迭代算法由两个边界条件求解出 $\boldsymbol{\lambda}_r^*(t_0),\boldsymbol{\lambda}_v^*(t_0)$。具体过程如下：

以 $\boldsymbol{\lambda}_r(t_0),\boldsymbol{\lambda}_v(t_0)$ 和 $\boldsymbol{r}(t_0),\boldsymbol{v}(t_0)$ 初始点，积分方程(7.3.1)和方程(7.3.4)得到 $\boldsymbol{\lambda}_v(t_i),\boldsymbol{\lambda}_v(t_j)$。

采用牛顿迭代法求解方程 $\boldsymbol{\lambda}_v(t_i)-\boldsymbol{\lambda}_v^*(t_i)=0,\boldsymbol{\lambda}_v(t_j)-\boldsymbol{\lambda}_v^*(t_j)=0$ 得到 $\boldsymbol{\lambda}_r^*(t_0),\boldsymbol{\lambda}_v^*(t_0)$。

(3) 由 $\boldsymbol{\lambda}_r^*(t_0),\boldsymbol{\lambda}_v^*(t_0)$ 计算 $\boldsymbol{\lambda}_v(t)$ 在 $[t_0,t_f]$ 上的整个过程，判断其他必要条件是否满足。

7.3.2　Lambert 算法

Lambert 问题——给定轨道上两点的位置矢量 $\boldsymbol{r}_1$，$\boldsymbol{r}_2$ 及飞行时间 Δt 求连接两点轨道的参数，实质是求解微分方程的两点边值问题，又称 Gauss 问题，如图 7.3.2 所示。Lambert 问题一直是轨道力学中的研究热点之一，对 Lambert 问题的研究持续了两百多年，欧拉、Lambert、拉格朗日、Gauss 等著名学者在 Lambert 问题上均进行了深入研究（Volk，1980）。根据 Sun(1981)的论述，Gedeon 于 1961 发表的文章"Lambertian Mechanics"是现代学者对该问题研究成果的首次公开发表。后来 Battin(1964，1987)、Lancaster 等(1966)、Sun(1981)、Gooding 等(1990)等学者对该问题进行了持续研究，大量研究成果不断涌现，其成果在轨道确定、拦截、交会等问题中得到广泛应用。

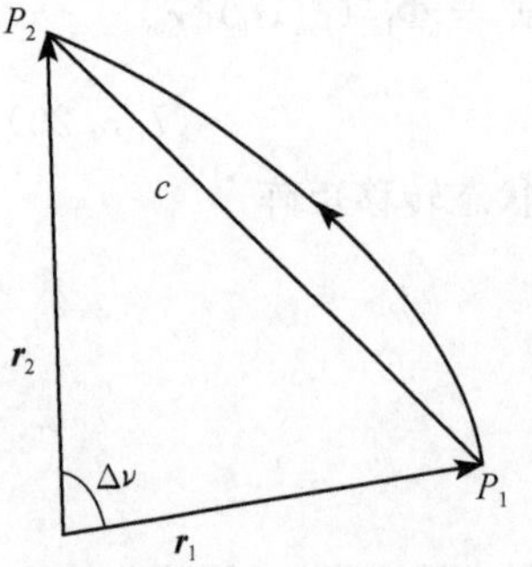

图 7.3.2　Lambert 问题

1. Lambert 飞行时间定理及几何性质

欧拉最早于 1743 年给出了抛物线情况下的飞行时间定理，Lambert 于 1761 年独立给出了包括所有圆锥曲线情况的 Lambert 飞行时间定理(Sun，1981)：对同一个平方反比中心引力场，若半长轴 a、矢径和 r_1+r_2 及弦长 c 为常数，则两点之间的飞行时间 Δt 为定值。Lambert 飞行时间定理可表示为

$$\sqrt{\mu}\Delta t = f(a, r_1+r_2, c) = \frac{1}{\sqrt{2}}\int_{s-c}^{s}\left(\frac{1}{r}-\frac{1}{2a}\right)^{-\frac{1}{2}}\mathrm{d}r \tag{7.3.22}$$

该定理对不同的轨道类型具有不同的形式：

$$\sqrt{\mu}\Delta t = \begin{cases} a^{\frac{3}{2}}[(\alpha-\sin\alpha)-(\beta-\sin\beta)], & \text{椭圆} \\ \dfrac{\sqrt{2}}{3}[s^{\frac{3}{2}} \mp (s-c)^{\frac{3}{2}}], & \text{抛物线} \\ -(-a)^{\frac{3}{2}}[(\gamma-\sinh\gamma)-(\delta-\sinh\delta)], & \text{双曲线} \end{cases} \tag{7.3.23}$$

其中，$s=\frac{1}{2}(r_1+r_2+c)$，$\sin\frac{\alpha}{2}=\sqrt{\frac{s}{2a}}$，$\sin\frac{\beta}{2}=\sqrt{\frac{s-c}{2a}}$，$\sin\frac{\gamma}{2}=\sqrt{\frac{s}{-2a}}$，$\sin\frac{\delta}{2}=\sqrt{\frac{s-c}{-2a}}$。对抛物线轨道，当 $\Delta\nu<180°$ 时符号为负(－)；当 $180°<\Delta\nu<360°$ 时符号为正(＋)。令 $\alpha_0=\arccos\left(1-\frac{s}{a}\right)$，$\beta_0=\arccos\left(1-\frac{s-c}{a}\right)$，则当 $\Delta\nu\leqslant180°$ 时，$\beta=\beta_0$；当 $180°<\Delta\nu<360°$ 时 $\beta=-\beta_0$；当轨迹为短程轨道时，$\alpha=\alpha_0$；当轨迹为长程轨道时，$\alpha=360°-\alpha_0$。

Lambert 对该飞行时间定理的证明从几何角度出发，严格的代数证明由拉格朗日于 1778 年给出(Sun，1981)。

保持 a、r_1+r_2 及点 P_1、P_2 位置不变，移动焦点 F，飞行时间将保持不变，这样的变换称为 Lambert 变换，由拉格朗日首先提出。后来的学者在研究中定义了 Lambert 不变量与几何 Lambert 不变量：

任何轨道参数仅是 r_1+r_2、c 和 a 的函数，即 $z=z(a,r_1+r_2,c)$，则称为 Lambert 不变量，实质指在进行 Lambert 变换过程中保持不变的参数；

任何轨道参数仅是 r_1+r_2、c 的函数，即 $z=z(r_1+r_2,c)$，则称为几何 Lambert 不变量。

1) Lambert 变换特性

Lambert 变换中，焦点 F 的轨迹是以 P_1、P_2 为焦点的椭圆，椭圆的长轴为 r_1+r_2，焦距为 c。对椭圆轨道转移，另一焦点 F^*(虚焦点)的轨迹为以 P_1、P_2 为焦点，$4a-(r_1+r_2)$为长轴的椭圆；对双曲线转移焦点 F^* 的轨迹为以 P_1、P_2 为焦点，$(r_1+r_2)-4a$ 或 $(r_1+r_2)+4a$为长轴的椭圆。

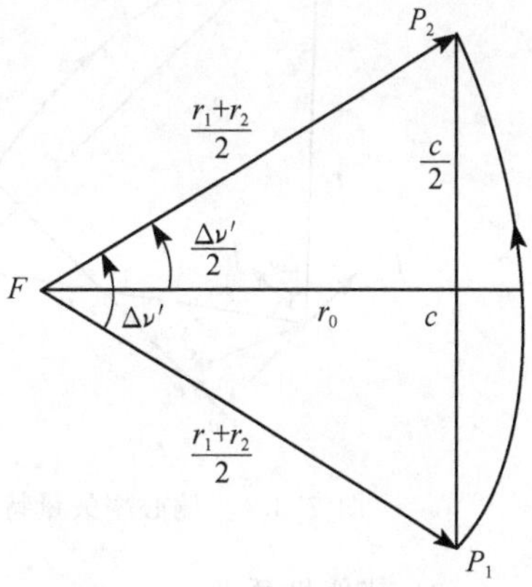

图 7.3.3　对称 Lambert 问题

通过移动焦点 F，一般的 Lambert 问题可以变换为对称 Lambert 问题。如图 7.3.3 所示，焦点 F 到 P_1、P_2 的距离均为$\frac{r_1+r_2}{2}$，近心距 $\boldsymbol{r}_0$ 垂直于 P_1P_2 并平分弧$\overset{\frown}{P_1P_2}$，真近点角$\frac{\Delta\nu'}{2}$与原转移角 $\Delta\nu$ 的关系为 $\cos\frac{\Delta\nu'}{2}=\frac{2\sqrt{r_1r_2}}{r_1+r_2}\cos\frac{\Delta\nu}{2}$。

2) 几何 Lambert 不变特性

保持 ΔP_1FP_2 不变，通过改变飞行时间 Δt，连接两点轨道的参数会发生变化，这个过程中产生了一些几何 Lambert 不变参数。

如图 7.3.4 所示，$\boldsymbol{e}$ 为以 F 为焦点连接 P_1、P_2 轨道的偏心率矢量，$\boldsymbol{e}$ 的轨迹为垂直于 P_1P_2 的直线 l'。$\boldsymbol{e}$ 在 $\boldsymbol{i}_{P_1P_2}$ 方向上的投影为 $\boldsymbol{e}\cdot\boldsymbol{i}_{P_1P_2}=-\frac{r_2-r_1}{c}$。模最小的偏心率矢量 $\boldsymbol{e}_F$ 平行于 $\boldsymbol{i}_{P_1P_2}$，则其模为 $e_F=\left|\frac{r_2-r_1}{c}\right|$，以 $\boldsymbol{e}_F$ 为偏心率的椭圆轨道称为基础椭圆。

如图 7.3.5 所示，在弧$\overset{\frown}{P_1P_2}$上切线方向(也就是速度方向)平行于 $\boldsymbol{i}_{P_1P_2}$ 的点称

为平点。平点的轨迹是一条直线（$\boldsymbol{r}_0$ 方向），满足 $\tan\dfrac{\Delta\nu_{r_0}}{2}=\dfrac{\sin\dfrac{\Delta\nu}{2}}{\sqrt{\dfrac{r_1}{r_2}}+\cos\dfrac{\Delta\nu}{2}}$，其中 $\Delta\nu_{r_0}$ 为 $\boldsymbol{r}_0$ 与 $\boldsymbol{r}_1$ 的夹角。平点的偏近点角 E_0 为 P_1、P_2 点偏近点角 E_1、E_2 的均值，即 $E_0=\dfrac{E_1+E_2}{2}$。平点到焦点的距离称为平点半径，满足 $r_0=a\left(1-\cos\dfrac{\alpha+\beta}{2}\right)$。$Q$ 为平点轨迹与 P_1P_2 的交点，到焦点的距离为 $|FQ|=\sqrt{r_1r_2}\cos\dfrac{\theta}{2}=\pm\sqrt{s(s-c)}$，仅与 ΔP_1FP_2 有关，属于几何 Lambert 不变量。

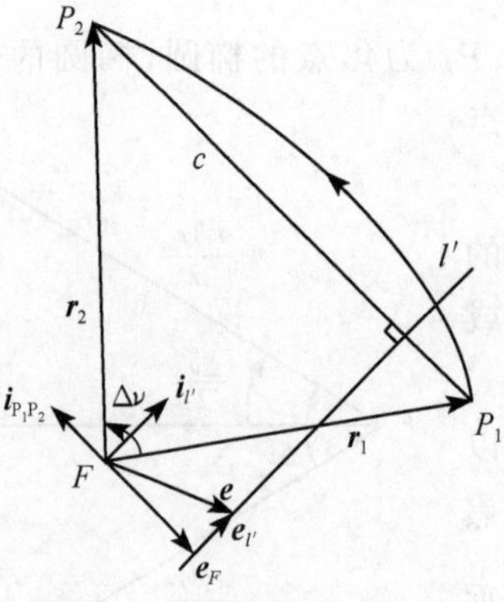

图 7.3.4　偏心率矢量特性

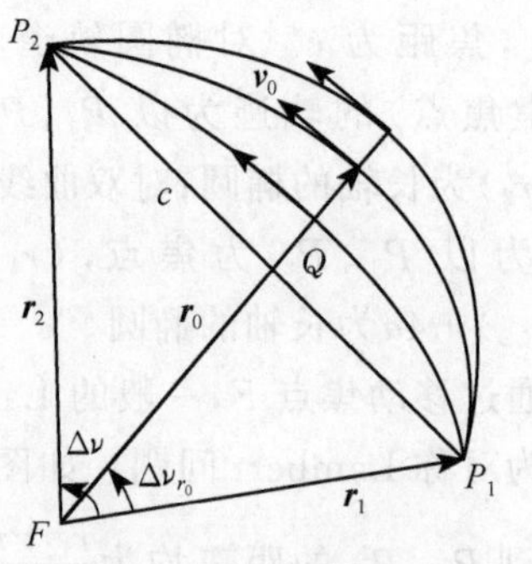

图 7.3.5　平点特性

3）其他性质

下面介绍的性质实际上属于二体轨道的性质，不基于 Lambert 飞行时间定理。如图 7.3.6 所示，将 P_1、P_2 点的速度 $\boldsymbol{v}_1$、$\boldsymbol{v}_2$ 分别向径向及 $\boldsymbol{i}_{P_1P_2}$ 方向按平行四边形定则进行矢量分解，沿 $\boldsymbol{i}_{P_1P_2}$ 方向的速度分别为 $\boldsymbol{v}_{1c}$、$\boldsymbol{v}_{2c}$，沿径向的速度分别为 $\boldsymbol{v}_{1r}$、$\boldsymbol{v}_{2r}$，满足 $\boldsymbol{v}_{1c}=\boldsymbol{v}_{2c}$，$|\boldsymbol{v}_{1r}|=|\boldsymbol{v}_{2r}|$，$v_{1c}v_{1r}=v_{2c}v_{2r}=\dfrac{\mu}{d}\tan\dfrac{\theta}{2}=\dfrac{\mu c}{2r_1r_1}\sec^2\dfrac{\theta}{2}$；$\boldsymbol{v}_2-\boldsymbol{v}_1=\boldsymbol{v}_{2r}-\boldsymbol{v}_{1r}$ 且平行于 $\angle P_1FP_2$ 的角平分线。

如图 7.3.7 所示，M 为 P_1、P_2 切线的交点，则 FM 平分角 $\angle P_1FP_2$ 满足

$$\sqrt{r_1r_2}=|FM|\cos\frac{\alpha-\beta}{2}=\begin{cases}|FM|\cos\dfrac{\Delta E}{2}, & \text{椭圆}\\ |FM|, & \text{抛物线}\\ |FM|\cos\dfrac{\Delta H}{2}, & \text{双曲线}\end{cases}\tag{7.3.24}$$

其中，$\Delta E=E_2-E_1$，$\Delta H=H_2-H_1$ 为分别为椭圆、双曲线于 P_1、P_2 点偏近点角差。

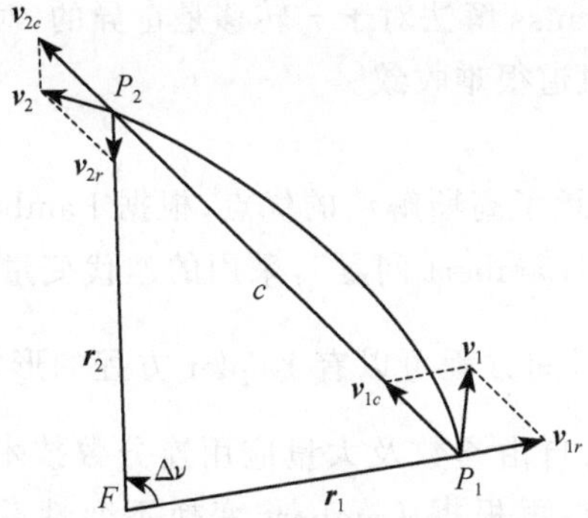

图 7.3.6　速度矢量特性

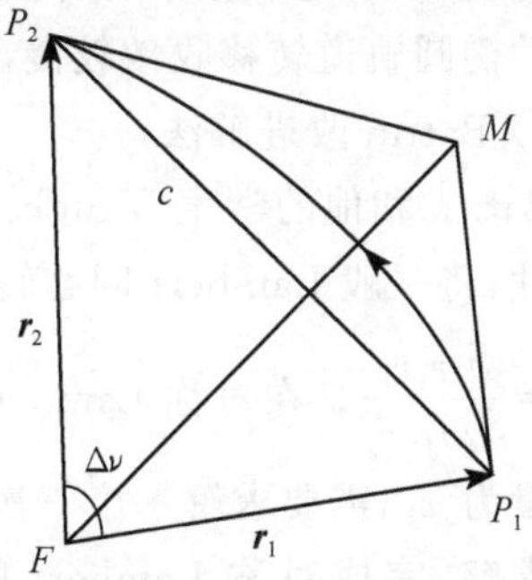

图 7.3.7　切线交点特性

2. Lambert 问题解法综述

求解 Lambert 问题的一般思路是：选择独立的迭代变量，根据飞行时间定理建立控制方程组，迭代计算以获得一定精度的解。迭代变量可以是直接的轨道参数如半长轴 a、偏心率 e、半通径 p、初始位置的真近点角、航迹角等，也可以是一些组合参数如$\chi=\dfrac{\Delta E}{2}$，$X=\sin^2\dfrac{\Delta E}{4}$等。有些迭代变量具有一些不好的特性：$a$ 在 $e=1$ 时值为无穷，在 $e\approx 1$ 时具有较大的数值计算误差；p 在 180°转移时保持为常值等。迭代变量选取的一个重要标准是通用性，即可以适用于的轨道转移情况。按照如下方式定义的迭代参数可以满足这个要求：

$$x_1=\begin{cases}\dfrac{\Delta E}{2}\\ 0\\ -\dfrac{\Delta H}{2}\end{cases}\quad x_2=\begin{cases}\sin^2\dfrac{\Delta E}{4}\\ 0\\ -\sinh^2\dfrac{\Delta H}{4}\end{cases}\quad x_3=\begin{cases}\tan^2\dfrac{\Delta E}{4}, & \text{椭圆}\\ 0, & \text{抛物线}\\ -\tanh^2\dfrac{\Delta H}{4}, & \text{双曲线}\end{cases}\tag{7.3.25}$$

1）Gauss 解法

Gauss 于 1809 年，发布了对谷神星轨道预报的结果(Battin，1987)。谷神星轨道确定问题可以转化为对椭圆轨道两点边值问题的求解。

Gauss 解法的基本思路：定义主变量 $Y=\dfrac{S_{FP_1P_2}}{S_{\triangle FP_1P_2}}$（其中 $S_{FP_1P_2}$ 为扇形的面积，$S_{\triangle FP_1P_2}$ 为三角形面积），迭代变量为 x_2，根据 Y 的定义可以变换得到第一方程（x_2 可以表达为 Y 的显式函数），根据时间方程可以变换得到第二方程（Y 的三次方程）。给定 Y 的初值，由第一方程计算 x_2，将得到的 x_2 带入第二方程计算新的 Y，采用逐次代入法迭代求解。Gauss 引入连分数在小角度转移情况下获得了较高精度的解，较准确地预报了谷神星的轨道。Gauss 解法对于 π 转移是奇异的，对较大角度的椭圆轨道转移收敛较慢，对双曲线轨道很难收敛。

2）Battin 改进解法

Battin 和他的学生 Vaughan(1983)继承了高斯解法的优点，根据 Lambert 变换特性，将一般 Lambert 问题转换为"对称 Lambert 问题"，采用的迭代变量是 x_3 与 $Y=\dfrac{S_{FP_1P_2}}{S_{\triangle FP_1P_2}}$。在对称 Lambert 问题中，时间方程可以有 Kepler 方程的形式；迭代变量为 x_3，需要求解一个三次方程；引入自由参数及大量应用连分数技术逐次代入求解，完成对称 Lambert 问题求解后，再根据 Lambert 变换不变性获得原 Lambert 问题的轨道参数。算法对(0°,360°)转移均具有较快的收敛速度，而且克服了 180°转移的奇异性，对任意类型的轨道均具有较好的收敛性。这种解法虽然改进了近 360°转移算法的收敛性，但对 360°转移仍然是奇异的。

3）Lancaster 及 Gooding 解法

Lancaster(1966)构建了一种普适形式 Lambert 问题，采用 Newton-Raphson 算法求解，但存在某些区域收敛较慢的问题。Gooding(1990)在 Lancaster 研究的基础上，提出了一种优秀的 Lambert 解法。主迭代变量 x 满足：$x^2=1-s/(2a)$ $\left(\text{对椭圆轨道 } x=\cos\dfrac{\alpha}{2}\right)$，在单圈情况下 Δt 为 x 单调的函数。Gooding 精心构造 x 初值，采用具有三次收敛速度的 Halley 算法进行迭代计算；在 $\sqrt{0.6}<x<\sqrt{1.4}$ 时，将 Δt 对 x 进行幂级数展开，以减小舍入误差的影响。算法对(0°,360°)转移均具有良好快速的收敛性，同样克服了 180°转移的奇异性问题。Gooding 在求解的每个步骤都充分考虑了计算机字长有限带来的精度损失，并采用了有效的处理方法。一般认为 Gooding 解法是目前二体单圈 Lambert 问题综合性能最好的求解方法。

4）Bate 解法

Bate 等(1971)解法即一些文献中提到的普适量解法，将在下文中详细阐述基于该解法的求解过程，此处不展开论述。需要说明的是，Bate 解法虽然流程清晰简单，但没有解决 180°转移的奇异性。

5）Nelson 解法

针对弹道导弹的瞄准问题，Nelson 等(1992)以航迹角为迭代变量，获得时间对航迹角的单调函数；根据几何构型解析计算航迹角上下界，采用二分法进行第一步计算，然后采用割线法进行迭代直至收敛。该解法对 180°转移不奇异，仅对 0°或 360°转移奇异，在弹道导弹领域得到广泛应用(Burns et al.，2004)。

6）K-S 空间解法

Kustaanheimo 与 Stiefel 合作在他们的论文中提出了基于轨道力学的 K-S (Kustaanheimo-Stiefel)正则化方法。Stiefel 等(1971)在他的专著中将这种方法发展成熟。

$\boldsymbol{u}$ 为四维矢量，满足：$\begin{cases} \boldsymbol{r}=L(\boldsymbol{u})\boldsymbol{u} \\ r=\boldsymbol{u}^{\mathrm{T}}\boldsymbol{u} \end{cases}$，$\boldsymbol{r}$ 为物理空间中的位置矢量，其第四维补 0，$L(\boldsymbol{u})$ 为 $\boldsymbol{u}$ 的分量组成的四维方阵。Kriz 等(1976)根据上式可以将三维空间的轨道问题转换到四维空间中，获得了飞行时间与轨道能量的两个非线性方程。需要解决的一个重要问题是三维空间中仅有终端位置三个分量的约束，而在 K-S 空间中有四个分量。Stanek 指出第四个约束为初始终端位置矢量 $\boldsymbol{u}_1$ 与 $\boldsymbol{u}_{\mathrm{f}}$ 的双线性关系(bilinear)确定。

对 K-S 空间 Lambert 问题，Jezewski(1976)提出了以偏近点角为迭代变量的解法，只需要求解一个非线性方程。Kriz(1976)提出了一种普适的解法，可采用 Newton-Raphson 算法只需求解一个非线性方程。Engels 等(1981)也提出了一种普适的解法，但采用了两个迭代变量，需要求解两个非线性方程。

由于使用不便，K-S 空间 Lambert 算法未得到广泛应用，后续研究也较少。

3. Lambert 问题的普适量求解算法

Vallado(2001)对 Bate 的普适变量 Lambert 算法有较为详细的阐述，同时提供了相关求解程序。这里给出这个算法，其求解公式为

$$\begin{cases} \boldsymbol{v}_1 = \dfrac{\boldsymbol{r}_2 - f\boldsymbol{r}_1}{g} \\ \boldsymbol{v}_2 = \dfrac{\dot{g}\boldsymbol{r}_2 - \boldsymbol{r}_1}{g} \end{cases} \tag{7.3.26}$$

$f,g,\dot{f},\dot{g}$ 用二体轨道参数表示为如下函数：

$$f = 1 - \frac{r_2}{p}(1-\cos\Delta\nu) \tag{7.3.27}$$

$$g = \frac{r_2 r_1 \sin\Delta\nu}{\sqrt{\mu p}} \tag{7.3.28}$$

$$\dot{f} = \sqrt{\frac{\mu}{p}}\left(\frac{1-\cos\Delta\nu}{\sin\Delta\nu}\right)\left(\frac{1-\cos\Delta\nu}{p} - \frac{1}{r_2} - \frac{1}{r_1}\right) \tag{7.3.29}$$

$$\dot{g} = 1 - \frac{r_1}{p}(1-\cos\Delta\nu) \tag{7.3.30}$$

式中，μ 为引力常数；$\Delta\nu$ 表示 $\boldsymbol{r}_2$，$\boldsymbol{r}_1$ 两处的真近点角差值。

$f,g,\dot{f},\dot{g}$ 用普适变量χ表示为如下函数：

$$f = 1 - \frac{\chi^2}{r_1}c_2 \tag{7.3.31}$$

$$g = \Delta t - \frac{\chi^3}{\sqrt{\mu}}c_3 \tag{7.3.32}$$

$$\dot{g} = \Delta t - \frac{\chi^2}{r_2} c_2 \tag{7.3.33}$$

$$\dot{f} = \frac{\sqrt{\mu}}{r_2 r_1} \chi(\psi c_3 - 1) \tag{7.3.34}$$

式(7.3.31)～式(7.3.34)中，$\psi \equiv \frac{\chi^2}{a}$，$c_2$，$c_3$ 由 ψ 确定。

由式(7.3.27)和式(7.3.31)得到

$$\chi = \sqrt{\frac{r_1 r_2}{p c_2}(1 - \cos\Delta\nu)} \tag{7.3.35}$$

将式(7.3.35)代入式(7.3.34)并联立式(7.3.29)得到

$$\left(\frac{1-\cos\Delta\nu}{\sin\Delta\nu}\right)\left(\frac{1-\cos\Delta\nu}{p} - \frac{1}{r_2} - \frac{1}{r_1}\right) = \sqrt{\frac{1-\cos\Delta\nu}{r_1 r_2 c_2}}(\psi c_3 - 1) \tag{7.3.36}$$

式(7.3.36)两边同时乘以 $r_1 r_2$ 得到

$$\frac{r_1 r_2 (1-\cos\Delta\nu)}{p} = r_1 + r_2 + \frac{\sqrt{r_1 r_2}\sin\Delta\nu}{\sqrt{1-\cos\Delta\nu}} \frac{\psi c_3 - 1}{\sqrt{c_2}} \tag{7.3.37}$$

现在，定义两个新的变量

$$y \equiv \frac{r_1 r_2 (1-\cos\Delta\nu)}{p} \tag{7.3.38}$$

$$A \equiv \frac{\sqrt{r_1 r_2}\sin\Delta\nu}{\sqrt{1-\cos\Delta\nu}} \tag{7.3.39}$$

代入式(7.3.38)和式(7.3.39)到式(7.3.37)得到

$$y = r_1 + r_2 + A\frac{\psi c_3 - 1}{\sqrt{c_2}} \tag{7.3.40}$$

由式(7.3.35)和式(7.3.38)得到

$$\chi = \sqrt{\frac{y}{c_2}} \tag{7.3.41}$$

g 是关于时间 Δt 的函数，由式(7.3.28)和式(7.3.32)得到

$$\Delta t = \frac{\chi^3}{\sqrt{\mu}} c_3 + \frac{r_2 r_1 \sin\Delta\nu}{\sqrt{\mu p}} \tag{7.3.42}$$

采用新的变量，式(7.3.42)改写为

$$\Delta t = \frac{\chi^3}{\sqrt{\mu}} c_3 + \frac{A\sqrt{y}}{\sqrt{\mu}} \tag{7.3.43}$$

式(7.3.40)、式(7.3.41)和式(7.3.43)构成了一个一元超越方程，以 ψ 为迭代变量，用二分法求解方程。确定出 ψ 后，即确定χ。代入式(7.3.31)～式(7.3.34)并结合式(7.3.26)即可确定 $\boldsymbol{v}_1$ 和 $\boldsymbol{v}_2$。

4. 双脉冲交会问题及算法

Lambert 变轨是一个双脉冲问题，一般双脉冲交会问题的描述如下：给定追踪航天器初始时刻的位置 $\boldsymbol{r}_1$ 和速度 $\boldsymbol{v}_{10}$，目标航天器在初始时刻位置 $\boldsymbol{r}_{1\text{tar}}$ 和速度 $\boldsymbol{v}_{1\text{tar}}$，要求经过 Δt 飞行时间，追踪航天器和目标航天器达到交会状态（所谓交会状态，是指追踪航天器相对于目标航天器的位置和速度矢量一定），确定出追踪航天器在初始和终端时刻两次点火的速度增量 $\Delta\boldsymbol{v}_1$ 和 $\Delta\boldsymbol{v}_2$。双脉冲 Lambert 交会示意图如图 7.3.8 所示。

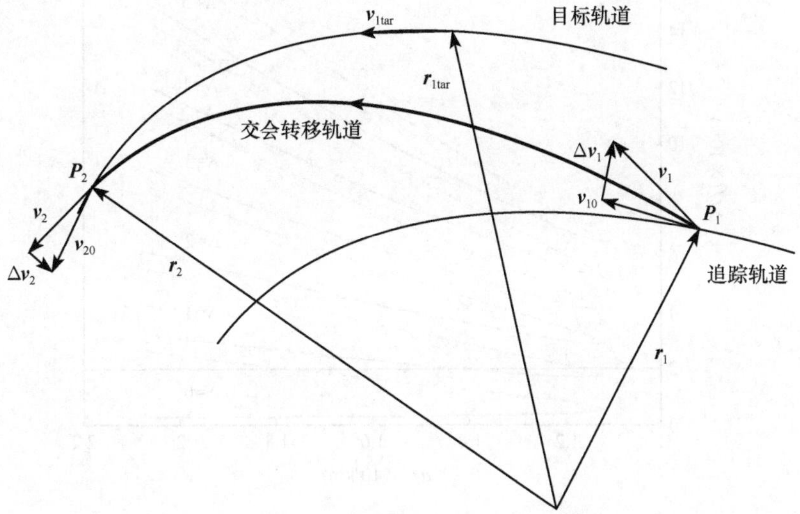

图 7.3.8　双脉冲 Lambert 交会示意图

由于飞行时间一定，终端目标航天器的状态可以确定，相应地追踪航天器的位置 $\boldsymbol{r}_2$ 和速度 $\boldsymbol{v}_{20}$ 也可确定。这时候求解 $\Delta\boldsymbol{v}_1$ 和 $\Delta\boldsymbol{v}_2$ 问题即可转化为一个标准的 Lambert 问题。已知 $\boldsymbol{r}_1$ 和 $\boldsymbol{r}_2$，求解追踪航天器在 $\boldsymbol{r}_1$ 和 $\boldsymbol{r}_2$ 处的速度 $\boldsymbol{v}_1$ 和 $\boldsymbol{v}_2$，则 $\Delta\boldsymbol{v}_1=\boldsymbol{v}_1-\boldsymbol{v}_{10}$，$\Delta\boldsymbol{v}_2=\boldsymbol{v}_{20}-\boldsymbol{v}_2$。

根据前面的论述，双脉冲 Lambert 交会算法如下：

(1) 根据开普勒轨道，由 $\boldsymbol{r}_{1\text{tar}}$、$\boldsymbol{v}_{1\text{tar}}$ 和 Δt 确定 $\boldsymbol{r}_{2\text{tar}}$ 和 $\boldsymbol{v}_{2\text{tar}}$；

(2) 由 $\boldsymbol{r}_{2\text{tar}}$ 和 $\boldsymbol{v}_{2\text{tar}}$ 确定 $\boldsymbol{r}_2$ 和 $\boldsymbol{v}_{20}$；

(3) 采用普适量 Lambert 算法，由 $\boldsymbol{r}_1$、$\boldsymbol{r}_2$ 和 Δt 确定 $\boldsymbol{v}_1$ 和 $\boldsymbol{v}_2$；

(4) 计算速度增量 $\Delta\boldsymbol{v}_1=\boldsymbol{v}_1-\boldsymbol{v}_{10}$，$\Delta\boldsymbol{v}_2=\boldsymbol{v}_{20}-\boldsymbol{v}_2$。

双脉冲 Lambert 算法是交会问题研究中应用最为广泛的算法，是国际深空轨迹优化大赛中各参赛队所必备的算法（李俊峰等，2010）。

5. 多圈 Lambert 算法

当转移轨道为多圈椭圆轨道时，多圈 Lambert 问题的飞行时间定理为

$$\sqrt{\mu}\Delta t = a^{\frac{3}{2}}[2N\pi + \alpha - \beta - (\sin\alpha - \sin\beta)] \tag{7.3.44}$$

其中，N 为两次机动间的飞行整圈数。根据式(7.3.44)，取 $r_1 = 10000\text{km}$，$r_2 = 20000\text{km}$，$\Delta\nu = 45°$，飞行整圈数、半长轴、飞行时间的关系如图 7.3.9 所示。

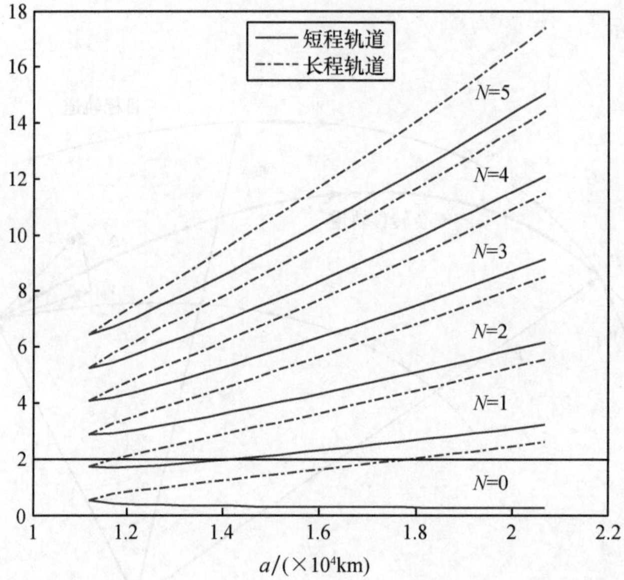

图 7.3.9 多圈 Lambert 问题的时间-半长轴曲线

对多圈 Lambert 问题，根据飞行时间、转移角度等确定最大可能停泊圈数 $N_{\max}$；若交会轨道半长轴 a 一定，$[0, N_{\max}]$ 范围的每个 N 对应两条椭圆交会轨道：长程交会轨道与短程交会轨道；若交会时间 Δt 一定，则过 P_1、P_2 两点有 $2N_{\max}+1$ $(N_{\max} \geqslant 0)$ 条椭圆交会轨道。如何快速选择 N，使轨道机动推进剂最省，称为固定时间多圈 Lambert 最优交会问题。Prussing(2000)、Shen 等(2003)、韩潮等(2004)分别报告了不同的多圈 Lambert 双脉冲交会算法。

在已知 N 的情况下，Luo 等(2007)考虑调相问题的实际背景要求，给出了一个简单的多圈 Lambert 交会的迭代算法，具体交会对接步骤如下：

步骤 1 计算当前轨道周期，记为 T_0。

步骤 2 若 $\Delta t < T_0$，则说明不需要轨道驻留，直接调用单圈 Lambert 算法获得双脉冲的大小；否则执行**步骤 3**。

步骤 3 设 P_1 到 P_2 的飞行时间为 t_{tran}，通过求解单圈 Lambert 交会问题得到

$\boldsymbol{v}_1$，由 $\boldsymbol{r}_1$ 和 $\boldsymbol{v}_1$ 确定驻留轨道周期为 T。要满足多圈交会问题，要求航天器在过渡轨道上停泊 L 圈后剩余的时间恰好为 t_{tran}。设 $y(t_{\text{tran}})=\Delta t-NT-t_{\text{tran}}$。

步骤 4　方程 $y(t_{\text{tran}})=0$ 是关于 t_{tran} 的一元方程，采用牛顿迭代法得到解为 t_{tran}^*。

步骤 5　以由 t_{tran}^* 求解单圈 Lambert 交会问题获得的解为多圈 Lambert 交会问题的解。

7.4　最优脉冲轨道转移典型算法

如 7.2 节所述，脉冲最优转移轨道早期的方法是基于开普勒轨道解析分析算法，通过函数极值条件确定脉冲转移轨道的最优性条件。本节阐述应用这些方法得到若干典型最优转移轨道的结论，不再给出具体算法描述；然后给出应用直接方法求解多脉冲最优转移轨道的优化方法，第一个方法通过引入 Lambert 算法构造可行解优化模型，采用遗传算法等进化算法求解；第二个方法是构造非可行解优化模型，采用伪谱方法构造非线性优化问题，序列二次规划算法求解。

7.4.1　典型最优轨道转移结论

自 20 世纪 20 年代起（Hohmann，1925），人们就研究了脉冲轨道转移的最优方案，此后围绕着共面圆轨道、非共面圆轨道、共面椭圆轨道及非共面椭圆轨道之间的最优转移，做了大量的研究工作。本小节仅简要地介绍部分结论，相关推导过程和理论分析部分可参阅相关文献。

1. 圆轨道间的最优转移

设初始轨道和目标轨道都是圆轨道，并且转移时间自由，则圆轨道之间的最优脉冲转移的结论简述如下（Marec，1979）：

（1）共面转移，若两圆半径之比 r_0/r_f 小于 11.94 并大于 0.0838，则最优解为双脉冲转移（霍曼转移）。

（2）共面转移，若两圆半径之比 r_0/r_f 大于 11.94 或小于 0.0838，则最优解为有两段抛物线转移轨道的三脉冲解。

（3）非共面转移，若两轨道间的夹角 i 大于 60.2°，则最优解亦为有两段抛物线转移轨道的三脉冲解。

（4）非共面转移，若两轨道间的夹角 i 小于 60.2°，则最优解可能为霍曼转移、两段抛物线转移轨道的三脉冲解及两段椭圆转移轨道的三脉冲解。

2. 椭圆轨道间转移

椭圆轨道间转移问题可分为共面椭圆轨道间转移和非共面椭圆轨道间转移。

共面椭圆轨道之间的转移,又可分为共面共拱线椭圆轨道之间的转移和共面不共拱线椭圆轨道之间的转移两种情况(杨嘉墀,1995)。每一种情况又可分为轨道之间相交和轨道之间不相交两种情况。以近地点方向来区分时,还可分为相同方向和不同方向两种类型。

椭圆轨道间转移相对于圆轨道间的转移更为复杂些,有大量的研究开展了这方面的研究工作,但是结论不如圆轨道之间转移的系统性,仅有少量一般性结论(Gobetz et al.,1969),如 Marchal(1965)给出共面椭圆轨道间三脉冲转移和抛物线转移的最优性条件,McCue(1963)给出非共面椭圆轨道间二脉冲转移和交会的最优性条件,Small(1976)给出共面椭圆轨道间最优转移全局最优性条件。2009年,Pontan 给出共面任意两个开普勒轨道之间转移的最优脉冲解条件,获得了两个椭圆轨道间最优转移的一般性结论。

7.4.2 基于 Lambert 算法的最优多脉冲转移

对于多脉冲最优交会问题,有相对成熟的一般性优化模型(Prussing et al.,1986;Hughes et al.,2003;罗亚中,2007;唐国金等,2008),并广泛得到了应用,探讨多脉冲最优转移一般性优化模型的研究较少(Brusch,1979;Abdelkhalik et al.,2007),推广应用不是特别广泛。事实上,轨道转移问题相对于交会问题只是放宽了一个约束条件,因此适用于交会问题的一般性优化模型稍作改变,即可应用于最优转移问题分析。本节介绍 Abdelkhalik 等(2007)给出的基于 Lambert 算法构造的多脉冲最优转移可行解优化模型,并给出我们开展的算例测试工作。

1. 可行解优化模型

航天器的状态变量采用轨道要素形式描述,初始转移轨道由 5 个轨道要素 a_0、e_0、i_0、Ω_0 和 ω_0 确定,转移的终端轨道由 a_f、e_f、i_f、Ω_f 和 ω_f 确定。假设脉冲数目为 n,则整个转移轨道由 $n-1$ 个轨道段组成。脉冲矢量 $\Delta \boldsymbol{v}_i$ 和脉冲作用点位置(由真近点角 ν_i 确定)均为待定设计变量。为便于构造可行解迭代优化模型,引入 Lambert 算法,通过终端转移条件直接确定最后两个脉冲 $\Delta \boldsymbol{v}_{n-1}$ 和 $\Delta \boldsymbol{v}_n$。此时,$\Delta \boldsymbol{v}_{n-1}$ 和 $\Delta \boldsymbol{v}_n$ 不作为设计变量,为了由 ν_{n-1} 和 ν_n 确定一个转移轨道,由 ν_{n-1} 到 ν_n 的飞行时间 Δt_n 需作为设计变量。因此,选择的设计变量包括三个部分:

$$\begin{cases} \nu_i, & i=1,2,\cdots,n \\ \Delta \boldsymbol{v}_j, & j=1,2,\cdots,n-2 \\ \Delta t_n \end{cases} \tag{7.4.1}$$

对于转移问题,ν_n 即对于终端目标轨道 ν_f,转移机动任务结束。相对于式(7.5.24)多脉冲最优交会问题,优化变量数目增加了一个,对于 n 脉冲转移问题

($n \geqslant 2$)，相应的优化变量数目是 $4n-5$，2 脉冲问题优化变量数目仅为 3 个，优化模型具有很高的效率。图 7.4.1 给出了一个三脉冲转移轨道示意图，优化变量包括第一个脉冲矢量 $\Delta \boldsymbol{v}_1$ 及其在 Orbit 1 上的位置 ν_1、第二个脉冲在 Orbit 2 上的位置 ν_2、最后一个脉冲在 Orbit 3 上的位置 ν_3 以及在 Orbit 3 上的飞行时间 Δt_3。

优化目标函数是总的脉冲大小最小。

$$J = \Delta v = \sum_{i=1}^{n} | \Delta \boldsymbol{v}_i | \tag{7.4.2}$$

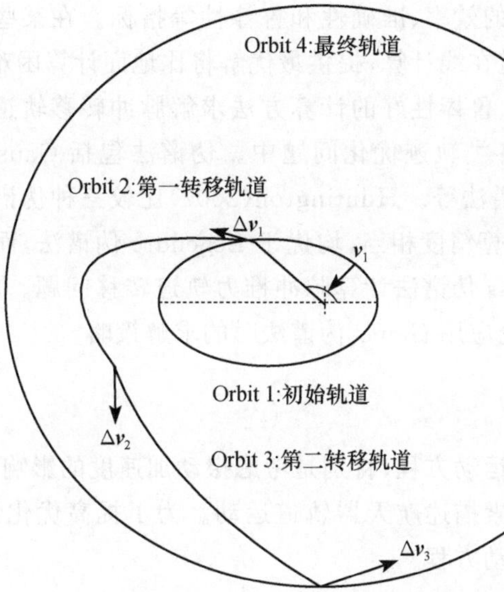

图 7.4.1　三脉冲转移轨道示意图

2. 算例

算例是一个异面变轨问题，同 Abdelkhalik 等(2007)采用遗传算法计算脉冲推力轨道转移的算例相同，该算例源自 Vallado(2001)的文献。Vallado 提供了两脉冲最优解的解析算法，初始轨道是半径 6671.53km、倾角 28.5°的圆轨道，最终轨道为半径 26558.56km 零倾角的圆轨道。

表 7.4.1 分别给出了 Vallado(2001)、Abdelkhalik 等(2007)以及著者采用不同算法优化的结果，其中著者采用的是并行模拟退火单纯形算法。表中给出了总的脉冲机动(Δv)，在初始时刻和终端时刻各施加一次脉冲所带来的倾角变化表示(Δi_I 和 Δi_F)。从计算结果可见，采用并行模拟退火单纯形算法获得的结果和理论最优解非常接近，优于 Abdelkhalik 和 Mortari 采用遗传算法获得的结果，具有相当高的优化精度。

表 7.4.1 轨道面变化和对应的 Δv

求解方法来源	$\Delta i_I/(^\circ)$	$\Delta i_F/(^\circ)$	$\Delta v/(\mathrm{km/s})$
Vallado	3.305	25.195	4.05897
Abdelkhalik 和 Mortari	3.3003	25.2574	4.0610
著者	3.3073	25.1927	4.058973

7.4.3 基于 Gauss 伪谱法的多脉冲最优转移

在轨道转移问题最优设计研究中，优化性能指标主要考虑脉冲大小之和，除此之外还比较关心优化计算的效率、准确性和鲁棒性等指标。在某些特定的飞行任务中，如深空探测中的轨道在线计算，提供最优解将比地面计算困难得多。本节的目的是研究一种准确高效、鲁棒性好的计算方法求解脉冲转移轨道优化问题。近年来，伪谱方法被应用于各类轨迹优化问题中。伪谱法包括 Gauss 伪谱法、Legendre 伪谱法和 Radau 伪谱法等。Huntington(2007)比较三种伪谱法发现，Gauss 伪谱法和 Radau 伪谱法计算精度相当，均优于 Legendre 伪谱法，而三者的计算效率相当。本小节选择 Gauss 伪谱法计算脉冲推力轨道转移问题。此外，针对脉冲轨道优化问题的特点，讨论应用 Gauss 伪谱法时的求解策略。

1. 动力学模型及约束

为了更一般性地描述运动方程，特别是考虑摄动加速度的影响，选择六自由度笛卡儿坐标而不是轨道要素描述航天器轨道运动。为了提高优化性能，采用无量纲化的六自由度笛卡儿运动方程

$$
\begin{cases}
\dfrac{\mathrm{d}\bar{x}}{\mathrm{d}\tau} = \bar{V}_x \\
\dfrac{\mathrm{d}\bar{y}}{\mathrm{d}\tau} = \bar{V}_y \\
\dfrac{\mathrm{d}\bar{z}}{\mathrm{d}\tau} = \bar{V}_z \\
\dfrac{\mathrm{d}\bar{V}_x}{\mathrm{d}\tau} = -\dfrac{\bar{\mu}}{(\bar{x}^2+\bar{y}^2+\bar{z}^2)^{\frac{3}{2}}}\bar{x} + \bar{a}_x \\
\dfrac{\mathrm{d}\bar{V}_y}{\mathrm{d}\tau} = -\dfrac{\bar{\mu}}{(\bar{x}^2+\bar{y}^2+\bar{z}^2)^{\frac{3}{2}}}\bar{y} + \bar{a}_y \\
\dfrac{\mathrm{d}\bar{V}_z}{\mathrm{d}\tau} = -\dfrac{\bar{\mu}}{(\bar{x}^2+\bar{y}^2+\bar{z}^2)^{\frac{3}{2}}}\bar{z} + \bar{a}_z
\end{cases}
\tag{7.4.3}
$$

式中，τ 为无量纲时间；$\boldsymbol{a}=(\bar{a}_x,\bar{a}_y,\bar{a}_z)^{\mathrm{T}}$ 为摄动加速度；$\boldsymbol{r}=(\bar{x},\bar{y},\bar{z})^{\mathrm{T}}$ 为相对中心引力体的位置矢量；$\boldsymbol{v}=(\bar{V}_x,\bar{V}_y,\bar{V}_z)^{\mathrm{T}}$ 为相对中心引力体的速度矢量；$\bar{\mu}$ 为引力常

数。它们的无量纲参数分别为 $\sqrt{R_0/g_0}$，g_0，R_0，$\sqrt{g_0R_0}$和 $R_0^2g_0$。

在脉冲施加的点速度矢量将会产生一个突变，此点称为结点，其他离散点称为节点，两者统称为配点。结点处的位置矢量和速度矢量连接条件约束为

$$\boldsymbol{r}^{(p)}(t_f)-\boldsymbol{r}^{(p+1)}(t_0)=0 \tag{7.4.4}$$

$$\boldsymbol{v}^{(p)}(t_f)+\Delta\boldsymbol{v}^{(p)}-\boldsymbol{v}^{(p+1)}(t_0)=0 \tag{7.4.5}$$

式中，上标(p)代表分段的标号，$p=1,2,\cdots,P$。

进一步有

$$\Delta\boldsymbol{v}^{(p)}=\Delta v^{(p)}(u_1^{(p)},u_2^{(p)},u_3^{(p)})^{\mathrm{T}} \tag{7.4.6}$$

其中，$\Delta v^{(p)}$为 p 段和 $p+1$ 段的速度变化大小，约束 $\Delta v^{(p)}$ 不能超过上限，并引进控制矢量$(u_1^{(p)},u_2^{(p)},u_3^{(p)})^{\mathrm{T}}$

$$\sqrt{u_1^{(p)}+u_2^{(p)}+u_3^{(p)}}=1 \tag{7.4.7}$$

$$0\leqslant\Delta v^{(p)}\leqslant\Delta v_{\max}^{(p)} \tag{7.4.8}$$

从节省能量的角度出发，同平面轨道转移时，脉冲沿速度方向施加，控制矢量为下式：

$$\boldsymbol{u}_p=\pm\left[v_x^{(p)}/\sqrt{(v_x^{(p)})^2+(v_y^{(p)})^2+(v_z^{p})^2},v_y^{(p)}/\sqrt{(v_x^{(p)})^2+(v_y^{(p)})^2+(v_z^{(p)})^2},\right.$$
$$\left.v_z^{(p)}/\sqrt{(v_x^{(p)})^2+(v_y^{(p)})^2+(v_z^{(p)})^2}\right]^{\mathrm{T}}$$

边界条件约束通过将位置速度矢量转换为轨道要素给出，根据轨道运动的特性，进而给出其他路径约束，如位置矢量大于中心体半径，约束圆锥曲线形状等。综上，连接条件约束、边值条件约束和路径约束构成了脉冲转移轨道优化问题的所有约束条件。

2. *多相最优控制技术*

脉冲机动将轨道转移过程划分为各个阶段，因此最优脉冲轨道转移问题实际上是一个多相最优控制问题。首先，将原始的时间区间 $I=[t_0,t_f]$划分为多个子区间 $I_p=[t_{p-1},t_p]$，$p=1,2,\cdots,P$，子时间区间满足：

$$\bigcap_{p=1}^{P}I_p=\Phi$$

$$\bigcup_{p=1}^{P}I_p=I$$

将区间$[t_{p-1},t_p]$归一化

$$\tau^{(p)}=\frac{2t^{(p)}}{t_p-t_{p-1}}-\frac{t_p+t_{p-1}}{t_p-t_{p-1}} \tag{7.4.9}$$

为了保证各相段界面之间的连续性，有必要在相段边界处设置连接条件。连接条件设置时间和直角坐标状态为

$$\begin{cases} t_0^{(p+1)} = t_f^{(p)} \\ \boldsymbol{X}_0^{(p+1)} = X_f^{(p)}, \end{cases} \quad p = 1,2,\cdots,P-1 \tag{7.4.10}$$

其中，p 表示第 p 相段；P 表示问题中的相段数目。最后，为了保证轨道传播过程中的时间变量单调递增，在每个相段增加如下不等式约束：

$$t_f^{(k)^{(p)}} - t_0^{(k)^{(p)}} \geqslant 0, \quad k = ,1,2,\cdots,K, \quad p = 1,2,\cdots,P \tag{7.4.11}$$

式中，k 代表各相段中的节点。

通过划分时间区间，将原非线性规划问题转化为各个子时间区间的非线性规划问题。根据式(7.4.8)的结点连接条件知，不但结点的状态(脉冲机动的大小方向)而且结点的位置(脉冲机动施加的时刻)在伪谱方法中都可以作为设计变量进行优化。

3. 优化模型

设每段节点数为 K，分段数为 P，则结点数为 $P-1$，配点数为 $P\times K+P-1$，配点处优化变量个数为$(P\times K+P-1)\times m$，其中 m 为动力学方程维度，那么可以给出第 k 个配点的设计变量，包含状态变量：

$$\boldsymbol{X}_k = [x_k \quad y_k \quad z_k \quad V_{xk} \quad V_{yk} \quad V_{zk}] \tag{7.4.12}$$

以及 $4P$ 个控制变量，P 为施加脉冲次数。

$$\boldsymbol{U}_p = [\Delta v^{(p)} \quad u_1^{(p)} \quad u_2^{(p)} \quad u_3^{(p)}] \tag{7.4.13}$$

每个配点有一个等式约束，包含动力学方程转换为代数方程的节点等式约束 $P\times m\times K$ 个，见式(3.3.10)，以及结点等式约束$(P-1)\times m$ 个，见式(7.4.10)。针对脉冲转移问题，增加等式约束 P 个，见式(7.4.7)。

设过程约束为$(\boldsymbol{C}_1,\boldsymbol{C}_2\cdots,\boldsymbol{C}_k)\leqslant 0$ 及边界条件 $\phi=0$，指标函数根据具体要求而定。

采用上述离散方法，连续最优控制问题则转化为非线性规划问题，并给出了设计变量包括最优控制问题的状态变量、控制变量，以及约束条件。非线性规划问题可以统一描述为

$$\begin{cases} \min\limits_{y\in\mathbb{R}^M} F(\boldsymbol{y}) \\ \text{s. t. } g_j(\boldsymbol{y}) \leqslant 0, \quad j = 1,2,\cdots,p \\ \qquad h_j(\boldsymbol{y}) = 0, \quad j = 1,2,\cdots,q \end{cases} \tag{7.4.14}$$

式中，y 为包含状态、控制变量和端点时间的设计变量。

4. 求解方法

为了解此非线性规划问题，采用优化领域广泛应用的序列二次规划方法。为了保证伪谱方法的解和最优解高度逼近，节点数目必须足够多，但是由此也要处理

更多的变量和约束,这会使得优化计算,特别是初值的选取变得困难。基于将复杂问题分解为一系列简单问题分级处理的思想,求解的方法描述如下。

步骤 1　在自变量的合理范围内自由选择初值,此处将等式约束转化为目标函数的一部分:

$$J = F(y) + \frac{t_f - t_0}{2}\sum_{k=1}^{K} w_k g(y) + \sqrt{\sum_{i=1}^{q} h_i(y)^2} \tag{7.4.15}$$

式中,$F(y)$为自定义的目标函数。

步骤 2　将**步骤 1** 的结果作为初值求解 Gauss 伪谱法构建的非线性规划问题,以较高的精度满足原来各种等式约束的要求。

步骤 3　增加节点数目,新节点的状态和控制变量通过对已知节点的状态和控制变量三次 Hermite 插值得到,避免了插值数据中的龙格现象。

基于新节点的初值进一步求解 Gauss 伪谱法构建的非线性规划问题。

5. 算例

为了验证 Gauss 伪谱法和相应的求解方法的有效性,将其应用于几个经典轨道转移问题,并将其结果和已有的结果进行比较。

问题 1　霍曼转移

考虑停泊轨道为半径 6700km 的圆轨道同平面转移到半径 42238km 的圆轨道。那么边界约束为 $e_f=0, a_f=42238$km,理论最优解即是霍曼转移,所需的总速度冲量为 3.886km/s,转移时间为 317.6012min。

节点数分别选择 10、20、30,节点分布见图 7.4.2,其分布的特点是边界密集,中间相对稀疏。Gauss 伪谱法的结果见图 7.4.3 和表 7.4.2,将图、表中不同节点

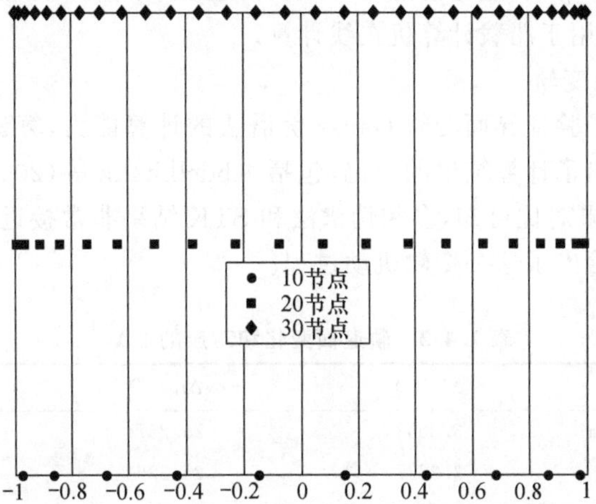

图 7.4.2　采用 Gauss 伪谱法选择节点数为 10、20 和 30 时的节点分布

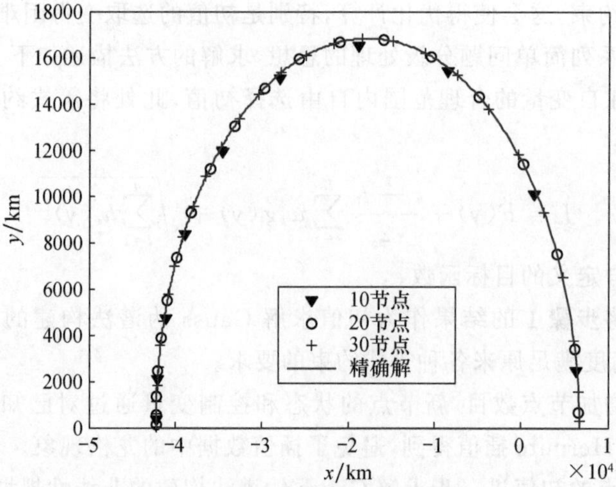

图 7.4.3　Gauss 伪谱法结果和精确解的对比

表 7.4.2　Gauss 伪谱法结果和理论解的比较

求解方法	计算时间/s	t_f-t_0/min	Δv_1/(km/s)	Δv_2/(km/s)
$K=10$	1.67	313.7339	2.3469	1.4767
$K=20$	3.9	317.5867	2.4208	1.465
$K=30$	7.4	317.6011	2.421	1.465
精确解		317.6012	2.421	1.465

解分别和理论解作了对比，也将在 3.2GHz Pentium 4 PC 的计算时间分别列出作了比较。从图 7.4.3 和表 7.4.2 可以看出，随着节点数的增加，越来越接近理论解，当节点数为 30 时，和理论解几乎一致。而且在节点数不是很多时，计算速度非常快(几秒钟)，可用于船载计算机在线计算。

问题 2　异面变轨

问题 2 是为了验证异面变轨 Gauss 伪谱法的计算能力，算例同 7.4.2 节的算例。表 7.4.3 给出了计算结果的对比，包括 Abdelkhalik 等(2007)、多相伪谱法和 STK 结果。由结果对比可知，多相伪谱法和 STK 结果非常接近，具有较高的优化精度。图 7.4.4 给出了这一变轨机动过程。

表 7.4.3　轨道面变化和对应的 $\|\Delta \boldsymbol{v}\|$

求解方法	Δi_I/(°)	Δi_F/(°)	$\|\Delta \boldsymbol{v}\|$/(km/s)
Abdelkhalik 和 Mortari	3.3003	25.2574	4.0610
多相伪谱法	3.2737	25.2263	4.0594
STK 结果	3.27369	25.22631	4.059419

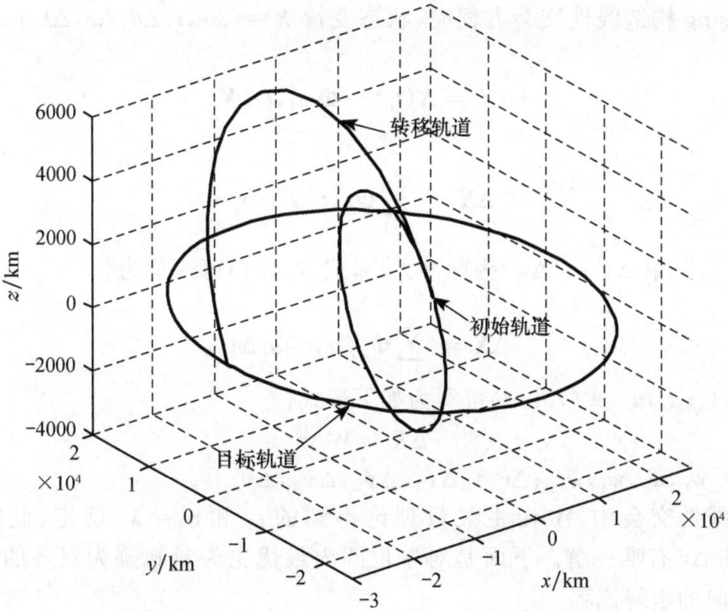

图 7.4.4　采用 Gauss 伪谱法求解异面变轨结果

7.5　最优脉冲轨道交会典型算法

唐国金等(2008)详细阐述了最优脉冲轨道交会的理论和方法,包括线性交会、二体非线性、摄动非线性交会的基本规划模型、方法和策略。本书不再重复这些内容,着重给出其中有代表性的方法,第一类方法是基于主矢量理论的最优脉冲线性交会的间接方法,第二类方法是综合了间接方法和直接方法的最优脉冲非线性交会的交互式规划方法(Luo et al. ,2010)。

7.5.1　基于主矢量理论的最优脉冲线性交会

在地球引力场中,无论一个航天器的运动方程还是两个航天器的相对运动方程都是非线性的,但是基于非线性方程研究航天器的交会问题是比较困难的,对交会方程进行线性化是人们研究交会问题的一个有效途径。当两个航天器的相对距离小于几十公里时,采用线性方程描述两个航天器的相对运动是非常方便的,并且解的精度可以满足设计要求。因此对于近距离交会,人们通常是采用线性方程进行交会路径规划。对于最优线性交会问题,主矢量理论的必要条件同时也是充分条件,众多学者采用主矢量方法给出了燃料最优脉冲交会的求解方法。本节主要给出 Prussing 的方法(1969,1970),以四脉冲共面固定时间交会问题为例,阐述最优线性交会问题的求解方法。

Prussing 构造线性交会方程时，状态变量 $\boldsymbol{X}=(\Delta r, r_0\Delta\theta, \Delta z, \Delta\dot{r}, r_0\Delta\dot{\theta}, \Delta\dot{z})^{\mathrm{T}}$，令

$$\Delta\boldsymbol{X} = \boldsymbol{X}(t_{\mathrm{f}}) - \boldsymbol{\Phi}(t_{\mathrm{f}}, t_0)\boldsymbol{X}_0$$

则有

$$\Delta\boldsymbol{X} = \sum_{i=1}^{4}\boldsymbol{\Phi}_{\mathrm{v}}(t_{\mathrm{f}}, t_i)\Delta\boldsymbol{v}_i \tag{7.5.1}$$

令 $\boldsymbol{u}_i=\dfrac{\Delta\boldsymbol{v}_i}{\Delta v_i}$，其中 $\Delta v_i=|\Delta\boldsymbol{v}_i|$ 为脉冲大小，式(7.5.1)可改写为

$$\Delta\boldsymbol{X} = \sum_{i=1}^{4}\boldsymbol{\Phi}_{\mathrm{v}}(t_{\mathrm{f}}, t_i)\boldsymbol{u}_i\Delta v_i \tag{7.5.2}$$

令 $\boldsymbol{w}_i=\boldsymbol{\Phi}_{\mathrm{v}}(t_{\mathrm{f}}, t_i)\boldsymbol{u}_i$，式(7.5.2)可写为如下形式：

$$\Delta\boldsymbol{X} = \boldsymbol{W}\Delta\boldsymbol{v} \tag{7.5.3}$$

式中，$\boldsymbol{W}=[\boldsymbol{w}_1, \boldsymbol{w}_2, \boldsymbol{w}_3, \boldsymbol{w}_4]$；$\Delta\boldsymbol{v}=[\Delta v_1, \Delta v_2, \Delta v_3, \Delta v_4]^{\mathrm{T}}$。

最优线性交会中，$\boldsymbol{W}$ 由主矢量理论得到的 t_i 和 $\boldsymbol{u}_i=\boldsymbol{\lambda}_{vi}$ 确定，此时根据式(7.5.3)知 $\Delta\boldsymbol{v}$ 有唯一解。下面是对单位圆内最优主矢量轨迹为双环的脉冲施加时间及方向的求解流程。

不失一般性设交会初始时刻 t_0，终端时刻 t_{f}，平面内的主矢量方程

$$\begin{cases}\lambda_{v_x}(t) = 2\rho\sin(\omega t+\psi) - 3c_1 t + c_2 \\ \lambda_{v_y}(t) = \rho\cos(\omega t+\psi) - 2c_1/\omega\end{cases} \tag{7.5.4}$$

含有 4 个未知参数 (ρ, ψ, c_1, c_2)。以 $\lambda_{v_x}(t)$ 为横坐标，$\lambda_{v_y}(t)$ 为纵坐标的曲线为主矢量曲线。令 $\tau=\omega t+\psi$，$b=-\dfrac{c_1}{\rho\omega}$，$c=\dfrac{c_2}{\rho}+\dfrac{3c_1\psi}{\rho\omega}$，则

$$\begin{cases}\lambda_{v_x}(\tau) = \rho(2\sin\tau + 3b\tau + c) \\ \lambda_{v_y}(\tau) = \rho(\cos\tau + 2b)\end{cases} \tag{7.5.5}$$

根据 Lawden 主矢量必要条件，其横截条件为

$$\lambda_{v_x}^2(\tau_i) + \lambda_{v_y}^2(\tau_i) = 1,\quad i=1,2,3,4 \tag{7.5.6}$$

相切条件为

$$\dot{\lambda}_{v_x}(\tau_i)\lambda_{v_x}(\tau_i) + \dot{\lambda}_{v_y}(\tau_i)\lambda_{v_y}(\tau_i) = 0,\quad i=2,3 \tag{7.5.7}$$

主矢量曲线与单位圆交于 τ_1, τ_4，切于 τ_2, τ_3，由轨迹的对称性，有

$$\begin{cases}\lambda_{v_x}(\tau_4) = -\lambda_{v_x}(\tau_1),\quad \lambda_{v_y}(\tau_4) = \lambda_{v_y}(\tau_1) \\ \lambda_{v_x}(\tau_3) = -\lambda_{v_x}(\tau_2),\quad \lambda_{v_y}(\tau_3) = \lambda_{v_y}(\tau_2) \\ \dot{\lambda}_{v_x}(\tau_3) = \dot{\lambda}_{v_x}(\tau_2),\quad \dot{\lambda}_{v_y}(\tau_3) = -\dot{\lambda}_{v_y}(\tau_2)\end{cases} \tag{7.5.8}$$

将式(7.5.5)代入式(7.5.8)有

$$\begin{cases}2(\sin\tau_2 + \sin\tau_3) + 3b(\tau_2+\tau_3) + 2c = 0 \\ \cos\tau_2 = \cos\tau_3 \\ -\sin\tau_2 = \sin\tau_3\end{cases} \tag{7.5.9}$$

所以

$$\begin{cases} \tau_2 + \tau_3 = 2\pi n \\ c = -3\pi b n \end{cases} \tag{7.5.10}$$

式中，n 为任意整数，n 为偶数时得到的主矢量曲线在单位圆内为双环，n 为奇数时得到的主矢量曲线在单位圆内为单环。参数 c 影响的是曲线中心的位置，n 为偶数时按照 $n=0$ 计算，n 为奇数时按照 $n=-1$ 计算，这样的处理不影响脉冲方向及施加时间的求解结果。为了获得双环的主矢量曲线，取 $n=0$。

此时 $c=0$，$\tau_4=-\tau_1$，$\tau_3=-\tau_2$，又 $\tau_1=\omega t_0+\psi$，$\tau_4=\omega t_f+\psi$，所以

$$\psi = -\frac{1}{2}\omega(t_f - t_0) \tag{7.5.11}$$

$i=3$ 时相切条件可表示为

$$(2\sin\tau_3 + 3b\tau_3)(2\cos\tau_3 + 3b) - (\cos\tau_3 + 2b)\sin\tau_3 = 0$$

整理可得如下形式：

$$b^2 + 2\beta(\tau_3)b + \gamma(\tau_3) = 0 \tag{7.5.12}$$

式中，$\beta(\tau_3)=\dfrac{2\sin\tau_3+3\tau_3\cos\tau_3}{9\tau_3}$；$\gamma(\tau_3)=\dfrac{\sin\tau_3\cos\tau_3}{3\tau_3}$。

横截条件表示为

$$(2\sin\tau_3 + 3b\tau_3)^2 + (2\cos\tau_3 + 3b)^2 = \frac{1}{\rho^2} \tag{7.5.13}$$

$$(2\sin\tau_4 + 3b\tau_4)^2 + (2\cos\tau_4 + 3b)^2 = \frac{1}{\rho^2} \tag{7.5.14}$$

将两方程相减，消去 ρ，整理得

$$b^2 + 2\delta b + \eta = 0 \tag{7.5.15}$$

式中，$\delta=\dfrac{2[(3\tau_3\sin\tau_3+\cos\tau_3)-(3\tau_4\sin\tau_4+\cos\tau_4)]}{9(\tau_3^2-\tau_4^2)}$；$\eta=\dfrac{\sin^2\tau_3-\sin^2\tau_4}{3(\tau_3^2-\tau_4^2)}$。

综合考虑式(7.5.12)和式(7.5.15)，$\tau_4=\omega t_f+\psi=\omega t_f-\dfrac{1}{2}\omega(t_f-t_0)$，此时未知数仅为 τ_3 与 b。两个方程，两个未知数，使用数值方法可以求解该非线性方程组。一般情况下得到的解不唯一，需要根据其他条件仔细选择。

求出 τ_3 与 b 后，由式(7.5.13)可解出 ρ，$c_1=-b\rho\omega$，$c_2=-3c_1\dfrac{\psi}{\omega}$。相应地可以求出主矢量曲线、各脉冲施加的时间，主矢量方向即脉冲方向。根据式(7.5.3)可以得到各个脉冲的大小。

初始时间为 0，交会时间为 1.87 个参考轨道周期，则 $\tau_4=1.87\pi$，使用上面的方法进行计算，得到解为

$$\begin{cases} \tau_3 = 0.5909\pi \\ \rho = 0.3293 \\ b = 0.2003 \\ c = 0 \end{cases}$$

相应的主矢量曲线如图 7.5.1 所示。

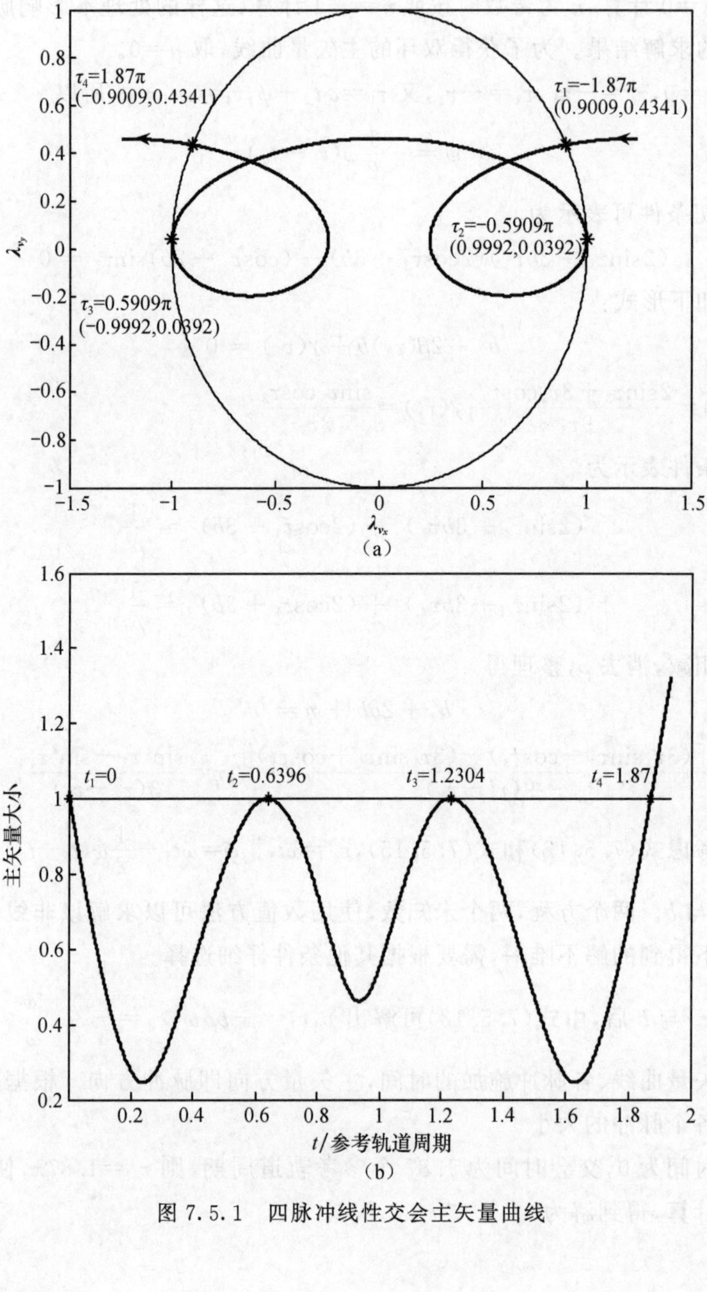

图 7.5.1　四脉冲线性交会主矢量曲线

至此得到了最优线性交会的脉冲作用时刻和方向，由式(7.5.3)可以得到脉冲的大小。

Prussing 对近距离线性交会问题的最优解有比较详细的阐述，指出了二脉冲、三脉冲及四脉冲最优解对应的转移时间。一般而言，当交会时间约在半个参考轨道周期以内，二脉冲解是燃料最优解；当交会时间大于半个参考轨道周期小于两个参考轨道周期时，三脉冲最优解是燃料最优解；当交会时间大于两个参考轨道周期时，燃料最优解是四脉冲解。Prussing 所研究的问题类似于实际交会对接中的寻的交会，寻的交会通常在半个到一个轨道周期内完成，因此燃料最优解应是三脉冲解。

7.5.2　最优多脉冲非线性交会的规划模型

本节基于二体方程，给出多脉冲交会问题的一般描述，通过选择独立变量建立基于 Lambert 算法的多脉冲最优交会规划模型。

1. 多脉冲交会问题

航天器交会起动的初始条件是 $\boldsymbol{r}_0, \boldsymbol{v}_0, t_0$，终端条件是 $\boldsymbol{r}_\mathrm{f}, \boldsymbol{v}_\mathrm{f}, t_\mathrm{f}$。假定航天器轨道机动过程中满足中心反平方引力场假设，则动力学方程如下：

$$\ddot{\boldsymbol{r}} = -\mu \frac{\boldsymbol{r}}{r^3} \tag{7.5.16}$$

脉冲施加时，施加前的状态用－标示，施加后用＋标示，则

$$\begin{cases} \boldsymbol{r}_i^+ = \boldsymbol{r}_i^- \\ t_i^+ = t_i^- \\ \Delta \boldsymbol{v}_i = \boldsymbol{v}_i^+ - \boldsymbol{v}_i^- \end{cases} \tag{7.5.17}$$

为便于表示，在余下的章节中不加区分地令

$$\begin{cases} \boldsymbol{r}_i = \boldsymbol{r}_i^+ = \boldsymbol{r}_i^- \\ t_i = t_i^+ = t_i^- \end{cases} \tag{7.5.18}$$

令 $\boldsymbol{r}(t+\Delta t) = \boldsymbol{f}(\boldsymbol{r}(t), \boldsymbol{v}(t), t, t+\Delta t)$ 和 $\boldsymbol{v}(t+\Delta t) = \boldsymbol{g}(\boldsymbol{r}(t+\Delta t), \boldsymbol{v}(t+\Delta t), t, t+\Delta t)$ 是方程(7.5.16)的解。

对于一个中间脉冲 $i \neq 1, i \neq n, n > 2$，则满足如下条件：

$$\begin{cases} \boldsymbol{r}_i = \boldsymbol{f}(\boldsymbol{r}_{i-1}, \boldsymbol{v}_{i-1}^+, t_{i-1}, t_i) \\ \boldsymbol{v}_i^- = \boldsymbol{g}(\boldsymbol{r}_{i-1}, \boldsymbol{v}_{i-1}^+, t_{i-1}, t_i) \end{cases} \tag{7.5.19}$$

第一脉冲作用前状态满足：

$$\begin{cases} \boldsymbol{r}_1 = \boldsymbol{f}(\boldsymbol{r}_0, \boldsymbol{v}_0, t_0, t_1) \\ \boldsymbol{v}_1^- = \boldsymbol{g}(\boldsymbol{r}_0, \boldsymbol{v}_0, t_0, t_1) \end{cases} \tag{7.5.20}$$

式中，t_1 为第一个脉冲作用时刻。

终端约束如下：

$$\begin{cases} \boldsymbol{r}_n = \boldsymbol{f}(\boldsymbol{r}_\mathrm{f}, \boldsymbol{v}_\mathrm{f}, t_\mathrm{f}, t_n) \\ \boldsymbol{v}_n^+ = \boldsymbol{g}(\boldsymbol{r}_\mathrm{f}, \boldsymbol{v}_\mathrm{f}, t_\mathrm{f}, t_n) \end{cases} \tag{7.5.21}$$

综上,多脉冲交会问题的一般描述为:寻找$(\boldsymbol{r}_i, \boldsymbol{v}_i^+, \boldsymbol{v}_i^-, t_i)$,其中 $i=1,2,\cdots,n$,$n(\geqslant 2)$为脉冲的总数,满足如下约束:

$$\begin{cases} \boldsymbol{r}_1 = \boldsymbol{f}(\boldsymbol{r}_0, \boldsymbol{v}_0, t_0, t_1) \\ \boldsymbol{v}_1^- = \boldsymbol{g}(\boldsymbol{r}_0, \boldsymbol{v}_0, t_0, t_1) \\ \boldsymbol{r}_i = \boldsymbol{f}(\boldsymbol{r}_{i-1}, \boldsymbol{v}_{i-1}^+, t_{i-1}, t_i) \\ \boldsymbol{v}_i^- = \boldsymbol{g}(\boldsymbol{r}_{i-1}, \boldsymbol{v}_{i-1}^+, t_{i-1}, t_i) \\ \boldsymbol{r}_n = \boldsymbol{f}(\boldsymbol{r}_\mathrm{f}, \boldsymbol{v}_\mathrm{f}, t_\mathrm{f}, t_n) \\ \boldsymbol{v}_n^+ = \boldsymbol{g}(\boldsymbol{r}_\mathrm{f}, \boldsymbol{v}_\mathrm{f}, t_\mathrm{f}, t_n) \end{cases} \tag{7.5.22}$$

最小化总的脉冲大小

$$J = \Delta v = \sum_{i=1}^{n} |\Delta \boldsymbol{v}_i| \tag{7.5.23}$$

2. 可行解迭代的规划模型

针对式(7.5.22)、式(7.5.23)所示优化问题的参数化处理方法大致可以分为可行解迭代算法和非可行解迭代算法。前者在迭代过程中所产生的每一个解均为可行解,无需约束处理;后者则相反,算法在迭代过程中所产生的解不是可行解,算法的最终收敛才获得可行解。前者需要精心选择独立变量,而后者的任意性较大。可行解迭代算法需要在迭代过程满足终端交会条件,因此需要获得多个两点边值问题的可行解。设计可行解迭代算法一个重要的问题就是选择合适的独立变量,并且引入 Lambert 算法用于终端条件自动满足,这样算法在迭代过程中所产生的解均为可行解。Hughes 等(2003)对此做出了较为详细的讨论。其中较为常用的两种模型如下。

模型一 以脉冲矢量为变量

选择的独立变量(也即优化变量)为脉冲时刻和脉冲矢量:

$$\begin{cases} t_i, & i = 1,2,\cdots,n \\ \Delta \boldsymbol{v}_j, & j = 1,2,\cdots,n-2 \end{cases} \tag{7.5.24}$$

则首先由式(7.5.20)计算确定 $\boldsymbol{r}_1$ 和 $\boldsymbol{v}_1^-$,进而对于 $i=1,2,\cdots,n-2$,

$$\begin{cases} \boldsymbol{v}_i^+ = \boldsymbol{v}_i^- + \Delta \boldsymbol{v}_i \\ \boldsymbol{r}_{i+1} = \boldsymbol{f}(\boldsymbol{r}_i, \boldsymbol{v}_i^+, t_i, t_{i+1}) \\ \boldsymbol{v}_{i+1}^- = \boldsymbol{g}(\boldsymbol{r}_i, \boldsymbol{v}_i^+, t_i, t_{i+1}) \end{cases} \tag{7.5.25}$$

由式(7.5.21)确定出 $\boldsymbol{r}_n$ 和 $\boldsymbol{v}_n^+$。交会的终端条件由求解一个 Lambert 问题 r_{n-1},r_n 和 $\Delta t = t_n - t_{n-1}$ 自动满足。Lambert 问题的求解获得了 $\Delta \boldsymbol{v}_{n-1}$ 和 $\Delta \boldsymbol{v}_{n-1}$,因此优化目

标函数 Δv 即可确定。

模型二　以脉冲位置为变量

若选择的独立变量为脉冲时刻和脉冲作用位置

$$\begin{cases} t_i, & i = 1,2,\cdots,n \\ \boldsymbol{r}_j, & j = 2,3,\cdots,n-1 \end{cases} \tag{7.5.26}$$

则首先由式(7.5.20)计算确定 $\boldsymbol{r}_1$ 和 $\boldsymbol{v}_1^-$，然后由式(7.5.21)确定出 $\boldsymbol{r}_n$ 和 $\boldsymbol{v}_n^+$。则所有脉冲机动点的位置和时刻已知，因此整个交会过程构成 $n-1$ 个轨道机动段，两端位置向量和时间都是给定的，可以通过 Lambert 算法获得两端的速度增量，即对于 $i=1,2,\cdots,n-1$，

$$\begin{cases} (\boldsymbol{v}_i^+, \boldsymbol{v}_{i+1}^-) = \text{Lambert}(\boldsymbol{r}_i, \boldsymbol{r}_{i+1}, t_{i+1} - t_i) \\ \Delta\boldsymbol{v}_i = \boldsymbol{v}_i^+ - \boldsymbol{v}_i^- \end{cases} \tag{7.5.27}$$

$\Delta\boldsymbol{v}_n = \boldsymbol{v}_n^+ - \boldsymbol{v}_n^-$，优化目标函数 Δv 即可确定。

Hughes 等(2003)在研究中采用了模型二。为了推导目标函数和约束条件的梯度，选择优化变量是位置矢量(模型二)是合适的，该模型在早期基于梯度算法的最优交会研究中得到了非常广泛的应用。若采用直接数值优化算法求解，则模型一更为直观简单。

7.5.3　基于主矢量理论和进化算法的交互式求解方法

7.5.2 节提出的多脉冲最优交会规划方法中，脉冲数目是事先给定的，并未作为优化变量进行优化设计。对于一个最优交会轨道，对应着一个最优脉冲数目。本节结合主矢量理论和进化算法，提出一类用于确定最优脉冲数目的燃料最优交互式规划策略。在该交互规划策略中，非最优主矢量理论用来作为判断是否增加脉冲的依据，进化算法用于求解固定脉冲数目最优交会问题(Luo et al.,2010)。

由 7.3.1 节主矢量算法的论述，将一个非最优轨道改进为最优轨道的措施具有多样性，并且这些措施是和时间密切相关的，但是目前没有严格的数学理论支持如何确定最优的任务序列。一般而言，不同的序列将会导致不同的结果。一个通常采用的方法是利用主矢量理论提供的梯度来同步优化初始和终端时刻及中间脉冲的位置和时刻。根据 Hughes 等(2003)的研究结论，基于主矢量理论和梯度优化算法的脉冲数目最优交会规划算法都有其局限性，并不能一定保证获得全局最优解。本节结合非最优主矢量理论和进化算法的全局搜索能力，基于 Lambert 多脉冲交会规划模型，提出一类交互规划策略用于求解脉冲数目最优的非线性脉冲交会问题。

1. 交互规划流程

所给出的交互规划流程如下：

步骤1　求二脉冲基准解：

(1) 设定脉冲数目 $n=2$，假定初始和终端脉冲分别是在初始 t_0 和终端时刻 t_f 施加，基于 Lambert 双脉冲交会算法获得双脉冲基准解。

(2) 采用 7.3.1 节非最优主矢量理论的非线性解验证算法，判断该基准解主矢量是否满足最优交会必要条件。

(3) 若满足，转向步骤(4)；否则，转向**步骤2**(1)。

(4) 优化初始和终端脉冲时刻。如果得到更小的 Δv，转向**步骤2**(3)；否则，该二脉冲基准解就是最优解，结束。

步骤2　增加初始或终端滑行段：

(1) 由主矢量形状，判断是否增加初始和终端滑行段。对于一个二脉冲基准轨道，图 7.3.1 给出了 4 种典型主矢量形状并对应不同的改进措施。

(2) 主矢量形状满足图 7.3.1 中的(c)和(d)，需要增加初始或终端滑行段，以初始和终端的脉冲时刻为优化变量，最小速度增量为优化指标，得到改进双脉冲最优解。

(3) 判断该改进解是否满足 Lawden 条件。如果满足，结束；否则，转向**步骤3**。

步骤3　搜索中间脉冲：

(1) 增加中间脉冲，$n=n+1$。

(2) 执行如下优化搜索：依据多脉冲 Lambert 交会规划模型，选择的优化变量如式(7.5.24)所示，采用进化算法获得最优解。

步骤4　重新计算 n 脉冲解：

(1) 获得 n 脉冲解对应的主矢量变化历史，判断 n 脉冲解是否满足最优性必要条件。

(2) 若满足，计算结束；若不满足，且此时主矢量比较接近最优形状，考虑到进化算法的随机性，重复执行**步骤3**(2)共 10 次，判断最好解是否满足 Lawden 条件。

(3) 若满足，结束；若不满足，转向**步骤3**(1)。

进化算法可以选择第 4 章阐述的遗传算法、模拟退火算法和并行模拟退火单纯形算法，根据测试结果，并行模拟退火单纯形算法的求解效果最好。本节给出的算例结果是采用并行模拟退火单纯形算法的结果。

上述规划流程中，脉冲数目的增加等改进措施需要设计人员通过解的主矢量曲线判断，因此整个流程是需要设计人员参与的交互流程。图 7.3.1 给出的是非最优主矢量曲线的典型形状，实际中非最优主矢量曲线远多于图 7.3.1 提供的形状，需要设计人员综合判断。

2. 算例分析

采用三个例子测试该交互式规划策略，分别是共面圆轨道交会、同圆轨道交会和非共面交会。

1) 共面圆轨道交会

第一个例子是共面圆轨道交会的算例结果，初始目标轨道是一个 400km 圆轨道，追踪轨道是一个 370km 圆轨道，追踪滞后目标 2° 相位角，交会飞行时间是 4500s，终端相对状态为 0。该交会问题示意图如图 7.5.2 所示，$r_1=6748\text{km}$，$r_2=6778\text{km}$，$\theta=2°$，$t_f=4500\text{s}$。

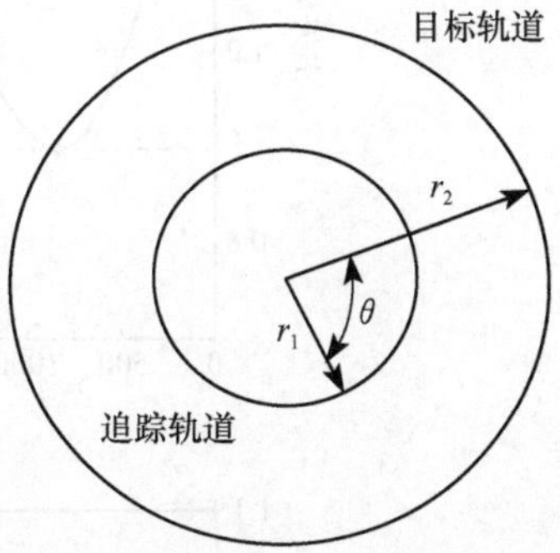

图 7.5.2　共面圆轨道交会示意图

图 7.5.3(a)给出了基准二脉冲的主矢量变化曲线，显然不满足主矢量最优性必要条件，考虑对初始和终端脉冲的作用时刻进行优化，得到的二脉冲最优解的主矢量曲线如图 7.5.3(b)所示，曲线形状类似于图 7.3.1(b)，因此需要增加一个中间脉冲，三脉冲对应的主矢量曲线如图 7.5.3(c)，满足最优性必要条件。三组解具体信息列于表 7.5.1。

表 7.5.1　共面圆轨道交会脉冲解

解	脉冲(t_i/s,Δv_i/(m/s))			Δv/(m/s)
	$i=1$	$i=2$	$i=3$	
2 脉冲参考	(0,34.9)	(4500,23.0)		57.9
2 脉冲最好	(837.3,25.1)	(4500,13.9)		39.0
3 脉冲最优	(0,6.1)	(1779.8,8.7)	(4500,14.4)	29.3

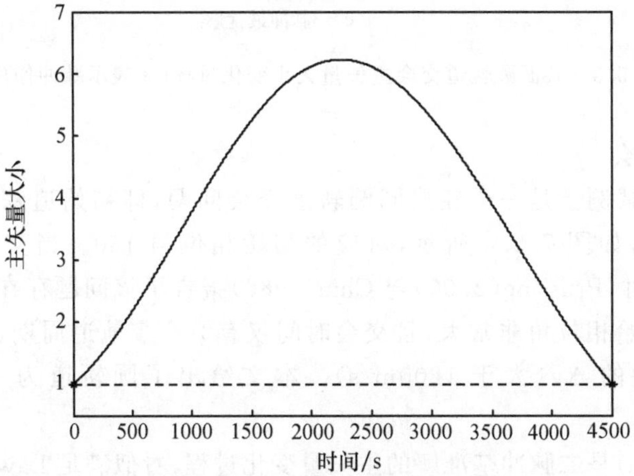

(a) 2脉冲基准解

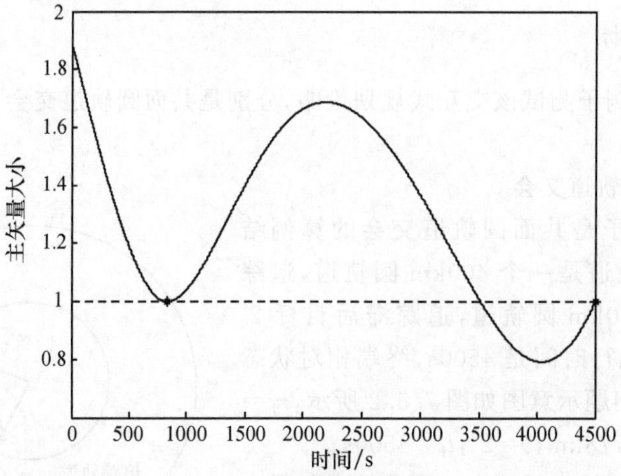

(b) 2脉冲最好解

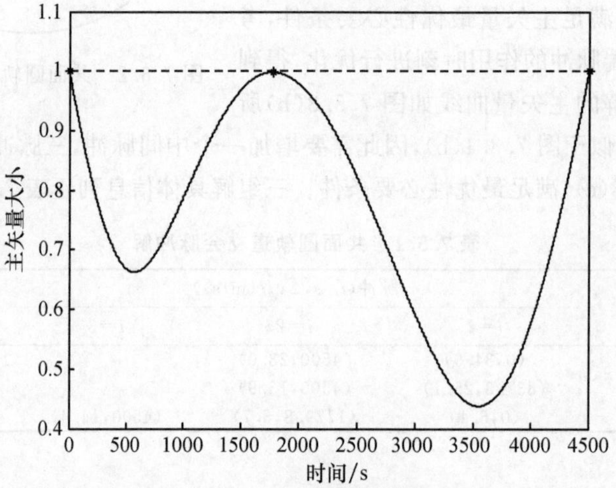

(c) 3脉冲最优解

图 7.5.3　共面圆轨道交会主矢量大小变化过程(*表示脉冲作用点)

2) 同圆交会

第二个测试例子是一个经典同圆轨道交会问题,即初始追踪和目标在同一高度圆轨道上,如图 7.5.4 所示,对应的初始相位角 180。当交会转移时间是 2.3 轨道周期时,Prussing(2000)与 Chiu(1986)报告了该问题存在一个四脉冲最优解。由于初始相位角非常大,且交会时间仅有 2 个多轨道周期,该交会问题需要一个非常大的 Δv(大于 1200m/s)。本文给出了圆轨道为 400km 的优化结果。

图 7.5.5(a)是二脉冲基准解的主矢量变化过程,看似满足 Lawden 条件,总的

速度增量 Δv 是 4619.4m/s。然而，若以初始和终端脉冲时刻作为优化变量，得到改进解的速度增量 Δv 为 1719.4m/s。显然，即便二脉冲基准解的主矢量变化过程满足 Lawden 条件，它也不是燃料最优解。图 7.5.5(b)是二脉冲最好解的主矢量大小变化过程，不满足 Lawden 条件。因此需要增加一个脉冲，三脉冲解的主矢量大小变化过程

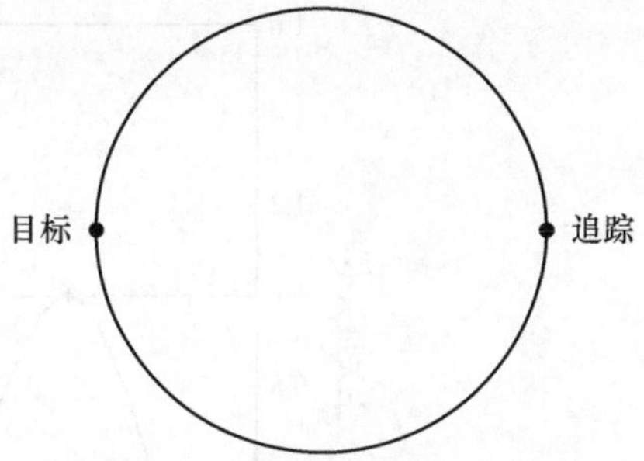

图 7.5.4　同圆轨道交会示意图

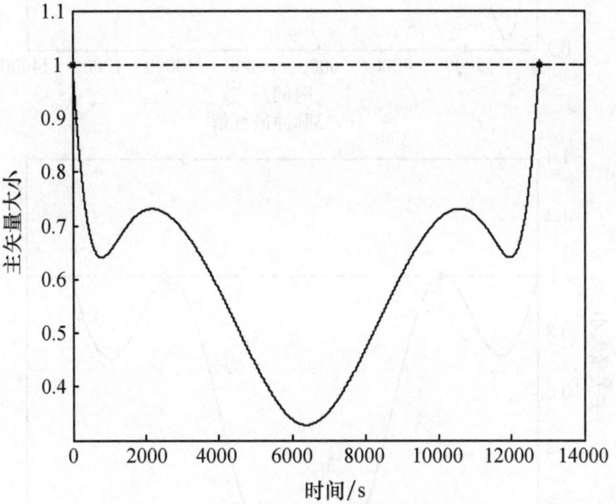

(a) 2脉冲基准解

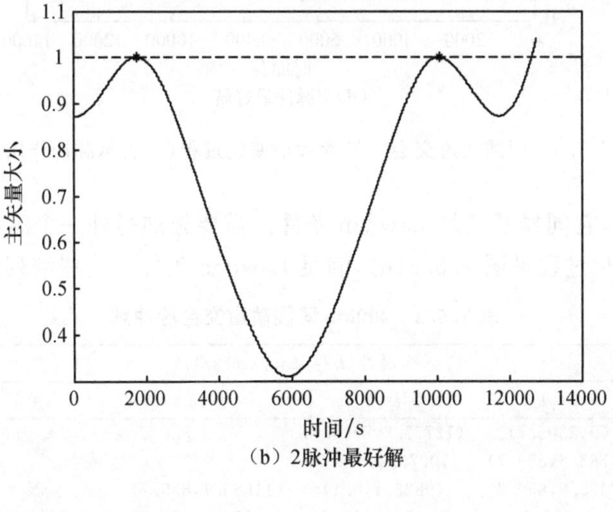

(b) 2脉冲最好解

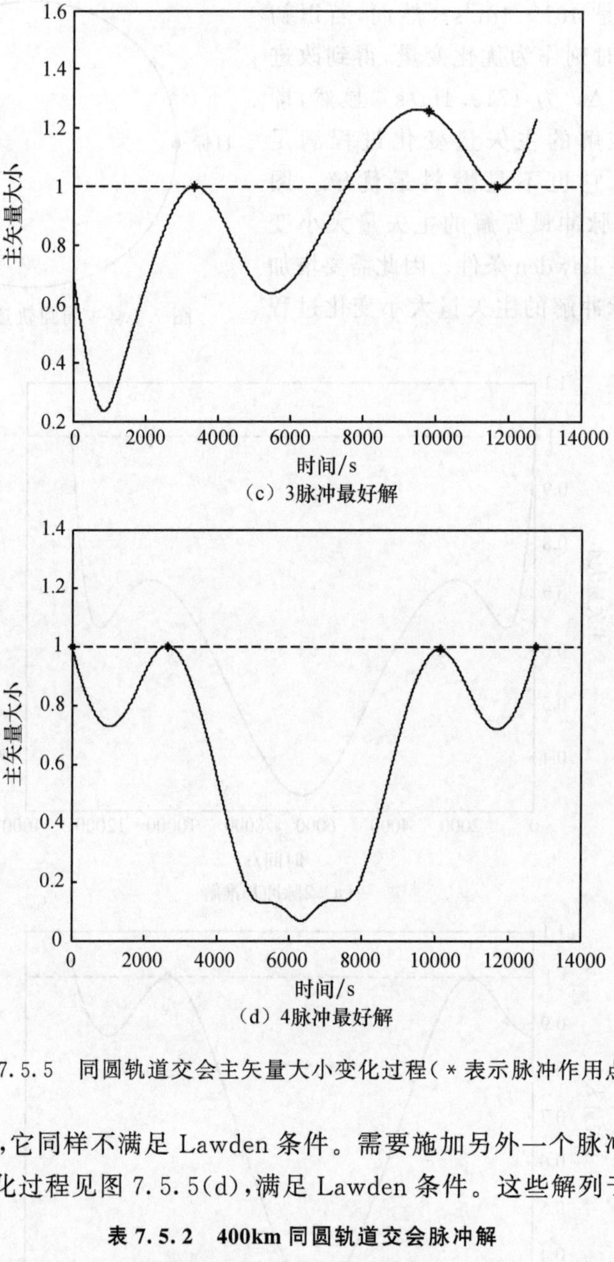

图 7.5.5　同圆轨道交会主矢量大小变化过程(＊表示脉冲作用点)

见图 7.5.5(c),它同样不满足 Lawden 条件。需要施加另外一个脉冲,四脉冲解的主矢量大小变化过程见图 7.5.5(d),满足 Lawden 条件。这些解列于表 7.5.2。

表 7.5.2　400km 同圆轨道交会脉冲解

解	脉冲(t_i/s,Δv_i/(m/s))				Δv/(m/s)
	$i=1$	$i=2$	$i=3$	$i=4$	
2 脉冲基准	(0,2309.7)	(12773.3,2309.7)			4619.4
2 脉冲最好	(1763.6,859.7)	(10070.2,859.7)			1719.4
3 脉冲最好	(3375.9,859.8)	(9825.1,0.1)	(11685.1,859.7)		1719.5
4 脉冲最优	(0,391.6)	(2648.9,236.5)	(10130.1,235.8)	(12773.3,392.5)	1256.3

根据 Colasurdo 等(1994)、Sandrik(2006)和 Luo 等(2007)的研究结果,该共圆交会问题有两个四脉冲解均满足 Lawden 条件。另外一个解的主矢量变化过程参见图 7.5.6,其 Δv 为 1450.4m/s,大于图 7.5.5(d)对应的四脉冲最优解。

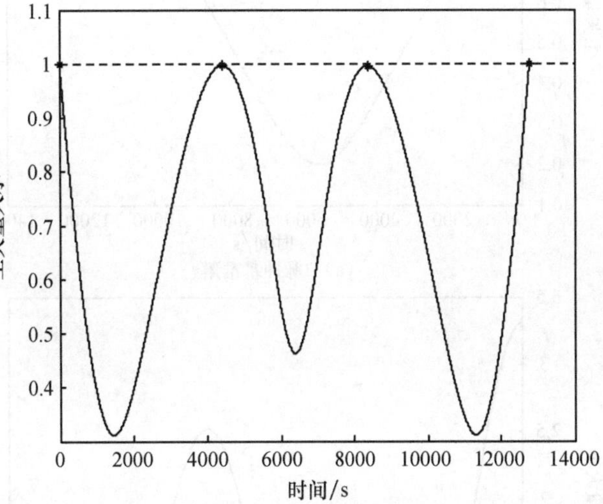

图 7.5.6　同圆轨道交会另一四脉冲解的主矢量大小变化过程(Δv=1450.4m/s)

3) 非共面交会

第三个测试例子是一个更为实际的交会问题,多脉冲非共面交会问题。用经典的轨道要素 $\boldsymbol{E}=(a,i,e,\Omega,\omega,\nu)$ 描述交会问题。交会的初始条件是

$$\boldsymbol{E}_{\text{tar}} = (6771.1\text{km}, 42^\circ, 0, 120^\circ, 0, 180^\circ)$$
$$\boldsymbol{E}_{\text{cha}} = (6741.1\text{km}, 42.1^\circ, 0, 120.2^\circ, 0, 175^\circ)$$

整个转移时间为两个目标轨道周期,$t_{\text{f}}=11107.2\text{s}$。

图 7.5.7(a)是二脉冲基准解的主矢量大小变化过程,看似满足 Lawden 条件,但是其 Δv 为 23449.5m/s,不应该是燃料最优解。通过优化初始和终端脉冲时刻,Δv 缩小为 53.5m/s。图 7.5.7(b)描述了二脉冲最好解的主矢量大小变轨过程,后半段类似图 7.3.1(b)因此,需要增加一个中间脉冲。三脉冲解的主矢量大小变化历程见图 7.5.7(c),仍不满足 Lawden 条件。增加另外一个脉冲,四脉冲解的主矢量大小变化历程见图 7.5.7(d),满足 Lawden 条件。表 7.5.3 列出了这四组解。

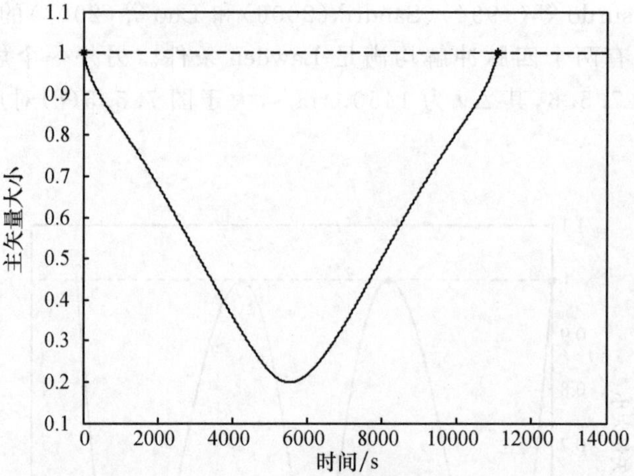

（a）2脉冲基准解

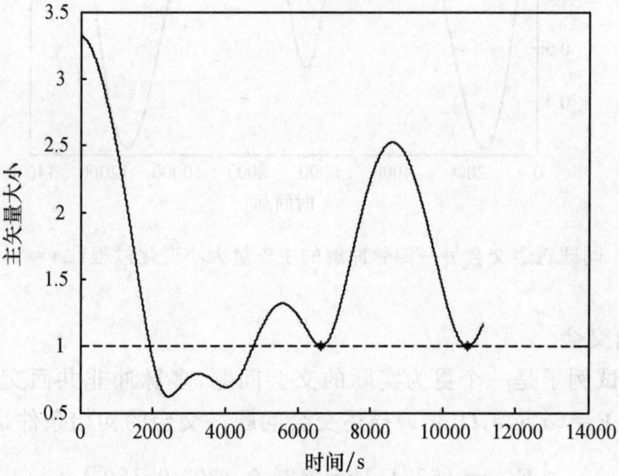

（b）2脉冲最好解

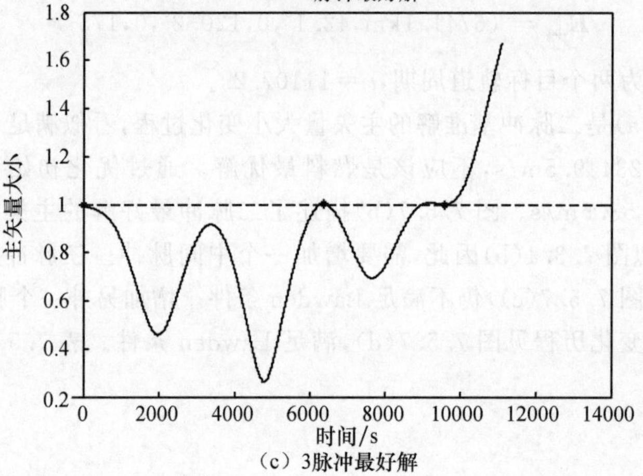

（c）3脉冲最好解

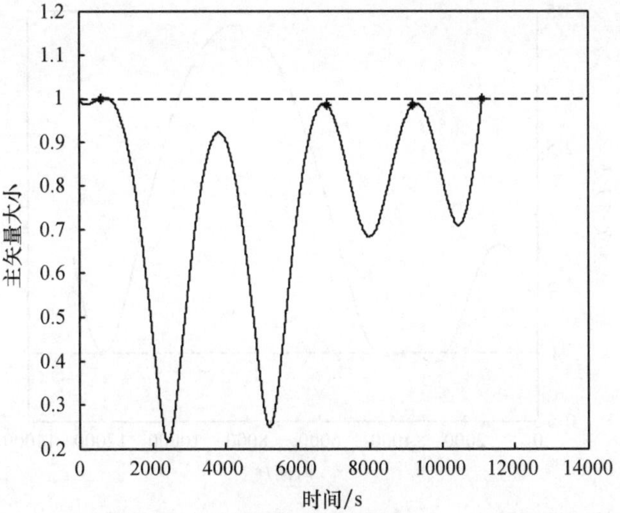

(d) 4脉冲最优解

图 7.5.7 非共面交会主矢量大小变化过程(＊表示脉冲点)

表 7.5.3 非共面交会的脉冲解

解	脉冲(t_i/s,Δv_i/(m/s))				Δv/(m/s)
	$i=1$	$i=2$	$i=3$	$i=4$	
2 脉冲基准解	(0,11740.9)	(11107.2,11708.6)			23449.5
2 脉冲最好解	(6643.7,37.3)	(10689.4,16.2)			53.5
3 脉冲最好解	(0,7.9)	(6373.4,18.0)	(9603.9,17.3)		40.2
4 脉冲最优解	(593,5.6)	(6809.0,10.2)	(9183.6,11.9)	(11107.2,8.5)	36.2

4) 结果讨论

由数值实验可知,对于较为简单的交会问题(类似第一个例子,交会时间在一个轨道周期内),通过观察主矢量判断改进措施可以较为容易实现。但是对于更为复杂和实际的交会问题(第二和第三个例子,交会时间在 2 个轨道周期以上),主矢量形式不局限于图 7.3.1,更为复杂和多样性,有更多种可能的改进措施。此外,固定冲量数目燃料最优交会问题有多个局部解,即便是两个解有相等的 Δv,它们的主矢量的大小变化趋势也会明显不同。图 7.5.8 是同圆交会问题的另外一个三脉冲解的主矢量大小变化过程,它的 Δv 与图 7.5.5 相比,仅有 0.8%的误差,但是却截然不同。此外,由于 Lawden 条件只是燃料最优解的必要条件。这就意味着满足 Lawden 条件并不一定是燃料最优解,第二和第三个测试例子的二脉冲基准解以及第二个测试例子的四脉冲解均表明了这一点。

在交互式规划策略中,由于仅使用了主矢量历史用以判断是否增加中间脉冲,并不利用主矢量的梯度信息,收敛性和全局性较传统的梯度优化算法有明显提升。中间脉冲由并行模拟退火单纯形算法在一个大的搜索区间上求解一个 n 脉冲交会

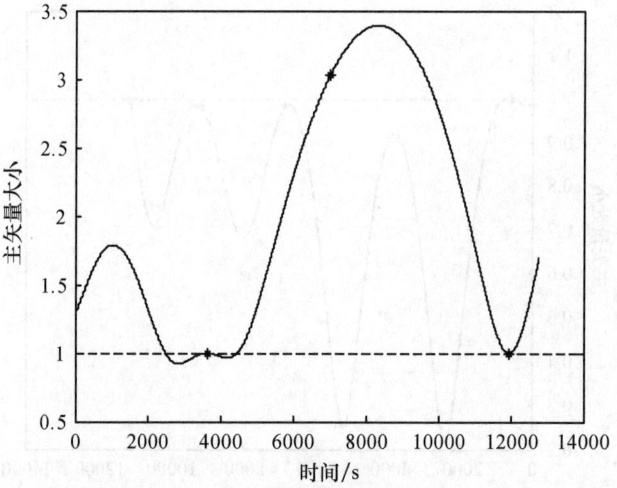

图 7.5.8 同圆交会另外一个 3 脉冲解得主矢量大小变化过程($\Delta v=1720.8$m/s)

问题(脉冲数目固定)。由于并行模拟退火单纯形算法具有较好的全局收敛能力,可以较为容易确定 n 脉冲最好解。表 7.5.4 给出了并行模拟退火单纯形算法在求解非共面交会问题 50 次试验中统计结果,图 7.5.9 给出了算法收敛过程。如果 n 脉冲解优于 $n-1$ 脉冲解,且满足 Lawden 条件,则可以确信 n 脉冲解就是全局最优解。对于非共面交会问题,4 脉冲解优于 3 脉冲解,且满足 Lawden 条件。进一步测试了 5 脉冲解,图 7.5.10 给出了主矢量大小变化历史,表 7.5.4 列出了该解。

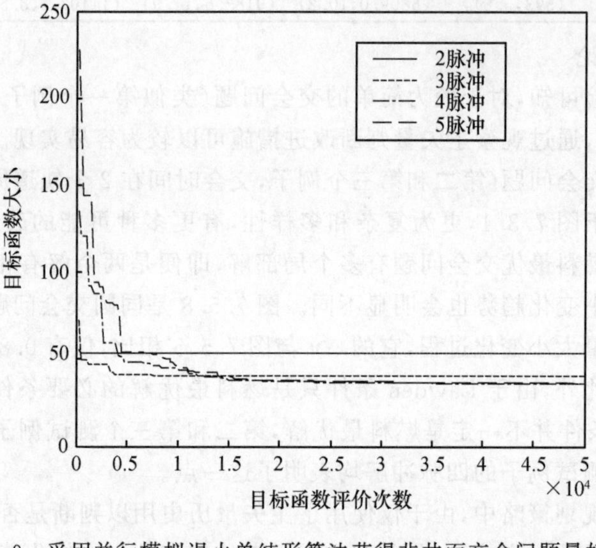

图 7.5.9 采用并行模拟退火单纯形算法获得非共面交会问题最好解的收敛过程($\Delta v=36.28$m/s)

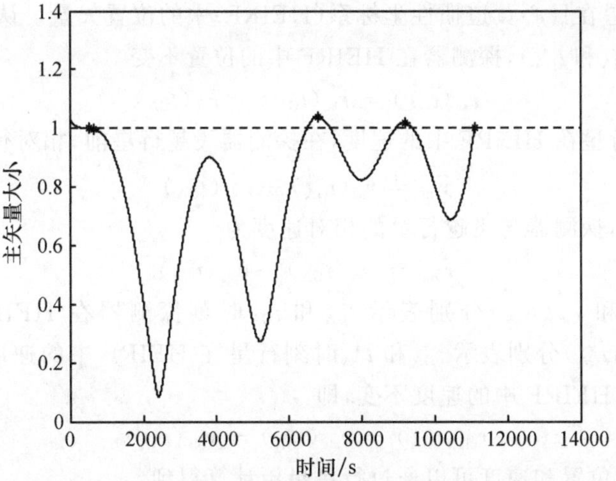

图 7.5.10　非共面交会 5 脉冲解得主矢量大小变化过程($\Delta v=36.22$m/s)

表 7.5.4　用并行模拟退火单纯形算法求解非共面交会问题的统计性能(50 次运行)

解	Δv/(m/s)			
	最优值	最差值	平均值	方　差
2 脉冲最好	53.5140	53.5140	53.5140	0
3 脉冲最好	40.1948	40.2000	40.1954	8.6543×10^{-4}
4 脉冲最优	36.1974	36.2478	36.2122	0.0124
5 脉冲最好	36.2251	38.7801	36.7402	0.6409

由表 7.5.4 知，5 脉冲的 Δv 大于 4 脉冲，并且由图 7.5.10 知，第二个冲量位置几乎与第一个冲量位置重合。这些也证明了 4 脉冲解是最优解。

7.6　深空探测引力辅助最优脉冲机动优化

本节主要阐述深空探测引力辅助脉冲机动的分析模型、多脉冲优化模型和优化方法。

7.6.1　引力辅助机动分析模型

以探测器的行星引力辅助变轨为例，假设辅助变轨的行星飞越时间为 t_{GA}，应该满足下列约束条件：

$$\boldsymbol{r}_{sc}(t_{GA})=\boldsymbol{r}_{pla}(t_{GA}) \tag{7.6.1}$$

其中，$\boldsymbol{r}_{pla}$为行星在日心黄道惯性坐标系(HEIRF)中的位置矢量。认为探测器在飞跃前后时刻(t_{GA}^-和 t_{GA}^+)，探测器在 HEIRF 中的位置不变

$$\boldsymbol{r}_{sc}(t_{GA}^-)=\boldsymbol{r}_{sc}(t_{GA}^+)=\boldsymbol{r}_{sc}(t_{GA}) \tag{7.6.2}$$

设 $\boldsymbol{v}_{pla}$为行星在 HEIRF 中的速度，在探测器飞越行星前，相对行星的速度为

$$\tilde{\boldsymbol{v}}_{in}=\boldsymbol{v}_{sc}(t_{GA}^-)-\boldsymbol{v}_{pla}(t_{GA}^-) \tag{7.6.3}$$

探测器飞越后，探测器与飞越行星的相对速度为

$$\tilde{\boldsymbol{v}}_{out}=\boldsymbol{v}_{sc}(t_{GA}^+)-\boldsymbol{v}_{pla}(t_{GA}^+) \tag{7.6.4}$$

式中，$\boldsymbol{v}_{sc}(t_{GA}^-)$和 $\boldsymbol{v}_{sc}(t_{GA}^+)$分别表示 t_{GA}^-和 t_{GA}^+时刻探测器在 HEIRF 中的速度；$\boldsymbol{v}_{pla}(t_{GA}^-)$和 $\boldsymbol{v}_{pla}(t_{GA}^+)$分别表示 t_{GA}^-和 t_{GA}^+时刻行星在 HEIRF 中的速度。同时，在飞越前后行星在 HEIRF 中的速度不变，即

$$\boldsymbol{v}_{pla}(t_{GA}^-)=\boldsymbol{v}_{pla}(t_{GA}^+)=\boldsymbol{v}_{pla}(t_{GA}) \tag{7.6.5}$$

t_{GA}时刻行星的位置和速度可以通过行星星历计算得到。

在飞越前后，探测器相对于行星的速度大小满足

$$v_\infty=\|\tilde{\boldsymbol{v}}_{in}\|=\|\tilde{\boldsymbol{v}}_{out}\| \tag{7.6.6}$$

则当进行第 i 次引力辅助变轨时约束如下：

$$\tilde{\boldsymbol{v}}_{in}\cdot\tilde{\boldsymbol{v}}_{out}=v_\infty^2\cos\delta \tag{7.6.7}$$

$$\sin(\delta/2)=\frac{\mu_{pla}/R_{pla}}{v_\infty^2+\mu_{pla}/R_{pla}} \tag{7.6.8}$$

其中，$0<\delta<180°$，δ 表示相对速度矢量在三维空间中的夹角；$\delta=0°$表示相对速度 $\tilde{\boldsymbol{v}}_{in}$和 $\tilde{\boldsymbol{v}}_{out}$同向；$\delta=180°$表示相对速度 $\tilde{\boldsymbol{v}}_{in}$和 $\tilde{\boldsymbol{v}}_{out}$反向。$0<\delta<180°$只能表明 $\tilde{\boldsymbol{v}}_{in}$和 $\tilde{\boldsymbol{v}}_{out}$的夹角为 δ，但是 $\tilde{\boldsymbol{v}}_{in}$相对于 $\tilde{\boldsymbol{v}}_{out}$的方向是不唯一的，需要自行设计。引力辅助实际上近似为太阳黄道惯性系中的一个具有约束条件的速度脉冲，只是该速度脉冲不是由推进系统提供的，但是推进系统在该过程中提供的速度脉冲可以为任意大小和任意方向。

探测器在完成 HEIRF 后获得的速度脉冲(无需消耗推进工质)为

$$\boldsymbol{\Delta v}_{GA}=\boldsymbol{v}_{sc}(t_{GA}^+)-\boldsymbol{v}_{sc}(t_{GA}^-) \tag{7.6.9}$$

这里需要注意，探测器飞越前后的位置 $\boldsymbol{r}_{sc}(t_{GA}^-)$与 $\boldsymbol{r}_{sc}(t_{GA}^+)$和飞越前后的速度 $\boldsymbol{v}_{sc}(t_{GA}^+)$与 $\boldsymbol{v}_{sc}(t_{GA}^-)$必须满足：飞越前后的位置一定相同，而速度可以发生变化。

7.6.2 多脉冲机动优化模型

深空探测引力辅助机动任务可分为两类：一类是纯粹的引力辅助机动(Multiple gravity assist，MGA)，在机动过程中航天器发动机不工作；另外一类是同时借助发动机推力机动，称为 MGA-1DSM(multiple gravity assist using deep space manouvres)。Vinko 等(2008)给出了这两类不同模型对应的优化模型，并开发了开源的仿真分析程序。本节给出这两类不同优化模型的描述。

1. MGA 优化模型

设航天器从地球出发,经过 N 次行星引力辅助后和一个天体交会(或飞越),引入向量 $\boldsymbol{x}=[t_0,T_1,T_2,\cdots,T_{N+1}]$,其中 t_0 是从地球出发时刻,T_i 是两个天体之间的飞行时间。每两个引力天体之间的轨道采用 Lambert 轨道求解,得到引力辅助时刻前后探测器的惯性系速度 $\boldsymbol{v}_{\mathrm{sc}}(t_{\mathrm{GA}}^{+})$和 $\boldsymbol{v}_{\mathrm{sc}}(t_{\mathrm{GA}}^{-})$,此时引力天体的速度$\boldsymbol{v}_{\mathrm{pla}}(t_{\mathrm{GA}})$也可以获得。但是因为 $\boldsymbol{v}_{\mathrm{sc}}(t_{\mathrm{GA}}^{+})$和 $\boldsymbol{v}_{\mathrm{sc}}(t_{\mathrm{GA}}^{-})$都是由 Lambert 算法求得,所以要保证飞越前后行星在 HEIRF 中的速度大小不变。此外,满足的约束还有从地球出发的相对速度 $\Delta V_0(x)$小于某一上限值。

MGA 优化模型设计变量为

$$\boldsymbol{x}=[t_0,T_1,T_2,\cdots,T_{N+1}]^{\mathrm{T}} \tag{7.6.10}$$

目标函数为燃料最省或总时间最短

$$J=-m_{\mathrm{f}} \quad 或 \quad J=\sum_{i=1}^{N+1}T_i \tag{7.6.11}$$

满足约束条件

$$(\|\tilde{\boldsymbol{v}}_{\mathrm{in}}\|-\|\tilde{\boldsymbol{v}}_{\mathrm{out}}\|)_i=0,\quad i=1,2,\cdots,N \tag{7.6.12}$$

$$r_p(x)\geqslant r_{p\min} \tag{7.6.13}$$

$$\Delta V_0(x)\leqslant \Delta V_0^{\max} \tag{7.6.14}$$

Izzo 等(2007)在求解 MGA 问题时将等式约束条件并入了目标函数中,即 $J=\sum_{i=1}^{N}(\|\tilde{\boldsymbol{v}}_{\mathrm{in}}\|-\|\tilde{\boldsymbol{v}}_{\mathrm{out}}\|)_i$,要求目标函数优化到 0,这样才能满足引力辅助条件,此时对优化算法的要求较高。

2. MGA-1DSM 优化模型

MGA-1DSM 是指在引力辅助天体之间有一次深空轨道机动。设经过 N 次行星引力辅助,两次引力辅助之间的轨道记为一段,在一段轨道中,DSM 之前的轨道采用 Kepler 算法求解,DSM 之后的轨道采用 Lambert 算法求解,设计变量是出发时刻,和每个天体交会的时刻,以及用于计算引力辅助的近拱距 r_p 和相对引力辅助天体的倾角 i_b。

MGA-1DSP 优化模型设计变量为

$$\boldsymbol{x}=[t_{0,}V_{\infty},u,\boldsymbol{v},\eta_1,T_1,r_{p2},i_{b2},\eta_2,T_2,\cdots,r_{pN-1},i_{bN-1},\eta_{N-1},T_{N-1}]^{\mathrm{T}} \tag{7.6.15}$$

设计变量的维数 $d=6+4(N-2)$。其中,t_0 为发射时刻,$V_{\infty},u,\boldsymbol{v}$ 是出发时刻的双曲线超速大小和方向,满足如下方程:

$$\begin{cases}\theta = 2\pi u \\ \varphi = \arccos(2v - 1) - \pi/2 \\ \boldsymbol{v}_{\infty}/V_{\infty} = \cos\theta\cos\varphi\boldsymbol{i} + \sin\theta\cos\varphi\boldsymbol{j} + \sin\varphi\boldsymbol{k}\end{cases} \tag{7.6.16}$$

式中，$\boldsymbol{i},\boldsymbol{j},\boldsymbol{k}$ 定义为

$$\boldsymbol{i} = \boldsymbol{v}(t_0)/\|\boldsymbol{v}(t_0)\|$$

$$\boldsymbol{k} = \frac{\boldsymbol{r}(t_0)\times\boldsymbol{v}(t_0)}{\|\boldsymbol{r}(t_0)\times\boldsymbol{v}(t_0)\|} \tag{7.6.17}$$

$$\boldsymbol{j} = \boldsymbol{z}\times\boldsymbol{i}$$

t_0 时刻航天器日心惯性系位置为 $\boldsymbol{r}(t_0)$，速度为 $\boldsymbol{v}_{s/c}=\boldsymbol{v}(t_0)+\boldsymbol{v}_{\infty}$，从此状态出发根据 Kepler 轨道预报 $\eta_1 T_1$ 时间长度，再以 Kepler 轨道终端为起始采用 Lambert 轨道预报 $(1-\eta_1)T_1$ 时间长度。如果 $N>2$，接下来的每段轨道满足以下关系式：

$$\begin{aligned}
&\tilde{\boldsymbol{v}}_{\text{in}} = \boldsymbol{v}_{\text{in}} - \boldsymbol{v}_{\text{pla}} \\
&e = 1 + r_{\text{pi}}/\mu_{\text{pla}}\|\tilde{\boldsymbol{v}}_{\text{in}}\|^2 \\
&\delta = 2\arcsin(1/e) \\
&\boldsymbol{i}_x = \tilde{\boldsymbol{v}}_{\text{in}}/\|\tilde{\boldsymbol{v}}_{\text{in}}\| \\
&\boldsymbol{i}_y = \boldsymbol{i}_x\times\boldsymbol{r}_{\text{pla}}/\|\boldsymbol{i}_x\times\boldsymbol{r}_{\text{pla}}\| \\
&\boldsymbol{i}_z = \boldsymbol{i}_x\times\boldsymbol{i}_y \\
&\tilde{\boldsymbol{v}}_{\text{out}}/\|\tilde{\boldsymbol{v}}_{\text{out}}\| = \cos\delta\boldsymbol{i}_x + \sin i_b\sin\delta\boldsymbol{i}_y + \cos i_b\sin\delta\boldsymbol{i}_z \\
&\boldsymbol{v}_{\text{out}} = \boldsymbol{v}_{\text{pla}} + \tilde{\boldsymbol{v}}_{\text{out}}
\end{aligned}$$

式中，μ_{pla}是行星引力常数。一旦 $\boldsymbol{v}_{\text{out}}$ 得到，则可以根据 Kepler 算法和 Lambert 算法进行下一段的轨道计算。DSM 模型示意见图 7.6.1。

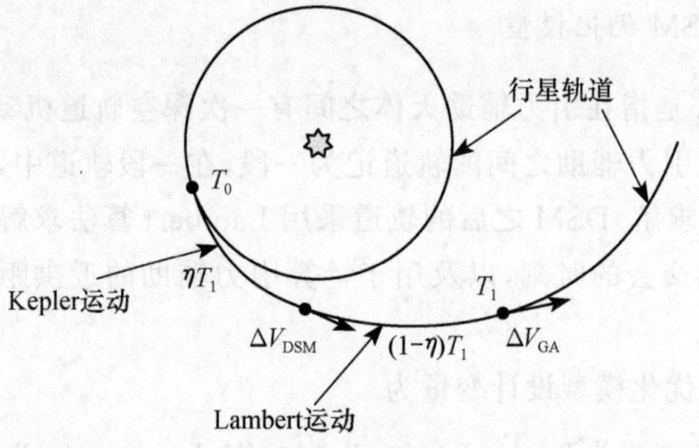

图 7.6.1　DSM 模型示意图

目标函数 $J(x)$可以使航天器飞行总任务时间或剩余质量最大。其他约束条件可以根据具体任务不同而设定。

7.6.3　算例分析

传统的最优脉冲轨道转移是 Hohmann 转移，借助其他大行星引力辅助飞行可以进一步节省能量，在无人探测任务中有较好的应用前景。为了验证本节算法的有效性，给出地球出发交会金星和交会火星的任务，并和 Hohmann 转移结果做了对比。

问题1　交会金星

优化目标为发射速度增量、DSM 速度增量和最后交会的速度增量之和，大行星飞行序列考虑为地球-地球-金星-金星，其中中间飞越地球和金星借助了大天体的引力，引力半径约束为：$r_{p1} \geqslant 6378$km，$r_{p2} \geqslant 6073$km，14 维设计变量见表 7.6.1。

表 7.6.1　交会金星状态变量

序号	变量	下限	上限	单位
$x(1)$	t_0	5500	6500	MJD2000
$x(2)$	V_∞	0	3	km/s
$x(3)$	u	0	1	
$x(4)$	v	0	1	
$x(5)$	T_1	300	600	d
$x(6)$	T_2	30	300	d
$x(7)$	T_3	300	600	d
$x(8)$	η_1	0.01	0.99	
$x(9)$	η_2	0.01	0.99	
$x(10)$	η_3	0.01	0.99	
$x(11)$	r_{p1}	6378	40000	km
$x(12)$	r_{p2}	6073	40000	km
$x(13)$	i_{b1}	$-\pi$	π	
$x(14)$	i_{b2}	$-\pi$	π	

优化得到的设计变量为 $\boldsymbol{x}=[5736.12, 0.754196, 0.49818, 0.499999, 452.529, 150.591, 509.192, 0.371596, 0.146344, 0.76615, 13024.58, 20259.10, 1.95848, 0.426085]$，两次引力辅助获得的速度增量分别为 4.5648km/s 和 3.7414km/s，目标函数为 2.811246km/s，地球到金星霍曼转移总的速度增量约为 5.2km/s，利用引力辅助后节省能量约 46%。日心黄道坐标系下结果平面图见图 7.6.2。

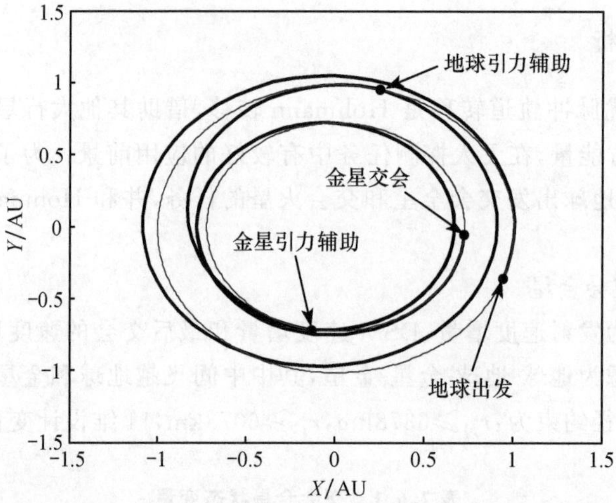

图 7.6.2 利用引力辅助交会金星轨道

问题 2 交会火星

优化目标为发射速度增量、DSM 速度增量和最后交会的速度增量的总和，大行星飞行序列考虑为地球-地球-火星-火星，其中中间飞越地球和火星借助了大天体的引力，引力半径约束为：$r_{p1} \geqslant 6378$km，$r_{p2} \geqslant 3395$km，14 维设计变量见表 7.6.2。

表 7.6.2 交会火星状态变量

序 号	变 量	下 限	上 限	单 位
$x(1)$	t_0	8500	9500	MJD2000
$x(2)$	V_∞	0	3	km/s
$x(3)$	u	0	1	
$x(4)$	v	0	1	
$x(5)$	T_1	100	600	d
$x(6)$	T_2	30	400	d
$x(7)$	T_3	300	900	d
$x(8)$	η_1	0.01	0.99	
$x(9)$	η_2	0.01	0.99	
$x(10)$	η_3	0.01	0.99	
$x(11)$	r_{p1}	6378	40000	km
$x(12)$	r_{p2}	3395	40000	km
$x(13)$	i_{b1}	$-\pi$	π	
$x(14)$	i_{b2}	$-\pi$	π	

优化得到的设计变量为 $\boldsymbol{x}=[9349.56, 0.686791, 0.999587, 0.499998, 463.982, 307.067, 590.531, 0.41755, 0.0108151, 0.167119, 15176.26, 5515.99, -1.30255, -3.14159]$，两次引力辅助获得的速度增量分别为 4.4656km/s 和 2.7824km/s，目标函数为 3.555930km/s，地球到火星霍曼转移总的速度增量约为

5.6km/s,利用引力辅助节省能量约 37%。日心黄道坐标系下结果平面图见图 7.6.3。

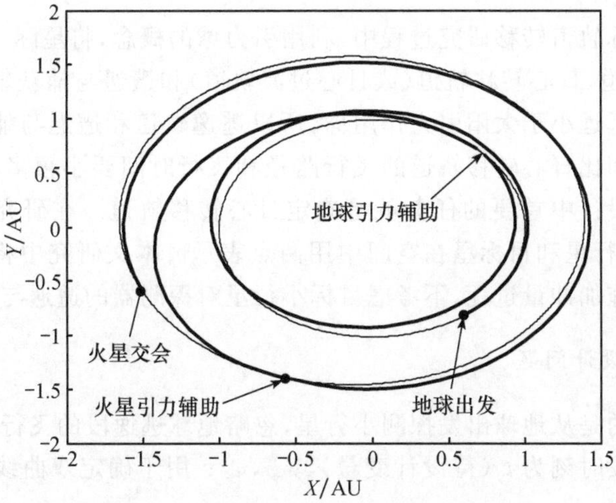

图 7.6.3　利用引力辅助交会火星轨道

7.7　小行星探测多脉冲交会轨道多目标优化

随着美国、日本和欧空局等一系列小行星探测任务的成功实施,小行星探测已经成为 21 世纪深空探测的一个新热点和未来航天发展的一个新方向,带动了新型轨道设计理论和推进技术的蓬勃发展。在小行星探测任务中,星际转移轨道设计优化是其中一个重要的技术,国内外许多学者开展了大量小行星探测轨迹优化方面的研究工作。小行星探测任务通常采用小推力推进系统,但在进行概念任务分析与优化时,人们往往是首先基于脉冲推力形式,进行探测目标的可接近性评价、发射窗口分析、多颗星探测序列确定、引力辅助机动方案设计等,确定脉冲最优飞行方案,在此基础上再转化为小推力变轨形式。因此最优脉冲变轨研究在小行星探测任务优化研究中占有非常重要的位置。

现有的研究多数是采用二脉冲最优研究,根据脉冲最优交会理论,二脉冲在多数条件下并非是最优轨道。此外,现有的小行星探测脉冲轨迹优化研究通常选择燃料消耗作为单一优化指标,燃料消耗无疑是航天任务设计中最重要的性能指标之一,但并非是唯一指标,飞行时间、交会轨迹安全性等也是重要的评价指标,特别是对于多颗小行星系列探测任务,飞行时间也是重要的约束与评价指标。李九天等(2011)建立了包含地球逃逸段和日心转移段轨道的多目标优化模型,采用多目标进化算法用于 Pareto 最优解的确定,通过结果的分析对小行星探测任务特征参数进行分析评价，本节给出这一研究结果。

7.7.1 小行星探测深空转移轨道机动问题

通常在星际轨道转移研究过程中，利用引力球的概念，将星际飞行轨道划分为3段，即逃逸轨道、日心转移轨道（或日心过渡轨道）和遭遇与捕获轨道段。由于行星引力作用球远远小于太阳引力作用球，所以逃逸轨道和遭遇与捕获轨道的飞行路径和飞行时间比日心转移轨道的飞行路径和飞行时间要小很多，因此在星际飞行轨道的初步设计中首要的任务就是确定日心转移轨道。在研究日心转移轨道时，通常把出发行星和目标星在空间中用两点表示。本文研究中将地球逃逸段简化为一个瞬时施加冲量过程，不考虑目标小行星对探测器的遭遇与捕获过程。

1. 逃逸段设计问题

本文研究的是从地球出发探测小行星，忽略地球逃逸段的飞行过程，假定探测器从地球的出发时刻为 t_0（待设计变量），V_∞，u，v 用于确定双曲线逃逸速度矢量 $\boldsymbol{v}_\infty$ 的待设计变量

$$\begin{cases}\theta = 2\pi u \\ \varphi = \arccos(2v - 1) - \pi/2 \\ \boldsymbol{v}_\infty / V_\infty = \cos\varphi\cos\theta\boldsymbol{i} + \cos\varphi\sin\theta\boldsymbol{j} + \sin\varphi\boldsymbol{k}\end{cases} \tag{7.7.1}$$

式中，$\boldsymbol{i},\boldsymbol{j},\boldsymbol{k}$ 定义为日心惯性坐标系 x,y,z 三个方向的单位矢量；V_∞ 是逃逸速度大小；$u\in[0,1]$和 $v\in[0,1]$是确定逃逸方向的变量。

令 $\boldsymbol{r}_E(t_0)$，$\boldsymbol{v}_E(t_0)$为地球的日心位置和速度矢量，则探测器进入日心转移轨道的初始位置为 $\boldsymbol{r}(t_0)$、初始速度为 $\boldsymbol{v}(t_0)$：

$$\boldsymbol{r}(t_0) = \boldsymbol{r}_E(t_0), \quad \boldsymbol{v}(t_0) = \boldsymbol{v}_E(t_0) + \boldsymbol{v}_\infty \tag{7.7.2}$$

2. 日心转移段设计问题

日心转移过程采用二体动力学模型，采用如下方程描述：

$$\begin{cases}\dot{x} = v_x \\ \dot{y} = v_y \\ \dot{z} = v_z \\ \dot{v}_x = -\dfrac{\mu x}{(x^2 + y^2 + z^2)^{\frac{3}{2}}} + a_x \\ \dot{v}_y = -\dfrac{\mu y}{(x^2 + y^2 + z^2)^{\frac{3}{2}}} + a_y \\ \dot{v}_z = -\dfrac{\mu z}{(x^2 + y^2 + z^2)^{\frac{3}{2}}} + a_z\end{cases} \tag{7.7.3}$$

式中，x,y,z 分别为探测器在 x,y,z 轴上的位置分量；v_x,v_y,v_z 分别为探测器在 x,y,z 轴上的速度分量；a_x,a_y,a_z 分别为发动机推力在 x,y,z 轴上的加速度分量；μ 为太阳引力常数。

日心转移过程采用多脉冲进行机动，推力加速度矢量 $\boldsymbol{a}=[a_x,a_y,a_z]^{\mathrm{T}}$ 由 n 个脉冲近似，每个脉冲的脉冲矢量 $\Delta\boldsymbol{v}_i(i=1,2,\cdots,n)$ 和作用位置（由脉冲作用时刻 $t_i(i=1,2,\cdots,n)$ 表示）均为待设计变量，终端要求与目标小行星交会，约束条件为

$$\boldsymbol{r}(t_{\mathrm{f}})=\boldsymbol{r}_A(t_{\mathrm{f}}),\quad \boldsymbol{v}(t_{\mathrm{f}})=\boldsymbol{v}_A(t_{\mathrm{f}}) \tag{7.7.4}$$

式中，t_{f} 为探测器与目标小行星交会时刻；$\boldsymbol{r}_A(t_{\mathrm{f}})$ 和 $\boldsymbol{v}_A(t_{\mathrm{f}})$ 分别为目标小行星在交会时刻的位置和速度矢量。

为避免对式(7.7.4)所表示的等式约束条件进行处理，采用 Lambert 算法建立可行解迭代优化模型，选择的优化变量为脉冲时刻和前 $n-2$ 脉冲矢量

$$t_i(i=1,2,\cdots,n),\ \Delta\boldsymbol{v}_j(j=1,2,\cdots,n-2) \tag{7.7.5}$$

其中，$\Delta\boldsymbol{v}_j=(\Delta v_j^x,\Delta v_j^y,\Delta v_j^z)^{\mathrm{T}}$，后面两个脉冲由求解式(7.7.4)确定的 Lambert 问题确定，在优化迭代过程中，终端交会条件可自行满足。

7.7.2　多目标优化模型与算法

综合选择深空转移燃料消耗（以总的速度增量表示）和总的转移时间（以日心转移段飞行时间表示）为优化目标，建立小行星探测多脉冲交会轨道多目标优化模型。

1. 优化模型

由于转移时间为优化目标，探测器与目标行星的交会时刻 t_{f} 为设计变量。总的优化变量共包括 4 个部分：t_0,V_∞,u,v；$t_i(i=1,2,\cdots,n)$；$\Delta\boldsymbol{v}_i(i=1,2,\cdots,n-2)$ 和 t_{f}。为有效提高优化性能，对脉冲变轨时刻进行归一化处理。令 $\alpha_i=(t_i-t_0)/(t_{\mathrm{f}}-t_0)$，并限定 $\alpha_i\leqslant 1$。因此，最终优化变量 $\boldsymbol{x}$ 为

$$\boldsymbol{x}=(t_0,V_\infty,u,v,\alpha_1,\cdots,\alpha_n,\Delta\boldsymbol{v}_1,\cdots,\Delta\boldsymbol{v}_{n-2},t_{\mathrm{f}})^{\mathrm{T}} \tag{7.7.6}$$

总的速度增量作为第一个优化指标函数

$$\min f_1(\boldsymbol{x})=V_\infty+\sum_{i=1}^{n}|\Delta\boldsymbol{v}_i| \tag{7.7.7}$$

日心转移段飞行时间作为第二个优化目标函数

$$\min f_2(\boldsymbol{x})=t_{\mathrm{f}}-t_0 \tag{7.7.8}$$

约束主要考虑变轨时刻，满足的约束条件为

$$t_0\leqslant t_1<t_2\cdots<t_n\leqslant t_{\mathrm{f}} \tag{7.7.9}$$

式(7.7.6)～式(7.7.9)构成了基本的小行星探测交会轨道多目标优化模型。该模型可根据实际任务进行一定的扩充，如考虑由于小推力最大值所限制的转移时间和速度增量之间的约束条件；若地球逃逸速度由运载系统提供，V_∞ 在一定约

束范围内,可不体现在优化目标函数内。

2. 优化算法

本节研究的问题是一个多目标优化问题,第 4 章已经对各种多目标优化算法进行了评述。为了有效地获得 Pareto 解集,可采用多目标进化算法求解该类问题。对主流的多目标进化算法包括 NSGA-Ⅱ、SPEA-Ⅱ、PESA-Ⅱ和 MOPSO 等进行了简单测试对比,发现 NSGA-Ⅱ算法求解效果最好。因此,在算例中采用 NSGA-Ⅱ,该算法在其他航天器轨迹多目标优化研究中已经得到了很好应用。

7.7.3 算例分析

为了验证算法有效性,选择多颗小行星进行测试。这里给出两颗小行星的具体结果。表 7.7.1 给出了小行星的轨道要素(日心黄道坐标系)。地球轨道按照星历表 DE405 选取。NSGA-Ⅱ算法群体规模为 200,最大进化代数为 300。表 7.7.2 给出了设计变量的上下限区间。对于每颗小行星,分别测试脉冲数目为 2、3 和 4 的三个工况。考虑多目标进化算法的随机性,对每个工况均随机运行 50 次,所有的 Pareto 最优解放在一起进行评价,重复的和劣解被剔除,更改后的 Pareto 解作为最终解。

表 7.7.1　小行星轨道要素

轨道要素	1	2
小行星名称	1999YR14	2340
半长轴 a/AU	1.65365126892224	0.84421076388332195
偏心率 e	0.40069261757759106	0.44975834146342486
轨道倾角 i/(°)	3.7221930161441943	5.8547882390182853
升交点经度 Ω/(°)	3.1338963493744654	211.50460158030430
近日点角距 ω/(°)	9.4143875285008676	39.994195753797953
平近点角 M/(°)	114.73402134869427	240.44827444641544
历元时刻(MJD2000)	3255.0000	3255.000000

表 7.7.2　优化变量上下限区间

变　量	上下限区间	单　位
t_0	[4000,10000]	MJD2000
V_∞	[0,5]	km/s
u	[0,1]	n/a
ν	[0,1]	n/a
$\alpha_i(i=1,2,\cdots,n)$	[0,1]	n/a
$\Delta v_i^x,\Delta v_i^y,\Delta v_i^z(i=1,2,\cdots,n-2)$	[−4,4]	km/s
t_f	[100,1500]	d

图 7.7.1 和图 7.7.2 分别给出了两颗小行星的 2 脉冲、3 脉冲和 4 脉冲解前沿最优性对比。图 7.7.1 和图 7.7.2 清晰地揭示出燃料消耗和转移时间之间的关系，对于任务设计具有较好的参考价值。同时两颗小行星 Pareto 最优前沿表现出不同的特性。对第二颗小行星，当转移时间在 100～130d 范围变化时，燃料消耗随转移时间增加减少比较明显，在其他时间段则变化非常缓慢，因此 Pareto 最优

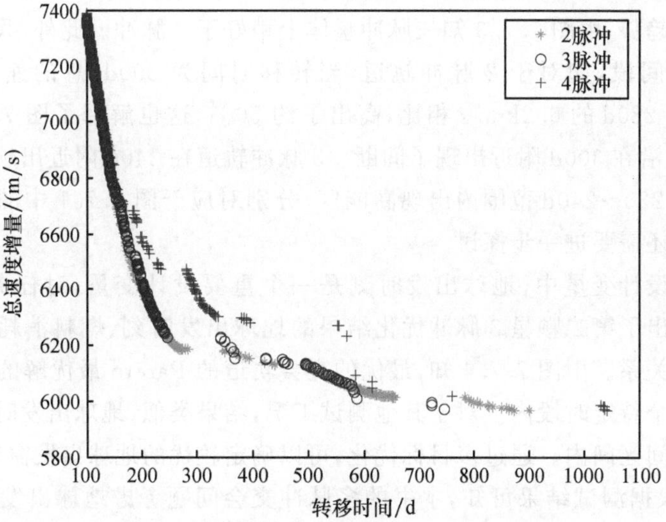

图 7.7.1　Pareto 前沿对比(第一颗星)

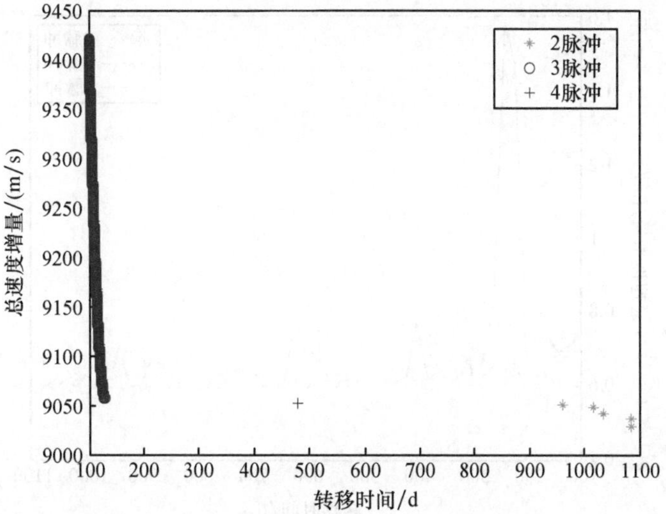

图 7.7.2　Pareto 前沿对比(第二颗星)

解主要集中在 100～130d 较窄的区间内。而对第一颗星，当转移时间在 100～900d 区间内增加时，燃料消耗均有明显下降，因此 Pareto 最优解遍布区间范围较广，但是存在一些间断。

图 7.7.1 和图 7.7.2 揭示了脉冲次数对燃料消耗的影响。整体而言，脉冲数目对燃料消耗影响不大，由图 7.7.1 知 3 脉冲稍好于 2 脉冲，4 脉冲最差。对于第一颗星，固定转移时间，单独做燃料最优优化，图 7.7.3 给出了总速度增量随转移时间的变化趋势，由图 7.7.3 知三脉冲整体上稍好于 2 脉冲。此外，我们发现存在着高能区时间段，如对于 2 脉冲轨道，当转移时间为 300d，总的速度增量约为 9.5km/s，同 280d 的 6.2km/s 相比，高出了约 50％，这也解释了图 7.7.1 中 2 脉冲 Pareto 前沿在 300d 附近出现了间断。3 脉冲轨道在 240d 附近出现了高能区，4 脉冲轨道在 220～240d 范围内出现高能区，分别对应于图 7.7.1 中的间断区。高能区的原因还需要进一步探讨。

在所有设计变量中，地球出发时刻是一个重要设计变量，对任务影响较大。图 7.7.4 给出了第二颗星 3 脉冲优化结果的地球出发时刻、燃料消耗和转移时间三者之间的关系。由图 7.7.4 知，最优的交会轨道的 Pareto 最优解的地球出发时刻集中于某个特定时段内。对于其他测试工况，结果类似，地球出发时刻集中于一个或几个时间区间内。通过多目标优化，可以确定较优的地球出发窗口。

此外，根据测试结果可知，本书的多脉冲交会问题考虑地球出发时机和出发速度的选择问题，相对于一般意义的多脉冲交会问题，其优化求解的难度更大。图 7.7.5 给出了不加任何处理的 50 次优化各自的 Pareto 解集的前沿分布（第一

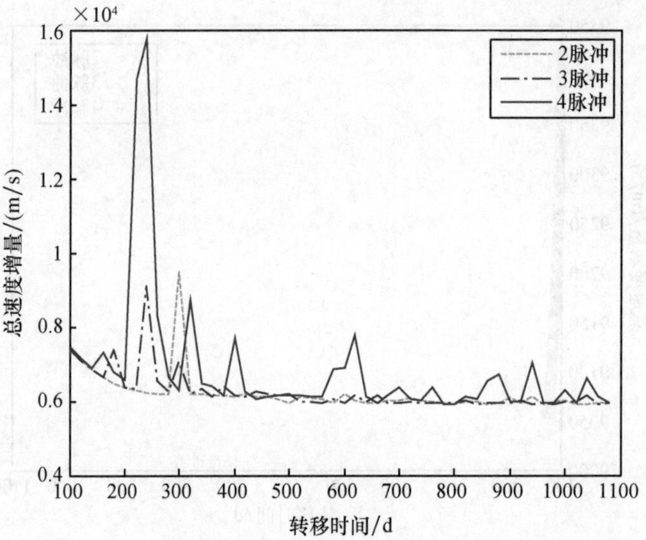

图 7.7.3 燃料最优解的转移时间和速度增量之间的关系

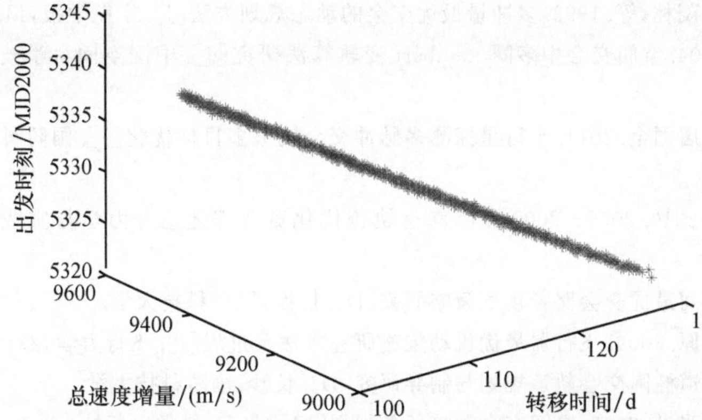

图 7.7.4　速度增量、转移时间和地球出发时刻三者之间的关系

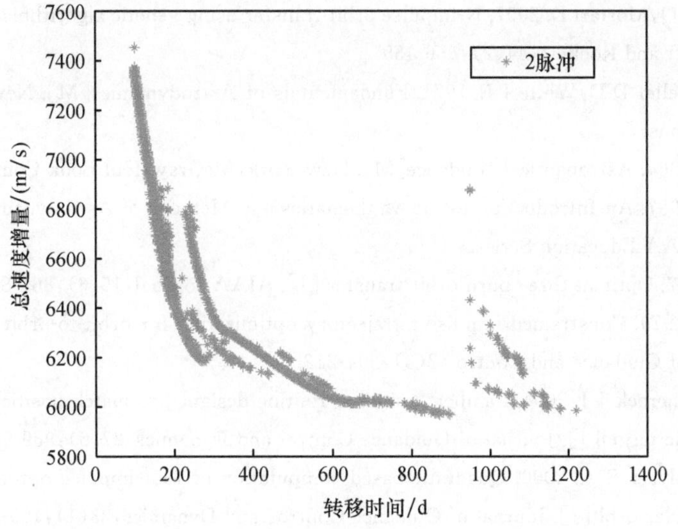

图 7.7.5　50 次运算所有解的前沿分布(第一颗星、二脉冲)

颗星二脉冲结果),显然有很多解并非是真正的 Pareto 前沿,这说明算法并非每次运行均能有效地获得 Pareto 最优解,问题求解具有较大的难度,优化算法的性能尚需进一步改进。

50 次运算在 CPU 3.0G 计算机上的运行时间约为 6min,多目标优化求解可以快捷地揭示星际转移轨道的出发窗口、燃料消耗、转移时间、脉冲次数等任务总体特征参数之间的关系和特性,对小行星探测任务设计具有较好的应用价值。

参 考 文 献

陈长青,解永春. 2008. 最优冲量交会的研究进展[J]. 空间控制技术与应用,34(6):18-23.

谌颖，黄文虎，倪茂林，等. 1993. 多冲量最优交会的动态规划方法[J]. 宇航学报，14(2)：1-7.
韩潮，谢华伟. 2004. 空间交会中多圈 Lambert 变轨算法研究[J]. 中国空间科学技术，24(5)：9-13.
李九天，罗亚中，唐国金. 2011. 小行星探测多脉冲交会轨道多目标优化[J]. 国防科技大学学报，33(3)：5-9.
李俊峰，祝开建. 2010. 2005—2009 国际深空轨迹优化竞赛综述[J]. 力学与实践，32(4)：130-137.
罗亚中. 2007. 空间最优交会路径规划策略研究[D]. 长沙：国防科技大学.
潘雷，谷良贤，高原. 2009. 飞行器最优机动策略研究方法及进展[J]. 飞行力学，27(4)：5-8,13.
谭丽芬. 2011. 赤道椭圆交会轨道规划与制导研究[D]. 长沙：国防科技大学.
唐国金，罗亚中，张进. 2008. 空间交会对接任务规划[M]. 北京：科学出版社.
杨嘉墀. 1995. 航天器轨道动力学与控制(上)[M]. 北京：宇航出版社.
杨嘉墀. 2002. 航天器轨道动力学与控制(下)[M]. 北京：宇航出版社.
Abedelkhalik O, Mortari D. 2007. N-impulse orbit transfer using genetic algorithms[J]. Journal of Spacecraft and Rockets, 44(2): 456-459.
Bate R R, Mueller D D, White J E. 1971. Fundamentals of Astrodynamics[M]. New York: Dover Publications.
Battin R H. 1964. Astronautical Guidance[M]. New York: McGraw-Hill Book Company.
Battin R H. 1987. An Introduction to the Mathematics and Methods of Astrodynamics [M]. New York: AIAA Education Series.
Belts J T. 1977. Optimal three burn orbit transfer [J]. AIAA Journal, 15(6): 861-864.
Brusch R G. 1979. Constrained impulsive trajectory optimization for orbit-to-orbit transfer [J]. Journal of Guidance and Control, 2(3): 204-212.
Burns S P, Scherock J J. 2004. Lambert guidance routine designed to match position and velocity of ballistic target[J]. Journal of Guidance Control and Dynamics, 27(6): 989-996.
Carter T E, Alvaez S A. 2000. Quadratic-based computation of four-impulse optimal rendezvous near circular orbit[J]. Journal of Guidance Control, and Dynamics, 23(1): 109-117.
Carter T E. 2000. Necessary and sufficient conditions for optimal impulsive rendezvous with linear equations of motion [J]. Dynamics and Control, 10: 219-227.
Colasurdo G, Pastrone D. 1994. Indirect optimization method for impulsive transfers [C]. AIAA Paper 1994-3762.
Engels R C, Junkins J L. 1981. The gravity-perturbed lambert problem: A KS variation of parameters approach [J]. Celestial Mechanics, 24: 3-21.
Gao Y. 2007. Near-optimal very low-thrust earth-orbit transfers and guidance schemes [J]. Journal of Guidance, Control, and Dynamics, 30(2): 529-539.
Gao Y, Kluever C A. 2005. Analytic orbital averaging technique for computing tangential-thrust trajectories [J]. Journal of Guidance, Control, and Dynamics, 28(6): 1320-1323.
Gao Y, Li X. 2010. Optimization of low-thrust many-revolution transfers and lyapunov-based

guidance [J]. Acta Astronautica, 66(1-2): 117-129.

Gedeon G S. 1965. A practical note on the use of lambert's equation [J]. AIAA Journal, 3(1): 149-150.

Glandorf D R. 1969. Lagrange multipliers and the state transition matrix for coasting arcs[J]. AIAA Journal, 7(2): 363-367.

Gobetz F W, Doll J R. 1969. A survey of impulsive trajectories [J]. AIAA Journal, 7(5): 801-834.

Gooding R H. 1990. A procedure for the solution of Lambert's orbital boundary-value problem [J]. Celestial Mechanics and Dynamical Astronomy, 48(2): 145-165.

Gross L R, Prussing J E. 1974. Optimal multiple-impulse direct ascent fixed-time rendezvous[J]. AIAA Journal, 12(7): 885-889.

Gruver W A, Engersbach N H. 1974. Nonlinear programming by projection-restoration applied to optimal geostationary satellite positioning [J]. AIAA Journal, 12(12): 1715-1720.

Haufler B R, Jezewski D J, Mulder T A. 1993. Operational constraints in optimal, impulsive, rendezvous trajectories [C]. AAS Paper 93-140, AAS/AIAA Spaceflight Mechanics Meeting, Pasadena, CA.

Hazelrigg G A. 1970. Analytic Determination of the adjoint vectors for optimum space trajectories [J]. Journal of Spacecraft and Rockets, 7(5): 1200-1207.

Hazelrigg G A. 1971. Optimal interplanetary trajectories for chemically propelled spacecraft [J]. Journal of Spacecraft and Rockets, 8(9): 915-919.

Hohmann W. 1925, Die Erreichbarheit der Himmelskorper[M]. Munich: Oldenbourg.

Hughes S P, Mailhe L M, Guzman J J. 2003. A comparison of trajectory optimization methods for the impulsive minimum fuel rendezvous problem [J]. Advances in the Astronautical Sciences, 113: 85-104.

Huntington G T. 2007. Advancement and Analysis of a Gauss Pseudospectral Transcription for Optimal Control Problems[D]. Massachusettes: Massachusettes Institute of Technology.

Izzo D, Becerra V M, Myatt D R, et al. 2007. Search space pruning and global optimisation of multiple gravity assist spacecraft trajectories[J]. Journal of Global Optimization, 38(2): 283-296.

Jezewski D J. 1972. Optimal analytic multiburn trajectories [J]. AIAA Journal, 10(5): 680-686.

Jezewski D J. 1976. K/S Two-point-boundary-value problems[J]. Celestial Mechanics, 14: 105-111.

Jezewski D J. 1980. Primer vector theory applied to the linear relative-motion equations [J]. Optimal Control Applications and Methods, 1: 387-401.

Jezewski D J. 1992. Optimal rendezvous trajectories subject to arbitrary perturbations and constraints [C]. AIAA Paper 92-4507-CP, AIAA/AAS Astrodynamics Specialist Conference, Hilton Head, S. C.

Jezewski D J, Rozendaal H L. 1968. An efficient method for calculating optimal free-space N-impulse trajectories [J]. AIAA Journal, 6(11): 2160-2165.

Johnson I L. 1969. Impulsive orbit transfer optimization by an accelerated gradient method [J]. Journal of Spacecraft and Rockets, 6(3): 630-632.

Kara-Zaïtri M, Arzelier D, Louembet C. 2010. Mixed iterative algorithm for solving optimal impulsive time-fixed rendezvous problem[C]. AIAA Paper 2010-7595, AIAA Guidance, Navigation, and Control Conference, Toronto, Ontario Canada.

Kim Y H, Spencer D B. 2002. Optimal spacecraft rendezvous using genetic algorithms [J]. Journal of Spacecraft and Rockets, 39(6): 859-865.

Kriz J. 1976. A uniform solution of the lambert problem[J]. Celestial Mechanics, 14(4): 509-513.

Lancaster E R, Blanchard R C, Devaney R A. 1966. A note on Lambert's theorem [J]. Journal of Spacecraft and Rockets, 3(9): 1436-1438.

Lawden D F. 1963. Optimal Trajectories for Space Navigation[M]. London: Butter Worths.

Lee S, von Allmen P, Fink W, et al. 2005. Design and optimization of low-thrust orbit transfers [C]. IEEE Aerospace Conference Proceedings.

Lion P M, Handelsman M. 1968. Primer vector on fixed-time impulsive trajectories [J]. AIAA Journal, 6(1): 127-132.

Liu F C, Plexico L D. 1982. Improved solution of optimal impulsive time-fixed rendezvous [J]. Journal of Spacecraft and Rockets, 19(6): 521-528.

Luo Y Z, Tang G J, Lei Y J, et al. 2007. Optimization of multiple-impulse multiple-revolution rendezvous phasing maneuvers[J]. Journal of Guidance, Control and Dynamics, 30(4): 946-952.

Luo Y Z, Zhang J, Li H Y, et al. 2010. Interactive optimization approach for optimal impulsive rendezvous using primer vector and evolutionary algorithms [J]. Acta Astronautica, 67(2): 396-405.

Marchal C. 1965. Transferts optimaux entre orbits elliptiques coplanaires[J]. Astronautica Acta, 11(6): 432-435.

Marec J P. 1979. Optimal Space Trajectories[M]. New York: Elsevier.

McCue G A. 1963. Optimum two-impulse orbital transfer and rendezvous between inclined elliptical orbits [J]. AIAA Journal, 1(8): 1865-1872.

Nelson S L, Zarchan P. 1992. Alternative approach to the solution of Lambert's problem [J]. Journal of Guidance, Control and Dynamics, 15(4): 1003-1009.

Pontan M. 2009. Simple method to determine globally optimal orbital transfers [J]. Journal of Guidance, Control and Dynamics, 32(3): 899-914.

Prussing J E. 1969. Optimal four-impulse fixed-time rendezvous in the vicinity of a circular orbit [J]. AIAA Journal, 7(5): 928-935.

Prussing J E. 1970. Optimal two- and three-impulse time-fixed rendezvous in the vicinity of a circular orbit [J]. AIAA Journal, 8(7): 1221-1228.

Prussing J E. 1995. Optimal impulsive linear systems: Sufficient conditions and maximum number of impulses[J]. The Journal of the Astronautical Sciences, 43(2): 195-206.

Prussing J E. 2000. A class of optimal two-impulse rendezvous using multiple-revolution Lambert solutions[J]. The Journal of the Astronautical Sciences,48(2):131-148.

Prussing J E,Chiu J H. 1986. Optimal multiple-impulse time-fixed rendezvous between circular orbits [J]. Journal of Guidance Control and Dynamics,9(1):17-22.

Sandrik S L. 2006. Primer-Optimized Results and Trends for Circular Phasing and Other Circle-to-circle Impulsive Coplanar Rendezvous [D]. Urbana IL:University of Illinois at Urbana-Champaign.

Shen H J,Tsiotras P. 2003. Optimal two-impulse rendezvous using multiple-revolution Lambert solutions [J]. Journal of Guidance Control and Dynamics,26(1):50-61.

Small H W. 1976. Global optimal coplanar orbit transfers[C]. AIAA Paper 76-0793.

Stanton S A. 2003. Optimal Orbit Transfer Using a Legendre Pseudospectral Method [D]. Massachusetts:Massachusetts Institute of Technology.

Stiefel E L,Scheifele G. 1971. Linear and Regular Celestial Mechanics[M]. New York:Springer-Verlag.

Sun F T. 1981. A new treatment of lambertian mechanics [J]. Acta Astronautica,8(2):105-122.

Thore J D,Bain R D. 1995. Series reversion/inversion of Lambert's time function[J]. The Journal of the Astronautical Sciences,43(3):277-287.

Vallado D A. 2001. Fundamentals of Astrodynamics and Applications [M]. 2nd ed. Segundo CA:Microscosm Press.

Vaughan R M. 1983. An Improvement of Gauss' Method for Solving Lambert's Problem [D]. Massachusetts:Massachusetts Institute of Technology.

Vinko T,Izzo D. 2008. Global optimization heuristics and test problems for preliminary spacecraft trajectory design[R]. ACT Technical Report,ACT-TNT-MAD-GOHTPPSTD.

Volk O. 1980. Johann heinrich Lambert and the determination of orbits for planets and comets [J]. Celestial Mechanics and Dynamical Astronomy,21(2):237-250.

第 8 章　空间有限推力最优轨道机动

空间轨道机动问题，可划分为脉冲机动和有限推力机动两种形式。第 7 章介绍了空间最优脉冲轨道机动方法，本章结合 5 类典型有限推力机动问题，阐述有限推力最优轨道机动求解方法。首先给出一类是近地有限推力轨道转移问题，第二类是星际小推力轨道转移问题，第三类是有限推力最优线性交会问题，第四类是小推力最优非线性交会问题，最后一类是月面再入问题。对于每类问题，分析比较了典型的间接方法、直接方法和不同优化算法的效果。

8.1　有限推力最优轨道机动研究概述

空间飞行器最优轨道机动问题一直是轨迹优化研究的热点。轨道机动设计通常基于脉冲推力假设，对于推力较大、变轨时间又比较短的情况，这种假设是适用的。然而在工程实际中，任何发动机的推力都是有限的，且不能瞬时提供。除少数高推力发动机可以用脉冲推力近似外，其他小推力发动机及中等推力水平发动机的推进作用都应视为有限推力的情况。随着空间活动的日益频繁，有限推力或小推力发动机因比冲高、体积小和多次点火等优点，在运载火箭上面级、卫星和星际探测器完成长时间空间飞行任务中越来越受到重视。

有限推力轨道机动问题是轨迹优化理论发展与应用最为蓬勃的领域，应用于轨迹优化领域的间接法和直接法多是以该类问题为背景开展研究的，此外混合算法、线性规划算法等也在有限推力最优轨道机动问题求解中得到广泛应用。

8.1.1　间接方法

20 世纪 60 年代初期，Edelbaum(1962)、Melboure(1962)、Lawden(1963)和 Gobetz(1964)开始研究最省燃料的有限推力变轨问题。主要通过变分法和极大值原理将有限推力最优轨道机动问题转化为两点边值问题，但相应的两点边值问题难以求解。Kelley(1962)采用梯度方法求解两点边值问题，Melbourne 等(1965)、Handelsman(1966)、Kern 等(1969)、Hazelrigg 等(1969)、Redding 等(1984)均采用打靶法求解两点边值问题。McCue(1967)采用拟线性化方法。这些方法为达到收敛，均要求较为准确的初始点预估。另外一个求解两点边值问题的方法是由 Dickmanns 等(1975)提出的采用分段 Hermite 三次贝塞尔函数，该方法可以避免打靶法的初始敏感性，不需要精确的初始解，该方法即是后来应用非常广泛的配点法的原始思想。最近，Majji 等(2009)利用拉格朗日隐式函数定理改进了两点边值问题的打靶法,并应用于轨道转移问题。Hanson 等(1997)研究了有多个推力弧段的轨迹优化问题,在每个推力弧段上分别求解两点边值问题。荆武兴等(1998)提出了基于交会概念的最省燃料异面有限推力最优轨道转移方法。

采用间接方法求解固定时间轨道转移问题时,由于奇异弧的控制不易确定,为燃料最优解的获得带来了困难(Haberkorn et al.,2004;岳新成等,2008)。针对该问题,人们提出了一系列解决方法。Martinon 等(2007)假设不存在奇异弧,即切换函数仅存在孤立零点,应用二分法检测切换点,提高了打靶法的收敛性和运行时间。Xu(2007)基于考虑地球扁率摄动、大气摄动的动力学模型,提出了一种基于振荡频率分析称为采样法的切换算法,提高运算速度和切换点的精确度,同时滑行段的切换时间可以作为优化参数。另一种避免奇异性的方法是在性能指标中引入能量指标从而消除切换函数的奇异性,常用的方法是同伦方法。Haberkorn 等(2004)研究了基于改进春分点轨道根数的轨道动力学方程燃料最优的同伦方法,Gergaud 等(2006)进一步研究了以位置、速度表示的运动学方程形式。岳新成等(2008)应用间接法研究了时间固定下的能量、燃料以及能量-燃料最优轨道转移控制问题,并尝试在数值上对这三种形式的最优轨道转移作比较。

求解两点边值问题的一个重要问题是初始协态变量的预估技术。王小军等(1995)对固定推力最优转移问题的优化过程进行了推导,分析了各种初始轨道、目标轨道情况下的边值条件,讨论了如何利用初积分降阶,并进行自由初值变量的选择。Seywald 等(1996)利用最优脉冲变轨结果作为有限推力轨道优化的初始猜测,并通过有限差分法寻找协态变量初值。Yan 等(1999)将协态变量表示为一阶 Taylor 级数展开式,进而利用控制猜测了协态变量初值,应用于最优轨道转移问题。Minter 等(2005)提出了一类鲁棒算法用于初始协态变量的逼近。刘滔等(2008)指出了该算法在求解最优轨道机动问题时存在对部分边值条件无法收敛的缺陷,提出了以误差修正为理论基础的改进方法。Igarashi 等(2005)采用进化策略预估协态变量初始值。Lee 等(2009)提出了一种新的螺旋形轨道协调变量初始值估计技术。伪谱法的一个重要优势是能够获得协调变量状态过程,Fahroo 等(2001)提出计算协态变量的 Legendre 伪谱法,可以用来验证直接方法结果的最优性。

人们采用间接方法广泛研究了有限推力最优交会问题。有限推力最优交会问题的求解难度显著高于脉冲最优交会问题,因此其研究多是采用线性交会方程,应用 C-W 方程比较广泛。Carter(1984)于 20 世纪 80 年代初研究了邻近圆轨道的固定推力大小的有限推力最优交会,用 C-W 方程描述两个航天器的相对运动,基于极大值原理得到关于最优解的两点边值问题,指出最优推力曲线是由最大推力弧段和滑行段组成的,在一个轨道周期内其数目不超过 7 段。其后,Carter 和他的合作者在有限推力最优交会研究方面取得了系统成果,相关综述工作可参阅唐国金等(2008)的文献。谌颖等(1998)研究了在常推力作用下,两个航天器的固定时间最省燃料交会问题，给出了航天器的最优推力弧段的几个性质。Guelman 等(2001)研究了推力上界约束，以及最后交会逼近方向约束的固定时间最省燃料小推力交会问题，基于极大值原理提出了一个二步求解算法。不同于采用线性方程研究有限推力最优交会，Kechichian(1996)研究了采用春分点轨道要素动力学方程的小推力最优交会问题，给出了基于间接法的固定推力大小时间最短交会分析方法。

8.1.2 直接方法

有限推力轨迹优化问题的直接方法研究也具有相当长的历史。最早应用的方法是直接打靶法，将控制变量过程由少数参数表示，显式积分状态方程。真正意义上的直接方法研究是 Johnson(1969)，所提出的方法采用 Chebyshev 多项式表示控制和状态变量历史，使用积分型罚函数处理动力学方程约束，然后将最优控制问题转化为无约束极小值优化问题，采用参数优化方法求解。Johnson 以此方法为基础，在 20 世纪 60 年代研制了轨迹优化软件 CHEBYTOP(Chebyshev trajectory optimization program)，后来不断升级改进，直到今天该软件仍广泛应用于小推力轨迹优化。Hargraves 等(1981)对此方法进行了推广与改进，这一研究思想即是后来配点法的原型。

Hargraves 等(1987)系统阐述了配点法，将其应用到拦截弹最短时间上升和上面级最大质量入轨问题，基于该算法开发了轨迹优化软件 OTIS，随后配点法在众多领域中得到了推广应用。Enright 等(1991)改进了滑行段处理方法，采用解析方法进行轨道计算，利用配点法解决了最优有限推力轨道转移和轨道交会问题。Enright 等(1992)改进了配点法，发展了非线性规划问题的 Runge-Kutta 并行打靶框架，可以有效减少非线性规划问题的规模。Herman(1995)提出了高阶配点法，Herman 等(2002)采用高阶配点法求解了各类型地球轨道转移问题。Tang 等(1995)采用配点法求解了小推力星际轨道转移问题。王华等(2003)采用配点法研究了固定推力大小的最优线性交会问题。潘伟等(2009)针对有限推力航天器轨迹由最大推力弧和零推力弧构成这一特点，分别采用不同模型进行建模，并解决了配置过程中的区间划分问题，提出了双模型配点法，该方法易于引入各种摄动因素的影响，同时构造的问题变量较少。Subbarao 等(2009)利用遗传算法和打靶法为配点法预估初始点，从而构造一类混合算法。

最近 10 多年，作为配点法的一类，伪谱方法则因其较少的参数和较高的精度的优势，被认为具有应用于实际系统实时最优控制问题的潜力，在运载火箭上升段、编队飞行、轨道转移等各类轨迹优化问题中得到了大量应用。Stanton(2003)系统研究了基于 Legendre 伪谱法的轨道转移问题优化方法，考虑 J2 摄动因素，分别研究了脉冲和有限推力形式。Williams(2004)提出雅可比多项式伪谱法，基于小推力地球火星轨道转移问题测试了算法效率。涂良辉等(2008)研究了有限推力最优轨道转移问题的伪谱方法，基于 MATLAB 语言的 SNOPT 软件包对参数最优化问题进行求解。李顺利等(2008)应用微分形式的 Gauss 伪谱方法求解了轨道提升、大倾角改变与轨道形状改变三类轨道转移优化问题。

不同于直接打靶法、配点法和伪谱法，研究小推力转移轨道的另外一类直接方法是设定推力变化制导律(通常是解析表达式)，通过对制导律参数的优化，完成转移轨道设计优化，相关研究包括 Ilgen(1993)、Kluever(1998)、Gefert 等(1999)、Chang 等(2001)、Petropoulos(2003，2005)，这些方法的优点是可保证在迭代过程所产生的解是可行解，减少了优化的难度，可以方便用于多目标最优轨道的设计优化(Lee 等，2005)，不足之处是限定搜索域，所得到解并非是全局最优解。

8.1.3　其他方法

相对于直接方法和间接方法，另外一类广泛应用的方法是混合方法，所谓混合法就是采用非线性优化方法求解两点边值问题。混合法在间接法的基础上，将两点边值问题转化为针对协态变量初值等未知量的参数优化问题，从而降低了数值计算对初值的敏感性；另外，混合法在本质上并未脱离庞特里亚金极大值原理的框架，且不必作类似直接法的离散化处理，故解的最优性和连续性可以得到保证。

Zondervan 等(1984)采用混合法求解了三次点火大异面轨道转移问题。Ilgen(1987)采用混合法求解了小推力轨道转移问题。Kluever 等(1994)采用混合方法求解地月轨道转移问题。王明春等(1992)采用变尺度算法求解混合法确定的非线性规划问题。Gao 等(2004)采用混合法求解小推力星级轨道转移问题。梁新刚等(2006)利用混合法求解有限推力异面最优轨道转移问题。任远等(2007)采用一类退火遗传算法求解混合法确定的非线性规划问题，应用于定常推力幅值地球-木星轨道转移问题。胡正东(2009)采用混合方法求解了对地打击最优轨道规划问题，结合遗传算法和序列二次规划算法的串行策略用于求解非线性规划问题。

不同于传统的间接法和直接法，Ulybyshev(2007)提出了一个应用于轨道转移问题的线性规划方法，该方法虽然增加了优化变量数目，但是该方法将非线性连续推力轨道转移问题转化为经典的线性规划问题，求解效率和可靠性得到了保证。

8.2　固定推力地球轨道转移问题

近地轨道转移问题是具有显著实际应用价值的一类有限推力轨道转移问题。本节介绍采用间接方法的固定推力共面变轨优化方法，并和直接方法的优化结果进行了对比。

间接方法应用中主要的困难是没有物理意义的协态变量初值的选取，而方程是严重非线性的，收敛性依赖于初值的精确选取，因此，如何将自由初值转化为一些有意义的物理变量，以及在计算过程根据可能的最优结果进行一些有效的处理是一项重要工作。本节介绍王小军等(1995)提出的初值处理方法，并应用于固定推力共面变轨中。

8.2.1 两点边值问题

利用参考半径 r_{ref}、参考时间 $\sqrt{r_{ref}/g_{ref}}$(g_{ref} 为 r_{ref} 处的引力加速度)及初始质量 m_0，将方程无量纲化，可以得到平方反比引力场中的无量纲动力学方程：

$$\begin{cases}\dfrac{dr}{d\tau}=V\sin\gamma \\ \dfrac{d\theta}{d\tau}=\dfrac{V\cos\gamma}{r} \\ \dfrac{dV}{d\tau}=-\dfrac{\sin\gamma}{r^2}+G\dfrac{\cos\alpha}{m} \\ \dfrac{d\gamma}{d\tau}=\left(\dfrac{V^2}{r}-\dfrac{1}{r^2}\right)\dfrac{\cos\gamma}{V}+G\dfrac{\sin\alpha}{mV} \\ \dfrac{dm}{d\tau}=-G\dfrac{1}{V_e}\end{cases} \tag{8.2.1}$$

式中，r、θ、V、γ、m 分别为质心距、极角、速度、飞行迹角和质量；V_e 为发动机比冲；$G=T/(m_0 g_{ref})$，T 为发动机推力，r_{ref} 一般取为地球半径，则 G 就是初始推重比；α 为攻角。

优化的目标是燃料消耗 m_p 最小，与入轨质量 $m(\tau_f)$ 最大是等价的，攻角 α 为需要优化的控制参数。

由方程(8.2.1)知，引入哈密顿函数

$$\begin{aligned}H=&\lambda_r V\sin\gamma+\lambda_\theta\frac{V\cos\gamma}{r}+\lambda_V\left(-\frac{\sin\gamma}{r^2}+G\frac{\cos\alpha}{m}\right)\\&+\lambda_r\left[\left(\frac{V^2}{r}-\frac{1}{r^2}\right)\frac{\cos\lambda}{V}+G\frac{\sin\alpha}{mV}\right]-\lambda_m G\frac{1}{V_e}\end{aligned} \tag{8.2.2}$$

其中，λ_r、λ_θ、λ_V、λ_r、λ_m 为状态变量相应的协态变量，由极大值原理，沿最优飞行轨迹应该满足以下微分方程：

$$\begin{cases}\dfrac{d\lambda_r}{d\tau}=\lambda_\theta\dfrac{V\cos\gamma}{r^2}+\lambda_r\left(\dfrac{V^2}{r^2}-\dfrac{2}{r^3}\right)\dfrac{\cos\gamma}{V}-\lambda_V\dfrac{2\sin\gamma}{r^3} \\ \dfrac{d\lambda_\theta}{d\tau}=0 \\ \dfrac{d\lambda_V}{d\tau}=-\lambda_r\sin\gamma-\lambda_\theta\dfrac{\cos\gamma}{r}-\left[\left(\dfrac{1}{r}+\dfrac{1}{r^2V^2}\right)\cos\gamma-\dfrac{G\sin\alpha}{mV^2}\right] \\ \dfrac{d\lambda_\gamma}{d\tau}=-\lambda_r V\cos\gamma+\lambda_\theta\dfrac{V}{r}\sin\gamma+\lambda_V\dfrac{1}{r^2}\cos\gamma+\lambda_r\left(\dfrac{V^2}{r}-\dfrac{1}{r^2}\right)\dfrac{\sin\gamma}{V} \\ \dfrac{d\lambda_m}{d\tau}=\dfrac{G}{m^2}\left(\lambda_V\cos\alpha+\lambda_r\dfrac{\sin\alpha}{V}\right)\end{cases} \tag{8.2.3}$$

由最优控制必要条件：

$$\frac{\partial H}{\partial \alpha} = -\lambda_V G \frac{\sin\alpha}{m} + \lambda_r G \frac{\cos\alpha}{mV} = 0$$

得到

$$\alpha = \arctan \frac{\lambda_r}{\lambda_V V} \tag{8.2.4}$$

哈密顿函数 H 中不显含时间 τ，为自治系统，终点时间 τ_f 自由且性能指标和终端约束中均不显含 τ_f，故有

$$H(\tau_0) = H(\tau) = H(\tau_f) = 0 \tag{8.2.5}$$

由式(8.2.3)中$\frac{d\lambda_\theta}{d\tau}=0$ 得到

$$\lambda_\theta(\tau) = C_1 \tag{8.2.6}$$

根据式(8.2.1)、式(8.2.3)、式(8.2.4)，若已知状态变量、协态变量的初始值，就可通过数值积分得到问题的解。

8.2.2　边值条件分析

轨道约束的形式以轨道参数偏心率 e、能量 ζ、近地点幅角 ω 给出，它们和状态变量的关系为

$$e = \sqrt{1 + \upsilon(\upsilon - 2)\cos^2\gamma}, \quad \zeta = \frac{V^2}{2} - \frac{1}{r}, \quad \omega = \theta - \arctan\frac{p\tan\gamma}{p - r}$$

式中，$p=r^2V^2\cos^2\gamma$；$\upsilon=rV^2$。

初始轨道、目标轨道不同，相应的边值问题也是不同的。

1. 目标轨道为椭圆轨道

目标轨道参数为 e_f、ζ_f、ω_f，在终端状态变量应满足约束方程

$$\begin{cases} \Psi_1(\tau_f) = \sqrt{1 + \upsilon(\tau_f)[\upsilon(\tau_f) - 2]\cos^2\gamma(\tau_f)} - e_f = 0 \\ \Psi_2(\tau_f) = \dfrac{1}{2}V^2(\tau_f) - \dfrac{1}{r(\tau_f)} - \zeta_f = 0 \\ \Psi_3(\tau_f) = \theta(\tau_f) - \arctan\dfrac{p(\tau_f)\tan\gamma(\tau_f)}{p(\tau_f) - r(\tau_f)} - \omega_f = 0 \end{cases} \tag{8.2.7}$$

则终端横截条件为

$$\lambda_r(\tau_f) = \upsilon_1 \frac{\partial \Psi_1}{\partial r(\tau_f)} + \upsilon_2 \frac{\partial \Psi_2}{\partial r(\tau_f)} + \upsilon_3 \frac{\partial \Psi_3}{\partial r(\tau_f)}, \qquad \lambda_\theta(\tau_f) = \upsilon_3$$

$$\lambda_V(\tau_f) = \upsilon_1 \frac{\partial \Psi_1}{\partial V(\tau_f)} + \upsilon_2 \frac{\partial \Psi_2}{\partial V(\tau_f)} + \upsilon_3 \frac{\partial \Psi_3}{\partial V(\tau_f)}, \quad \lambda_\gamma(\tau_f) = \upsilon_1 \frac{\partial \Psi_1}{\partial \gamma(\tau_f)} + \upsilon_3 \frac{\partial \Psi_3}{\partial \gamma(\tau_f)}$$

从中得到

$$\lambda_r(\tau_f)-\frac{1}{r^2(\tau_f)V(\tau_f)}\lambda_V(\tau_f)+\frac{1}{r(\tau_f)\tan\gamma(\tau_f)}\lambda_\theta(\tau_f)$$
$$+\frac{1}{r(\tau_f)\tan\gamma(\tau_f)}\left[1-\frac{1}{r(\tau_f)V^2(\tau_f)}\right]\lambda_\gamma(\tau_f)=0 \tag{8.2.8}$$

式(8.2.7)和式(8.2.8)一共是4个约束方程。

1) 初始轨道为椭圆轨道

轨道参数为e_0、ζ_0、ω_0，不限定变轨位置，则在初始时刻应满足约束：

$$\begin{cases}\Phi_1(\tau_0)=\sqrt{1+\upsilon(\tau_0)[\upsilon(\tau_0)-2]\cos^2\gamma(\tau_0)}-e_0=0\\ \Phi_2(\tau_0)=\dfrac{1}{2}V^2(\tau_0)-\dfrac{1}{r(\tau_0)}-\zeta_0=0\\ \Phi_3(\tau_0)=\theta(\tau_0)-\arctan\dfrac{p(\tau_0)\tan\gamma(\tau_0)}{p(\tau_0)-r(\tau_0)}-\omega_0=0\\ \Phi_4(\tau_0)=m(\tau_0)-1=0\end{cases} \tag{8.2.9}$$

初始时刻横截条件为

$$\lambda_r(\tau_0)=\mu_1\frac{\partial\Phi_1}{\partial r(\tau_0)}+\mu_2\frac{\partial\Phi_2}{\partial r(\tau_0)}+\mu_3\frac{\partial\Phi_3}{\partial r(\tau_0)},\quad \lambda_\theta(\tau_0)=\mu_3$$

$$\lambda_V(\tau_0)=\mu_1\frac{\partial\Phi_1}{\partial V(\tau_0)}+\mu_2\frac{\partial\Phi_2}{\partial V(\tau_0)}+\mu_3\frac{\partial\Phi_3}{\partial V(\tau_0)}$$

$$\lambda_\gamma(\tau_f)=\mu_1\frac{\partial\Phi_1}{\partial\gamma(\tau_0)}+\mu_3\frac{\partial\Phi_3}{\partial\gamma(\tau_0)},\quad \lambda_m(\tau_0)=\mu_4$$

得到和式(8.2.8)类似的关系：

$$\lambda_\theta(\tau_0)=-r(\tau_0)\tan\gamma(\tau_0)\lambda_r(\tau_0)+\frac{\tan\gamma(\tau_0)}{r(\tau_0)V(\tau_0)}\lambda_V(\tau_0)$$
$$-\left[1-\frac{1}{r(\tau_0)V^2(\tau_0)}\right]\lambda_\gamma(\tau_0) \tag{8.2.10}$$

由于式(8.2.3)关于协态变量的微分方程是线性齐次的，因而有一个协态变量的初值可任意确定(符号有要求)，不失一般性，取

$$\lambda_m(\tau_0)=1.0 \tag{8.2.11}$$

将式(8.2.10)、式(8.2.11)代入式(8.2.5)并和式(8.2.4)联立，得到

$$\lambda_\gamma(\tau_0)=\frac{V(\tau_0)}{V_e}\sin\alpha(\tau_0),\quad \lambda_V(\tau_0)=\frac{1}{V_e}\cos\alpha(\tau_0) \tag{8.2.12}$$

式(8.2.9)～式(8.2.12)4式一共8个方程，而未知的变量一共是11个(包括α)，有3个变量无法确定，假定为$\theta(\tau_0)$、$\alpha(\tau_0)$、$\lambda_\gamma(\tau_0)$，成为自由初值。终端有4个约束条件，其中一个作为积分终止条件(关机条件)，其他3个约束对应于3个自由初值，构成两点边值问题。

2) 初始轨道为圆轨道

轨道参数为ζ_0，则约束为

$$\begin{cases}\Phi_1(\tau_0)=r(\tau_0)+\dfrac{1}{2\zeta_0}=0, & \Phi_2(\tau_0)=V(\tau_0)-\sqrt{-2\zeta_0}=0\\ \Phi_3(\tau_0)=\gamma(\tau_0)=0, & \Phi_4(\tau_0)=m(\tau_0)-1=0\end{cases} \tag{8.2.13}$$

横截条件

$$\lambda_\theta(\tau_0)=0 \tag{8.2.14}$$

式(8.2.11)～式(8.2.14)总共 8 个方程，和前面一致，自由初值依然选为 $\theta(\tau_0)$、$\alpha(\tau_0)$、$\lambda_\gamma(\tau_0)$。

2. 目标轨道为圆轨道

轨道参数为 ζ_f，终端约束为

$$\psi_1(\tau_f)=r(\tau_f)+\frac{1}{2\zeta_f}=0,\quad \psi_2(\tau_f)=V(\tau_f)-\sqrt{-2\zeta_f}=0,$$

$$\psi_3(\tau_f)=\gamma(\tau_f)=0 \tag{8.2.15}$$

横截条件为

$$\lambda_\theta(\tau_f)=0$$

由式(8.2.6)得到

$$\lambda_\theta(\tau)=0,\quad \lambda_\theta(\tau_0)=0 \tag{8.2.16}$$

对目标轨道为圆轨道的情况，终端只有式(8.2.15)的 3 个约束条件。

1) 初始轨道为椭圆轨道

初始约束方程和式(8.2.9)完全一致，将式(8.2.16)代入式(8.2.10)得

$$\lambda_r(\tau_0)=\frac{-1}{r(\tau_0)\tan\gamma(\tau_0)}\left[1-\frac{1}{r(\tau_0)V^2(\tau_0)}\right]\lambda_\gamma(\tau_0)+\frac{1}{r^2(\tau_0)V(\tau_0)}\lambda_V(\tau_0) \tag{8.2.17}$$

这样，式(8.2.9)、式(8.2.11)、式(8.2.12)、式(8.2.16)、式(8.2.17)共有 9 个方程，自由初值为两个，选择 $\theta(\tau_0)$、$\alpha(\tau_0)$。

2) 初始轨道为圆轨道

初始轨道、目标轨道均为圆轨道时，位置 θ 在初始点和终端对其他变量的取值不产生影响且 $\lambda_\theta(\tau)=0$，因而 θ 和 λ_θ 可略去，剩下 9 个变量，式(8.2.11)、式(8.2.12)、式(8.2.13)一共 7 个方程，有两个自由初值，选为 $\alpha(\tau_0)$ 和 $\lambda_r(\tau_0)$。

8.2.3　算例分析

空间飞行器从 200km 高度轨道向 500km 高度轨道进行共面圆轨道之间的转移。初始质量 2300kg，比冲是 2800s，初始推重比为 0.102。迭代结果是 $\alpha(\tau_0)=1.0179$rad，$\lambda_r(\tau_0)=4.5984$ 和 $\tau_f=959.526$s，转移过程燃料消耗是 796.2kg，总的速度增量是 1191.5m/s。图 8.2.1 给出了最优攻角的变化曲线，图 8.2.2 给出了

速度变化曲线。

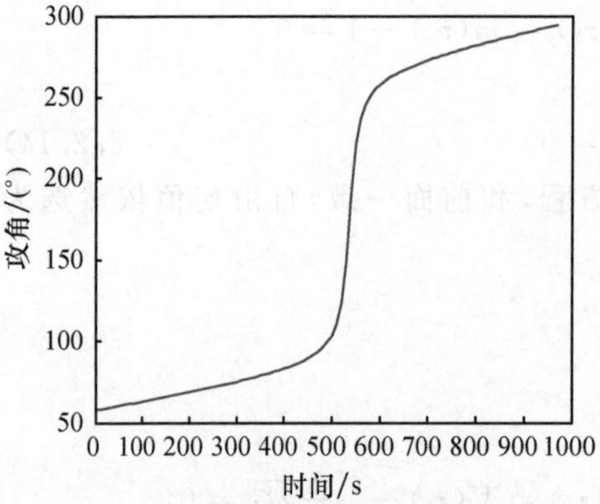

图 8.2.1 最优攻角变化曲线

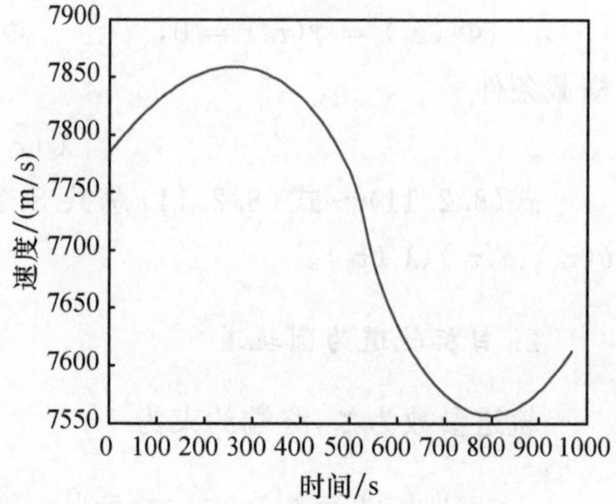

图 8.2.2 速度变化曲线

对于该问题,我们测试了直接打靶法的求解效果。攻角共离散为 n 个节点,在相邻两节点间采用线性插值。优化变量是$(\tau_f,\alpha_1,\alpha_2,\cdots,\alpha_n)$,优化算法采用序列二次规划算法。理论上节点数目越多,最优攻角曲线越接近于理论最优曲线,但实际上随着优化变量的数目的增加,算法的收敛性会变得差些,并不一定能得到更好解。当节点数目为 30 时得到一组解为 $\tau_f=970.1$s,转移过程燃料消耗是 797.8kg,总的速度增量是 1193.5m/s。同间接方法解基本一致。图 8.2.3 给出了直接打靶法得到最优攻角的变化曲线,图 8.2.4 给出了相应的速度变化曲线。

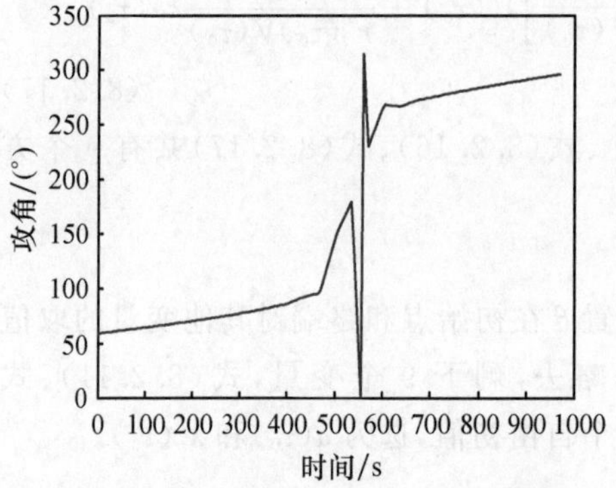

图 8.2.3 最优攻角变化曲线(直接打靶法)

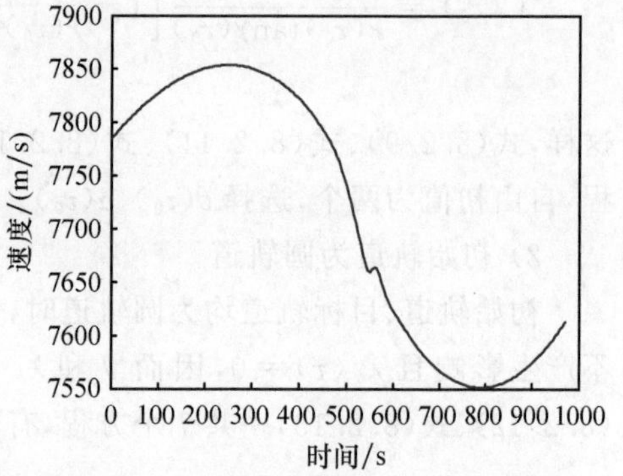

图 8.2.4 速度变化曲线(直接打靶法)

8.3 小推力火星探测最优轨道转移问题

小推力推进系统相对于传统的高推力推进系统能使得航天器小型化、运载火箭小型化和低成本化，显示出了良好的应用潜力。比较典型的小推力推进系统包括电推进系统、太阳帆推进系统等。相对于脉冲推力和大推力航天任务，小推力推进也为轨迹优化带来了诸多的挑战，是轨迹优化研究领域的一个持续热点问题。本节以一个典型的地球到火星小推力轨道转移问题为背景，阐述若干典型小推力轨迹优化方法。

8.3.1　小推力星际轨道转移问题

轨道转移包括绕行星不同轨道的转移、绕不同行星轨道之间的转移及绕行星轨道到绕天体轨道的转移等，小推力推进的一个重要应用领域是行星间轨道转移。本节研究的问题是地球到火星的轨道转移问题，该轨道转移示意图如图 8.3.1 所示。

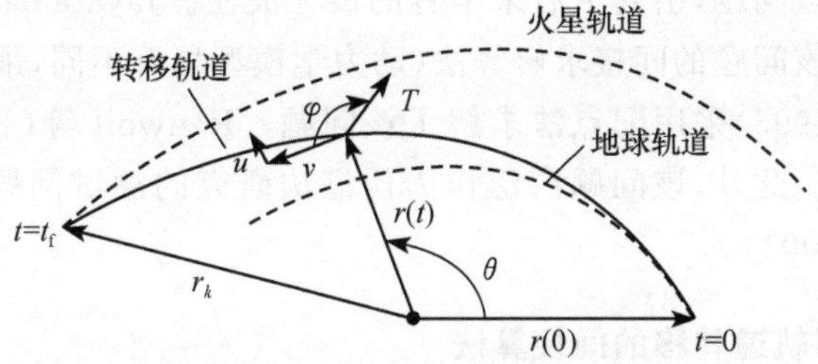

图 8.3.1　地球到火星轨道转移几何图

采用日心坐标系中的正则单位描述问题，距离和时间的单位分别是 AU 和 TU，建立在平面极坐标系(r,θ)的航天器动力学方程为

$$\begin{cases} \dot{r} = u \\ \dot{\theta} = \dfrac{v}{r} \\ \dot{u} = \dfrac{v^2}{r} - \dfrac{\mu}{r^2} + \dfrac{T\sin\phi}{m_0 - \dot{m}t} \\ \dot{v} = -\dfrac{uv}{r} + \dfrac{T\cos\phi}{m_0 - \dot{m}t} \end{cases} \tag{8.3.1}$$

式中，r 为航天器至引力中心的径向距离；θ 为极角；u 为速度的径向分量；v 为速度的切向分量。初始点在地球轨道上，$r(0)$，$\theta(0)$，$u(0)$，$v(0)$是航天器的初始位置和速度分量，讨论的初始条件如下：

$$r(0) = 1.0,\quad \theta(0) = 0.0,\quad u(0) = 0.0,\quad v(0) = 1.0 \tag{8.3.2}$$

转移轨道终点在火星轨道上，相应的终端条件为

$$r_K = 1.524,\quad u_K = 0.0,\quad v_K = 0.810,\quad \theta_K \text{ 自由} \tag{8.3.3}$$

该航天器的推进系统是核电推进，航天器的质量参数和推进参数如下：

$$m_0 = 4545.4, \quad \dot{m} = 6.787 \times 10^{-5}, \quad T = 3.787 \tag{8.3.4}$$

式中，m_0 为航天器初始质量(kg)；$\dot{m}$ 为推进系统工作时的质量流率(kg/s)；T 为发动机推力(N)。

轨道转移优化设计对象是发动机的推力过程，包括发动机的推力大小及方向角。

轨道转移的优化目标通常包括两类：一类是最短转移时间 $\min t_f$，t_f 是轨道转移终端时刻；另一类是固定转移时间的最小燃料消耗，对于初始质量一定的航天器等价于入轨质量最大 $\max m(t_f)$。

该问题最早由 Moyer 等(1964)提出，Melbourne 等(1965)将推力方向固定为几个参数，优化结果表明最短转移时间变化并不大，此后 Bryson 等(1975)在其经典专著中介绍了该问题，引起了后来学者的极大关注。Jayaraman(1980)和 Wood 等(1982)报道了该问题的间接求解算法(动力学模型稍有不同，采用的太阳帆动力形式)，Tang 等(1995)采用配点法求解了该问题。Rauwolf 等(1996)采用遗传算法求解了该问题。此外，该问题广泛作为伪谱法研究的测试问题(Fahroo et al.，2001；Williams，2004)。

8.3.2 最短时间轨道转移的间接算法

Bryson 等(1975)用极大值原理获得固定时间最大转移半径问题的解(等价于最短转移时间 t_f^* 为 193 天)，该方法简单推导如下。

时间最短的性能指标可写成

$$\min J = t_f - t_0 = \int_{t_0}^{t_f} \mathrm{d}t \tag{8.3.5}$$

由方程(8.3.1)，得到系统的哈密顿函数为

$$H = 1 + \lambda_r u + \lambda_\theta \frac{v}{r} + \lambda_u \left(\frac{v^2}{r} - \frac{\mu}{r^2} + \frac{T\sin\phi}{m_0 - \dot{m}t} \right) + \lambda_v \left(-\frac{uv}{r} + \frac{T\cos\phi}{m_0 - \dot{m}t} \right) \tag{8.3.6}$$

根据极大值原理的必要条件，最优推力方向满足如下形式：

$$\frac{\partial H}{\partial \phi} = \lambda_u \frac{T\cos\phi}{m_0 - \dot{m}t} - \lambda_v \frac{T\sin\phi}{m_0 - \dot{m}t} = 0 \tag{8.3.7}$$

进一步推导得到

$$\tan\phi^* = \frac{\lambda_u}{\lambda_v} \tag{8.3.8}$$

协态方程是

$$\begin{cases}\dot{\lambda}_r = \lambda_\theta \dfrac{v}{r^2} - \lambda_u\left(-\dfrac{v^2}{r^2} + 2\dfrac{\mu}{r^3}\right) - \lambda_v\left(\dfrac{uv}{r^2}\right) \\ \dot{\lambda}_\theta = 0 \\ \dot{\lambda}_u = -\lambda_r + \lambda_v \dfrac{v}{r} \\ \dot{\lambda}_v = -\lambda_\theta \dfrac{1}{r} - \lambda_u \dfrac{2v}{r} + \lambda_v \dfrac{u}{r}\end{cases} \tag{8.3.9}$$

令 $\boldsymbol{\lambda}_0 = (\lambda_{r0}, \lambda_{\theta 0}, \lambda_{u0}, \lambda_{v0})^{\mathrm{T}}$ 为待定变量，t_f 为待定变量，共 5 个未知量。

终端状态变量的边界条件为

$$r_K = 1.524,\quad u_K = 0.0,\quad v_K = 0.810 \tag{8.3.10}$$

θ_K 自由得到

$$\lambda_\theta(t_f) = 0 \tag{8.3.11}$$

终端时刻未定

$$H(t_f) = 0 \tag{8.3.12}$$

由式(8.3.9)和式(8.3.11)易知 $\lambda_\theta \equiv 0$，将其从迭代变量和边界条件中剔除。因此最终的迭代变量是 $\boldsymbol{x} = (t_f, \lambda_{r0}, \lambda_{u0}, \lambda_{v0})^{\mathrm{T}}$，式(8.3.10)和式(8.3.12)确定四个边界条件，采用牛顿迭代法求解该两点边值问题，得到解 $\boldsymbol{x}^* = (192.77, -5.2906, -2.62927, -5.6805)^{\mathrm{T}}$。图 8.3.2 给出了对应的轨道曲线。

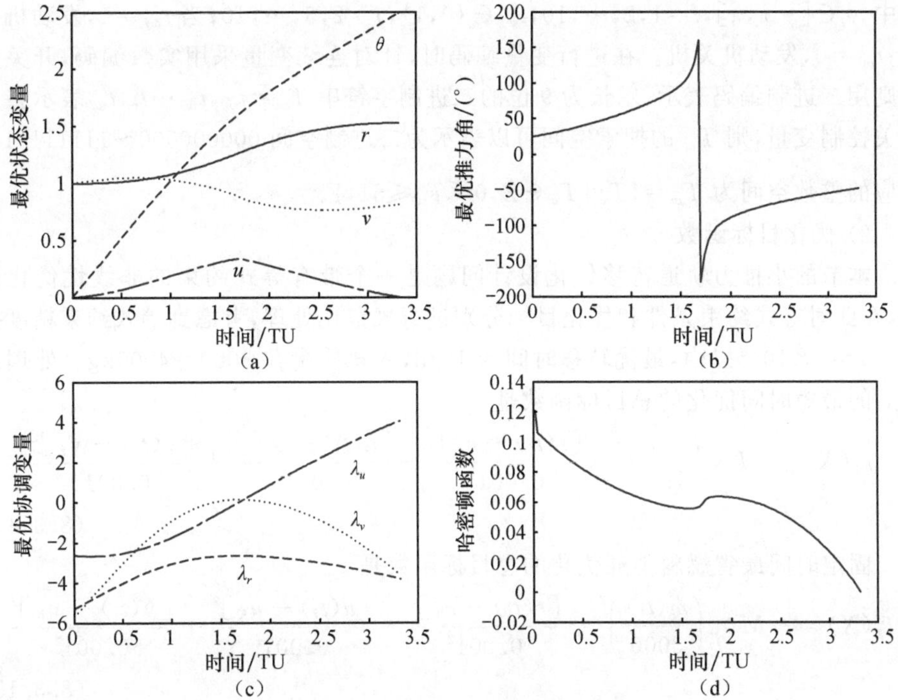

图 8.3.2　时间最短转移轨道曲线

8.3.3 基于模拟退火算法的直接优化方法

本节不仅应用模拟退火算法完成了最短时间轨道转移设计，与最优解的对比验证了模拟退火算法的有效性，同时还求解了固定转移时间的最省燃料消耗轨道转移问题。

1. 优化模型

在进行行星际转移轨道设计时，为了简化控制程序，通常把整个转移轨道划分为多个轨道段，在每个轨道段内推力大小固定、方向角固定。沿用 Rauwolf 等(1996)的处理方法，将整个轨道划分为 10 段，在第一轨道段需要启动发动机表明变轨开始，该段的优化变量只是发动机方向角，因此待定的变量共有 19 个。对于本问题，发动机的推力大小只有两种状态：额定工作值 T(发动机工作)和 0(发动机关机)，因此推力大小的优化实质上就是发动机开关状态的优化设计，是一个离散优化问题。

1) 优化变量

优化变量 $\boldsymbol{X}$ 包括 19 个变量，其中 10 个连续变量和 9 个开关控制变量：

$$\boldsymbol{X} = \{\phi_1, \phi_2, \cdots, \phi_{10}, t_{w2}, t_{w3}, \cdots, t_{w10}\}^{\mathrm{T}} \tag{8.3.13}$$

其中，$\phi_i \in [-\pi, \pi]$，$i=1,2,\cdots,10$，$t_{wj} \in \{0,1\}$，$j=2,3,\cdots,10$；当 $t_{wj}=1$，发动机工作；$t_{wj}=0$，发动机关机。在进行变量编码时，针对连续变量采用实数编码，开关变量则用二进制编码表示，用长为 9 位的二进制字符串 $T_w = t_{w10}t_{w9}\cdots t_{w3}t_{w2}$ 表示整个开关控制变量，则 T_w 的搜索空间可以表示为二进制空间 000000000～111111111，对应的整数空间为 $\hat{T}_w = \{T_w \mid T_w \in Z, 0 \leqslant T_w \leqslant 511\}$。

2) 优化目标函数

本节的小推力轨道转移优化设计问题是一个带有等式约束的非线性优化问题，在此对等式约束条件和优化目标分别进行规范化处理，考虑到等式约束精度控制在 $\varepsilon = 1\times 10^{-3}$ 以内，最优转移时间为 193d，入轨质量在 3000～4000kg。处理约束后的最短时间优化的总目标函数是

$$f_1(X) = M \times \left(\frac{t_{\mathrm{f}}}{193}\right)^2 + \frac{[r(t_{\mathrm{f}}) - r_K]^2}{0.001^2} + \frac{[u(t_{\mathrm{f}}) - u_K]^2}{0.001^2} + \frac{[\nu(t_{\mathrm{f}}) - \nu_K]^2}{0.001^2} \tag{8.3.14}$$

固定时间最省燃料消耗优化的总目标函数是

$$f_2(X) = -M \times \left(\frac{m(t_{\mathrm{f}})}{3000}\right)^2 + \frac{[r(t_{\mathrm{f}}) - r_K]^2}{0.001^2} + \frac{[u(t_{\mathrm{f}}) - u_K]^2}{0.001^2} + \frac{[\nu(t_{\mathrm{f}}) - \nu_K]^2}{0.001^2} \tag{8.3.15}$$

M 是反映综合目标函数中优化目标的权重系数，取 100。

2. 算法模型

模拟退火算法的基本模型同 4.5.2 节，退温函数采用了指数退温函数，采用外循环最大迭代次数作为算法的中止条件。连续变量的领域函数同 4.5.2 节，针对开关控制变量的临域函数如下。

前文已阐述，9 个开关控制变量用 9 位长的二进制字符串表示，结合问题的具体背景设计了三种不同的邻域函数：

(1) 单点扰动策略：借鉴二进制遗传算法的基本位变异算子，任选 $t_{w2}t_{w3}\cdots t_{w10}$ 中的一位，若其为 1，则改变为 0；反之亦然。

(2) 整数产生器：在整数空间 $\hat{T}_w$ 上等概率随机产生一个整数作为新的 T_w；

(3) 连续变量整数化：按照连续变量邻域函数的发生方式产生新的 T'_w，对 T'_w 取整作为新的 T_w。仿真试验表明上述三种针对发动机开关控制变量的模拟退火算法邻域函数都是有效的。

3. 结果分析

1) 最短转移时间优化结果

在进行最短时间优化计算时，出于实际背景分析和便于应用一般非线性规划算法求解最短时间转移问题，对计算前提进行部分简化：假定无滑行段，发动机一直连续工作，优化变量只是包括发动机工作角。选择两种经典优化算法 Powell 和单纯形算法，以及模拟退火算法进行测试。随机选择初始点，每个算法均做 10 次实验，每次实验都获得了收敛解(终端等式约束满足)，表明了所设计的优化目标综合评定函数是合理有效的。模拟退火算法参数：$T_0=2\times10^6,\alpha=0.9,K_{\max}=500,L=150$。

表 8.3.1 是三种算法优化结果统计，表 8.3.2 给出了单纯形算法、Powell 和模拟退火算法的最好解，同时也给出了 Rauwolf 等(1996)用遗传算法得到的结果及本问题的解析最优解。分析表 8.3.1 和表 8.3.2 的计算结果，可以看出小推力轨道转移问题是一个非常复杂的优化问题，存在多个局部极小值点，经典的优化算法 Powell 和单纯形算法均是陷入了局部极小，并且远离最优点；模拟退火算法求解该问题的每次实验都获得了近似全局最优解(与最优解的相对误差限在 0.8%～1.4%)，并且等式约束条件得到了很好的满足，性能优于 Rauwolf 等(1996)中的遗传算法。

表 8.3.1　不同算法的优化结果统计对比

算　法	目标函数			
	最优值	最差值	平均值	标准差
模拟退火算法	194.5	198.1	196.1	1.430
单纯形算法	238.2	345.1	295.4	42.001
Powell 算法	217.4	326.8	266.1	37.470

表 8.3.2 不同算法的最优解对比

算 法	t_f/d	$r(t)$/AU	$\Theta(t)$/(°)	$u(t)$/(AU/TU)	$v(t)$/(AU/TU)
Optimal	193	1.524	Open	0.000	0.810
模拟退火算法	194.5	1.524	143.6	0.000	0.810
遗传算法*	199	1.512	149.5	0.008	0.802
Powell 算法	217.4	1.524	163.1	0.001	0.809
单纯形算法	238.2	1.524	176.9	0.001	0.810

* Rauwolf 和 Coverstone-Carroll(1996)。

2) 固定时间的最省燃料优化结果

固定时间的最省燃料优化设计实质上就是在整个轨道转移过程中有尽可能多的滑行段,因此针对离散开关变量的优化就显得至关重要。在此固定 $t_f=230$d,SA 中的针对开关变量的邻域函数分别采用二进制单点扰动、整数发生器及连续变量整数化三种不同的策略,进行最省燃料转移轨道优化设计,每种算法的求解结果均得到了 40%的滑行时间,但是 T_w 不唯一,表 8.3.3 给出了三种不同邻域函数所求得的一组 T_w 值。从计算结果来看,三种针对开关变量的邻域函数都是成功的。该问题表现出了有趣的特性,存在多个发动机开关控制方案,进行转移轨道设计时有较多的备选方案。$t_f=230$d 时优化得到的转移航天器最大入轨质量为 3735.1kg,$t_f=193$d 对应的入轨质量为 3413.8kg,转移时间延长了 19.2%,入轨质量提高了 8.8%。

表 8.3.3 最省燃料优化的一组结果

开关控制变量	连续变量整数化	二进制单点扰动	整数发生器
T_w	111000101(453)	111001001(457)	110010011(403)

8.4 有限推力最优线性交会问题

有限推力交会问题广泛研究的是基于线性交会方程的短时间交会问题,大多数是基于线性 C-W 方程。本节介绍基于 C-W 交会方程的有限推力最优交会的间接方法和直接方法,分别讨论连续推力和推力大小固定两种情形。8.5 节将介绍长时间小推力非线性交会问题的求解方法。

8.4.1 C-W 交会动力学模型

在追踪航天器和目标航天器相对距离较近时,用追踪航天器和目标航天器相对运动动力学方程来描述两个航天器的相对位置就比用二体航天器动力学方程更加方便准确。当目标航天器为圆轨道时,建立如图 8.4.1 所示的轨道坐标系,则建立在轨道坐标系中相对动力学方程如下：

$$\begin{cases}\ddot{x}-2\omega\dot{y}=a_x\\ \ddot{y}+2\omega\dot{x}-3\omega^2 y=a_y\\ \ddot{z}+\omega^2 z=a_z\end{cases}\tag{8.4.1}$$

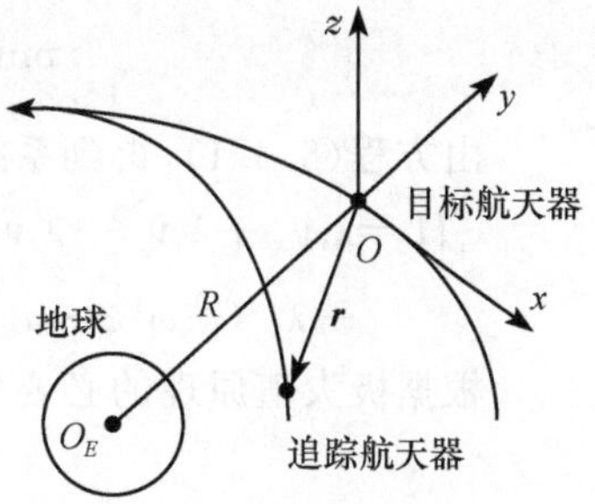

图 8.4.1　轨道坐标系

式中，ω 为目标航天器轨道角速度；a_x、a_y 和 a_z 分别为追踪航天器加速度在轨道坐标系各轴上的投影。

在目标轨道坐标系中，相对运动方程式(8.4.1)写成状态方程形式为

$$\dot{\boldsymbol{X}}=\boldsymbol{AX}+\boldsymbol{B\Gamma}\tag{8.4.2}$$

其中，

$$\boldsymbol{X}=(x\quad y\quad z\quad \dot{x}\quad \dot{y}\quad \dot{z})^{\mathrm{T}};\quad \boldsymbol{\Gamma}=(a_x\quad a_y\quad a_z)^{\mathrm{T}};$$

$$\boldsymbol{A}=\begin{bmatrix}0&0&0&1&0&0\\0&0&0&0&1&0\\0&0&0&0&0&1\\0&0&0&0&2\omega&0\\0&3\omega^2&0&-2\omega&0&0\\0&0&-\omega^2&0&0&0\end{bmatrix};\quad \boldsymbol{B}=\begin{bmatrix}0&0&0\\0&0&0\\0&0&0\\1&0&0\\0&1&0\\0&0&1\end{bmatrix}$$

由状态方程(8.4.2)得状态转移矩阵为

$$\boldsymbol{\Phi}(t,t_0)=\begin{bmatrix}1&6(\tau-\sin\tau)&0&\dfrac{4\sin\tau-3\tau}{\omega}&\dfrac{2(1-\cos\tau)}{\omega}&0\\0&4-3\cos\tau&0&\dfrac{-2(1-\cos\tau)}{\omega}&\dfrac{\sin\tau}{\omega}&0\\0&0&\cos\tau&0&0&\dfrac{\sin\tau}{\omega}\\0&6\omega(1-\cos\tau)&0&4\cos\tau-3&2\sin\tau&0\\0&3\omega\sin\tau&0&-2\sin\tau&\cos\tau&0\\0&0&-\omega\sin\tau&0&0&\cos\tau\end{bmatrix}\tag{8.4.3}$$

其中，$\tau=\omega(t-t_0)$。

8.4.2　连续推力最优线性交会

1. 间接法

首先研究的是一个较理想有限推力交会问题，假定推力大小连续可变，三个方向的推力加速度无约束，并假定在机动过程中航天器总质量不变。

能量最省的性能指标可写成：

$$\min J = \frac{1}{2}\int_{t_0}^{t_f}(a_x^2 + a_y^2 + a_z^2)\mathrm{d}t \tag{8.4.4}$$

由方程(8.4.1),得到系统的哈密顿函数为

$$H = \lambda_x v_x + \lambda_y v_y + \lambda_z v_z + \lambda_{v_x}(2\omega v_y + a_x) + \lambda_{v_y}(-2\omega v_x + 3\omega^2 y + a_y) + \lambda_{v_z}(-\omega^2 z + a_z) + 0.5(a_x^2 + a_y^2 + a_z^2) \tag{8.4.5}$$

根据极大值原理的必要条件,最优加速度矢量满足如下形式:

$$\boldsymbol{\Gamma}^*(t) = -\boldsymbol{\lambda}_v(t) \tag{8.4.6}$$

式中,$\boldsymbol{\lambda}_v = (\lambda_{v_x}, \lambda_{v_y}, \lambda_{v_z})^{\mathrm{T}}$。

协态方程是

$$\dot{\boldsymbol{\lambda}} = -\frac{\partial H}{\partial \boldsymbol{X}} = -\boldsymbol{A}^{\mathrm{T}}\boldsymbol{\lambda} \tag{8.4.7}$$

令 $\boldsymbol{\lambda}_0 = [\lambda_{x0}, \lambda_{y0}, \lambda_{z0}, \lambda_{v_x0}, \lambda_{v_y0}, \lambda_{v_z0}]^{\mathrm{T}}$,则

$$\begin{bmatrix}\boldsymbol{\lambda}_r(t)\\ \boldsymbol{\lambda}_v(t)\end{bmatrix} = \boldsymbol{\lambda}(t) = \boldsymbol{\Phi}_\lambda(t-t_0)\boldsymbol{\lambda}_0 = \begin{bmatrix}\boldsymbol{\Phi}_{\lambda p}(t-t_0)\\ \boldsymbol{\Phi}_{\lambda v}(t-t_0)\end{bmatrix}\boldsymbol{\lambda}_0 \tag{8.4.8}$$

其中,$\boldsymbol{\Phi}_\lambda(t,t_0) = \boldsymbol{\Phi}^{\mathrm{T}}(t_0,t)$。

最优加速度为

$$\boldsymbol{\Gamma}^*(t) = -\boldsymbol{\lambda}_v(t) = \boldsymbol{\Phi}_{\lambda v}(t-t_0)\boldsymbol{\lambda}_0 \tag{8.4.9}$$

状态方程(8.4.1)改写为

$$\dot{\boldsymbol{X}} = \boldsymbol{AX} + \boldsymbol{B\Gamma} = \boldsymbol{AX} - \boldsymbol{B\Phi}_{\lambda v}(t-t_0)\boldsymbol{\lambda}_0 \tag{8.4.10}$$

因此可以得到

$$\boldsymbol{X}(t) = \boldsymbol{\Phi}(t,t_0)\boldsymbol{X}_0 + \boldsymbol{\psi}(t-t_0)\boldsymbol{\lambda}_0 \tag{8.4.11}$$

其中,$\boldsymbol{\psi}(t-t_0) = -\int_{t_0}^{t}\boldsymbol{\Phi}(t,s)\boldsymbol{B\Phi}_{\lambda v}(s-t_0)\mathrm{d}s$。

故可以推出协态变量的初始值

$$\boldsymbol{\lambda}_0 = -\boldsymbol{\psi}^{-1}(t_f-t_0)[\boldsymbol{\Phi}(t_f-t_0)\boldsymbol{X}(t_0) - \boldsymbol{X}(t_f)] \tag{8.4.12}$$

获得了 $\boldsymbol{\lambda}_0$,整个交会轨道可解析分析得到。

2. 燃料最优性讨论

需要说明的是,以式(8.4.4)为优化指标得到的最优轨迹仅表示能量最省,由该指标确定的最优轨迹并不一定是燃料最优轨迹,燃料最优的指标函数应是

$$\min J = \int_{t_0}^{t_f} |\boldsymbol{\Gamma}(t)|\,\mathrm{d}t \tag{8.4.13}$$

当推力大小不变时,由式(8.4.4)确定的最优轨迹等价于燃料最优轨迹,但当推力大小连续可变时,由式(8.4.4)确定的并非是燃料最优轨迹。

当采用式(8.4.13)作为优化目标函数时,简单分析不难得到,倘若对推力加速度大小没有任何约束,可趋向于无穷大时,燃料最优解即是脉冲最优解。若限定推力的上限(假设质量不变,最大加速度为 $a_{\max}$),由极大值原理不难得到最优加速度

曲线为(Carter,1984;Verda,1991)

$$\Gamma^*(t)=\begin{cases}0, & |\boldsymbol{\lambda}_v(t)|\leqslant 1\\ -a_{\max}\dfrac{\boldsymbol{\lambda}_v(t)}{\boldsymbol{\lambda}_v(t)}, & |\boldsymbol{\lambda}_v(t)|\geqslant 1\end{cases}\tag{8.4.14}$$

即加速度大小的作用曲线最大推力弧、无推力滑行弧组成的非光滑曲线,与式(8.4.9)表示的连续推力曲线有较大的区别。最大推力弧和无推力滑行弧的切换点由$|\boldsymbol{\lambda}_v(t)|=1$确定。此外,Carter(1987)研究指出在$|\boldsymbol{\lambda}_v(t)|=0$时,还可能存在中间推力弧段。

3. 算例分析

测试的最优交会问题配置如下:

$$\omega=0.00111\text{rad/s},\quad t_f=2000\text{s},\quad \boldsymbol{X}(t_0)=(8000\text{m},-2200\text{m},100\text{m},0,0,0)^{\mathrm{T}},$$

$$\boldsymbol{X}(t_f)=(0,0,0,0,0,0)^{\mathrm{T}}$$

采用间接法得到的最优交会轨道曲线如图 8.4.2 所示。其中速度增量为

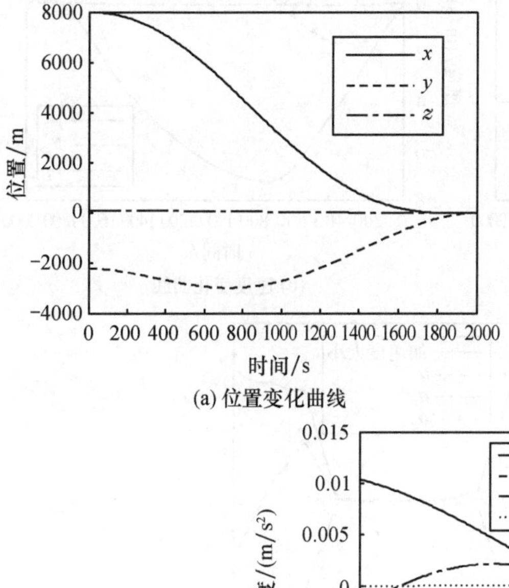

(a) 位置变化曲线

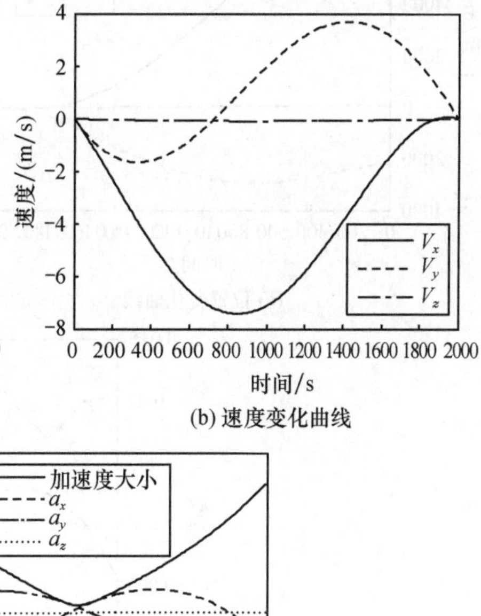

(b) 速度变化曲线

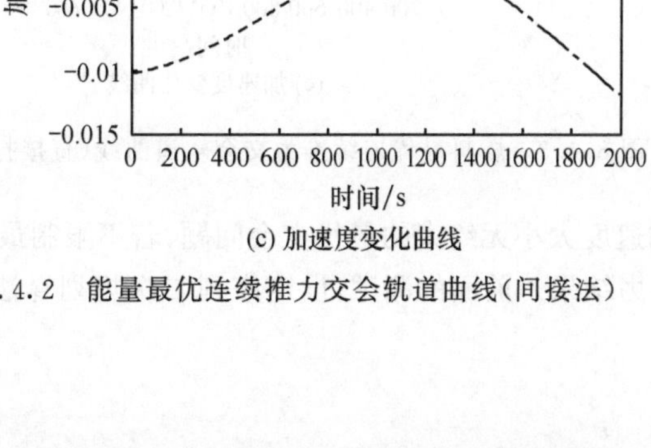

(c) 加速度变化曲线

图 8.4.2　能量最优连续推力交会轨道曲线(间接法)

11.3048m/s，由式(8.4.4)对应的目标函数是 0.0419001。若同样以式(8.4.4)为优化目标函数，采用直接打靶法进行优化，节点数选择为 11，采用序列二次规划算法得到的优化结果是：速度增量为 11.3705m/s，能量函数指标是 0.0419119。二者的结果基本一致，轨道曲线也基本重合。

若以总的速度增量为优化指标，即式(8.4.13)，同样采用直接打靶法和序列二次规划算法进行优化，则优化结果是速度增量为 10.3983m/s，能量函数指标是 0.0461187。轨道曲线如图 8.4.3 所示。显然能量最优并非等同于燃料最优。对比二者的轨道曲线不难发现，燃料最优交会轨道在中间有一段明显的滑行段，这也是符合实际的。该交会问题的脉冲燃料最优解是个二脉冲最优解，两个脉冲分别在初始和终端时刻施加，其主矢量如图 8.4.4 所示，满足最优解必要条件，对于线性交会问题，为全局最优解，总的速度增量大小为 7.649143m/s。

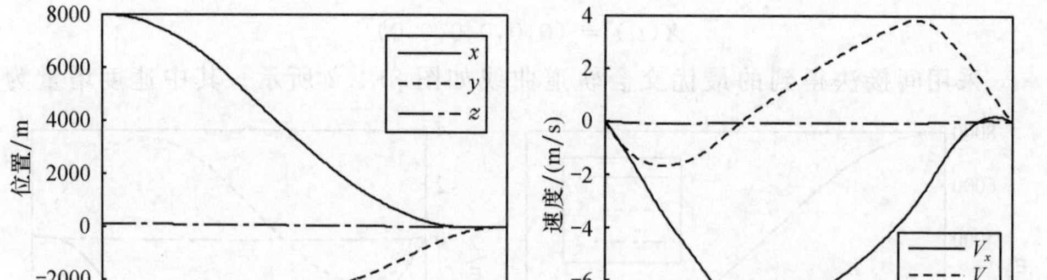

(a) 位置变化曲线　　(b) 速度变化曲线

(c) 加速度变化曲线

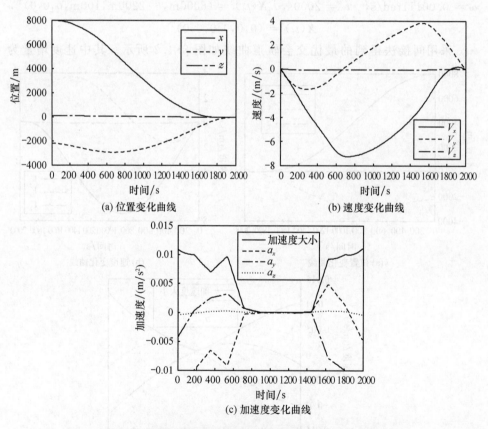

图 8.4.3　燃料最优连续推力交会轨道曲线(直接打靶法)

对于推力加速度大小无约束的最优交会问题，若不限制最优加速度大小，最终的结果就是脉冲推力结果。前面的测试，设定序列二次规划算法的优化变量即加速度

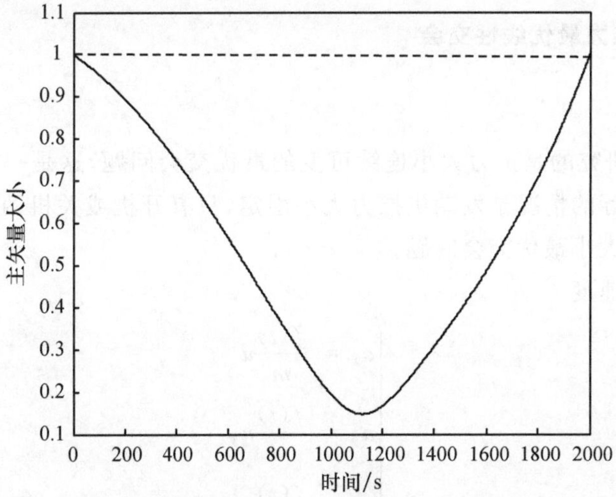

图 8.4.4　脉冲燃料最优解主矢量大小(两脉冲分别在初始和终端时刻施加)

的搜索区间大小为[－0.01,0.01]m/s²。若增大搜索区间为[－0.21,0.21]m/s²,速度增量的优化结果为 8.718447m/s。若增大为[－0.8,0.8]m/s²,并增大直接打靶法的节点数目为 20,则优化结果为 7.894347m/s,已非常接近于脉冲最优解,该有限推力最优交会轨道曲线的加速度曲线如图 8.4.5 所示,连续推力作用非常接近于在初始和终端时刻施加冲量。

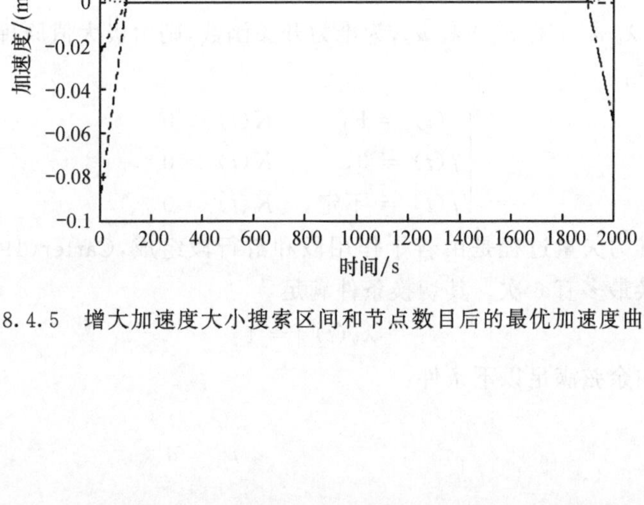

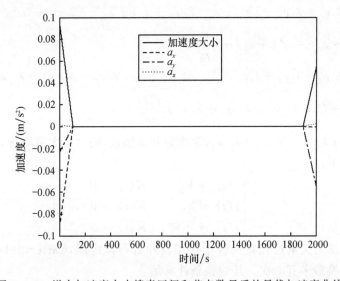

图 8.4.5　增大加速度大小搜索区间和节点数目后的最优加速度曲线

8.4.3 固定推力最优线性交会

1. 间接法

8.4.2 节研究的是推力大小连续可变的最优交会问题，这是一种较为理想的情况。接近实际的情况是发动机推力大小固定，只有开机或关机两种状态。本节研究固定推力大小最优交会问题。

令推力加速度

$$\begin{cases} a_x = \dfrac{f(t)}{m}u_x \\ a_y = \dfrac{f(t)}{m}u_y \\ a_z = \dfrac{f(t)}{m}u_z \end{cases} \tag{8.4.15}$$

其中 u_x, u_y, u_z 分别表示推力方向关于三个坐标轴的方向余弦，则有 $u_x^2+u_y^2+u_z^2=1$。不考虑燃料消耗所带来的质量变化。

燃料最省目标改写为

$$\min J = \int_{t_0}^{t_f} \frac{f(t)}{m}\mathrm{d}t \tag{8.4.16}$$

则相应的哈密顿函数

$$\begin{aligned} H =& \lambda_x v_x + \lambda_y v_y + \lambda_z v_z + \lambda_{v_x}(2\omega v_y + a_x) + \lambda_{v_y}(-2\omega v_x + 3\omega^2 y + a_y) \\ & + \lambda_{v_z}(-\omega^2 z + a_z) + \frac{f(t)}{m} \\ =& \lambda_x v_x + \lambda_y v_y + \lambda_z v_z + 2\lambda_{v_x}\omega v_y + \lambda_{v_y}(-2\omega v_x + 3\omega^2 y) - \lambda_{v_z}\omega^2 z \\ & + (1 + \lambda_{v_x}u_x + \lambda_{v_y}u_y + \lambda_{v_z}u_z)\frac{f(t)}{m} \end{aligned}$$

令 $K(t)=1+\lambda_{v_x}u_x+\lambda_{v_y}u_y+\lambda_{v_z}u_z$，为推力开关函数，则由极大值原理，推力大小满足的条件如下：

$$\begin{cases} f(t) = F, & K(t) < 0 \\ f(t) = 0, & K(t) > 0 \\ f(t) = \text{不定}, & K(t) = 0 \end{cases} \tag{8.4.17}$$

这表明整个推力矢量过程是由若干作用段和滑行段组成，Carter(1984)的研究表明这样的切换最多有 6 次。其切换条件满足

$$|\boldsymbol{\lambda}_v(t)| = 1 \tag{8.4.18}$$

推力方向余弦满足以下条件：

$$\begin{cases} u_x^*(t) = -\dfrac{\lambda_{v_x}(t)}{\sqrt{\lambda_{v_x}^2(t)+\lambda_{v_y}^2(t)+\lambda_{v_z}^2(t)}} \\ u_y^*(t) = -\dfrac{\lambda_{v_y}(t)}{\sqrt{\lambda_{v_x}^2(t)+\lambda_{v_y}^2(t)+\lambda_{v_z}^2(t)}} \\ u_z^*(t) = -\dfrac{\lambda_{v_z}(t)}{\sqrt{\lambda_{v_x}^2(t)+\lambda_{v_y}^2(t)+\lambda_{v_z}^2(t)}} \end{cases} \tag{8.4.19}$$

协态方程为

$$\begin{cases} \dot{\lambda}_x = 0 \\ \dot{\lambda}_y = -3\omega^2\lambda_{v_y} \\ \dot{\lambda}_z = \omega^2\lambda_{v_z} \\ \dot{\lambda}_{v_x} = -\lambda_x + 2\omega\lambda_{v_y} \\ \dot{\lambda}_{v_y} = -\lambda_y - 2\omega\lambda_{v_x} \\ \dot{\lambda}_{v_z} = -\lambda_z \end{cases} \tag{8.4.20}$$

进一步得到主矢量的微分方程是

$$\begin{cases} \ddot{\lambda}_{v_x} - 2\omega\dot{\lambda}_{v_y} = 0 \\ \ddot{\lambda}_{v_y} + 2\omega\dot{\lambda}_{v_x} - 3\omega^2\lambda_{v_y} = 0 \\ \ddot{\lambda}_{v_z} + \omega^2\lambda_{v_z} = 0 \end{cases} \tag{8.4.21}$$

若 $\omega\neq 0$,则式(8.4.21)的通解为

$$\begin{cases} \lambda_{v_x}(t) = 2\rho\sin(\omega t+\psi) - 3c_1 t + c_2 \\ \lambda_{v_y}(t) = \rho\cos(\omega t+\psi) - \dfrac{2c_1}{\omega} \\ \lambda_{v_z}(t) = \alpha\sin(\omega t+\psi) + \beta\cos(\omega t+\psi) \end{cases} \tag{8.4.22}$$

通过分析该通解中不同参数对结果的影响,可以获得推力的施加趋势(Carter,1984),通过求解一个两点边值问题可以确定式(8.4.22)中的未知系数,进而可以确定整个最优交会轨道。

2. 直接法

本节介绍基于配点法的固定推力最优线性交会问题求解方法(王华等,2003)。目标轨道为近圆轨道的两个相邻轨道航天器的相对运动,可由状态方程式(8.4.2)描述,同时可以得到其状态转移矩阵。已知航天器开始交会时的相对状态和交会结束时的相对状态,以及整个交会所需的总时间。现在的问题是求解最优轨道,使得交会所需燃料消耗最小,对于固定推力最优交会来说,是求解总开机时间最少的优化轨道。

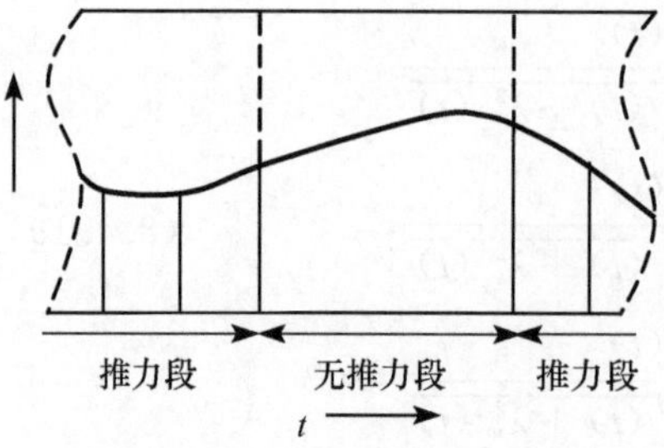

图 8.4.6 整个交会轨道分成的若干小区间

1) 设计变量

将整个交会轨道分为若干个推力段和无推力段，每个推力段再细分为若干个时间相等的小推力段，如图 8.4.6 所示。将每个节点的状态向量、控制向量、推力段与无推力段的时间跨度作为优化变量，得到下面的设计变量：

$$\boldsymbol{D} = (\boldsymbol{X}_1^{\mathrm{T}}, \boldsymbol{\Gamma}_1^{\mathrm{T}}, \cdots, \boldsymbol{X}_n^{\mathrm{T}}, \boldsymbol{\Gamma}_n^{\mathrm{T}}, T_1, \cdots, T_{n-1})^{\mathrm{T}} \tag{8.4.23}$$

式中，n 为总的节点数目；$(n-1)$ 就是推力段和无推力段的数目总和；T_i 为推力段或无推力段的时间跨度。

2) 推力段的约束

假设在某一小的推力段中时间跨度为 T_Y。则根据 Hermite 插值，此小段中点处的状态向量为

$$\boldsymbol{X}_{Y\mathrm{c}} = \frac{1}{2}(\boldsymbol{X}_{Y\mathrm{l}} + \boldsymbol{X}_{Y\mathrm{r}}) + \frac{T_Y}{8}(\dot{\boldsymbol{X}}_{Y\mathrm{l}} - \dot{\boldsymbol{X}}_{Y\mathrm{r}}) \tag{8.4.24}$$

式中，$\boldsymbol{X}_{Y\mathrm{l}}$ 和 $\boldsymbol{X}_{Y\mathrm{r}}$ 为小推力段两端节点处的状态向量。

中点处的控制向量通过线性插值得到，为

$$\boldsymbol{\Gamma}_{Y\mathrm{c}} = \frac{1}{2}(\boldsymbol{\Gamma}_{Y\mathrm{l}} + \boldsymbol{\Gamma}_{Y\mathrm{r}}) \tag{8.4.25}$$

同样根据 Hermite 插值得到中点处的状态向量对时间的导数：

$$\dot{\boldsymbol{X}}_{Y\mathrm{c}} = -\frac{3}{2T_Y}(\boldsymbol{X}_{Y\mathrm{l}} - \boldsymbol{X}_{Y\mathrm{r}}) - \frac{1}{4}(\dot{\boldsymbol{X}}_{Y\mathrm{l}} + \dot{\boldsymbol{X}}_{Y\mathrm{r}}) \tag{8.4.26}$$

因此，误差向量取为

$$\boldsymbol{C}_Y = \boldsymbol{A}\boldsymbol{X}_{Y\mathrm{c}} + \boldsymbol{B}\boldsymbol{\Gamma}_{Y\mathrm{c}} - \dot{\boldsymbol{X}}_{Y\mathrm{c}} \tag{8.4.27}$$

3) 无推力段的约束

假设某一无推力段的时间跨度为 T_N。由于在无推力情况下，航天器的状态转移可以通过状态转移矩阵来描述，所以取如下的误差向量：

$$\boldsymbol{C}_N = \boldsymbol{\Phi}(T_N)\boldsymbol{X}_{N\mathrm{l}} - \boldsymbol{X}_{N\mathrm{r}} \tag{8.4.28}$$

式中，$\boldsymbol{X}_{N\mathrm{l}}$ 和 $\boldsymbol{X}_{N\mathrm{r}}$ 是无推力段两端节点处的状态向量。

4) 非线性规划问题

由上面的分析，得到一个非线性规划问题，它的设计变量为 $\boldsymbol{D}$，即式(8.4.23)。目标函数为所有推力段的时间和，即

$$\min f(\boldsymbol{D}) = \sum_i T_i \tag{8.4.29}$$

式中，T_i 表示推力段的时间跨度。

约束条件为

$$\boldsymbol{C}=(\boldsymbol{C}_1^{\mathrm{T}},\boldsymbol{C}_2^{\mathrm{T}},\cdots,\boldsymbol{C}_{n-1}^{\mathrm{T}},\boldsymbol{W}^{\mathrm{T}})^{\mathrm{T}} \tag{8.4.30}$$

式中，$\boldsymbol{C}_i^{\mathrm{T}}$ 表示推力段或无推力段的误差向量为零产生的约束；$\boldsymbol{W}^{\mathrm{T}}$ 表示其他的约束。

其他约束包括等式约束和不等式约束两个方面。等式约束包括起点和终点所产生的约束，整个交会过程的时间和为定值产生的约束，每个节点的推力方向平方和为 1 所产生的约束。不等式约束包括每个推力段或非推力段的时间必须大于等于 0 所产生的约束。

由式(8.4.23)、式(8.4.29)和式(8.4.30)就构成一个完整的大型非线性规划问题。求解此非线性规划问题，就可以得到整个交会过程中每个节点处的航天器状态向量和控制向量，从而得到整个最优交会轨道。

5) 算例分析

相关算例结果可参见王华等(2003)的文献，该文针对平面内交会问题采用罚函数法求解了 159 变量的非线性约束问题。著者采用序列二次规划算法对此非线性规划问题进行了测试，根据测试结果，配点法的收敛性依赖于状态变量初始值的参考搜索区间，倘若给定的不合适，采用序列二次规划算法则很难得到收敛解。在本节分析中，由于推力弧段的作用时间是待求时间，也即意味着推力弧段节点处状态变量的合适区间更难以给定，也导致采用配点法进行此类问题求解时效果并不理想，其收敛性远不如直接打靶法。

事实上，无论是配点法还是伪谱法，优化算法求解时均要给定状态变量的初始值和上下限区间，因此合适区间至关重要。在现有的很多研究中，并未对此过多讨论。

3. 混合法

本节介绍基于混合法的固定推力最优线性交会问题求解方法，即首先采用间接法求解最优线性交会最优控制问题，得到对应两点边值问题，然后将该两点边值问题参数化为非线性规划问题进行求解。

式(8.4.2)描述的状态方程和式(8.4.20)描述的协态方程构成两点边值问题的正则方程组，固定推力最优线性交会的初始和终端约束条件构成两点边值问题的边界条件。由两点边值问题的开关函数 $K(t)$，可确定发动机的开关控制律，见式(8.4.17)。

以推力开始时刻的协态变量 $\boldsymbol{\lambda}_0=(\lambda_{x_0},\lambda_{y_0},\lambda_{z_0},\lambda_{v_{x_0}},\lambda_{v_{y_0}},\lambda_{v_{z_0}})^{\mathrm{T}}$ 为优化变量，以式(8.4.16)描述的燃料最省目标作为性能指标函数，在满足初始、终端约束条件的前提下可得到两点边值问题参数化后的非线性规划问题。结合推力最优控制方向和发动机开关控制律，采用非线性规划算法可求解该非线性规划问题，得到固定推力最优线性交会轨道。

满足开关函数的要求会使两点边值问题求解难度增加，因此可采取不由开关函数确定推力变化方案，而是事先假设发动机的开关逻辑，将最优交会轨道划分为多个“惯性滑行段＋推力段＋惯性滑行段”。Carter(1984)的研究表明滑行段与推力段的切换最多有 6 次，因此可假设最优交会轨道由 3 个“惯性滑行段＋推力段＋惯性滑行段”构成，并选取每个推力段的开始、结束时刻及第一个推力段开始的协态变量 $\boldsymbol{\lambda}_0$ 作为非线性规划问题的优化变量(谭丽芬，2011)。为了进一步增大收敛域，降低优化求解对初始协态变量的敏感性，可采用状态多重打靶技术求解得到的非线性规划问题(Gao，2003)。

具体算例分析结果可参阅谭丽芬(2011)发表的文章，该文求解了基于椭圆相对运动方程的固定推力最优交会问题。

8.5 小推力最优非线性交会问题

小推力非线性交会问题是深空探测任务所广泛研究的一类问题，是当前轨迹优化领域最为活跃的研究热点之一，全球轨迹优化大赛和国内深空轨道设计竞赛均涉及小推力交会问题的求解。本节概述常用动力学模型和典型间接算法，对直接算法的性能进行了分析比较。

8.5.1 小推力轨道动力学模型

1. 笛卡儿坐标系下的动力学模型

笛卡儿坐标系下的动力学方程形式简单，物理意义明确，只有一个奇点(笛卡儿坐标系的原点)。常用于轨道机动问题的笛卡儿坐标系是 J2000 坐标系。

$$\begin{cases} \dot{x} = v_x \\ \dot{y} = v_y \\ \dot{z} = v_z \\ \dot{v}_x = -\dfrac{\mu x}{(x^2+y^2+z^2)^{\frac{3}{2}}} + \dfrac{T_x}{m} \\ \dot{v}_y = -\dfrac{\mu y}{(x^2+y^2+z^2)^{\frac{3}{2}}} + \dfrac{T_y}{m} \\ \dot{v}_z = -\dfrac{\mu z}{(x^2+y^2+z^2)^{\frac{3}{2}}} + \dfrac{T_z}{m} \end{cases} \tag{8.5.1}$$

式中，x,y,z 分别为探测器在 x,y,z 轴上的位置分量；v_x,v_y,v_z 分别为探测器在 x,y,z 轴上的速度分量；T_x,T_y,T_z 分别为发动机推力在 x,y,z 轴上的分量；μ 为中心天体引力常数，m 是探测器的质量。进行小推力轨迹计算时，发动机工作会带来质量的变化，需要在方程(8.5.1)基础上补充质量变化率方程。

笛卡儿坐标系的缺点是该坐标系中描述的位置、速度矢量均为快速变量。深空探测问题往往绕飞圈数多、飞行时间长，若采用笛卡儿坐标系来描述，在轨道推演时就需要选取较小的积分步长，会显著增加计算量。

2. 经典轨道根数动力学模型

对于小推力轨道机动问题，利用经典的轨道根数可以更加直观地对轨道的特征进行描述，对轨道特性的变化也容易进行定量的分析，经典轨道根数动力学方程又称为高斯行星摄动方程、第一类轨道摄动方程，定义如下：

$$\begin{cases}\dot{a}=\dfrac{2}{n\sqrt{1-e^2}}[T_r e\sin\theta+T_t(1+e\cos\theta)]\\ \dot{e}=\dfrac{\sqrt{1-e^2}}{na}[T_r\sin\theta+T_t(\cos\theta+\cos E)]\\ \dot{i}=\dfrac{r\cos u}{na^2\sqrt{1-e^2}}T_n\\ \dot{\Omega}=\dfrac{r\sin u}{na^2\sqrt{1-e^2}\sin i}T_n\\ \dot{\omega}=\dfrac{\sqrt{1-e^2}}{nae}\left[-T_r\cos\theta+T_t\left(1+\dfrac{r}{p}\right)\sin\theta\right]-\dfrac{r\cos i\sin u}{na^2\sqrt{1-e^2}\sin i}T_n\\ \dot{M}=n-\dfrac{1-e^2}{nae}\left[-T_r\left(\cos\theta-2e\dfrac{r}{p}\right)+T_t\left(1+\dfrac{r}{p}\right)\sin\theta\right]\end{cases}\tag{8.5.2}$$

式中，a,e,i,Ω,ω 和 M 分别为轨道半长轴、偏心率、轨道倾角、升交点赤经、近地点幅角和平近点角；θ 为真近点角；E 为偏近点角；u 为纬度幅角；p 为轨道的半通径；n 为轨道角速度大小；r 为探测器到中心天体质心的距离；T_r,T_t,T_n 分别为发动机推力在径向、切向和法向上的投影。

采用轨道根数的动力学方程，可使得状态参数在轨道机动过程中能尽量保持平稳，使得参数在小范围变化，对推力加速度很小、飞行时间又很长的小推力轨迹优化问题，可提高优化效果。该动力学模型在 $i=0$ 或 $90°$ 和 $e=0$ 时存在奇异，而小推力轨道转移过程中轨道根数是连续变化的，出现 $i=0$ 或 $90°$ 和 $e=0$ 的可能性很大。因此这种经典轨道根数动力学模型的应用存在局限性。

3. 改进春分点轨道根数动力学模型

当偏心率和轨道倾角为零时，用经典轨道根数描述的轨道动力学方程存在奇点，因此这里引入一种消除奇异的改进春分点轨道根数。Walker 等在 1985 年提出了一套称为改进的春分点轨道根数(modified equinoctial elements)的变量，分别用 p,f,g,h,k,L 表示。与经典轨道根数相比，改进春分点轨道根数形式的轨道动力学方程在轨道倾角为零或偏心率为零时不存在奇异，有助于问题的收敛。在小推力轨迹优化研究中得到了广泛应用（Betts，2000；Gao，2003；宝音贺西等，2008；李顺利等，2008）。

改进春分点轨道根数定义如下：

$$\begin{cases} p = a(1-e^2) \\ f = e\cos(\omega+\Omega) \\ g = e\sin(\omega+\Omega) \\ h = \tan(i/2)\cos\Omega \\ k = \tan(i/2)\sin\Omega \\ L = \Omega+\omega+\theta \end{cases} \tag{8.5.3}$$

改进春分点形式的轨道摄动方程为

$$\dot{\boldsymbol{X}} = \begin{bmatrix} \dot{p} \\ \dot{f} \\ \dot{g} \\ \dot{h} \\ \dot{k} \\ \dot{L} \end{bmatrix} = \boldsymbol{B}\left(\frac{T}{m}\boldsymbol{u}+\boldsymbol{f}_p\right)+\boldsymbol{D} = \begin{bmatrix} B_{11} & B_{12} & B_{13} \\ B_{21} & B_{22} & B_{23} \\ B_{31} & B_{32} & B_{33} \\ B_{41} & B_{42} & B_{43} \\ B_{51} & B_{52} & B_{53} \\ B_{61} & B_{62} & B_{63} \end{bmatrix} \cdot \begin{bmatrix} \frac{T}{m}u_r + f_{pr} \\ \frac{T}{m}u_t + f_{pt} \\ \frac{T}{m}u_n + f_{pn} \end{bmatrix} + \begin{bmatrix} 0 \\ 0 \\ 0 \\ 0 \\ 0 \\ d \end{bmatrix} \tag{8.5.4}$$

式中，矩阵 $\boldsymbol{B}$ 与 $\boldsymbol{D}$ 分别为

$$\boldsymbol{B} = \begin{bmatrix} 0 & 2p\sqrt{p/\mu}/w & 0 \\ \sqrt{p/\mu}\sin L & [(1+w)\cos L+f]\sqrt{p/\mu}/w & -(h\sin L-k\cos L)g\sqrt{p/\mu}/w \\ -\sqrt{p/\mu}\cos L & [(1+w)\cos L+g]\sqrt{p/\mu}/w & (h\sin L-k\cos L)f\sqrt{p/\mu}/w \\ 0 & 0 & s^2\sqrt{p/\mu}\cos L/(2w) \\ 0 & 0 & s^2\sqrt{p/\mu}\sin L/(2w) \\ 0 & 0 & (h\sin L-k\cos L)\sqrt{p/\mu}/w \end{bmatrix}$$

$$\boldsymbol{D} = \begin{bmatrix} 0 \\ 0 \\ 0 \\ 0 \\ 0 \\ d \end{bmatrix} = \begin{bmatrix} 0 \\ 0 \\ 0 \\ 0 \\ 0 \\ \sqrt{\mu p}(w/p)^2 \end{bmatrix}$$

其中，$w=1+f\cos L+g\sin L$；$s^2=1+h^2+k^2$；μ 为中心天体引力常数；T 为发动机推力大小；m 为探测器质量；u_r、u_t 与 u_n 为推力 $\boldsymbol{u}$ 单位矢量分量在 RTN 坐标系中

的分量，RTN 坐标系定义为：$\boldsymbol{r}$ 方向从地心指向航天器，$\boldsymbol{n}$ 方向沿密切轨道角动量方向，$\boldsymbol{t}$ 方向由右手螺旋法则确定；f_{pr}、f_{pt} 与 f_{pn} 为摄动加速度 $\boldsymbol{f}_p$ 的分量。

改进的春分点轨道根数和位置与速度之间的转化关系如下：

$$
\begin{aligned}
r_x &= \frac{r}{s^2}[\cos L + (h^2 - k^2)\cos L + 2hk\sin L] \\
r_y &= \frac{r}{s^2}[\sin L - (h^2 - k^2)\sin L + 2hk\cos L] \\
r_z &= \frac{2r}{s^2}(h\sin L - k\cos L) \\
v_x &= -\frac{1}{\sqrt{p/\mu}\,s^2}[\sin L + (h^2 - k^2)\sin L - 2hk\cos L + g - 2fhk + (h^2 - k^2)g] \\
v_y &= -\frac{1}{\sqrt{p/\mu}\,s^2}[-\cos L + (h^2 - k^2)\cos L + 2hk\sin L - f + 2ghk + (h^2 - k^2)f] \\
v_x &= \frac{2}{\sqrt{p/\mu}\,s^2}[h\cos L + k\sin L + fh + gk]
\end{aligned}
\tag{8.5.5}
$$

式中，$r = \dfrac{p}{1 + f\cos L + g\sin L}$。

改进的春分点轨道根数在轨道倾角为 180°时会出现奇异，但由于在一般问题中很少出现倾角为 180°的轨道，可以暂不考虑。

4. 小推力轨道动力学模型的归一化处理

无论选取上述介绍的哪一种小推力轨道动力学模型，由于各个变量的物理意义和单位不同，导致它们在量级上差别很大。根据计算机数值方法中的稳定性理论，两个量级相差很大的数值放在一起做四则运算和积分运算，会使问题陷入“病态”，影响轨道积分的精度和效率，并且计算带来的舍入误差会影响问题的收敛。因此有必要对参与计算的变量和参数进行单位归一化处理。

在深空探测轨道上运行的探测器，相应的距离单位 DU、时间单位 TU 和质量单位 MU 分别取为

$$
\begin{cases}
1\text{DU} = 1\text{AU} = 1.4959787066 \times 10^8\,\text{km} \\
1\text{TU} = 58.135\text{d} \\
1\text{MU} = m_0
\end{cases}
$$

式中，1AU 为一个天文单位；m_0 为探测器的初始质量；TU 的算法是：将太阳的引力常数 μ 定义为 $1\text{DU}^3/\text{TU}^2$，则半径为 1DU 的绕日圆轨道的周期就为 2πTU，于是 1TU=58.135d。速度单位 $\text{VU} = \dfrac{\text{DU}}{\text{TU}}$。

8.5.2　小推力最优交会的典型间接法

由极大值原理不难得到小推力最优交会的两点边值问题，但是此两点边值问题比较难以求解，特别是对于燃料最优交会问题，发动机推力曲线是 bang-bang 控制类型。针对此类型两点边值问题，国内外学者发展了一系列求解方法，其中同伦方法是较多得到关注与应用的方法。同伦方法（也称延拓方法），相当于建立一个和原问题类似的结构，此结构易于求解，通过新结构的求解来获得原结构的解。本节给出第二届全国深空轨道竞赛冠军队伍清华大学的小推力最优交会两点边值问题的同伦算法的具体流程（蒋方华等，2010）。

为便于推导，将式(8.5.1)改为矢量方程，并结合质量变化方程，得到小推力交会状态方程是

$$\begin{aligned}\dot{\boldsymbol{r}} &= \boldsymbol{v}\\ \dot{\boldsymbol{v}} &= -\mu\frac{\boldsymbol{r}}{\|\boldsymbol{r}\|^3}+\frac{T_{\max}u\boldsymbol{\alpha}}{mm_0}\\ \dot{m} &= -\frac{T_{\max}u}{g_0 I_{\rm sp}}\end{aligned}\tag{8.5.6}$$

式中，$\boldsymbol{r}$ 和 $\boldsymbol{v}$ 为中心引力场位置速度矢量；m 为实时质量与初始质量的比值；$T_{\max}$ 为最大推力；u 为推力幅值与最大推力的比值，满足 $0\leqslant u\leqslant 1$；$\boldsymbol{\alpha}$ 为推力单位方向矢量。

对于交会问题，探测器在初始时刻 t_0 的状态$(\boldsymbol{r}_0,\boldsymbol{v}_0)$和终端时刻 $t_{\rm f}$ 的状态$(\boldsymbol{r}_{\rm f},\boldsymbol{v}_{\rm f})$是给定的。

对燃料最省的问题，性能指标是 $J=-m(t_{\rm f})$ 或 $J=\dfrac{T_{\max}}{I_{\rm sp}g_0}\displaystyle\int_{t_0}^{t_{\rm f}}u{\rm d}t$，如果控制项是一次项，可以想见，$u$ 取值都是±1，应该是 bang-bang 控制，这样控制力不连续，所以添加了一个摄动项后成为

$$J=\frac{T_{\max}}{I_{\rm sp}g_0}\int_{t_0}^{t_{\rm f}}[u+\varepsilon(u^2-u)]{\rm d}t\tag{8.5.7}$$

参数 ε 的值为 0 时，对应燃料最优问题；ε 为 1 时，对应推力幅值平方的积分最优，通常叫能量最优问题。这样由 $\varepsilon=1$ 陆续解到 $\varepsilon=0$ 就得到了原问题的解。新指标的哈密顿函数为

$$H=\boldsymbol{\lambda}_r^{\rm T}\boldsymbol{v}+\boldsymbol{\lambda}_v^{\rm T}\left(-\frac{\mu}{r^3}\boldsymbol{r}+\frac{T_{\max}u}{mm_0}\boldsymbol{\alpha}\right)-\lambda_m\frac{T_{\max}u}{m_0 I_{\rm sp}g_0}+\lambda_0\frac{T_{\max}}{I_{\rm sp}g_0}[u+\varepsilon(u^2-u)]\tag{8.5.8}$$

式中，λ_0 为自加的大于 0 的系数，不影响问题的性质。

为了使 H 最小，

$$\boldsymbol{\alpha}=-\boldsymbol{\lambda}_v/\|\boldsymbol{\lambda}_v\|\tag{8.5.9}$$

这是控制力的方向。控制力大小确定为

$$u=\begin{cases}0, & \rho>\varepsilon\\ \dfrac{1}{2}-\dfrac{\rho}{2\varepsilon}, & \|\rho\|\leqslant\varepsilon\\ 1, & \rho<-\varepsilon\end{cases}\tag{8.5.10}$$

其中开关函数，

$$\rho=1-\frac{I_{sp}g_0\|\boldsymbol{\lambda}_v\|}{mm_0}-\frac{\lambda_m}{m_0\lambda_0}\tag{8.5.11}$$

协态方程为

$$\dot{\boldsymbol{\lambda}}=\frac{\mu}{r^3}\boldsymbol{\lambda}_v-\frac{3\mu\boldsymbol{r}\cdot\boldsymbol{\lambda}_v}{r^5}\boldsymbol{r},\quad \dot{\boldsymbol{\lambda}}_v=-\boldsymbol{\lambda}_r,\quad \dot{\lambda}_m=-\|\boldsymbol{\lambda}_v\|\frac{T_{\max}}{m^2m_0}u\tag{8.5.12}$$

初始条件：

$$\boldsymbol{r}(t_0)=\boldsymbol{r}_0,\quad \boldsymbol{v}(t_0)=\boldsymbol{v}_0,\quad m(t_0)=1\tag{8.5.13}$$

终端条件包括状态和横截条件为

$$\boldsymbol{r}(t_f)=\boldsymbol{r}_f,\quad \boldsymbol{v}(t_f)=\boldsymbol{v}_f,\quad \lambda_m(t_f)=0\tag{8.5.14}$$

因为没有更多的未知量，所以不必求解 $\boldsymbol{\lambda}_r(t_f)$ 和 $\boldsymbol{\lambda}_v(t_f)$，如果有等式约束乘子就要利用此二式。

该两点边值问题求解等价于求解如下一个七元非线性方程组：

$$\boldsymbol{S}(x)=[\boldsymbol{r}(t_f,\boldsymbol{x})-\boldsymbol{r}_f,\boldsymbol{v}(t_f,x)-\boldsymbol{v}_f,\lambda_m(t_f,\boldsymbol{x})]^{\mathrm{T}}=0\tag{8.5.15}$$

其中，$\boldsymbol{x}=[\boldsymbol{\lambda}_r(t_0),\boldsymbol{\lambda}_v(t_0),\lambda_m(t_0)]$。求解时先从 $\varepsilon=1$ 开始，陆续求解 $\varepsilon=0$ 的结果。

但是由于 $\boldsymbol{x}$ 的范围不可知，很难给出恰当的初值猜测。我们注意到，如果将乘子 λ_0 与协态变量 $\boldsymbol{\lambda}_r(t_0)$，$\boldsymbol{\lambda}_v(t_0)$，$\lambda_m(t_0)$ 归为一类，统称为拉格朗日乘子，那么整个问题关于拉格朗日乘子都是齐次的，即乘以或除以一个常数并不改变问题的实际。基于此特点，将拉格朗日乘子重新定义为

$$(\lambda_0,\boldsymbol{\lambda}_r,\boldsymbol{\lambda}_v,\lambda_m)\overset{\text{def}}{=\!=}\frac{(\lambda_0,\boldsymbol{\lambda}_r,\boldsymbol{\lambda}_v,\lambda_m)}{\sqrt{\lambda_0^2+\boldsymbol{\lambda}_r^{\mathrm{T}}(t_0)\boldsymbol{\lambda}_r(t_0)+\boldsymbol{\lambda}_v^{\mathrm{T}}(t_0)\boldsymbol{\lambda}_v(t_0)+\lambda_m^2(t_0)}}\tag{8.5.16}$$

即为原乘子与它们初值平方和的根的比值。显然，新的乘子应满足关系式

$$\lambda_0^2+\boldsymbol{\lambda}_r^{\mathrm{T}}(t_0)\boldsymbol{\lambda}_r(t_0)+\boldsymbol{\lambda}_v^{\mathrm{T}}(t_0)\boldsymbol{\lambda}_v(t_0)+\lambda_m^2(t_0)=1\tag{8.5.17}$$

即它们在一个 8 维的单位球面上，但它们满足的方程与原来一样。此外，由于协态变量 λ_m 的末端值为 0，而其导数由式(8.5.11)可知不大于 0，因而其初值必然大于 0。通过此归一化处理，协态变量初值的范围得到了限制，便于算法迭代时预估初始值。

通过归一化后，求解 $\varepsilon=1$ 时的最优控制问题可通过在 8 维球面上多次猜测初值来求解非线性方程。此外也可采用进化算法如微粒群算法求解粗略的初值。

$\varepsilon=1$ 时该问题是控制力连续的最优控制问题，普通的自适应步长积分器就能满足精度要求。当 ε 接近 0 时，最优控制力越来越接近 bang-bang 控制。用普通

的自适应步长积分器对变化剧烈的微分方程积分很难满足精度要求。需要对开关函数在转换点予以判断并分步积分。在进行迭代前,对开关函数加以判断。首先,其一阶和二阶导数可由式(8.5.11)求得

$$\dot{\rho}=\frac{I_{\mathrm{sp}}g_0\boldsymbol{\lambda}_v\cdot\boldsymbol{\lambda}_r}{m_0\lambda_0 m\|\boldsymbol{\lambda}_v\|} \tag{8.5.18}$$

$$\ddot{\rho}=\frac{I_{\mathrm{sp}}g_0}{m_0\lambda_0}\left[-\frac{\boldsymbol{\lambda}_v\cdot\boldsymbol{\lambda}_r}{m\|\boldsymbol{\lambda}_v\|}+\frac{\mu}{r^3}\frac{\|\boldsymbol{\lambda}_v\|}{m}-\frac{3\mu}{r^5}\frac{\|\boldsymbol{\lambda}_v\cdot\boldsymbol{r}\|}{m\|\boldsymbol{\lambda}_v\|}+\frac{T_{\max}u}{I_{\mathrm{sp}}g_0}\frac{\boldsymbol{\lambda}_v\cdot\boldsymbol{\lambda}_r}{m\|\boldsymbol{\lambda}_v\|}+\frac{(\boldsymbol{\lambda}_v\cdot\boldsymbol{\lambda}_r)^2}{m\|\boldsymbol{\lambda}_v\|^3}\right] \tag{8.5.19}$$

开关函数在积分过程中由第 k 步到 $k+1$ 步的迭代表达式为

$$\rho_{k+1}=\rho_k+\dot{\rho}_k h+\frac{1}{2}\ddot{\rho}_k h^2 \tag{8.5.20}$$

将开关函数的值域划分为$(-\infty,-\varepsilon)$,$[-\varepsilon,+\varepsilon]$和$(\varepsilon,\infty)$三个区间,分别对应推力幅值最大,中等和为零的被积函数。当 ρ_k 与 ρ_{k+1} 的值在同一区间时,按步长 h 并用相应被积函数迭代;否则分段进行迭代。

8.5.3 小推力最优交会的直接法性能分析

在利用直接法求解深空小推力最优交会问题时,可以根据探测器推力系统采用不同形式的推力模型,如直角坐标形式的连续推力模型、球坐标形式的固定推力模型等。目前,不同的推力模型对问题求解的收敛性、结果的最优性及计算效率的影响还没有准确的理论分析及相应结论。本节针对固定时间燃料最优小推力交会问题,基于直接打靶法分析推力模型的影响,并提出一类综合使用不同推力模型的全局优化策略,和伪谱法的优化结果进行了比较。

1. 推力模型与优化变量

小推力深空轨道机动研究中采用的推力约束主要分为两类,连续推力(推力上限约束)和固定推力(仅有开和关两种状态)。常采用模型形式主要有直角坐标和球坐标两种形式。

1) 直角坐标形式

推力 $\boldsymbol{T}$ 为

$$\boldsymbol{T}=\begin{bmatrix}T_x\\T_y\\T_z\end{bmatrix} \tag{8.5.21}$$

式中,T_x,T_y,T_z 分别为推力矢量在日心惯性系下的分量。

当采用直接打靶处理最优控制问题时,节点数目选择为 n,则相应的优化变量是

$$\boldsymbol{x}=(T_{1x},T_{1y},T_{1z},T_{2x},T_{2y},T_{2z},\cdots,T_{nx},T_{ny},T_{nz}) \tag{8.5.22}$$

对于连续推力(上限约束)交会问题,需要增加有关推力大小的约束条件

$$\sqrt{T_{ix}^2 + T_{iy}^2 + T_{iz}^2} \leqslant T_{\max}, \quad i = 1,2,\cdots,n \tag{8.5.23}$$

式中,$T_{\max}$ 为给定的最大推力。

对于固定推力交会问题,即要保证式(8.5.23)中的等式约束严格成立,需要有足够多的节点,但即便是如此,等式约束精度也较差,因此直角坐标推力形式不常用于固定推力交会问题。

2) 球坐标形式推力

$\boldsymbol{T}$ 为

$$\boldsymbol{T} = T\begin{bmatrix} \cos\alpha\cos\beta \\ \sin\alpha\cos\beta \\ \sin\beta \end{bmatrix} \tag{8.5.24}$$

式中,T 为推力大小,推力方向角 α,β 如图 8.5.1 所示。

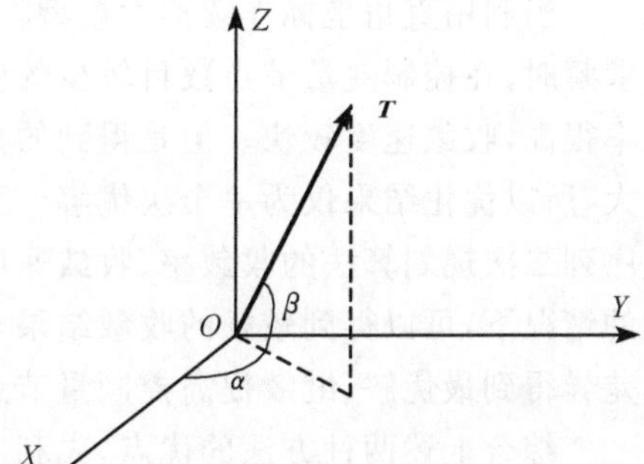

图 8.5.1　球坐标推力控制变量示意图

对于球坐标形式的推力模型,比较方便满足连续推力上限约束和固定推力约束两种类型。

(1) 连续推力。对于连续推力,球坐标形式中选择 T,α,β 均为控制变量。节点数目选择为 n,则相应的优化变量是

$$\boldsymbol{x} = (T_1,\alpha_1,\beta_1,T_2,\alpha_2,\beta_2,\cdots,T_n,\alpha_n,\beta_n) \tag{8.5.25}$$

令 $0 \leqslant T_i \leqslant T_{\max}(i=1,2,\cdots,n)$,则仅需处理设计变量的上下限,不需要增加额外的约束条件。

(2) 固定推力。利用球坐标模型求解固定推力交会问题时,可将轨道机动过程划分成多个推力弧段,设定各弧段是否开关机,影响燃料消耗的主要因素是各弧段的作用时间,因此需要将各弧段的作用时间作为优化变量。假定共划分为 m 弧段,则第 $j(j=1,2,\cdots,m)$弧段的设计变量为

$$\boldsymbol{x}_j = (\Delta t_j,\alpha_1^j,\beta_1^j,\alpha_2^j,\beta_2^j,\cdots,\alpha_{n_j}^j,\beta_{n_j}^j) \tag{8.5.26}$$

其中,Δt_j 为该弧段的作用时间,n_j 为该弧段节点数目;若该弧段为关机段,令 $n_j=0$,即该弧段的推力方向不做调整。

2. 综合使用不同推力模型的优化策略

1) 设计思想

对于一个问题配置合理的时间固定燃料最优小推力交会问题,无论问题中的小推力模型是连续推力还是固定推力,由庞得里亚金极小值原理不难分析得到,最优的推力曲线应是 bang-bang 控制曲线,即推力只在最大推力和零推力两个状态下相互切换,才能满足最优解的必要条件。因此采用直接法处理小推力燃料最优

交会问题时，为了确保能够获得全局最优解，应采用固定推力模型，此时一般采用球坐标推力模型，优化变量为推力的方向角 α、高低角 β 和各弧段的飞行时间。在这种情况下，优化结果满足 bang-bang 控制推力曲线形式。但是由于弧段飞行时间搜索范围很大，并且与推力方向角控制变量的强耦合，导致收敛性很差。我们的数值试验表明，基于随机初始解的序列二次规划算法几乎不可能得到一个收敛解。

当利用直角坐标连续推力模型将控制变量参数化，并利用序列二次规划算法求解时，在控制变量节点数目较少的情况下，基于随机初始解的序列二次规划收敛率很高，收敛速度较快。但是得到的控制量不满足 bang-bang 控制形式，且差异很大，所以优化结果仅为一个次优解。为了得到更好结果，增大控制变量节点数目，序列二次规划算法的收敛率、收敛速度会明显下降。但是在控制量节点数目适当的情况下，可以得到较好的收敛结果，但结果仍然与最优解有一定差异；为了减少差异得到最优解，继续提高控制量节点数目会导致算法难以收敛。

综合上述两种方法的优点，先利用适当控制变量节点数目的连续推力模型，基于序列二次规划算法求解得到一个次优解，通过利用直角坐标连续推力的最优控制量$(T_{ix}^*, T_{iy}^*, T_{iz}^*)(i=1,2,\cdots,n)$得到固定推力角度变量$(\alpha_i, \beta_i)(i=1,2,\cdots,n)$的初始解，并且对次优解进行分析得到各推力弧段作用时间的一个合理取值范围，从而缩小了各弧段时间优化搜索的范围；最后利用固定推力模型在上述条件下利用序列二次规划算法搜索最优解。

2）优化策略流程

综合使用不同推力模型的优化策略具体步骤如下。

步骤 1 基于直角坐标形式的连续推力模型离散控制变量，并选取适当的控制量节点数，利用序列二次规划算法优化得到一个连续推力最优结果。

步骤 2 利用**步骤 1** 得到的直角坐标控制量将整个飞行过程划分成数个开关机弧段，同时估计各弧段的飞行时间范围，将直角坐标形式的控制量(T_x, T_y, T_z)转化为固定推力的角度控制量(α,β)，构成固定推力控制量的优化初值。

步骤 3 基于球坐标固定推力模型，将角度控制量(α,β)与各弧段飞行时间设置为优化变量，利用序列二次规划算法搜索得到最优解。

整个优化策略的流程如图 8.5.2 所示。

3. 算例分析

下面基于两个典型算例分析不同推力模型对优化结果的影响，并测试所提出的优化策略，与伪谱法的求解性能进行了分析比较。第一个算例稍微复杂些，飞行时间为 700 天，最优推力曲线包含 7 个弧段，第二个算例飞行时间为 140.72 天，仅包含 3 个弧段。两个算例均是时间固定交会问题，以终端质量最大为优化指标。

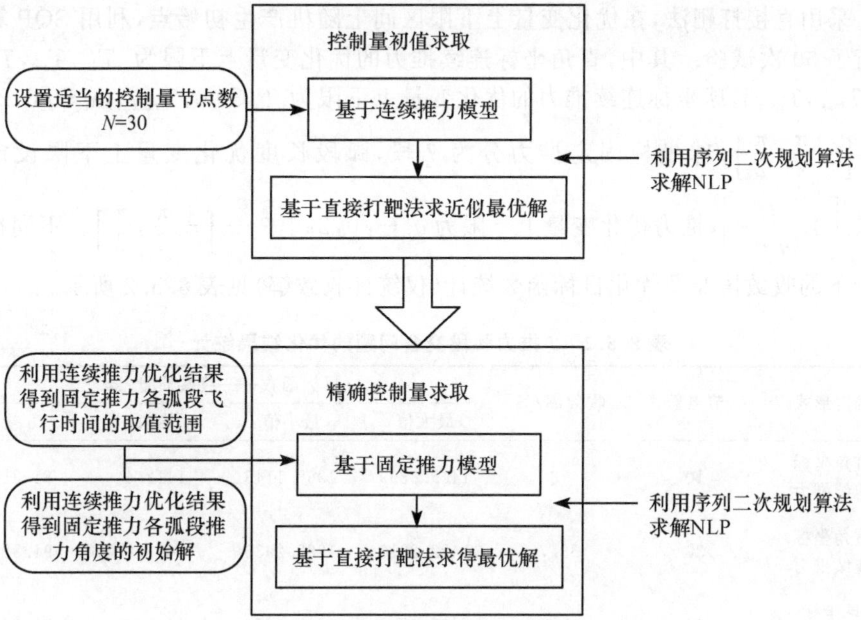

图 8.5.2 综合使用不同推力模型的优化策略流程

算例测试在著者开发的优化算法与最优控制软件包 SOAOC 上完成，该软件包在 VC6.0 环境下开发，所使用的序列二次规划算法是由 IMSL 库中的 Fortrain 版本程序，该软件包的具体介绍将在本书第 9 章中给出。伪谱法采用的是开源的 GPOPS(general pseudospectral optimal control software)软件，版本是 3.3，采用的是 Radau 伪谱法，序列二次规划算法是 SNOPT 程序包，该软件包的具体介绍见 Rao 等(2010)。

第一个算例相对较为复杂，著者采用 GPOPS 难以获得可行解，第二个算例则比较容易求解，因此仅就第二个算例与伪谱法进行比较。

1) 7 推力弧段交会问题

从地球出发发射探测器对小行星 3250293 进行探测，发动机最大推力为 $T_{\max}=0.1\text{N}$，比冲 $I_{sp}=4000\text{s}$，初始质量 $m_0=1500\text{kg}$，发射历元为 MJD=58351，交会时间为 $t_f=700\text{d}$。表 8.5.1 列出了小行星及地球轨道根数。

表 8.5.1 小行星及地球轨道根数

小行星轨道根数 MJD=54000		地球轨道根数 MJD=54000	
半长轴 a	0.9509201AU	半长轴 a	0.9999880AU
偏心率 e	0.1217056	偏心率 e	0.0167168
轨道倾角 i	0.5741159°	轨道倾角 i	0.0008854°
升交点赤经 Ω	175.15212°	升交点赤经 Ω	175.40648°
近地点幅角 ω	28.533305°	近地点幅角 ω	287.61578°
平近点角 M	202.67682°	平近点角 M	257.60684°

采用直接打靶法，在优化变量上下限区间上随机产生初始点，利用 SQP 算法进行了 50 次试验。其中，直角坐标连续推力的优化变量上下限为：$T_{ix}, T_{iy}, T_{iz} \in [-T_{\max}, T_{\max}]$，球坐标连续推力的优化变量上下限为 $T_i \in [0, T_{\max}]$，$\alpha_i \in [0, 2\pi]$，$\beta_i \in \left[-\frac{\pi}{2}, \frac{\pi}{2}\right]$；球坐标固定推力分为 7 段，弧段长度优化变量上下限设定为 $\Delta t_j \in \left[0, \frac{t_f}{m-1}\right]$，推力优化变量上下限为 $\alpha_i^j \in [0, 2\pi]$，$\beta_i^j \in \left[-\frac{\pi}{2}, \frac{\pi}{2}\right]$。不同推力模型下的收敛情况及优化目标函数统计(仅统计收敛解)见表 8.5.2 所示。

表 8.5.2　7 推力弧段交会问题的优化结果统计

推力形式	节点数	收敛率/%	目标函数——终端质量/kg			
			最大值	最小值	均值	方差
直角坐标连续推力	10	73	1415.8299	1368.1145	1412.4	81.217
直角坐标连续推力	30	58.7	1422.2310	1382.2935	1418.9	91.821
球坐标连续推力	10	6.0	1397.5894	1377.5573	1385.3	76.852
球坐标固定推力	7 弧段每弧段 10 节点	0	—	—	—	—

直角坐标连续推力 10 节点最优解的推力大小变化曲线如图 8.5.3 所示，从图中可以看出推力作用弧段为 7 段，但是与 bang-bang 最优控制形式差距还很大，进一步增加连续推力模型的节点数目，30 节点最优解的推力大小变化曲线如图 8.5.4 所示，比较接近 bang-bang 最优控制曲线，但是由于节点数的限制，在开关机转换的相邻节点间推力大小存在中间值，因此问题还有进一步的优化空间，采用固定推力模型进行进一步的优化。

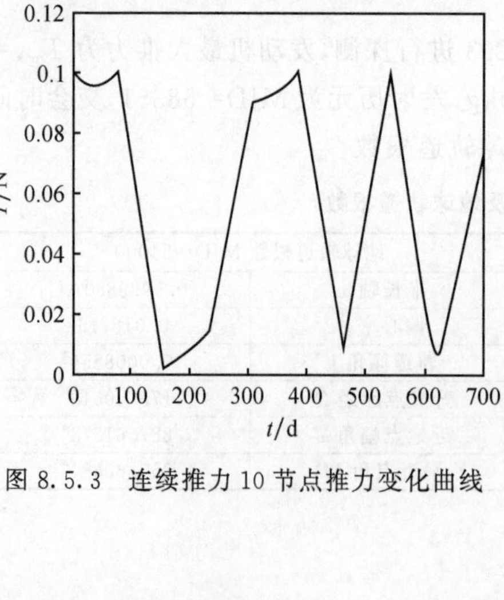

图 8.5.3　连续推力 10 节点推力变化曲线

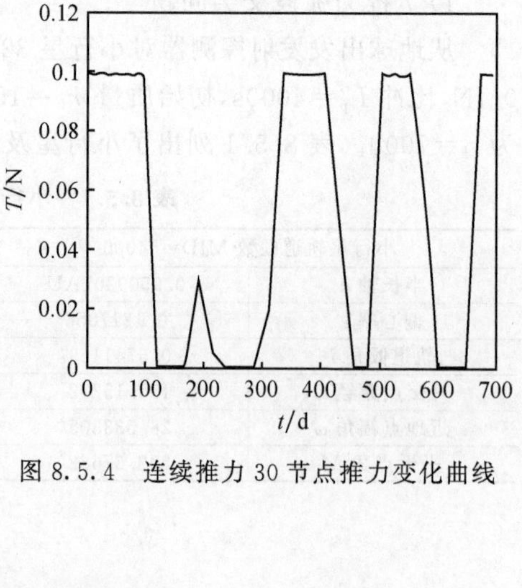

图 8.5.4　连续推力 30 节点推力变化曲线

利用上述连续推力优化结果可以将固定推力模型的推力弧段划分为 7 段，并且容易估计出各弧段飞行时间范围，将连续推力模型的最优解（T_{ix}^*，T_{iy}^*，T_{iz}^*）（$i=1,2,\cdots,n$）按弧段转化为固定推力的角度控制量（α,β）的优化初值，从而有效提高收敛效率。

固定推力模型的各弧段时间范围见表 8.5.3，其中奇数段为发动机开机弧段，而偶数段为关机弧段。

表 8.5.3　固定推力各弧段时间范围

弧　段	1	2	3	4	5	6	7
时间上限/d	105	210	120	70	95	80	—
时间下限/d	100	205	110	60	90	75	—

由于此处分析的交会问题是一个时间固定问题，第 7 弧段的时间 Δt_7 由总任务时间减去前 6 弧段时间获得，避免对总的交会时间的等式约束处理：

$$\Delta t_7 = t_f - \sum_{i=1}^{6} \Delta t_i \qquad (8.5.27)$$

基于固定推力模型利用序列二次规划算法优化得到的最优目标函数值为 $m_f=1424.092$kg，对应各弧段的作用时间为[101.047，207.21，115.941，69.3903，90.2398，78.7709，37.4008]天，其中每个推力弧段的节点数目为 10。

相比 30 节点直接坐标连续推力的最优结果，优化指标即终端质量提高了 1.861kg，二者的最优推力曲线对比如图 8.5.5 所示。固定推力优化结果与 bang-bang 最优控制吻合较好，得到的推力方向角 α 和俯仰角 β 如图 8.5.6 所示（其中滑行段两个角度均设置为 0）。

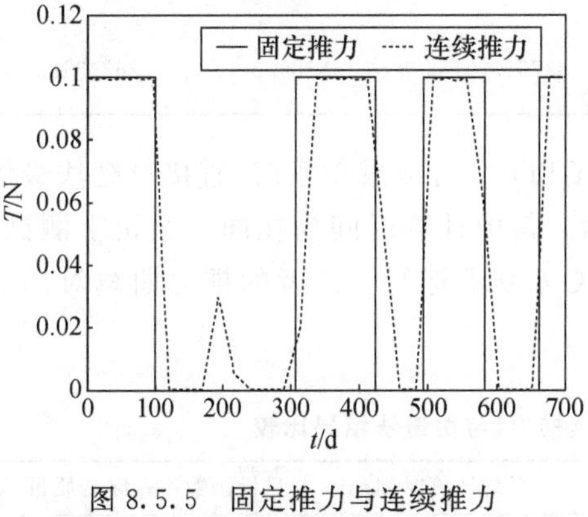

图 8.5.5　固定推力与连续推力最优结果——推力大小

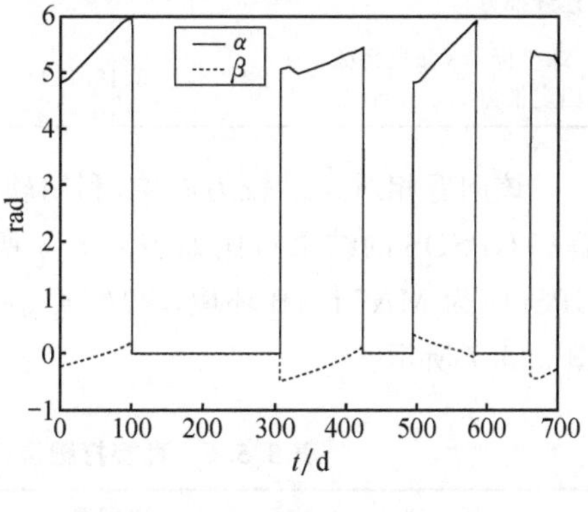

图 8.5.6　固定推力结果——推力方向角

2）3 推力弧段交会问题

从地球出发发射探测器对小行星 868 进行探测，发动机最大推力为 $T_{max}=$

0.3N,比冲 $I_{sp}=3000s$,初始质量 $m_0=3500kg$,发射历元为 MJD=57907.128,设置交会时间为 $t_f=140.72d$。

探测器出发时刻和到达时刻的状态参数如表 8.5.4 所示。

表 8.5.4 探测器出发、到达状态参数

出发时刻地球轨道根数		到达时刻小行星轨道根数	
半长轴 a	1.0165623AU	半长轴 a	1.0196186AU
偏心率 e	0.109813	偏心率 e	0.102027
轨道倾角 i	0.575°	轨道倾角 i	0.563°
升交点赤经 Ω	247.811°	升交点赤经 Ω	247.814°
近地点幅角 ω	264.545°	近地点幅角 ω	266.742°
平近点角 M	82.744°	平近点角 M	216.149°

同样以终端质量最大为优化指标,针对该问题随机产生初始解,针对每种工况运行了 50 次,统计结果如表 8.5.5 所示。

表 8.5.5 3 推力弧段交会问题的优化结果统计

推力形式	节点数	收敛率/%	目标函数——终端质量/kg			
			最大值	最小值	均值	方差
直角坐标连续推力	10	100	3459.433882	3459.425162	3459.4	1.84×10^{-6}
直角坐标连续推力	30	94	3459.835516	3446.019682	3459.463	4.0085
球坐标连续推力	10	98	3459.443726	3397.611927	3455.888	125.401
球坐标固定推力	3 弧段每弧段 10 节点	22	3419.76416	3376.020782	3389.2	267.3483

该问题相对来讲较为简单,利用软件 GPOPS 可以成功求解,直接打靶法最优解和 GPSOS 的结果对比如表 8.5.6 所示。其中计算时间为在同一微机上测试,GPSOS 为 MATLAB 环境,SOAOC 在 VC 6.0 下运行。二者的推力曲线对比如图 8.5.7 所示。

表 8.5.6 直接打靶法(连续推力)与伪谱法结果比较

算 法	主要配置	平均计算时间/s	目标函数——终端质量/kg
直接打靶法(SOAOC 软件)	连续推力直角 30 节点	459.94	3459.53
Radau 伪谱法(GPSOS 软件)	连续推力直角 40 节点	46.57	3459.60

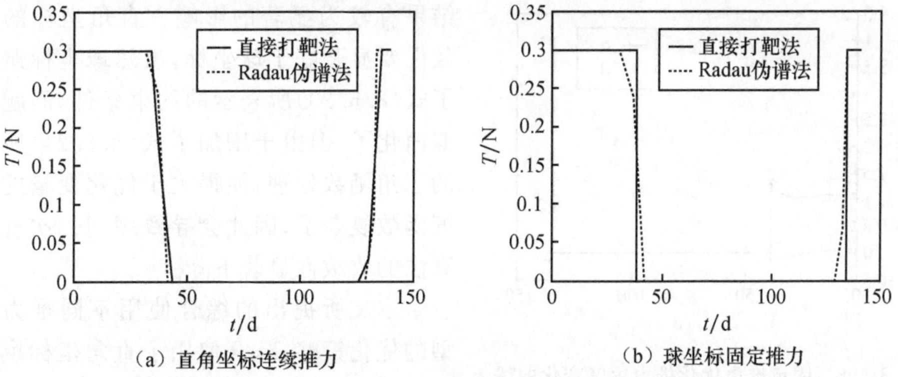

图 8.5.7　直接打靶法与伪谱法最优推力大小曲线比较

从优化结果可以看出，伪谱法在计算效率显著优于采用直角坐标连续推力模型的直接打靶法，目标函数最优性也稍好。但是由于控制量离散节点数限制，最优推力曲线离 bang-bang 控制尚有一定的差异。

根据图 8.5.1 所示的优化策略，将基于连续推力模型控制量优化结果转化为固定推力角度控制量的优化初始解，同时估计出推力工作的弧段时间的合理范围，利用序列二次规划算法进一步优化得到的结果如表 8.5.7 和表 8.5.8 所示。

表 8.5.7　直接打靶法(固定推力)与伪谱法结果比较

算　法	算法配置	平均计算时间/s	目标函数
直接打靶法 (SOAOC 软件)	3 弧段每弧段 10 节点 连续推力结果为初始解	15.50	3460.87
Radau 伪谱法 (GPSOS 软件)	连续推力直角 40 节点	46.57	3459.60

表 8.5.8　固定推力各弧段时间范围与优化结果

弧　段	1(开机)	2(关机)	3(开机)
时间上限/d	39	99	—
时间下限/d	34	95	—
优化结果/d	38.3754	96.305	6.03516

从优化结果来看利用连续推力优化结果生成初始解的固定推力优化得到的目标函数比伪谱法优化结果提高了 1.27kg，自身的计算效率也得到了显著提高，得到推力矢量角度如图 8.5.8 所示。

3）结论

由表 8.5.2 和表 8.5.5 的统计结果来看，采用不同推力模型处理形式对优化

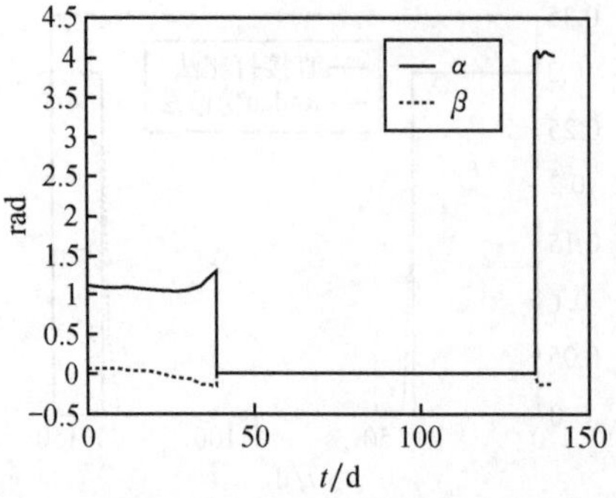

图 8.5.8 固定推力优化推力角度变化曲线

结果有较为显著的影响。直角坐标的收敛性要显著好于球坐标,虽然球坐标避免了式(8.5.23)所表示的约束条件,问题看似简化了,但由于增加了式(8.5.24)所示的三角函数处理,使得关于优化变量的梯度函数复杂了,因此会导致序列二次规划算法的收敛性显著下降。

本文所提出的综合使用不同推力模型的优化策略,综合使用了直角坐标模型收敛性高和球坐标模型形式上接近 bang-bang 最优控制的优点,可以较为有效地求解小推力交会问题。对于伪谱法难以求解的 7 弧段小推力交会问题,也能较为可靠地获得优化解。

本节对伪谱法的测试是基于开源软件,该软件有特定产生初始解的方法,因此不太方便对算法的统计性能进行评估。伪谱法仅成功求解了第二个算例,其计算效率远远高于直接打靶法,主要原因是其避免了数值积分微分方程。但其收敛性较大程度依赖于初始解的配置,采用通用的初始解配置方法对于较为复杂的问题如本节测试的算例 1,则比较难以成功求解,著者对其他实际问题包括 8.6 节将要介绍的月面着陆问题的应用也表明了这一点。

8.6 月面最优着陆问题

月面定点软着陆对进行载人登月或月面勘测任务都有着重要的意义。由于月球没有大气,下降过程中着陆器的速度主要由制动发动机抵消,所以减少燃料消耗至关重要,这就需要对最优着陆轨道做出设计。月球最优软着陆轨道的求解是一类终端时间自由的最优控制问题,其求解方法有间接法和直接法。由于间接法具有初值难以猜测、稳定性差的缺点,因此主要以直接法为主。目前国内外对此类最优控制问题做出了一些研究(王劼等,2003;孙军伟等,2006;朱建丰等,2007;周净扬等,2007;罗建军等,2007;彭祺擘等,2010)。

本节给出彭祺擘等(2010)的求解方法。首先建立了球坐标系下着陆的高精度动力学模型,并给出了月面着陆的各类约束条件,在此基础上构建了以燃料消耗为目标的最优控制问题。针对此问题约束条件多、模型复杂这些难点,本节提出一种基于 Gauss 伪谱法和直接打靶法相结合的串行优化策略,应用表明将此方法应用于高精度模型下月球最优着陆轨道的设计有较好的效果。

8.6.1 月面最优定点着陆问题描述

月面着陆过程可分为离轨段、自由下降段、动力下降段和最终着陆段。其中动力下降段一般为从距月面 15～2km，且制动发动机连续工作，故此段决定着下降过程的燃料消耗，主要针对动力下降段做出研究。

1. 动力学方程

对于一般的再入动力学方程，速度参数一般采用速度大小、航迹角和偏航角来描述。此方程中含有速度的倒数项 $1/v$，对于求解月球着陆问题来说，由于最后着陆器速度要衰减到 0，因此利用此方程在优化算法求解过程中往往会产生奇异解。针对这一问题，本节首先建立利用轨道坐标系中三个方向的速度分量来描述速度参数的动力学方程。

建立惯性系 $OX_1Y_1Z_1$，O 为月心，OY_1Z_1 为赤道平面，OX_1 轴沿月球自转轴，OY_1 轴指向月球赤道相对于白道的升交点。建立月球固定系 $OXYZ$，其中 OX 与 OX_1 重合，OY 轴沿月球赤道面与起始子午面的交线方向。建立原点在着陆器的轨道坐标系 $oxyz$，ox 指向从月心到着陆器的延伸线方向，oy 垂直于 ox 指向运动方向，oz 按右手坐标系确定。假设月球以恒定的角速度 $\boldsymbol{\omega}$ 绕自转轴旋转。定义 $\boldsymbol{r}$ 为着陆器位置矢量，$\boldsymbol{V}_1$ 为着陆器在惯性系下的速度矢量，$\boldsymbol{V}$ 为着陆器在固定系下的速度矢量，u、v、w 分别为着陆器在轨道坐标系中沿各坐标轴的速度分量。另设着陆器的经度为 θ，纬度为 ϕ，坐标轴 oy 与正北方向的夹角为 γ。在轨道坐标系中，发动机推力方向与当地水平面的夹角为 α，在水平面上的投影与 oy 轴的夹角为 β。以上各参数的定义如图 8.6.1 所示。

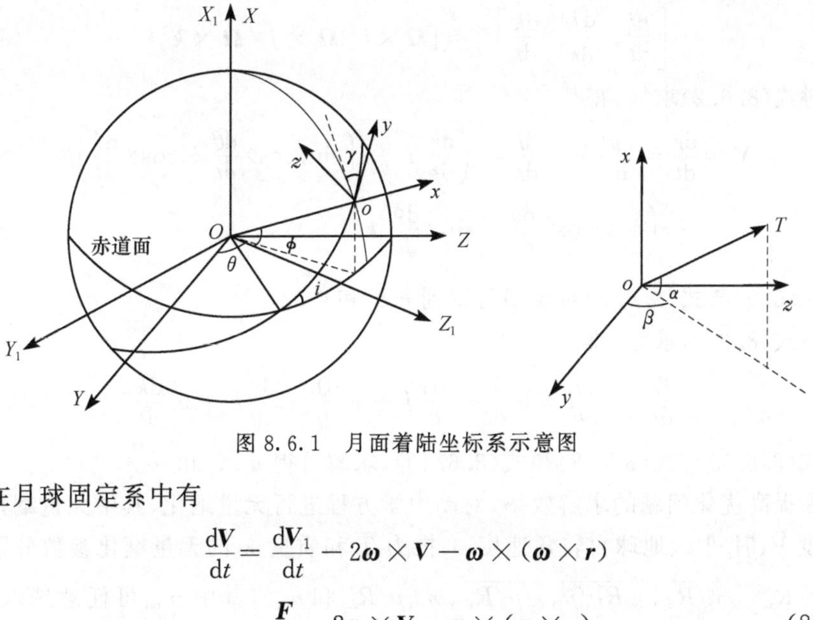

图 8.6.1　月面着陆坐标系示意图

在月球固定系中有

$$\frac{\mathrm{d}\boldsymbol{V}}{\mathrm{d}t}=\frac{\mathrm{d}\boldsymbol{V}_1}{\mathrm{d}t}-2\boldsymbol{\omega}\times\boldsymbol{V}-\boldsymbol{\omega}\times(\boldsymbol{\omega}\times\boldsymbol{r})$$

$$=\frac{\boldsymbol{F}}{m}-2\boldsymbol{\omega}\times\boldsymbol{V}-\boldsymbol{\omega}\times(\boldsymbol{\omega}\times\boldsymbol{r}) \tag{8.6.1}$$

设 $\boldsymbol{i}$、$\boldsymbol{j}$、$\boldsymbol{k}$ 为沿坐标系 $oxyz$ 各轴的单位矢量，则有

$$\boldsymbol{r}=r\boldsymbol{i} \tag{8.6.2}$$

$$\boldsymbol{V}=u\boldsymbol{i}+v\boldsymbol{j}+w\boldsymbol{k} \tag{8.6.3}$$

$$\boldsymbol{\omega}=(\omega\sin\phi)\boldsymbol{i}+(\omega\cos\phi\cos\gamma)\boldsymbol{j}+(\omega\cos\phi\sin\gamma)\boldsymbol{k} \tag{8.6.4}$$

认为重力为中心重力场，则

$$m\boldsymbol{g}=-\frac{\mu_L m}{r^2}\boldsymbol{i} \tag{8.6.5}$$

将推力在轨道坐标系上分解，则

$$\boldsymbol{T}=(T\sin\alpha)\boldsymbol{i}+(T\cos\alpha\cos\beta)\boldsymbol{j}+(T\cos\alpha\sin\beta)\boldsymbol{k} \tag{8.6.6}$$

为了进一步对式(8.6.2)、式(8.6.3)求导，还需要计算出坐标系 $Oxyz$ 的角速度 $\boldsymbol{\Omega}$。坐标系 $Oxyz$ 是由坐标系 $OXYZ$ 先绕 X 轴正向转动 θ 角，然后绕 Z 轴正向转动 $(90°-\phi)$ 角，再绕 X 轴正向转动 $(180°-\gamma)$ 角得到的。因此，坐标系 $Oxyz$ 的角速度为

$$\begin{aligned}\boldsymbol{\Omega}=&M_1(180°-\gamma)M_3(90°-\phi)\left[\frac{\mathrm{d}\theta}{\mathrm{d}t}\quad 0\quad 0\right]^{\mathrm{T}}\\&+M_1(180°-\gamma)\left[0\quad 0\quad -\frac{\mathrm{d}\phi}{\mathrm{d}t}\right]^{\mathrm{T}}+\left[\frac{\mathrm{d}\gamma}{\mathrm{d}t}\quad 0\quad 0\right]^{\mathrm{T}}\end{aligned} \tag{8.6.7}$$

对于固定在以角速度 $\boldsymbol{\omega}$ 旋转的坐标系中，且位置向量为 $\boldsymbol{r}$ 的一点 P，它的线速度将是 $\boldsymbol{v}=\mathrm{d}\boldsymbol{r}/\mathrm{d}t=\boldsymbol{\omega}\times\boldsymbol{r}$。如果 $\boldsymbol{r}$ 取作 $\boldsymbol{i}$、$\boldsymbol{j}$ 和 $\boldsymbol{k}$，则

$$\left[\frac{\mathrm{d}\boldsymbol{i}}{\mathrm{d}t}\quad\frac{\mathrm{d}\boldsymbol{j}}{\mathrm{d}t}\quad\frac{\mathrm{d}\boldsymbol{k}}{\mathrm{d}t}\right]^{\mathrm{T}}=[\boldsymbol{\Omega}\times\boldsymbol{i}\quad\boldsymbol{\Omega}\times\boldsymbol{j}\quad\boldsymbol{\Omega}\times\boldsymbol{k}]^{\mathrm{T}} \tag{8.6.8}$$

对式(8.6.2)求导，得

$$\begin{aligned}\boldsymbol{V}=\frac{\mathrm{d}\boldsymbol{r}}{\mathrm{d}t}=\frac{\mathrm{d}r}{\mathrm{d}t}\boldsymbol{i}+r\frac{\mathrm{d}\boldsymbol{i}}{\mathrm{d}t}=&\left(\frac{\mathrm{d}r}{\mathrm{d}t}\right)\boldsymbol{i}+r\left(\sin\gamma\cos\phi\frac{\mathrm{d}\theta}{\mathrm{d}t}+\cos\gamma\frac{\mathrm{d}\phi}{\mathrm{d}t}\right)\boldsymbol{j}\\&-r\left(\cos\gamma\cos\phi\frac{\mathrm{d}\theta}{\mathrm{d}t}-\sin\gamma\frac{\mathrm{d}\phi}{\mathrm{d}t}\right)\boldsymbol{k}\end{aligned} \tag{8.6.9}$$

将式(8.6.9)与式(8.6.3)对比即可得到 $\dot{r}$、$\dot{\theta}$ 和 $\dot{\phi}$。

对式(8.6.3)求导，得

$$\frac{\mathrm{d}\boldsymbol{V}}{\mathrm{d}t}=\frac{\mathrm{d}u}{\mathrm{d}t}\boldsymbol{i}+u\frac{\mathrm{d}\boldsymbol{i}}{\mathrm{d}t}+\frac{\mathrm{d}v}{\mathrm{d}t}\boldsymbol{j}+v\frac{\mathrm{d}\boldsymbol{j}}{\mathrm{d}t}+\frac{\mathrm{d}w}{\mathrm{d}t}\boldsymbol{k}+w\frac{\mathrm{d}\boldsymbol{k}}{\mathrm{d}t} \tag{8.6.10}$$

联立式(8.6.1)～式(8.6.8)和式(8.6.10)，求解可得 $\dot{u}$、$\dot{v}$ 和 $\dot{w}$。

为提高优化问题的求解效率，对动力学方程进行无量纲化，其中无量纲月心距 $\bar{r}$、速度 $\bar{V}$、时间 $\bar{t}$、地球自转角速度 $\bar{\omega}$、推力 $\bar{T}$ 和质量 $\bar{m}$ 的无量纲化参数分别为月球半径 R_L、$\sqrt{\mu/R_L}$、$\sqrt{R_L^3/\mu}$、$\sqrt{\mu/R_L^3}$、$m_{\mathrm{ref}}\mu/R_L^2$ 和 m_{ref}（其中 m_{ref} 可任意选取）。整理可得无量纲化后的软着陆动力学方程为

$$
\begin{aligned}
&\dot{\bar{r}} = \bar{u} \\
&\dot{\theta} = \frac{\bar{v}\sin\gamma - \bar{w}\cos\gamma}{\bar{r}\cos\phi} \\
&\dot{\phi} = \frac{\bar{v}\cos\gamma + \bar{w}\sin\gamma}{\bar{r}} \\
&\dot{\bar{u}} = \frac{\overline{T}\sin\alpha}{\overline{m}} - \frac{1}{\bar{r}^2} + \frac{\bar{v}^2 + \bar{w}^2}{\bar{r}} - 2\bar{w}\bar{\omega}\cos\phi\cos\gamma \\
&\qquad + 2\bar{v}\,\bar{\omega}\cos\phi\sin\gamma + \bar{r}\bar{\omega}^2\cos\phi \\
&\dot{\bar{v}} = \frac{\overline{T}\cos\alpha\cos\beta}{\overline{m}} - \frac{\bar{u}\bar{v}}{\bar{r}} - \frac{\bar{w}^2\tan\phi}{\bar{r}}(\cos\gamma + \tan\gamma\sin\gamma) \\
&\qquad - 2\bar{u}\bar{\omega}\cos\phi\sin\gamma + 2\bar{w}\bar{\omega}\sin\phi - \bar{r}\bar{\omega}^2\sin\phi\cos\phi\cos\gamma \\
&\dot{\bar{w}} = \frac{\overline{T}\cos\alpha\sin\beta}{\overline{m}} - \frac{\bar{u}\bar{w}}{\bar{r}} - \frac{\bar{v}\bar{w}\tan\phi}{\bar{r}}(\cos\gamma + \tan\gamma\sin\gamma) \\
&\qquad - 2\bar{v}\bar{\omega}\cos\phi + 2\bar{u}\bar{\omega}\cos\phi\cos\gamma - \bar{r}\bar{\omega}^2\sin\phi\cos\phi\sin\gamma
\end{aligned}
\tag{8.6.11}
$$

式中，$m = m_0 - \dot{m}t = m_0 - Tt/(I_{sp}g_0)$；$m_0$ 为着陆器初始质量；I_{sp} 为发动机比冲；g_0 为海平面重力加速度。

2. 约束条件

1）边界条件

登月着陆器的初始条件为

位置约束

$$\theta(\tau_0) = \theta_0,\quad \phi(\tau_0) = \phi_0,\quad r(\tau_0) = R_L + h_0$$

速度约束

$$u(\tau_0) = 0,\quad v(\tau_0) = v_0,\quad w(\tau_0) = 0$$

登月着陆器的终端条件为

位置约束

$$\theta(\tau_f) = \theta_f,\quad \phi(\tau_f) = \phi_f,\quad r(\tau_f) = R_L + h_f$$

速度约束

$$u(\tau_f) = 0,\quad v(\tau_f) = 0,\quad w(\tau_f) = 0$$

2）过程约束

考虑到工程的实际应用，某些值并不能随意选取，因此对求解过程中某些参数做出约束：

推力方向角应满足 $\alpha \in [\alpha_{\min}, \alpha_{\max}]$，$\beta \in [\beta_{\min}, \beta_{\max}]$；着陆过程中法向和侧向速度应满足 $u \in [u_{\min}, u_{\max}]$，$w \in [w_{\min}, w_{\max}]$；飞行器着陆过程所消耗的燃料 m_u 应满足 $m_u \leqslant m_{\max}$。

3. 性能指标

性能指标函数应选取燃料最省，即

$$J = \int_0^{t_f} \dot{m} \mathrm{d}t = \int_0^{t_f} \frac{T}{I_{sp} g_0} \mathrm{d}t = \frac{T}{I_{sp} g_0} t_f \to \min \tag{8.6.12}$$

取推力大小为常值，因此性能指标函数等价于着陆时间最短，即

$$J = t_f \to \min \tag{8.6.13}$$

8.6.2 优化策略

由于建立的高精度月球着陆模型较为复杂，且考虑的约束条件较多，用传统方法求解存在难以收敛、对初值敏感或计算速度慢等缺点。针对这一问题，本文提出一种基于高斯伪谱法和直接打靶法相结合的串行优化策略，即首先将控制变量与状态变量同时离散，取较少的 Gauss 节点，利用 Gauss 伪谱法求解离散的着陆轨道初值；然后在 Gauss 节点上离散控制变量，将上步求得的结果作为初值，利用直接打靶法求解精确最优解。Gauss 伪谱法和直接打靶法介绍参见本书第 3 章论述。下面给出具体的优化流程。

1）利用 Gauss 伪谱法计算初值

选取较少的 Gauss 节点 N（文中 $N=6$），利用 Gauss 伪谱法将连续最优着陆问题转化为非线性规划问题，然后利用序列二次规划算法求解近似的最优轨道状态变量和控制变量，实践表明此时需要赋初值的设计变量较少，对初值不敏感，鲁棒性较好。然后将计算结果作为下一步计算的初值。

另外，对于初值的求解，采用从可行解到最优解的串行优化策略来求解。即首先将等式约束转化为目标函数，不考虑实际性能指标，从而求得可行解；然后利用求得的解作为初值，求解原有控制问题，从而进一步得到最优解。这种方法可更有效的让程序收敛。

2）直接打靶法求解最优值

在选取的 Gauss 节点之间进一步将时间离散，即在每两个 Gauss 点之间将时间分为 K 等份，这样将整个着陆轨道离散为 $(N+1)K$ 段。在每个 Gauss 点处控制变量的初值已在步骤 1）中求得，等分点之间控制变量初值本文通过样条插值得到。

在每个离散的时间点 $t_i\,(i=0\sim(N+1)K)$ 处，着陆器的状态变量为 $\boldsymbol{X}_i=\boldsymbol{X}(t_i)$，控制变量为 $\boldsymbol{U}_i=\boldsymbol{U}(t_i)$。由于在每一小段状态变量是连续的，因此在每一段，利用 Runge-Kutta 求积公式对轨道进行逼近。这样轨道优化问题经离散化后，利用序列二次规划算法对此非线性规划问题进行求解，从而得到最终最优解。

图 8.6.2 给出了月球软着陆轨道优化的求解策略流程。

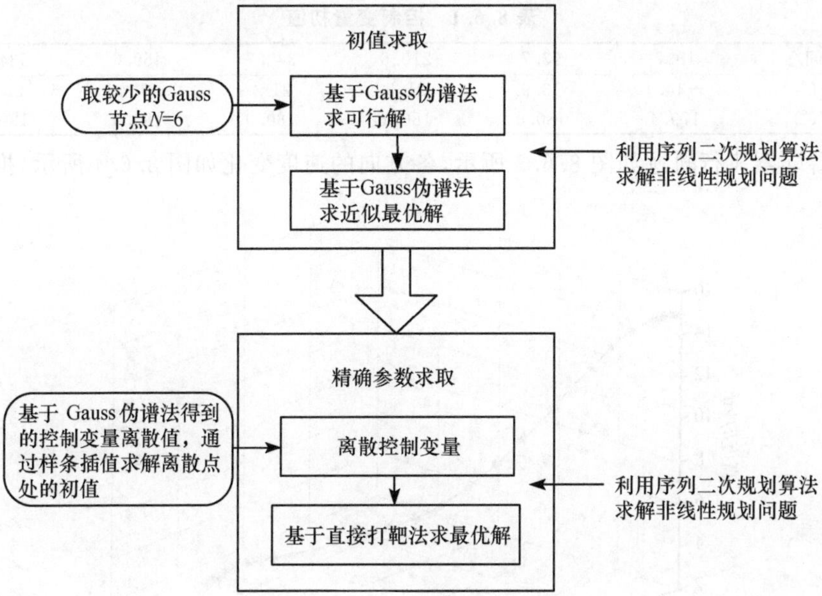

图 8.6.2　月球软着陆轨道优化策略

8.6.3　算例分析

假设动力下降段初始及终端条件如下：

$$\begin{cases} h_0 = 15\text{km} \\ \theta_0 = 10^\circ \\ \phi_0 = 0^\circ \\ u_0 = 0 \\ v_0 = 1.7138\text{km/s} \\ w_0 = 0 \end{cases} \qquad \begin{cases} h_\text{f} = 2\text{km} \\ \theta_\text{f} = 25^\circ \\ \phi_\text{f} = 9^\circ \\ u_\text{f} = 0 \\ v_\text{f} = 0 \\ w_\text{f} = 0 \end{cases} \tag{8.6.14}$$

月球引力常数 $\mu=4902.8026\text{km}^3/\text{s}^2$，自转角速度 $\omega=2.6617\times10^{-6}\,\text{rad/s}$，半径 $R_L=1738\text{km}$，着陆器初始质量 $m_0=600\text{kg}$，初始轨道倾角 $i_0=30^\circ$，制动发动机推力 $T=1500\text{N}$，比冲 $I_{\text{sp}}=300\text{s}$。

求解过程中约束推力方向角 $\alpha\in[-50^\circ,40^\circ]$，$\beta\in[130^\circ,220^\circ]$，法向和侧向速度的取值范围为[−100m/s，100m/s]，着陆过程燃料消耗 $m_u\leqslant300\text{kg}$。

优化过程中首先取 Gauss 节点数 $K=6$，计算得到初值，然后在相邻的 Gauss 节点处将轨道离散为 5 段，即取 $N=5$，进一步求解得到精确轨道参数。利用 Gauss 伪谱法计算得到的控制变量初值见表 8.6.1。

表 8.6.1 控制变量初值

时间/s	18.7	93.7	210.6	342.7	459.6	534.6
$\alpha/(°)$	−44.1	13.9	21.5	21.4	21.4	22.1
$\beta/(°)$	179.4	180.0	180.1	180.0	180.0	180.0

着陆器飞行轨迹如图 8.6.3 所示，各方向的速度变化如图 8.6.4 所示，推力方

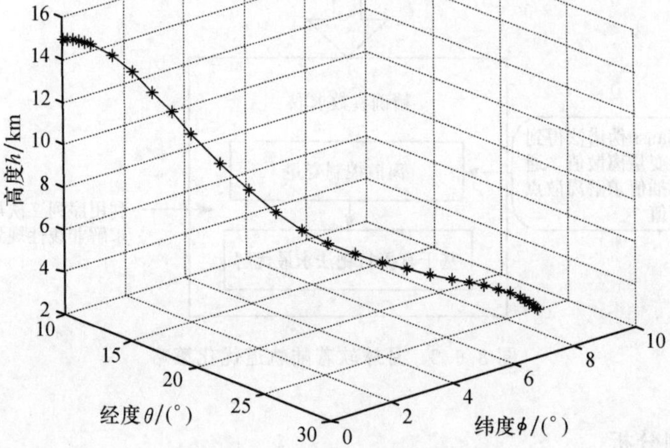

图 8.6.3 着陆器的飞行轨迹

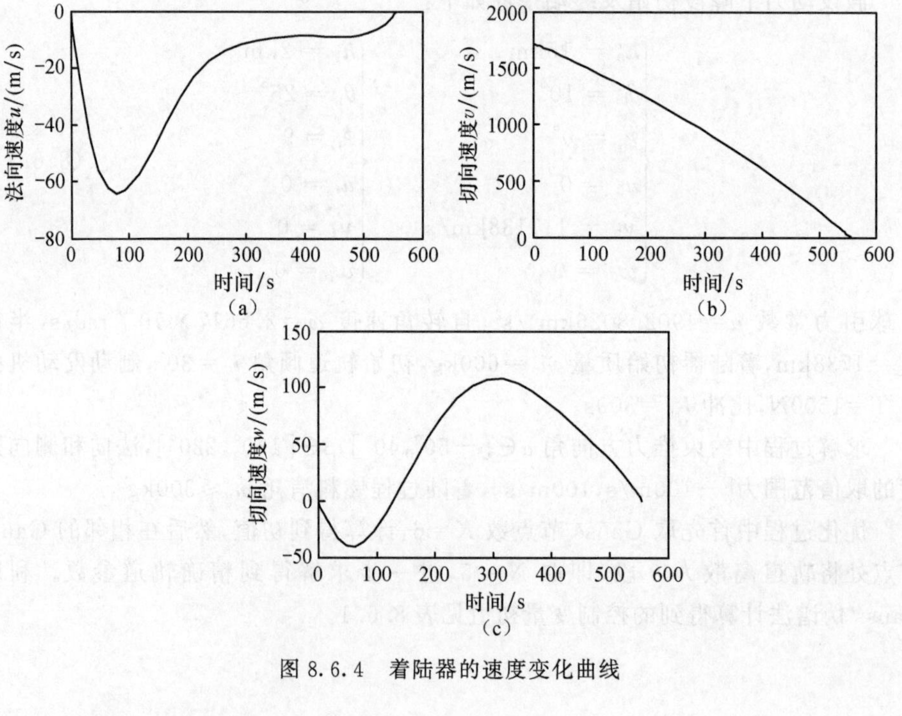

图 8.6.4 着陆器的速度变化曲线

向角的变化如图 8.6.5 所示。

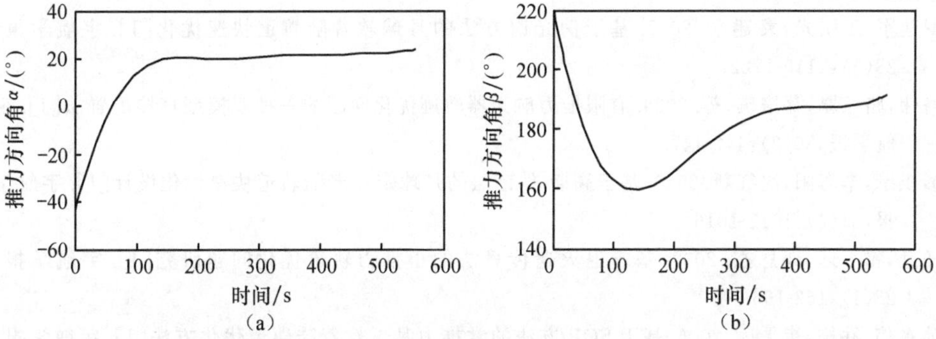

图 8.6.5　推力方向角变化曲线

着陆过程的飞行时间为 556.0648s,动力下降段消耗燃料 283.7065kg。

通过计算可知,初值在相应范围内随机选取,结果均能收敛,且从图中可以看出计算结果可以很好地满足所有约束条件。优化计算在 MATLAB 环境下编程,计算机 CPU 为 3.0GHz/Pentium 4 时,整个计算过程需要耗时 3min 左右,且收敛精度较高。

通过设计合理的优化策略,将 Gauss 伪谱法和直接打靶法结合起来应用到月球定点着陆轨道优化设计中去,结果表明利用该方法进行优化得到的最佳着陆轨道,可以很好地满足边界约束和过程约束,计算精度较高。且利用此方法求解,对初值要求不敏感,收敛速度快,因此具有很好的鲁棒性和强收敛性,可为同类优化问题的求解提供参考。

参 考 文 献

宝音贺西,祝开建,李俊峰. 2008. 连续推力航天器多星相遇轨迹优化[C]. 2008 年空间非开普勒轨道动力学与控制专题研讨会论文集:244-249.

谌颖,陈祖贵,刘良栋. 1998. 常推力作用下飞行器固定时间最优交会[J]. 中国空间科学技术,18(4):1-7.

胡正东. 2009. 天基对地打击武器轨道规划与制导技术研究[D]. 长沙:国防科技大学研究生院.

蒋方华,龚胜平,宝音贺西,等. 2010. 第 2 届全国深空轨道设计大赛结果与方法概述[R]. 第 2 届全国深空轨道设计大赛研讨会,西安.

荆武兴,吴瑶华. 1998. 基于交会概念的最省燃料异面有限推力轨道转移研究[J]. 哈尔滨工业大学学报,30(2):124-128.

李顺利,梁新刚,雷涛,等. 2008. 连续推力的轨道优化设计[C]. 空间操作自主控制专题研讨会论文集:167-178.

梁新刚,杨涤. 2006. 应用非线性规划求解异面最优轨道转移问题[J]. 宇航学报,27(3):363-368.

刘滔,何兆伟,赵育善. 2008. 持续推力时间最优轨道机动问题的改进鲁棒算法[J]. 宇航学报,29(4):1216-1221.

罗建军,王明光,袁建平. 2007. 基于伪光谱方法的月球软着陆轨道快速优化[J]. 宇航学报,28(5):1119-1122.

潘伟,路长厚,葛培琪,等. 2009. 有限推力航天器轨迹优化问题的一种双模型直接配置法[J]. 宇航学报,30(2):442-447.

彭祺擘,李海阳,沈红新. 2010. 基于高斯-伪谱法的月球定点着陆轨道快速优化设计[J]. 宇航学报,31(4):1012-1016.

任远,崔平远,栾恩杰. 2007. 基于退火遗传算法的小推力轨道优化问题研究[J]. 宇航学报,28(1):162-166.

孙军伟,乔栋,崔平远. 2006. 基于 SQP 方法的常推力月球软着陆轨道优化方法[J]. 宇航学报,27(1):99-102.

谭丽芬. 2011. 赤道椭圆交会轨道规划与制导研究[D]. 长沙:国防科技大学.

唐国金,罗亚中,张进. 2008. 空间交会对接任务规划[M]. 北京:科学出版社.

涂良辉,袁建平,罗建军. 2008. 基于伪光谱方法的有限推力轨道转移优化设计[J]. 宇航学报,29(4):1189-1193.

王华,唐国金. 2003. 用非线性规划求解有限推力最优交会[J]. 国防科技大学学报,25(5):9-13.

王华,唐国金,雷勇军. 2003. 有限推力轨迹优化问题的直接打靶法研究[J]. 中国空间科学技术,23(5):51-56.

王劼,李俊峰,崔乃刚,等. 2003. 登月飞行器软着陆轨道的遗传算法优化[J]. 清华大学学报(自然科学版),43(8):1056-1059.

王明春,荆武兴,杨涤,等. 1992. 同平面能量最省有限推力轨道转移[J]. 宇航学报,13(3):24-30.

王小军. 1995. 航天飞行器最佳变轨策略研究[D]. 北京:中国运载火箭技术研究院.

王小军,吴德隆,余梦伦. 1995. 最少燃料消耗的固定推力共面轨道变轨研究[J]. 宇航学报,16(4):9-15.

雍恩米,唐国金,陈磊. 2008. 基于 Gauss 伪谱方法的高超声速飞行器再入轨迹快速优化[J]. 宇航学报,29(6):1766-1772.

岳新成,杨莹,耿志勇. 2008. 连续推力下能量、燃料轨道转移最优控制[C]. 空间非开普勒轨道动力学与控制专题研讨会.

周净扬,周荻. 2007. 月球探测器软着陆精确建模及最优轨道设计[J]. 宇航学报,28(6):1462-1466.

朱建丰,徐世杰. 2007. 基于自适应模拟退火遗传算法的月球软着陆轨道优化[J]. 航空学报,28(4):806-812.

Betts J T. 2000. Very low-thrust trajectory optimization using a direct SQP method [J]. Journal of Computational and Applied Mathematics,120(1):27-40.

Bryson A E,Ho Y C. 1975. Applied Optimal Control [M]. New York:Hemisphere:66-69.

Carter T E. 1984. Fuel-optimal maneuvers of a spacecraft relative to a point in circular orbit [J]. Journal of Guidance,Control,and Dynamics,7(6):710-716.

Carter T E. 1987. Singular fuel-optimal space trajectories based on linearization about a circular orbit [J]. Journal of Optimization Theory and Applications, 54(3): 447-470.

Chang D E, Chichka D F, Marsden J E. 2001. Lyapunov functions for elliptic orbit transfer[C]. AAS/AIAA Astrodynamics Specialist Conference, AAS Paper 01-441.

Crain T, Bishop R H, Fowler W. 2000. Interplanetary flyby mission optimization using a hybrid global-local search method [J]. Journal of Spacecraft and Rockets, 37(4): 468-474.

Dickmanns E D, Well H. 1975. Approximate solution of optimal control problems using third-order hermite polynomial functions [C]//Proceedings of the 6th Technical Conference on Optimization Techniques. New York: Springer-Verlag.

Edelbaum T N. 1962. Optimal low-thrust transfer between circular and elliptic orbits [J]. Journal of ASME, 84(2): 134-141.

Enright P J, Conway B A. 1991. Optimal finite-thrust spacecraft trajectories using collocation and nonlinear programming [J]. Journal of Guidance, Control, and Dynamics, 14(5): 981-985.

Enright P J, Conway B A. 1992. Discrete approximations to optimal trajectories using direct transcription and nonlinear programming [J]. Journal of Guidance, Control, and Dynamics, 15(4): 994-1002.

Fahroo F, Ross I M. 2001. Costate estimation by a legendre pseudospectral method [J]. Journal of Guidance, Control, and Dynamics, 24(2): 270-277.

Gao Y, Kluever C A. 2004. Low-Thrust interplanetary orbit transfers using hybrid trajectory optimization method with multiple shooting[C]. Paper AIAA- 2004-5088, AIAA/AAS Astrodynamics Specialist Conference, Providence, Rhode Island.

Gao Y. 2003. Advances in Low-Thrust Trajectory Optimization and Flight Mechanics[D]. Columbia: Univercity of Missouri Columbia.

Gefert L P, Hack K J. 1999. Low-thrust control law development for transfer from low earth orbits to high energy elliptical parking orbits[C]. AAS/AIAA Astrodynamics Specialist Conference, AAS Paper 99-410.

Gergaud J, Haberkorn T. 2006. Homotopy method for minimum consumption orbit transfer problem [J]. ESAIM: Control, Optimization and Calculus of Variation, 12(2): 294-310.

Gobetz F W. 1964. Optimal variable-thrust transfer of a power-limited rocket between neighboring orbits [J]. AIAA Journal, 2(2): 339-343.

Guelman M, Aleshin M. 2001. Optimal bounded low-thrust rendezvous with fixed terminal-approach direction [J]. Journal of Guidance Control, and Dynamics, 24(2): 378-385.

Haberkorn T, Martinon P, Gergaud J. 2004. Low thrust minimum-fuel orbit transfer: A homotopic approach [J]. Journal of Guidance, Control and Dynamics, 27(6): 1046-1060.

Haissig C M, Mease K D. 1993. Minimum-fuel power-limited transfers between coplanar elliptical orbits [J]. Acta Astronautica, 29(1): 1-15.

Handelsman M L. 1966. Optimal free-space fixed-thrust trajectories using impulsive trajectories as starting iterative [J]. AIAA Journal, 4(6): 1077-1082.

Hanson J M, Duckman G A. 1997. Optimization of many-burn orbital transfer[J]. The Journal of the Astronautical Sciences, 45(1): 1-40.

Hargraves C R, Johnson F, Paris S, et al. 1981. Numerical computation of optimal atmospheric trajectories [J]. Journal of Guidance and Control, 4(4): 406-414.

Hargraves C R, Paris S W. 1987. Direct trajectory optimization using nonlinear programming and collocation [J]. Journal of Guidance, Control, and Dynamics, 10(4): 338-342.

Hazelrigg G A, Lion P M. 1969. Analytical determination of the adjoint vector for optimum space trajectories [C]. AIAA Paper 69-916.

Herman A L. 1995. Improved Collocation Methods with Application to Direct Trajectory Optimization [D]. Dept. of Aeronautical and Astronautical Engineering, Univ. of Illinois at Urbana-Champaign, IL.

Herman A L, Spencer D B. 2002. Optimal, low-thrust earth-orbit transfers using higher-order collocation methods [J]. Journal of Guidance, Control, and Dynamics, 25(1): 40-47.

Hughes G W, McInnes C R. 2002. Solar sail hybrid trajectory optimization for non-keplerian orbit transfers[J]. Journal of Guidance, Control and Dynamic, 25(3): 602-604.

Igarashi J, Spencer D B. 2005. Optimal continuous thrust orbit transfer using evolutionary algorithms [J]. Journal of Guidance, Control and Dynamic, 28(3): 547-549.

Ilgen M R. 1987. Hybrid method for computing optimal low thrust OTV trajectories[J]. Advances in the Astronautical Sciences, 87(2): 941-958.

Ilgen M R. 1993. Low thrust OTV guidance using liapunov optimal feedback control techniques [C]. AAS/AIAA Astrodynamics Specialist Conference, AAS Paper 93-680.

Jayaraman T S. 1980. Time-optimal orbit transfer trajectory for solar sail spacecraft [J]. Journal of Guidance and Control, 3(6): 536-542.

Johnson F T. 1969. Approximate finite-thrust trajectory optimization[J]. AIAA Journal, 7(6): 993-997.

Kechichian J A. 1996. Optimal low-thrust rendezvous using equinoctial orbit elements [J]. Acta Astronautica, 38(1): 1-14.

Kelley H J. 1960. Gradient theory of optimal flight paths [J]. American Rocket Society Journal, 30(10): 947-954.

Kern E A, Greenwood D T. 1969. Minimum-fuel thrust-limited transfer trajectories between coplanar elliptic orbits [C]. AIAA Paper 69-914.

Kluever C A. 1998. Simple guidance scheme for low-thrust orbit transfers[J]. Journal of Guidance, Control, and Dynamics, 21(6): 1015-1017.

Kluever C A, Pierson B L. 1994. Optimal low-thrust earth-moon transfers with a switching function structure [J]. The Journal of the Astronautical Sciences, 42(3): 269-283.

Lawden D F. 1963. Optimal Trajectories for Space Navigation[M]. London: Butter Worths.

Lee D, Bang H. 2009. Efficient initial costates estimation for optimal spiral orbit transfer trajectories design [J]. Journal of Guidance, Control, and Dynamics, 32(6): 1943-1947.

Lee S, von Allmen P, Fink W, et al. 2005a. Comparison of multi-objective genetic algorithms in optimizing Q-law low-thrust orbit transfers[C]. GECCO'05, Washington DC, USA.

Lee S, von Allmen P, Fink W, et al. 2005b. Design and optimization of low-thrust orbit transfers [C]. IEEE Aerospace Conference Proceedings.

Luo Y Z, Tang G J, Zhou L N. 2005. Simulated annealing for solving near-optimal low-thrust orbit transfer[J]. Engineering Optimization, 37(2): 201-216.

Majji M, Turner J D, Junkins J L. 2009. Solution of two-point boundary-value problems using lagrange implicit function theorem[J]. Journal of Guidance, Control, and Dynamics, 32(5): 1684-1687.

Martinon P, Gergaud J. 2007. Using switching detection and variational equation for the shooting method [J]. Optimal control application and methods, 28(1): 95-116.

McCue G A. 1967. Quasilinearization determination of optimum finite-thrust orbital transfers [J]. AIAA Journal, 5(4): 755-763.

Melboure W G. 1962. Optimal thrust programs for power-limited propulsion systems[J]. Acta Astronautica, 8(4): 205-227.

Melbourne W G, Sauer C G. 1965. Constant-attitude thrust program optimization[J]. AIAA Journal, 3(8): 1428-1431.

Minter C F, Fuller-Rowell T J. 2005. A robust algorithm for solving unconstrained two-point boundary value problems [C]. 15th AAS/AIAA Spaceflight Mechanics Meeting, Copper Mountain: Colorado.

Moyer H G, Pinkham G. 1964. Several trajectory optimization techniques, part Ⅱ[C]// Balakrishnan A V, Neustadt L W. Computing Methods in Optimization Problems. New York: Academic Press Inc: 91-104.

Petropoulos A E. 2003. Simple control laws for low-thrust orbit transfers[C]. AAS/AIAA Astrodynamics Specialist Conference, AAS Paper 03-630.

Petropoulos A E. 2005. Refinements to the Q-law for low-thrust orbit transfers[C]. AAS/AISS Space Flight Mechanics Meeting, AAS Paper 05-162.

Rao A V, Benson D. 2010. User's Manual for GPOPS Version 3.3: MATLAB Software for Solving Optimal Control Problems Using Pseudospectral Methods[R].

Rauwolf G A, Coverstone-Carroll V L. 1996. Near-optimal Low-thrust orbit transfers generated by a genetic algorithm [J]. Journal of Spacecraft and Rockets, 33(6): 859-862.

Redding D C, Breakwell J V. 1984. Optimal low-thrust transfers to synchronous orbit [J]. Journal of Guidance Control and Dynamics, 7(2): 148-154.

Seywald H, Kumar R R. 1996. Finite difference scheme for automatic costate calculation [J]. Journal of Guidance, Control, and Dynamics, 19(1): 231-239.

Stanton S A. 2003. Optimal Orbit Transfer Using a Legendre Pseudospectral Method[D]. Massachusetts: Massachusetts Institute of Technology.

Subbarao K, Shippey B M. 2009. Hybrid genetic algorithm collocation method for trajectory optimization [J]. Journal of Guidance, Control, and Dynamics, 32(4): 1396-1403.

Tang S, Conway B A. 1995. Optimization of low-thrust interplanetary trajectories using collocation and nonlinear programming [J]. Journal of Guidance, Control, and Dynamics, 18(3): 599-604.

Thorne J D, Hall C D. 1996. Approximate initial Lagrange constates for continuous-thrust spacecraft [J]. Journal of Guidance, Control, and Dynamics, 19(2): 283-288.

Thorne J D, Hall C D. 1997. Minimum-time continuous-thrust orbit transfer [J]. The Journal of the Astronautical Sciences, 45(4): 411-432.

Ulybyshev Y. 2007. Continuous thrust orbit transfer optimization using large-scale linear programming [J]. Journal of Guidance, Control, and Dynamics, 30(2): 427-436.

Verda J Z. 1991. Analytical solutions for fuel-optimal rendezvous by finite-thrust arcs [C]. IAF Paper 91-363.

Walker M J H, Ireland B, Owens J. 1985. A set of modified equinoctial orbit elements [J]. Celestial Mechanics, 36: 409-419.

Williams P. 2004. Jacobi pseudospectral method for solving optimal control problems [J]. Journal of Guidance, Control, and Dynamics, 27(2): 293-297.

Wood L J, Bauer T P, Zondervan K P. 1982. Comment on "time-optimal orbit transfer trajectory for solar sail spacecraft"[J]. Journal of Guidance and Control, 5(2): 221-224.

Xu Y J. 2007. Enhancement in optimal multiple-burn trajectory computation by switching function analysis [J]. Journal of Spacecraft and Rockets, 44(1): 264-272.

Yan H, Wu H Y. 1999. Initial adjoint variable guess technique and its application in optimal orbital transfer [J]. Journal of Guidance, Control, and Dynamics, 22(3): 490-492.

Zondervan K P, Wood L J, Caughey T K. 1984. Optimal low-thrust, three-burn orbit transfers with large plane changes [J]. Journal of the Astronautical Sciences, 32(3): 407-427.

第9章　航天器轨迹优化软件

前面章节介绍航天器轨迹优化的理论、方法与典型应用，本章概述航天器轨迹优化软件包。重点介绍美国和欧洲研制的轨迹优化软件，阐述著者所在科研小组开发的轨迹优化软件。

9.1　概　　述

由于任何一个涉及航天器总体优化的问题都离不开优化轨迹的检验，因此，轨迹优化从来都被当做总体优化的一个重要组成部分。国外航天器设计中的性能优化往往就是指轨迹优化。正因为轨迹优化的重要性，国外的任何一个大型航天机构都拥有专门用来求解轨迹优化问题的软件包。

美国是世界上最早系统开展航天器轨迹优化研究的国家，研究历史悠久、技术积累雄厚，在发展轨迹优化理论与方法的同时，研制了一系列轨迹优化软件包。比较著名的轨迹优化软件如 NASA 的 POST，该软件采用直接打靶法，从 20 世纪 70 年代研制成功以来，一直在不断改进，并被广泛应用。与其功能类似的是美国航天公司研制的一套 GTS(generalized trajectory simulation)软件，该软件主要用于军方。20 世纪 90 年代以来，随着配点法的成熟，出现了以配点法为基础的两款比较著名的轨迹优化软件，OTIS 和 SOCS。最近 10 多年，伪谱法得到了飞速发展和广泛应用，出现了以 DIDO 为代表的优化软件包。

进入新世纪以来，随着各类直接方法和大规模非线性规划算法的成熟应用，以及星际探测任务发展和小推力的广泛应用，NASA 于 2002 年启动了 LTTT 项目(low thrust trajectory tool)，研制新的小推力轨迹优化软件工具集，2006 年发布了 4 款新的深空小推力轨迹优化软件，包括 MALTO、Copernicus、OTIS 和 Mystic，并与 CHEBYTOP、VARITOP 等已广泛使用的小推力轨迹优化软件进行了综合对比(Kos et al. ,2006)。

欧洲在发展航天工业过程中也研制了一系列轨迹优化软件包，其中最著名的是 Astos Solutions GmbH 公司专营的 ASTOS。ASTOS(aerospace trajectory optimization software)的早期版本为 ALTOS(Well 等，1997)，以优化软件 GESOP (graphical environment for simulation and optimization)为核心(Well，2004)，GESOP 集成了多重打靶法程序 PROMIS 和配点法程序 TROPIC，可以单独或者组合

使用以发挥其各自的优点。ASTOS 拥有非常友好的图形界面，是目前世界上最先进的轨迹优化软件包之一，已完全实现了商业化，新的功能和改进版本在不断升级。

为了交流航天动力学领域工具软件的研究成果，欧空局 ESA 为发起单位举办了航天动力学工具与技术专题研讨会（International Workshop on Astrodynamics Tools and Techniques），从 2001 年举办第一届起，迄今已举办了 4 届，在该专题研讨会交流报告了各个航天动力学研究机构和工业部门研制的一系列航天动力学工具软件，其中就包括大量航天器轨迹优化软件，详细信息可访问该专题研讨会的官方主页。

本章在 9.2 节和 9.3 节比较详细地介绍 POST、GTS、SOSC、OTIS、DODI、ASTOS 等实现商业化的轨迹优化软件。表 9.1.1 对比了这些软件，包括研制国家、求解算法、模型粒度和应用领域等。这些成熟的软件大多采用的是直接打靶法、配点法等直接方法与序列二次规划算法相结合作为最优控制问题的求解器，不同软件采用的序列二次规划程序包有所不同。POST、GTS、ASTOS 拥有大量成熟的航天动力学模型库，可以用于求解动力学模型较为复杂、粒度要求高的上升轨迹和再入轨迹优化问题，其他软件则主要依靠用户的接口程序进行动力学模型配置，模型粒度有限，主要适应于空间轨道机动问题和简单的最优控制问题，其中 OTIS 模型接口功能较为强大，也可适用于上升轨迹优化问题。

表 9.1.1 国外典型轨迹优化软件对比

软件名称	国家与时期	求解算法	模型粒度	主要适用领域
POST 和 GTS	美国，20 世纪 70 年代	直接打靶法＋梯度优化算法/序列二次规划算法	粒度高，拥有大量模型库	上升轨迹/再入轨迹
OTIS	美国，20 世纪 80 年代	配点法＋序列二次规划算法	粒度较高（用户配置模型接口较强大）	空间轨道机动（主要是小推力）/上升轨迹
SOSC	美国，20 世纪 90 年代	配点法＋序列二次规划算法	一般（用户自配置）	空间轨道机动（主要是小推力）/最优控制
DODI	美国，2000 年以后	伪谱法＋序列二次规划算法	一般（用户自配置）	空间轨道机动/最优控制
ASTOS	欧洲，20 世纪 90 年代	拥有多套最优控制求解程序包，配点法和打靶法综合应用	粒度高，拥有大量模型库	非常广泛，上升轨迹/再入轨迹/空间轨道机动/最优控制

9.2　美国典型轨迹优化软件

9.2.1　POST 和 GTS

POST 和 GTS 是美国较早研制的轨迹优化软件包，POST 是由 Martin Marietta 公司开发（Brauer et al.，1977），GTS 是由 The Aerospace Corporation 开发（Meder et al.，1975）。POST 和 GTS 在 20 世纪 70 年代研制，均以运载火箭上升轨迹优化问题为背景，应用于大力神、德尔它、宇宙神和航天飞机等多个型号，并且推广到再入轨迹优化领域，新近的典型应用见相关文献（Way，2003；Desai，2005）等。

早期版本的 POST 采用的优化算法是一类改进形式的简约梯度优化算法，类似于 Rosen 等（1972）和 Lasdon 等（1978）使用的算法，后来的版本加入了 Gill 等提出的序列二次规划算法程序包 NPSOL（Gill et al.，1986）。GTS 使用的是简约梯度优化算法的一类改进形式。

POST 和 GTS 提供了针对特定应用的大量模型库，并且模型库允许定义不同坐标系下的动力学方程，坐标系包括地心惯性系、轨道系和体坐标系等。此外，也包括 10～20 个用来计算重力场、推进和气动的不同模型。多数情况下，用户可以定制积分算法的类型、轨道输入和输出格式等。

新研发的 POST II 可以支持同时进行多个飞行器的轨迹仿真分析、同时支持各个飞行阶段采用不同的仿真模型（三自由度或六自由度）和 Monte Carlo 偏差仿真分析。

9.2.2　OTIS

OTIS（Vlases et al.，1990；Hargraves et al.，1992；Paris et al.，1996）是基于 Hermite 插值与配点法的一套程序，OTIS 最初是由波音公司于 20 世纪 80 年代开发的，其后历经不断的修改完善，目前已经是 4.0 版本（Riehl et al.，2006），新近的应用包括 CEV 上升中止轨迹的分析与优化等（Falck et al.，2007）。OTIS 采用 Fortran 77 语言编写，最新的版本使用的是斯坦福大学研制的 SNOPT 非线性规划软件包。

OTIS 软件进行飞行器轨迹优化时，需要事先定义光滑的目标函数，给定飞行器属性和轨迹飞行次序。OTIS 采用隐式积分，因此效率比采用显式积分的算法更为快捷，可适应非常复杂和强约束问题。常规的 OTIS 输入包括目标函数描述、输出结果的指定和格式要求。此外，OTIS 提供了按照飞行阶段提供飞行器模型的配置，类似于运载火箭按照各级进行配置，可以配置各阶段的初始、终端条件、约束条件及各阶段的控制参数包括操纵律参数和发动机参数等。

OTIS 详细信息可访问其官方主页 http：//otis. grc. nasa. gov/和 http：//trajectory. grc. nasa. gov/。

9.2.3 SOCS

SOCS(sparse optimal control systems)是由轨迹优化领域的著名学者 Betts 研制的一套最优控制问题优化软件包(Betts et al. ,1997),现由波音公司推广作为一套商业软件,不仅应用于航天器轨迹优化领域,也推广到化工过程控制、机器人路径确定等领域。该软件在 2001 年被 ASTOS 集成,作为小推力任务设计的优化器。SOCS 采用 Fortran 语言编写,采用 B-样条插值的配点法,优化算法是由 Betts 和 Huffman 开发的优化算法包 SPRNLP(Betts,2001)。软件具有 C 和 MATLAB 接口,目前已是 7.1 版本。整个软件由两部分程序组成。

1) 主程序部分

主程序部分包括三个步骤:第一步设置算法参数,包括节点数目、算法最大迭代次数、输出格式;第二步求解最优控制问题;第三步输出数据文件,图形显示等。

2) 用户程序部分

用户程序部分需要用户提供 4 个子程序,分别是问题定义、动力学方程、特定点函数分析、输出格式与结果显示。在问题定义里面给出轨迹优化问题中的常系数、飞行器质量、推进和气动特性、微分方程的数目、控制变量维数、任务阶段和参数、求解方法、状态变量与控制变量初始值猜测和目标函数定义等。在动力学方程程序中给出用户的微分动力学方程、路径约束和求积函数。特定点函数主要用于分析计算指定点包括马赫数、影响球距离等指标。

SOCS 的详细信息可访问其官方主页 www. boeing. com/phantom/socs/。

9.2.4 DIDO

DIDO(direct and inDirect optimization)软件是一款 MATLAB 优化程序包,由美国海军研究生院 Ross 教授和 Fahroo 教授开发(Fahroo et al. ,2002),采用了面向对象编程框架,优化方法是伪谱法,非线性规划求解器是 SNOPT。该优化软件包可用来求解连续推力和脉冲推力轨迹优化问题,提供解最优性必要条件的验证,运行效率较高,具有潜在的在线应用能力。DIDO 直接提供源程序,在 MATLAB 主界面下调用。DIDO 在众多最优控制问题求解中得到了成功应用,一个典型和显著的应用是国际空间站零燃料大姿态机动问题的成功求解(Kang et al. ,2007;Bedrossian et al. ,2008)。

9.3 欧洲典型轨迹优化软件

9.3.1 ASTOS

ASTOS 是一款成功实现商业化的软件,本节对其发展历史、软件模块组成、软件应用情况稍做详细介绍。

1. 发展历史

ASTOS 的最初开发是由 Well 教授于 1989 年在德国航天研究院(DLR)启动的，此后，Well 教授来到德国斯图加特大学飞行动力学和控制中心，在随后加入到 ASTOS 开发团队的 Andreas Wiegand 努力下，软件的可用性得到了大幅提升，1999 年 ASTOS 开始商业化。ASTOS 的核心部分即 GESOP 作为一个标准工具，应用范围扩展到了非航天领域。由于市场的不断扩大，2006 年成立了 Astos Solutions GmbH 公司经营该产品。ASTOS 发展历史的主要节点如下：

(1) 1989 ALTOS 1——运载器轨迹优化。

(2) 1996 ALTOS 3——飞船再入参考轨迹计算。

(3) 1999 ALTOS 4——可重复使用运载器的发射和再入轨迹联合优化。

(4) 2000——第一款 Windows 下的 ASTOS。

(5) 2001——增加了 SOCS，具备小推力任务设计能力。

(6) 2002——增加了火星和地球气动辅助机动。

(7) 2003——增加了用户自编码模型的动态库接口。

(8) 2005——增加了 CGA(行星际任务设计的遗传算法)。

2. ASTOS 的软件组成

ASTOS 的软件组成如图 9.3.1 所示，主要包括两部分。

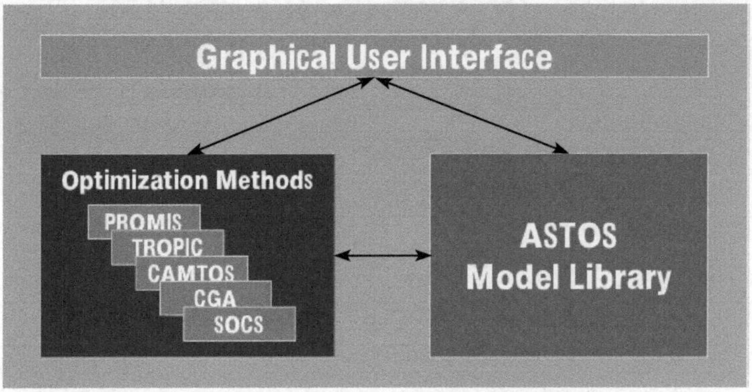

图 9.3.1　ASTOS 软件组成

1) 优化方法程序包

优化方法程序包的核心库是 GESOP(graphical environment for simulation and optimization)，此后不断引入其他优化程序包包括 SOCS、CAMTOS(collocation and multiple shooting trajectory optimization software)和 CGA 等。

(1) GESOP。

① 求解大规模离散最优控制问题的程序包 PROMIS 和 TROPIC(Fortran 77 开发)。

② 一体化用户界面(Java 开发),包括图形编辑器、图形化优化监控器 GISMO 等。

③ 输出结果分析程序,其中图形化显示采用 MATLAB。

(2) SOCS。

SOCS 是由波音公司开发的一款主要面向小推力轨迹优化的程序包,2001 年 ASTOS 引入了该优化软件包。

(3) CAMTOS。

CAMTOS 是结合多重打靶法和配点法的一类优化程序包(Gath,2002)。CAMTOS 同 GESOP/ASTOS 的编译环境和界面很好地保持了兼容,在软件工程化方面做了大量工作。图 9.3.2 是 CAMTOS 在 GESOP 中的配置界面。

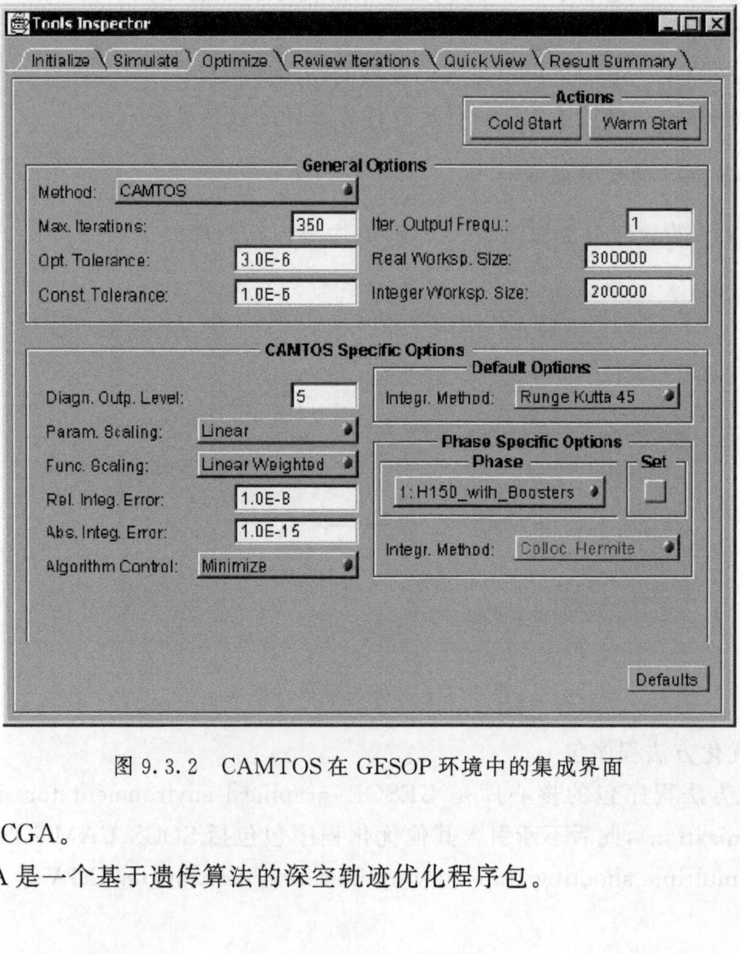

图 9.3.2 CAMTOS 在 GESOP 环境中的集成界面

(4) CGA。

CGA 是一个基于遗传算法的深空轨迹优化程序包。

2）航天器模型库

航天器模型库包括航天器部件、气动和推进系统特性数学模型，涵盖了欧洲航天机构所拥有的运载火箭及几个非欧洲本土的运载火箭和再入飞行器。采用 Ada95 开发，共计 100 个程序包，约 50000 行代码。主要模型包括：

（1）动力学方程。

（2）重力场、大气和风场。

（3）火箭推进和吸气式推进系统。

（4）轨道力学问题求解器。

（5）通用坐标系统和转换。

3. ASTOS 的应用

ASTOS 较为成功地实现了商业化，广泛应用于航天任务不同领域和不同类型航天器，包括：

（1）特定运载火箭和再入飞行器的性能评估（有效载荷最大、燃料分配等）。

（2）轨道转移任务。

（3）多约束轨迹设计。

（4）飞行器设计（储箱尺寸、级数等）。

（5）任务设计和分析。

（6）地面任务支持。

同时，ASTOS 可满足一个航天任务/航天器全寿命周期内不同阶段的应用需求，包括：

（1）概念研究阶段。

（2）控制系统参考轨迹设计。

（3）概念验证。

（4）任务分析。

（5）运营支持。

（6）安全性/风险分析。

因此 ASTOS 不再仅仅是一个轨迹优化软件，而是具备了航天任务分析、性能优化与系统仿真等综合性能。在欧洲航天领域的多个型号得到了应用，典型应用包括传统运载器（Ariane 5、Soyuz、CTV、Vega 等）、先进运载系统/可重复使用运载系统（Hopper、IXV、Skylon 等）、再入飞行器（Mars Demo Lander、Expert、X38、ExoMars09 等）和轨道转移器（Lunar Excursion Vehicle、ConeXpress-OLEV 等）。

9.3.2　其他轨迹优化软件

除 ASTOS 外，欧洲各个航天研究机构也研制了其他轨迹优化软件。德国是较早开展轨迹优化理论方法研究的国家，并形成了多个轨迹优化程序包，ASTOS的核心优化程序包 GESOP 即是德国学者研制的。BNDSCOI 是德国的一套基于多重打靶法的轨迹优化软件包(Oberle et al.,1989)，它的编制者之一就是直接多重打靶法的提出者 Bock;DIRCOL 是由德国的 Von Stryk(1999)等研制的一套基于配点法的程序，并已成功用于求解众多的轨迹优化问题。

法国阿里安公司是欧洲阿里安运载火箭的主要承包商，法国航天机构在运载火箭轨迹优化开展了长期研究，并研发了运载火箭轨迹优化软件。OPTAX(optimization of Ariane's trajectories)是法国航天局用于阿里安运载火箭上升轨迹优化的软件包(Berend et al.,2006)，主要用于大气层外的轨迹优化，采用了基于极大值原理的间接打靶法，大气层内采用参数优化方法。ORAGE(atmospheric reentry optimization using extended gradient method)是法国航天局用于再入轨迹优化的软件包，同样采用的是基于极大值原理的间接打靶法，不同于 OPTAX 采用牛顿迭代法求解两点边值问题，ORAGE 采用简约梯度算法求解两点边值问题。

9.4 著者开发的轨迹优化软件

国内在轨迹优化理论与方法方面研究的较多，但是优化软件的开发成果较少，尚未开发出比较有影响的轨迹优化软件包。著者所在科研小组开展了以我国新一代运载火箭总体设计为背景的运载火箭轨迹优化，开发了运载火箭轨迹优化软件；开展了以我国载人航天交会对接任务为背景的交会轨迹优化研究，开发了交会轨迹优化软件。这两类轨迹优化软件在实际任务中得到了一定的应用，但由于主要是面向特定领域应用问题，在向其他领域拓展时，存在着一定的局限性。著者在这两类轨迹优化软件包的基础上，进行了一般性扩充，研制了一个基于面向对象技术的优化算法与最优控制算法程序包。本节对这三个程序包进行了简单介绍。相比国外的软件，著者的软件具有较好的交互界面，但是方法的通用性较差，没有经过更多实际领域的应用检验。

9.4.1 运载火箭轨迹优化软件

以新一代运载火箭系列总体参数设计为需求，著者所在科研小组自 2001 年开始进行了运载火箭轨迹/总体参数设计优化研究，研制了一套运载火箭性能优化软件 RocketOpti(罗亚中，2003；田蕾，2005)。下面对该软件的整体开发情况和应用情况作简单介绍。

1. 基本设计思想

在软件设计开发方面，为全面支持运载火箭性能优化设计任务，软件不但提供固有构型优化设计、新建构型优化设计、各参数配置、多种优化算法，而且还能完成可变优化变量、可变约束及文件式的数据结果输出和关键数据的可视化等主要功能。

运载火箭性能优化软件本质上是一个融合优化计算的仿真系统。理想的仿真系统应具有良好的柔性，即具有良好的通用性、重用性、可靠性、灵活性、集成性和易用性，是一个能够不断扩展和进化的开放式系统，其功能可逐渐丰富和完善，并最终能适用于运载火箭总体设计工程的性能优化设计任务。不断发展和成熟的面向对象思想，能够从理论和技术上支持仿真软件实现上述各种柔性特征，并支持分布式并行仿真系统的开发。因此，运载火箭性能优化软件的设计开发，全面贯彻了面向对象的思想，同时也采用了泛型程序设计技术。

2. 软件总体结构

运载火箭性能优化系统的分析与仿真建模，以及软件的总体设计与实现，全面贯彻了面向对象的思想，使用 C++标准语言和 MFC 动态类库在 Ms. Visual C++ 6.0 集成开发环境下完成开发，具有较好的通用性、扩展性和重用性。软件的总体框架和组成如图 9.4.1 所示。

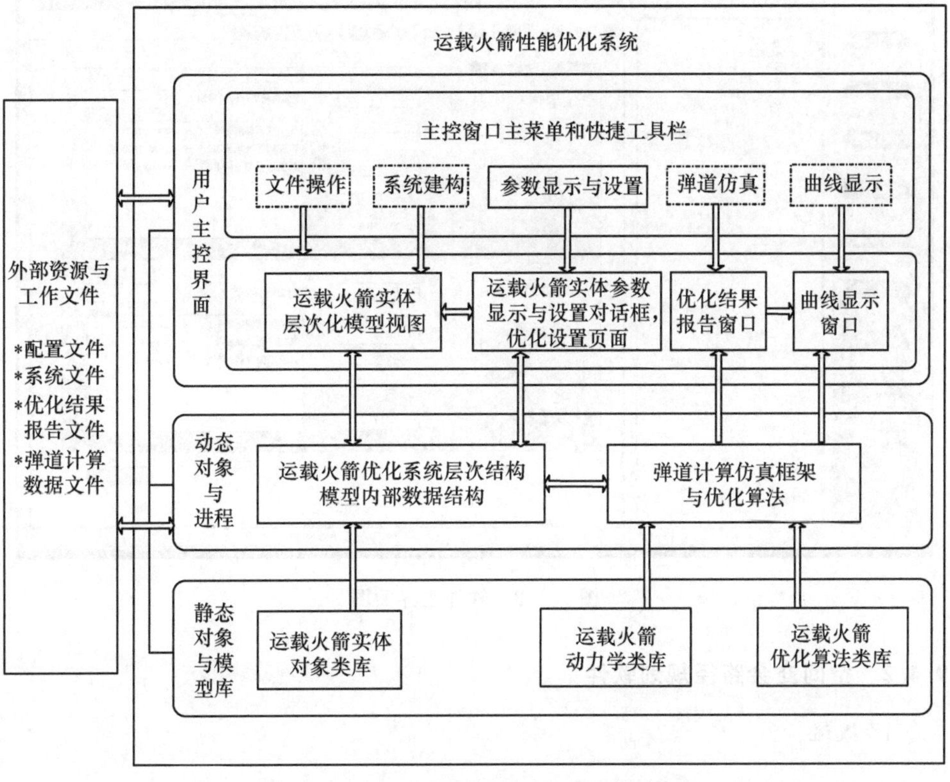

图 9.4.1　运载火箭性能优化软件总体结构图

3. 优化方法

轨迹最优控制问题的参数化处理采用的是直接打靶法。优化算法包括单纯形法、Powell 法和序列二次规划算法等。针对 GTO、SSO 带有停泊轨道的发射轨迹设计问题，采用分解优化策略，轨迹/总体参数一体化设计问题采用的是两级分解优化策略。这些方法和策略均在本书第 6 章中进行了论述。参数敏感度分析方法采用的是基于试验设计方法的分析方法。

4. 软件的部分界面和计算结果

软件的主界面如图 9.4.2 所示。主要显示当前运载火箭对象的基本构型信息、优化配置、优化变量、约束条件、轨道参数、发射点信息以及计算控制按钮和其他配置页面的启动按钮。其他页面主要有新建构型页面(图 9.4.3)、灵敏度分析页面(图 9.4.4)、数据文件页面(图 9.4.5)和曲线图表页面(图 9.4.6)等。

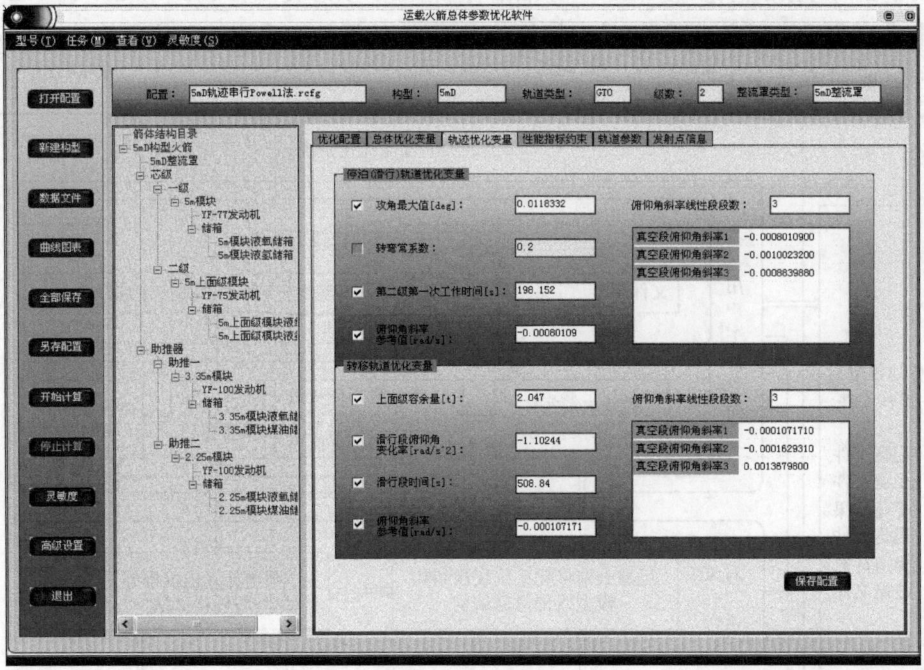

图 9.4.2　软件主界面图

9.4.2　空间交会路径规划软件

1. 概述

交会对接飞行任务规划与系统仿真是贯穿交会对接任务全寿命周期的一个重

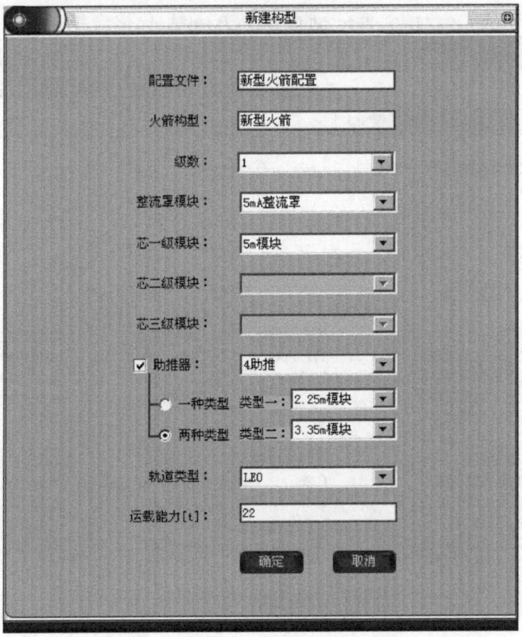

图 9.4.3 新建运载火箭构型页面

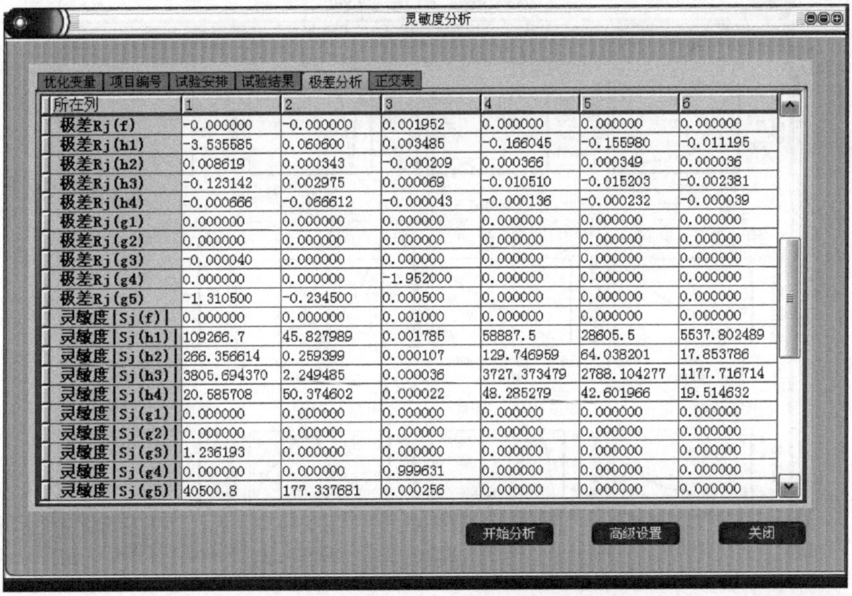

所在列	1	2	3	4	5	6
极差Rj(f)	-0.000000	-0.000000	0.001952	0.000000	0.000000	0.000000
极差Rj(h1)	-3.535585	0.060600	0.003485	-0.166045	-0.155980	-0.011195
极差Rj(h2)	0.008619	0.000343	-0.000209	0.000366	0.000349	0.000036
极差Rj(h3)	-0.123142	0.002975	0.000069	-0.010510	-0.015203	-0.002381
极差Rj(h4)	-0.000666	-0.066612	-0.000043	-0.000136	-0.000232	-0.000039
极差Rj(g1)	0.000000	0.000000	0.000000	0.000000	0.000000	0.000000
极差Rj(g2)	0.000000	0.000000	0.000000	0.000000	0.000000	0.000000
极差Rj(g3)	-0.000040	0.000000	0.000000	0.000000	0.000000	0.000000
极差Rj(g4)	0.000000	0.000000	-1.952000	0.000000	0.000000	0.000000
极差Rj(g5)	-1.310500	-0.234500	0.000500	0.000000	0.000000	0.000000
灵敏度|Sj(f)|	0.000000	0.000000	0.001000	0.000000	0.000000	0.000000
灵敏度|Sj(h1)|	109266.7	45.827989	0.001785	58887.5	28605.5	5537.802489
灵敏度|Sj(h2)|	266.356614	0.259399	0.000107	129.746959	64.038201	17.853786
灵敏度|Sj(h3)|	3805.694370	2.249485	0.000036	3727.373479	2788.104277	1177.716714
灵敏度|Sj(h4)|	20.585708	50.374602	0.000022	48.285279	42.601966	19.514632
灵敏度|Sj(g1)|	0.000000	0.000000	0.000000	0.000000	0.000000	0.000000
灵敏度|Sj(g2)|	0.000000	0.000000	0.000000	0.000000	0.000000	0.000000
灵敏度|Sj(g3)|	1.236193	0.000000	0.000000	0.000000	0.000000	0.000000
灵敏度|Sj(g4)|	0.000000	0.000000	0.999631	0.000000	0.000000	0.000000
灵敏度|Sj(g5)|	40500.8	177.337681	0.000256	0.000000	0.000000	0.000000

图 9.4.4 轨迹优化灵敏度分析结果

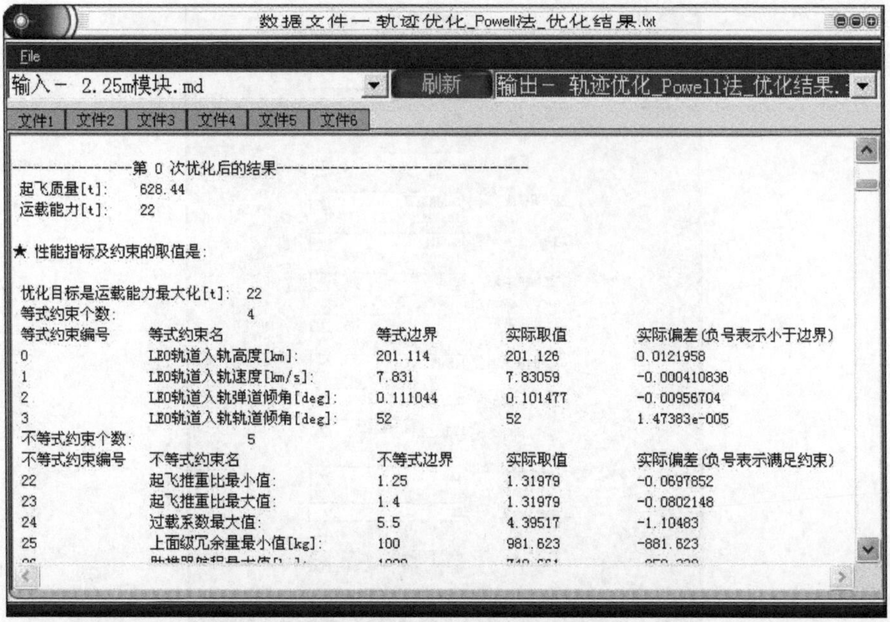

图 9.4.5　Powell 法中间结果

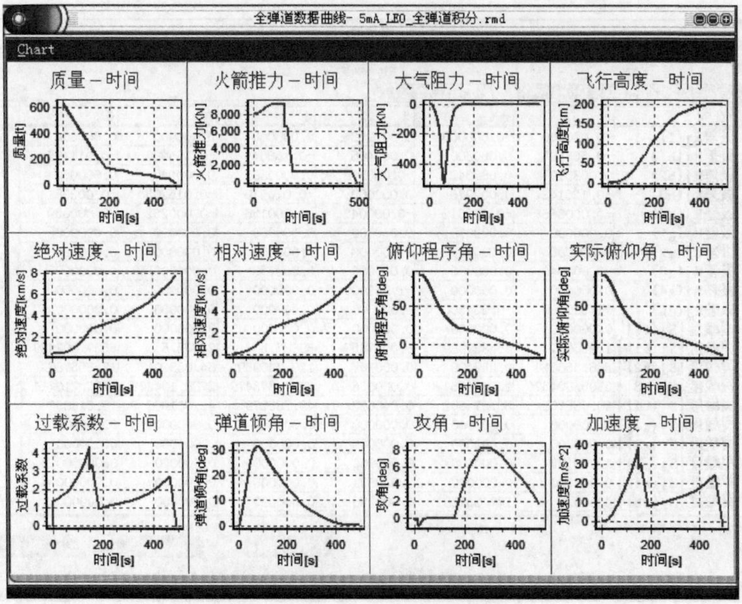

图 9.4.6　弹道结果曲线图

要问题，围绕我国载人航天二期工程交会对接任务，著者所在科研小组自 2002 年对该问题进行了系统研究（王华，2002；罗亚中，2007；张进，2008；唐国金等，2008），研制了一个交会对接任务规划与仿真软件单元，该软件单元包括规划分系统、仿真分系统、可视化分系统和数据库分系统。任务规划分系统中的一个重要组成部分就是交会路径规划软件。该交会路径规划软件面向交会对接全过程，具备标称路径规划和实时路径功能。该软件应用面向对象软件开发技术，具有较好的可扩充性和维护性，仿真模型库采用了 AstroLib（王华等，2007）。

路径规划主要提供交会对接各个阶段的轨道机动规划功能，交会对接飞行阶段包括调相段、寻的段、接近段、绕飞段、平移段和对接段，其中调相段基于地面绝对导航进行轨道控制，其他阶段基于自主相对导航进行轨道控制。因此，整个交会路径规划软件分为两个方面：绝对运动路径规划和相对运动路径规划。

2. 绝对运动路径规划软件 RVD_Phasing

绝对运动规划主要针对交会对接调相段，调相段是交会对接飞行阶段中一个非常重要的阶段，调相阶段的变轨目的是利用低轨道运动速度快的轨道特性，减少两个航天器之间的相位角差，同时消除追踪器入轨时的轨道倾角偏差和升交点赤经偏差。调相段的飞行时间通常在 2～3 天左右。调相结束时追踪航天器进入自主导引控制段的起始瞄准点或者进入走廊。瞄准点和进入走廊位置通常要求追踪航天器进入一个圆轨道，在目标航天器的后下方几十公里处。调相变轨策略涉及运载火箭入轨参数、地面测控能力等诸多实际工程因素，是实际交会轨道设计需要解决的一个重要问题。在交会对接工程实践中得到应用的调相交会轨道机动策略有两种，一种是综合变轨策略，该策略的变轨点不局限于轨道的特殊点，脉冲分量同时包括面内和面外，俄罗斯 Soyuz/Progress 飞船就采用了综合变轨策略。不同于俄罗斯 Soyuz/Progress，美国航天飞机、双子星座飞船和 Apollo 飞船交会的调相策略采用的是特殊点变轨策略，例如在远地点提升近地点高度，升交点调整轨道倾角等。

针对调相交会问题和两种常用的轨道机动策略，研究提出了 3 类规划策略：①特殊点变轨规划策略；②基于近圆偏差方程的综合变轨规划策略；③基于多圈 Lambert 算法的综合变轨规划策略。这些策略的描述可参阅相关文献（罗亚中，2007；张进，2008；唐国金等，2008）。图 9.4.7 给出了基于多圈 Lambert 算法的调相交会综合变轨优化框架。

软件提供了用户对初始状态、变轨任务配置、边界条件设定、算法与模型配置的选择控制。图 9.4.8 是变轨任务配置界面，图 9.4.9 是规划结果轨道曲线显示界面。

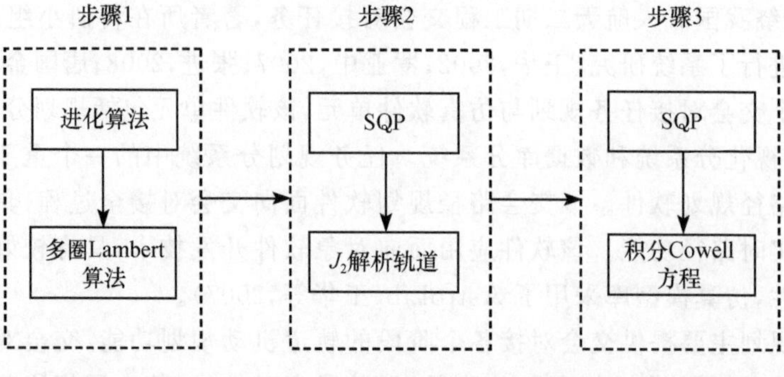

图 9.4.7　基于多圈 Lambert 算法的调相交会综合变轨优化框架

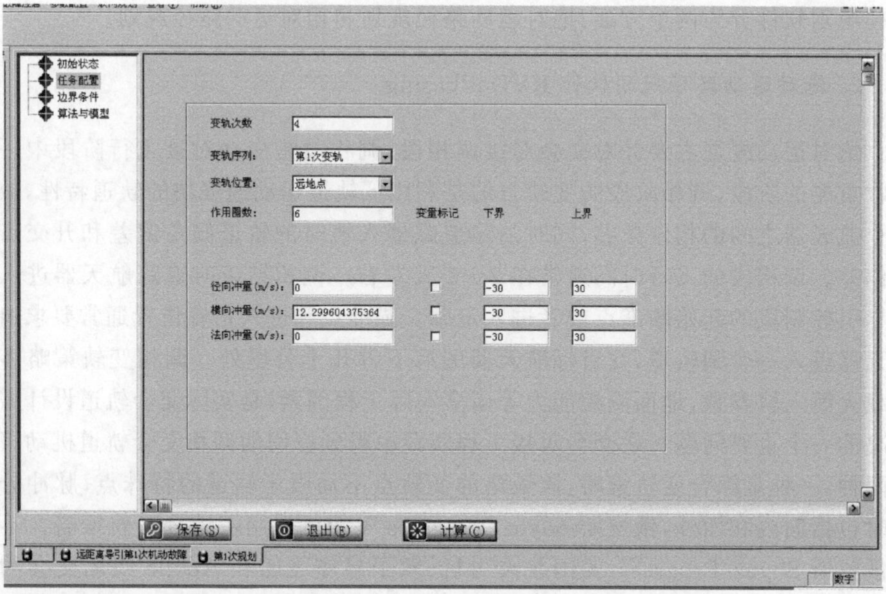

图 9.4.8　调相段变轨任务规划软件任务配置界面

该软件核心是交会轨道机动规划，为满足实际飞行控制需要，扩充了偏差传播分析、故障应急、飞行程序接口等功能，在我国载人航天交会对接任务等多项实际任务分析设计中得到了应用。

3. 相对运动路径规划软件 RVD_Approach

相对运动路径规划主要针对交会对接的寻的、接近、绕飞等阶段，基于线性交会方程进行相对运动轨道机动规划与分析。该软件的核心功能包括相对运动预报、燃料最优路径规划、时间最短路径规划和安全性指标评估等，包括一系列独立的软件功能模块。图 9.4.10 是相对运动特性演示软件界面。图 9.4.11 是 C-W 多

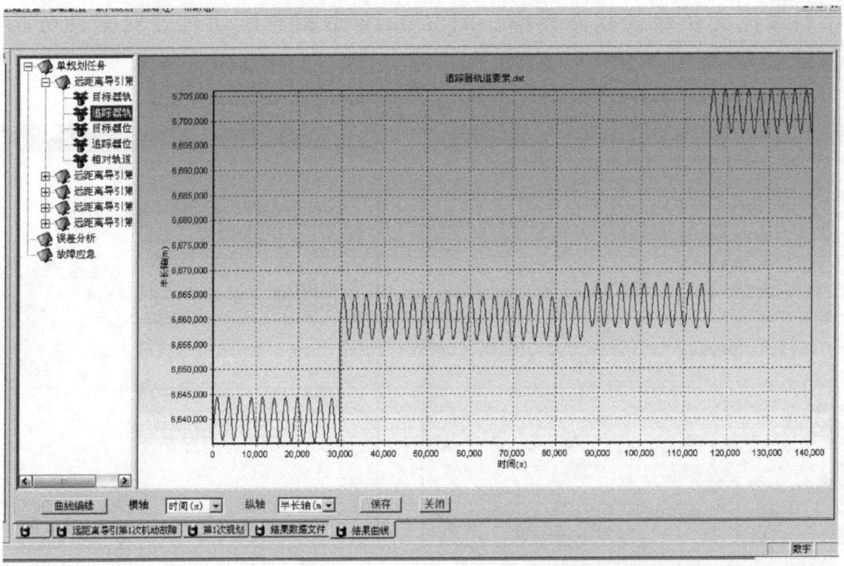

图 9.4.9 调相变轨任务规划结果曲线显示界面

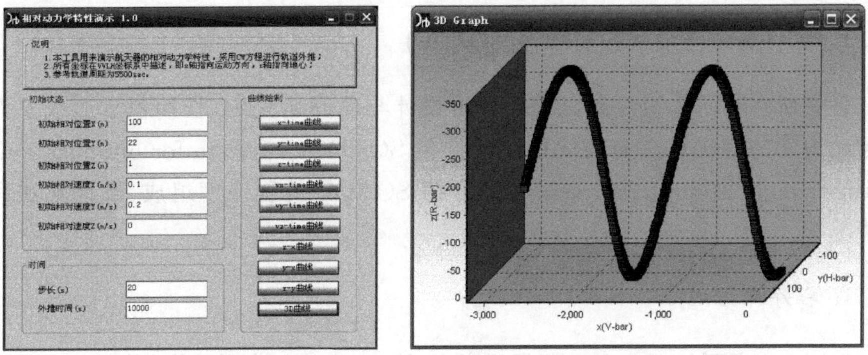

图 9.4.10 相对运动特性演示软件界面

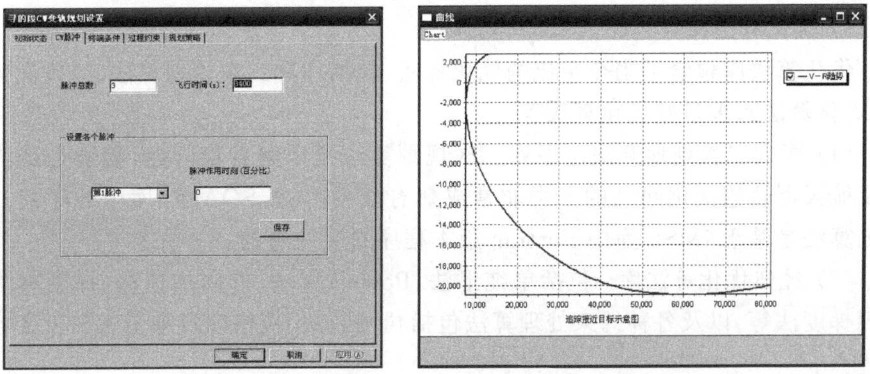

图 9.4.11 C-W 多脉冲燃料最优交会路径软件界面

脉冲燃料最优交会路径软件界面。图 9.4.12 是相对运动轨迹安全性分析软件界面。

图 9.4.12　相对运动轨迹安全性分析软件界面

9.4.3　优化算法与最优控制软件(SOAOC)

著者所在科研小组在航天任务分析设计与仿真研究中，长期积累形成了面向航天动力学的优化算法与最优控制软件包 SOAOC(software for optimization algorithms and optimal control)。本节介绍 SOAOC 的程序库组成、设计方法和应用情况等。

1. 程序库组成

SOAOC 主要包括 4 个方面的程序库(图 9.4.13)，分别是优化算法库、最优控制方法库、动力学仿真模型库和优化问题程序库。

1) 优化算法库

优化算法库包含了当今主流的优化算法，包括序列二次规划算法、经典优化算法、进化算法和多目标优化算法等。

(1) 序列二次规划算法。序列二次规划算法是求解约束问题，特别是最优控制及航天器轨迹优化问题的一类非常成熟有效的算法，SOAOC 库中的序列二次规划算法是基于 IMSL 库中 Fortran 版本程序封装改进的。

(2) 经典优化算法库。包括单纯形法、Powell 算法、方向加速法、梯度算法和共轭梯度法等，以及各种约束处理算法包括罚函数法、拉格朗日乘子法和可变容差法等。

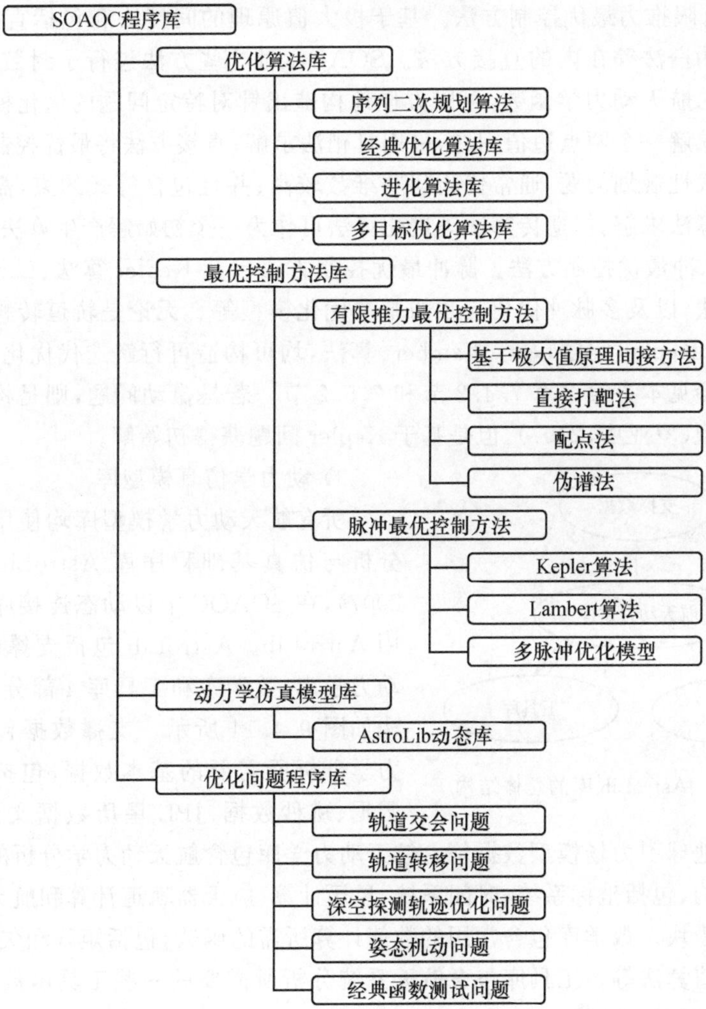

图 9.4.13　SOAOC 程序库组成

(3) 进化算法库。包括遗传算法、模拟退火算法、混沌算法、微粒群算法、并行模拟退火算法和结合进化算法与经典算法的混合算法等。

(4) 多目标优化算法库。多目标优化算法包括物理规划算法和 NSGA-Ⅱ、SPEA-Ⅱ、MOPSO、PAES 等多种典型多目标进化算法。SOAOC 中多目标进化算法库主要是基于上述算法的提出者所开发的源程序进行改进封装的。

2) 最优控制方法库

最优控制方法库主要面向航天器轨迹优化领域应用，航天器轨迹优化问题可分为脉冲问题和有限推力问题两类形式。最优控制方法侧重于指将最优控制问题转化为参数优化问题的方法，包括有限推力最优控制方法和脉冲最优控制方法。

(1) 有限推力最优控制方法。基于极大值原理的间接法和包括直接打靶法、配点法和伪谱法等在内的直接方法。SOAOC 对这些方法进行了封装,结合 AstroLib 中的航天动力学函数,可以方便地构造出针对特定问题的优化模型。间接方法需要求解一个两点边值问题,采用打靶法求解;直接方法将最优控制问题转化为一个非线性规划问题,通常优化问题维数较高、并且包含等式约束,需采用序列二次规划算法求解,但遗传算法等进化算法可作为一个初始解产生算法。

(2) 脉冲最优控制方法。脉冲最优控制方法包括 Kepler 算法、Lambert 算法等基本算法,以及多脉冲优化问题的基本优化模型等。无论是轨道转移还是交会问题,若是 Kepler 问题,基于 Lambert 算法,均可构造可行解迭代优化模型,具体方法分别参见本书第 7 章 7.4.2 节和 7.5.2 节。若是摄动问题,则是构造非可行解迭代模型(罗亚中,2007),但是基于 Kepler 问题获得初始解。

3) 动力学仿真模型库

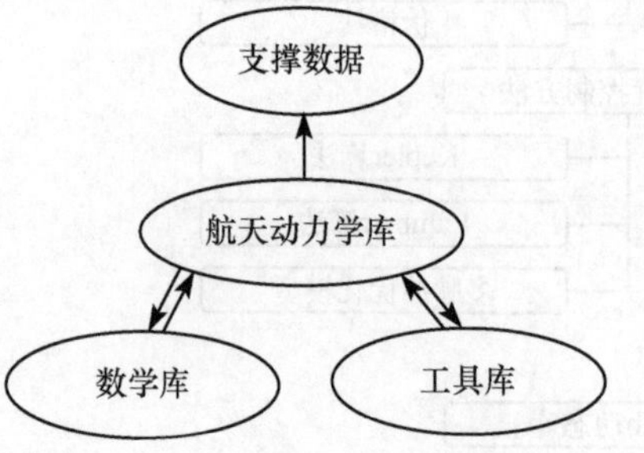

图 9.4.14 AstroLib 库的总体结构

所有航天动力学模型库均使用航天系统分析与仿真基础程序库 AstroLib(王华等,2007),在 SOAOC 中以动态连接库的形式使用 AstroLib。AstroLib 包括支撑数据、航天动力学库、数学库和工具库 4 部分,其总体结构如图 9.4.14 所示。支撑数据包含航天动力学分析所需要的基本数据,包括地球方位数据、跳秒数据、JPL 星历数据文件、大气模型数据和地球引力场模型数据等。航天动力学库包含航天动力学分析的基本函数和数据结构,包括坐标系统、时间系统、星历计算、航天器轨道计算和航天器姿态分析等功能模块。数学库包含常用的数值计算所需的函数,包括矩阵和矢量、随机数和常用数值算法等。工具库包含航天系统分析所需要的一些工具函数,包括对象管理、文件目录管理等。

4) 优化问题程序库

前面 3 个库是 SOAOC 库的核心,在此基础上,结合大量特定应用,开发了航天器轨迹优化问题程序库,包括轨道交会问题(有限推力和脉冲、单目标和多目标)、轨道转移问题(有限推力和脉冲)、深空探测轨迹优化问题(引力辅助、小推力、探测序列优化等)和姿态最优机动问题等。航天轨迹优化问题库是在最优控制方法库和动力学仿真模型库基础上,对特定问题的指标分析计算进行封装,包括传统的燃料消耗、飞行时间等指标分析,以及交会轨迹安全性、考虑偏差情况下鲁棒性评价指标等。基于优化算法库和优化问题集库即可方便地构造优化计算流程,完成特定问题的优化求解。此外该库还包含大量的经典函数测试问题,包括单目标优化、多目标优化、非线性方程组求解问题等,用于对优化算法的性能进行综合测试对比。

2. 开发方法

基于面向对象思想进行设计与开发,所有的优化问题与优化算法之间采用统一的接口,便于优化算法和优化问题接口、不同优化算法的混合使用等。创建问题基类和优化算法基类,广泛采用 C++ 中类继承技术。所有的程序在 VC 6.0 下开发。

基于 MFC 框架,开发可视化交互管理界面,用以对优化算法的参数配置、优化问题的配置和优化计算配置等,所有的输入数据通过 XML 进行管理。基于专门的控件进行数据结果可视化显示,针对部分算法开发中间结果实时数据显示。支持对多次优化结果进行统计处理,用于对算法性能进行评价比较。

3. 评述

SOAOC 的开发与积累已经有 10 余年的历史,主要定位是作为一个开放的研究平台,积累了大量的优化算法程序、最优控制方法程序、航天器轨迹优化问题分析程序等,在著者所在科研小组的学术研究和相关科研任务中发挥了较好的作用,但在软件工程化方面较为欠缺,其普适性、可靠性尚未经过广泛的测试,相比国外轨迹优化软件还有一定的差距。

参 考 文 献

罗亚中. 2003. 系列化运载火箭总体优化技术研究[D]. 长沙:国防科技大学.

罗亚中. 2007. 空间最优交会路径规划策略研究[D]. 长沙:国防科技大学.

唐国金,张进,罗亚中. 2008. 空间交会对接任务规划[M]. 北京:科学出版社.

田蕾. 2005. 系列化运载火箭总体参数优化软件开发[D]. 长沙:国防科技大学.

王华,唐国金,李海阳. 2007. 航天系统分析与仿真基础程序库:AstroLib [J]. 系统仿真学报, 19(13):2917-2920.

王华. 2002. 交会对接仿真系统[D]. 长沙:国防科技大学.

张进. 2008. 空间交会远程导引变轨任务规划[D]. 长沙:国防科技大学.

Bedrossian N, Bhatt S, Lammers M, et al. 2008. Zero-propellant maneuver™ flight results for 180 deg ISS rotation[C]. Proceedings of the 20th International Symposium on Space Flight Dynamics.

Berend N, Talbot C. 2006. Overview of some optimal control methods adapted to expendable and reusable launch vehicle trajectories [J]. Aerospace Science and Technology, 10(2):222-232.

Betts J T. 2001. Practical methods for optimal control using nonlinear programming [M]. Advances in Control and Design Series, Society for Industrial and Applied Mathematics, Philadelphia.

Betts J T, Huffman W P. 1997. Sparse optimal control software: SOCS[R]. Mathematics and Engineering Analysis Library, Rept. No. MEA-LR-085, Boeing Information and Support Services, Seattle, WA.

Brauer G L, Cornick D E, Stevenson R. 1977. Capabilities and applications of the program to optimize simulated trajectories(POST)[R]. NACA CR-2770.

Desai P N, Lyons D T. 2005. Entry, descent and landing operations analysis for the genesis re-entry capsule[C]. AAS Paper 05-121, Proceedings of AAS/AIAA Space Flight Mechanics Meeting: 283-295.

Fahroo F, Ross I M. 2002. User's manual for DIDO 2002: A MATLAB application package for dynamic optimization[R]. Naval Postgraduate School Technical Report No. NPS-AA-02-002.

Falck R D, Gefert L P. 2007. Crew exploration vehicle ascent abort trajectory analysis and optimization[C]. AIAA Paper 2007-6775.

Gath P F. 2002. CAMTOS-A Software Suite Combining Direct and Indirect Trajectory Optimization Methods [D]. Stuttgart: University of Stuttgart.

Gill P E, Murray W, Saunders M A, et al. 1986. User's guide for NPSOL(version 4.0): A fortran package for nonlinear programming[R]. Dept. of Operations Research, Stanford Univ., TR SOL 86-2, Stanford, CA.

Hargraves C R, Paris S W, VIases W G. 1992. OTIS past, present and future[C]. AIAA Paper 92-4530.

Kang W, Bedrossian N. 2007. Pseudospectral optimal control theory makes debut flight, saves NASA $1M in under three hours[J]. SIAM News, 40(7).

Kos L D, Polsgrovet T, Hopkins R C, et al. 2006. Overview of the development for a suite of low-thrust trajectory analysis tools[C]. AAS Paper.

Lasdon L S, Waren A D. 1978. Generalized reduced gradient software for linearly and nonlinearly constrained optimization[C] // Greenberg H J. Design and Implementation of Optimization Software. The Netherlands: 335-362.

Meder D S, Searcy J L. 1975. Generalized trajectory simulation(GTS), volumes I-V[R]. The Aerospace Corp., TR SAMSO-TR-75-255, El Segundo, CA.

Oberle H J, Grimm W. 1989. BNDSCO-a program for the numerical solution of optimal control problems, user guide[R]. DLR IB/515-89/22, Oberpfaffenhofen, Germany.

Paris S W, Hargraves C R. 1996. OTIS 3.0 manual[R]. Boeing Space and Defense Group, Seattle, WA.

Riehl J P, Paris S W, Sjauw W K. 2006. Comparison of implicit integration methods for solving aerospace trajectory optimization problems[C]. AIAA Paper 2006-6033.

Rosen J B, Kreuser J. 1972. A gradient projection algorithm for nonlinear constraints[M] // Lootsma F A. Numerical Methods for Non-Linear Optimization. London: Academic: 297-300.

Vlases W G, Paris S W, Lajoie R M, et al. 1990. Optimal trajectories by implicit simulation[R]. Boeing Aerospace and Electronics, TR WRDC-TR-90-3056, Wright-Patterson AFB, OH.

von Stryk O. 1999. User's guide for DIRCOL 2.1: A direct collocation method for the numerical solution of optimal control problems[R]. Technical Univ. of Darmstadt, Germany.

Way D W, Powell R W, Karl T E, et al. 2003. Aerocapture simulation and performance for the titan explorer mission [C]. AIAA Paper 2003-4951, 39th AIAA/ASME/SAE/ASEE Joint Propulsion Conference and Exhibit, Huntsville, AL.

Well K. 2004. Graphical environment for simulation and optimization[R]. Dept. of Optimization, Guidance, and Control, Stuttgart, Germany.

Well K H, Markl A, Mehlem K. 1997. ALTOS-a software package for simulation and optimization of trajectories of launch-and reentry vehicles[C]. Proceedings of the 48th International Astronautical Congress, Turin, IAF-97-V4.04.